煤矿废弃地生态植被恢复与高效利用

樊金拴　杨爱军　著

科学出版社

北京

内 容 简 介

　　本书是根据作者多年来的研究成果撰写而成的。全书系统地介绍了煤炭开采的环境影响、煤矿废弃地的生态环境、煤矿废弃地的土壤重构、煤矿废弃地的污染治理、煤矿废弃地的植被建植与管理、煤矿固体废弃物的综合利用以及国内外研究现状与发展趋势等内容，对科学合理地进行煤矿废弃地植被恢复与生态重建及固体废弃物的高效利用具有重要指导意义。

　　本书可供矿山、国土、林业、水利水保、园林、旅游等部门从事生态环境建设的教学、科研、设计、工程、生产、管理人员及相关专业的研究生、大中专学生参考使用。

图书在版编目(CIP)数据

煤矿废弃地生态植被恢复与高效利用/樊金拴，杨爱军著 . —北京：科学出版社，2015.9
　ISBN 978-7-03-045789-9

　Ⅰ.①煤⋯　Ⅱ.①樊⋯②杨⋯　Ⅲ.①煤矿—工业用地—植被—生态恢复—研究　Ⅳ.①S731.6②X171.4

　中国版本图书馆 CIP 数据核字(2015)第 226139 号

责任编辑：宋无汗　祝　洁　杨向萍　吴春花/责任校对：张怡君
责任印制：赵　博/封面设计：红叶图文

科 学 出 版 社 出版
北京东黄城根北街 16 号
邮政编码：100717
http://www.sciencep.com

北京通州皇家印刷厂印刷
科学出版社发行　各地新华书店经销

*

2015 年 9 月第 一 版　开本：720×1000　1/16
2015 年 9 月第一次印刷　印张：24 1/2　插页 6
字数：500 000

定价：**165.00 元**
(如有印装质量问题，我社负责调换)

前　　言

中国是一个产煤大国，煤炭产量居世界首位。2012 年中国煤炭产量达 36.5 亿 t，占全球煤炭总产量的 46.4%。丰富的煤炭资源为国民经济发展提供了 95% 的一次能源，带来了巨大的社会经济效益，但采矿活动及其废弃物的排放不仅破坏和占用大量的土地资源、加剧土地资源的短缺，而且使生态环境遭到极大的破坏，尤其是因采煤生产导致的土地挖损、塌陷、压占、破坏等引发的经济损失和生态破坏，严重影响了社会经济的可持续发展。据统计，目前，全国经采矿活动破坏的土地面积达 $4 \times 10^6 \, hm^2$，其中，露天采场、排土场、矸石山和尾矿场共占 70% 左右，并以平均每年近 $2 \times 10^4 \, hm^2$ 的速度增加。煤矿废弃地的产生不仅占用和破坏大量土地资源，尤其是宝贵的耕地资源，而且由于废弃地的物理结构不良、水分缺乏、极端贫瘠、重金属含量过高、极端 pH 等众多危害环境的极端理化性质特点，使得其对环境的危害持久而严重。不仅限制植物生长，而且常带来水土流失和土地沙化、重金属污染、矸石山自燃污染大气环境等诸多生态环境问题，特别是含有煤粉、高硫煤矸、深层岩石的矸石山和排土场，对周边地区造成的危害更为严重。因此，快速、高效地进行矿区废弃地生态恢复意义重大而迫切。

煤矿废弃地的植被恢复与生态重建是我国生态环境建设的重要组成部分，也是多年来国际上备受关注的研究领域。研究证明，矿区生态系统是典型的以矿山开采区为核心的退化生态系统，其特征主要表现在植被破坏、水土流失、地质灾害（滑坡、塌陷、泥石流等）、环境污染和景观影响等方面，其生态环境问题具有复杂性、综合性和动态性的特点，即土地功能退化、生态结构缺损、功能失调等问题。矿区的生态恢复应根据矿山不同开采时期的技术特点和自然环境等因素，及时制订相应的复垦或生态修复方案，通过工程、生物及其他综合措施来恢复和提高生态系统的功能，依靠生态系统的自选择、自组织、自适应、自调节、自发展等功能，辅以科学合理的人工修复措施加速生态系统的顺向演替过程，实现生态系统的良性循环。实践证明，建立稳定的人工植物群落是治理煤矿区生态环境污染与破坏的最根本、最经济、最现实的途径。矿区植被修复，主要是在生态学理论和原理的指导下，从基质改良、植物修复、土壤质量演变以及植被演替等方面，集成环境工程技术、农林栽培技术和生物技术，应用于矿区环境改良和生态恢复。因此，在加强对适应面较广的耐受性植物的筛选、培育工作的同时，应当最大限度地保持矿区的原生态环境、保护生物多样性资源，并基于区域内的植物生长限制因子、生物多样性、先锋树种及主要伴生树种的生态位与现有植物的群落动态和种群空间分布格局的全面研究和以下 5 个方面的考虑，确定植被修复的模式、功能和群落演化动态，制订方案和配套的技术措施。①采用覆盖表土、施入化学药剂调节土壤酸碱度，通过添加肥料等措施改良土壤基质，增强土壤肥力是恢复矿山植被的基础。基质改良应以生物修复为主，以物理和化学修复为辅，同时加大加快新技术的应用。②植被恢复是矿山废弃地生态恢复的关键，重建植被是重建生物群落的基础和重点。在物种选择中，应注意结合当地自然条件，筛选种植乡土物种为主，同时兼顾经济效益。③煤矿废弃地是一种次生裸地，其植被恢复过程具有原生演替的特征，生态系统的自然恢复极端缓慢，因此必须深入研究自然状态下矿业废弃地植被演替规律，只有通过对植被演替阶段的人工模仿和控制，才能在一定程度上改变生态系统演替的方向和速度，加快植被恢复的速度，缩短其恢复周期。这样做还可以避免不适当的短期恢复，使恢复策略与长期的生态系统恢复目标相平衡。④矿业废弃地植被恢复研究具有很强的区域性，研究结果会因所选择研究区域的不同而不同，而且矿业废弃地退化生态系统类型多样、退化程度与退化原因各异，其恢复过程中生物多样性的变化规律、功能和作用机制也不同。因此，需要对不同区域矿业废弃地退化生态系统做更深入的研究，从而制订科学的矿业废弃地退化生态系统恢复措施和生物多样性保护措施。⑤从源头上解决矿山废弃地问题，把生态恢复作为矿业生产的一部分，提倡清洁生产，积极开展废弃物的有效利用，使矿业废料作为一种新型资源，变废为宝。

煤矸石作为煤炭开采和加工过程中的必然产物，是矿区环境污染和恶化的主要来源之一。随着我国经济的快速发展，煤炭工业产能的持续扩大，煤矸石堆放的体积越来越大，数量越来越多，形成矿区大量的废弃地，造成土壤污染、土地生产力下降。但是，煤矸石的化学组成复杂，有用成分多，含量高，开发利用前景十分广阔。因此，煤矸石综合利用成为亟待解决的技术和环境问题，也是煤炭企业改善矿区生态环境和培育新的经济增长点的重要途径。经过多年努力，我国在煤矸石综合利用的产业化方面取得了可喜成绩，煤矸石的综合处理能力目前已超过 4 亿 t/年，但由于受资源性质、经济条件、技术设备以及市场变化的影响，目前我国煤矸石的综合利用率不高，仅为 62.2%。煤矸石综合利用的途径主要包括煤矸石发电、生产建材以及填埋、复垦造田、筑路、充填采空区等，其中，发电利用占煤矸石总处理量的 10%～40%，约占煤矸石产生总量的 21%；填埋、筑路和充填采空区等是最主要的无害化处理方式，占总处理量的 50%～80%，约为产生总量的 30%；建材的处理能力较低，仅占总处理量的 10%～15%，低于产生总量的 8%；超过 35% 的煤矸石仍然采取堆存的方式。然而，不论是与发达国家相比，还是相对于我国巨大的煤矸石产生量，我国煤矸石的利用率都还比较低。因此，要加强对煤矸石组分、结构与特性等的研究，根据煤矸石的特性和实际需要，开发新用途。以大宗量为重点，遵循因地制宜原则，发展高科技含量、高附加值的煤矸石综合利用技术，在大型产煤基地建立一个以煤炭工业为基础的大型产业链，包括大型煤矿、煤矸石发电厂、煤矸石水泥厂、煤矸石砖厂、化肥生产厂等一系列以煤炭为基础的工业集群，其中煤矸石发电厂利用大型煤矿生产的工业废弃物煤矸石进行发电，其产生的高炉矿渣作为水泥生产熟料；多余煤矸石用来生产高性能轻质煤矸石水泥和煤矸石保温砖。这样不但能够充分利用工业废弃物，解决污染和占地问题，还能够做到进一步节省矿物资源，减少运输成本，达到资源利用最大化，产出利益最大化，这也是建设资源节约型环境友好型社会的具体体现。相信在国家政策的支持和约束下，未来煤矸石的综合利用市场发展空间很大，但由于农业、化工产业对煤矸石成分要求较高，煤矸石在农业、化工等领域发展速度缓慢，煤矸石以在能源、建筑材料领域的综合利用为主，向着建立煤—焦—电—建材、煤—电—化—建材等多种模式的循环经济园区方向发展。随着高新技术的发展与市场效益的提升，煤矸石在化工等领域的应用将日渐增多，煤矸石的高附加值利用将成为煤矸石综合利用的发展方向。

自 20 世纪 80 年代以来，在党和政府的重视下，国内众多单位和科技工作者积极并广泛地开展了采矿废弃地的生态重建与煤矸石的综合利用研究，对废弃矿山区生态恢复的研究领域已扩展到生物多样性、景观生态学、植被生态学、生态经济学、安全经济学及可持续发展等方面，并已经取得了显著的理论成果和实践成效。随着科技的发展，矿区生态环境修复与煤矸石综合利用的技术越来越先进，方法越来越多，效果越来越好。但是，新的问题也不断涌现，其中最重要的问题是理论和技术的支撑还较薄弱，行之有效的、成熟的技术还较少，设备和规模、竞争力等方面落后。因此，煤矿废弃地生态环境修复与废弃物综合利用研究前景广阔、任重道远。

作者自 2003 年以来，先后参加、承担了"退耕还林还草工程区水土保持型植被建设技术研究与示范"、"辽宁省阜新市退耕还林建设工程综合试验示范"和"煤矸石废弃地人工植被建设技术研究"等国家级、省部级研究课题，通过资料查询、野外调查、室内测定、综合分析等，研究了矸石地生态环境特点、植被演替特点、植被类型、改土效应及人工植被建设技术，在矸石地类型划分、土壤重金属元素的污染评价等方面进行了积极探索，取得了一系列创新性成果。在对我国阜新矿区、铜川矿区、兖州矿区、新密矿区等 13 个煤矸石废弃地的气候和土壤因子等调查的基础上，系统研究了北方煤矸石废弃地土壤环境状况，阐明了煤矸石废弃地土壤污染特征，对煤矸石废弃地类型进行了划分和评价。在分析了各类煤矸石废弃地的植被类型及特征的基础上，揭示了煤矸石废弃地植被自然演替规律。研究了煤矸石废弃地植被的抗污染作用及改良土壤的效应，查明了植物吸收 As、Hg、Cu、Zn、Cr、Pb 等元素的能力以及植物生长发育与煤矸石废弃地中有害元素含量的关系，并筛选出一批能富集重金属元素的植物。通过技术开发、技术集成、试验示范，建立了植物种类选择、整地方式、配置模式、经营调控等煤矸石废弃地植被高效建设技术体系。教育部组织的专家鉴定意见：项目"北方煤矸石废弃地植被恢复技术研究"的成果总体上达到了同类研究的国内领先水平。为了适应煤矿废弃地生态植被恢复对理论与技术的需要，促进煤矿废弃地植被恢复与固体废弃物综合利用水平的提高，作者在归纳、总结国内外在煤矿废弃地植被恢复与煤矿固体废弃物综合利用研究的基础上，凝练了近十年来相关研究工作所取得的成果，撰写了本书。

　　本书系统论述了煤炭开采对环境的破坏与影响、煤矿废弃地生态环境特点、煤矿废弃地植被演替规律、煤矿废弃地土地复垦与土壤改良、煤矿废弃地植被建设、煤矿固体废弃物综合利用的研究与实践以及国内外研究现状与发展趋势，这是作者多年来学习与研究成果的结晶，集理论性、实践性、系统性于一体。全书共七章，第一章概述了煤炭开采的环境影响，包括煤炭开采方式与特点，煤炭开采的生态环境影响，煤矿废弃地类型与形成机制。第二章论述了煤矿废弃地生态环境，包括煤矿废弃地气候、土壤、植被类型与特征及植被演替特点，以及煤矿废弃地立地类型划分。第三章为煤矿废弃地土壤重构，包括煤矸石废弃地土地复垦和土壤改良。第四章为煤矿废弃地污染治理，包括煤矿废弃地污染，煤矸石地重金属污染评价，煤矿废弃地重金属污染治理，以及植被恢复对煤矿废弃地土壤的影响。第五章为煤矿废弃地植被建设与管理，包括煤矿特殊废弃地植物种类选择，植被配置模式，植被抗旱建植，植被抚育管理，以及不同类型废弃地植被建设。第六章为煤矿固体废弃物综合利用，介绍了煤炭生产与加工利用中的固体废弃物煤矸石与粉煤灰组成、性质、分类，以及煤矸石能源化利用、用作填筑材料、制造建筑材料和化工产品及其他利用途径和粉煤灰的综合利用概况。第七章是煤矿废弃地植被恢复与高效利用现状，包括国内外矿区植被恢复与综合利用的概况，以及开展矿区生态植被恢复与高效利用的必要性和可行性。

　　本书力求反映当前煤矿废弃地复垦的最新进展，参考了大量文献资料，限于篇幅未能将所有参考文献一一列出，在此对所有从事煤矿废弃物综合利用与生态修复的科技工作者致以敬意与感谢。限于作者的水平，书中不妥、疏漏之处在所难免，敬请批评指正。

樊金拴

2015 年 2 月

目　　录

第一章　煤炭开采的环境影响

我国煤炭资源丰富，截至 2007 年，已查明资源储量为 1 万亿 t，居世界第三位。除台湾地区外，我国垂深 2000m 以浅的煤炭资源总量为 55 697.49 亿 t，其中探明保有资源量为 10 176.45 亿 t，预测资源量为 45 521.04 亿 t。在探明保有资源量中，生产、在建井占用资源量为 1916.04 亿 t，尚未利用资源量为 8260.41 亿 t。世界知名能源企业英国石油公司（BP）发布的 2013 年《BP 世界能源统计》显示，2012 年全球煤炭产量为 78.6 亿 t，其中，煤炭产量超过亿吨的前 10 个国家分别是中国、美国、印度、澳大利亚、印度尼西亚、俄罗斯、南非、德国、波兰和哈萨克斯坦（表 1.1），约占全球煤炭总产量的 90%，而中国的煤炭产量达 36.5 亿 t，占全球煤炭总产量的 46.4%。可见，我国是全球煤炭开采量最大的国家。但是煤炭开采给人类带来巨大财富的同时也给环境造成了不可逆的影响，导致矿区生态退化与环境污染，严重制约了矿区社会经济的可持续发展。

表 1.1　2012 年产煤量最大的 10 个国家煤炭产量及占全球煤炭总产量比例

国家	年产量/Mt	占全球总产量/%
中国	3650	46.4
美国	922	11.7
印度	606	7.7
澳大利亚	431	5.5
印度尼西亚	386	4.9
俄罗斯	355	4.5
南非	260	3.3
德国	196	2.5
波兰	144	1.8
哈萨克斯坦	116	1.5
总计	7066	89.8

第一节　煤炭开采方式与特点

煤炭是我国最为重要的能源，对国民经济发展有着举足轻重的作用，是我国可持续发展战略实施的资源保证。我国煤炭资源分布广泛，但不均匀（李凤明，2011）。在全国煤炭地质总储量中，以大别山-秦岭-昆仑山为分界线，北部区域煤炭资源远多于南方，67％分布在西北干旱、半干旱地区，20％分布在西南山区（Pan et al.，2012）。北方地区包括东北、华北、西北和苏北、鲁、皖北、豫西17个省（市、区），国土面积为 $5×10^6\ km^2$，占全国总面积的52％，煤炭地质储量占全国总储量的93.5％；南方地区包括西南、两湖、两广、海南和赣、浙、沪、闽14个省（市、区），国土面积为 $4.6×10^6\ km^2$，占全国总面积的48％，煤炭地质储量仅占全国总储量的6.5％。在南方区域，煤炭资源又主要集中在云、贵、川三省，煤炭地质储量占南方总储量的90％。以京广铁路为分界线，西部区域煤炭资源大大多于东部。西部地区包括西北、西南和晋、蒙西、豫西13个省（市、区），国土面积约有 $6.1×10^6\ km^2$，煤炭地质储量占全国的85％；西部地区煤炭资源又主要集中在以山西为中心的周边地区，国土面积为 $1.1×10^6\ km^2$，煤炭地质储量占全国总储量的51％。东部地区包括18个省（市、区），国土面积为 $3.5×10^6\ km^2$，煤炭地质储量仅占全国总储量的15％。从省、区来看，新疆、内蒙古、山西和陕西四省（区）的煤炭地质储量占全国总储量的81.3％；东北三省占1.6％；华东七省（市、区）占2.8％，江南九省占1.5％。煤炭资源的地域分布不均匀，主要分布在山西、陕西、内蒙古、山东、淮南、淮北等地区。在查明资源储量中，晋、陕、蒙、宁占67％；新、甘、青，云、贵、川、渝占20％；其他地区仅占13％。

　　煤炭开采就是移去煤层上面的表土和岩石（覆盖层），开采显露的煤层。其中，移去土岩的过程称为剥离，采出煤炭的过程称为采煤。由于煤炭资源的埋藏深度不同，一般相应地采用矿井开采（埋藏较深）和露天开采（埋藏较浅）两种方式。

一、露天开采

　　露天采矿是指利用一定的采掘运输设备，在敞露的空间从事开采作业。露天采煤通常将井田划分为若干水平分层，自上而下逐层开采，在空间上形成阶梯状。其主要生产环节是首先用穿孔爆破并用机械将岩煤预先松动破碎，然后用采掘设备将岩煤由整体中采出，并装入运输设备，运往指定地点，将运输设备中的剥离物按程序排放于堆放场；将煤炭卸在洗煤厂或其他卸矿点。此法在煤层埋藏不深的地方应用最为合适，许多现代化露天矿使用设备足以剥除厚达60余米的覆盖层。在欧洲，褐煤矿广泛用露天开采，在美国，大部分无烟煤和褐煤也用此法。露天开采用于地形平坦，矿层作水平延展，能进行大范围剥离的矿区最为经济。当矿床地形起伏或多山时，采用沿等高线剥离法建立台阶，其一侧是山坡，另一侧几乎是垂直的峭壁。露天开采使地面受到损害或彻底的破坏，应采取措施，重新恢复地面。美国有几个州和联邦政府的法律规定了恢复土地的措施，现在许多采掘企业已自愿执行这些规定。露天采煤已经广泛用于开采煤炭、金属矿、冶金辅助原料建筑材料及化工原料等矿床。当今世界 95％ 以上的能源和 80％ 以上的工业原料来自矿产资源。我国 90％ 的铁矿石，52％ 的有色金属矿石，77.7％ 的化学原料矿石，100％ 的建材矿石几乎都采用露天开采方式开采。可见露天开采的资源量在总资源量中的比重大小，是衡量开采条件优劣的重要指标，煤炭虽然是我国的主要能源，与国外主要采煤国家相比，我国煤炭资源开采条件属中等偏下水平，可供露天矿开采的资源极少，储量仅占 7.5％，而美国为 32％，澳大利亚为 35％。除晋、陕、蒙、宁和新疆等省、区部分煤田开采条件较好外，其他煤田开采条件较复杂，露天开采比重不足 10％。目前，我国露天煤矿进入了大型化、集中化、现代化的新时代，尤其是在引进了国外先进的露天采矿设备以及广泛应用计算机技术以后，大大提高了露天煤矿开采的效率。目前已建成或改扩建的千万吨露天煤矿有准格尔黑岱沟露天煤矿（30.0×10^6 t/年）、宝日希勒一号露天煤矿（20.0×10^6 t/年）、魏家峁露天煤矿（12.0×10^6 t/年）、白音华三号露天煤矿（14.0×10^6 t/年）、霍林河露天煤矿（10.0×10^6 t/年）、锡林浩特胜利东二号露天煤矿（10.0×10^6 t/年）、神华新疆准东露天煤矿（20.0×10^6 t/年）和新疆帐篷沟露天煤矿（10.0×10^6 t/年）等。

（一）开采方式

我国现有生产露天矿采用的开采程序都比较单一，主要采用缓工作帮、全境界开采方式。煤矿绝大多数采用的工作线呈平行走向分布，垂直走向推进的纵向开采方式。

运物方式是露天矿开拓的核心问题。目前采用的开拓方法主要有铁路运输、公路运输、铁路与公路联合运输、汽车箕斗联合运输、汽车破碎机带式输送机运输等。

然而，高效集约化矿井建设是煤炭工业的发展方向。开采规模大型化、工艺设备大型化、工艺连续化和半连续化、开拓方式多样化、生产管理现代化，并且扩大电子计算机、系统工程等学科在露天矿设计、规划和生产中的应用是我国露天开采技术的发展方向。

（二）开采工艺

露天煤矿开采流程主要为：穿爆—采装—运输—排土。开采工艺主要有：间断开采工艺、连续开采工艺、半连续开采工艺、拉斗铲倒堆开采工艺和综合开采工艺等。其中，间断开采工艺是指挖掘机—汽车—推土机组成的采、运、排系统，矿物的流动是间断的，包括有单斗—铁道开采工艺、单斗—卡车开采工艺等。连续开采工艺是指轮斗—带式输送机—推土机开采工艺，由轮斗—带式输送机—排土机组成的采、运、排系统，矿物的流动是连续的。半连续开采工艺包括有单斗—卡车—半固定破碎机—带式输送机开采工艺、单斗—移动式破碎机—带式输送机开采工艺等，兼具有间断开采工艺和连续开采工艺二者的特点。

现在露天采矿最具代表性的全连续工艺是轮斗挖掘机—带式输送机—排土机工艺，该工艺具有高效率、低成本的特点。但由于矿产资源埋藏和地质条件不同，连续工艺的应用受到限制。

半连续工艺能够更好地适应各类矿藏埋藏条件，达到了广泛应用。其中，最典型的半连续工艺是单斗—卡车—半固定破碎站—胶带输送机系统，该工艺同时具备单斗—卡车适应性强和带式输送机成本低的优点，应该应用于国内许多大型露天煤矿。此外，单斗—移动式破碎机—胶带输送工艺系统，能够实现坑内破碎后直接接入胶带机运输系统，并实现多台阶运行，在我国伊敏河露天煤矿和中国电力投资集团公司（中电投）白音华露天煤矿投入了使用。

近几年，多种开采工艺综合应用已经成为大型露天矿开采的一种发展模式。例如，我国自行设计、自行组织建设与管理的准格尔矿区黑岱沟露天矿上部黄土采用轮斗挖掘机—胶带运输机—排土机连续工艺；岩石剥离采用吊斗铲倒堆—单斗电铲—卡车间断工艺；下部煤层采用单斗电铲—卡车—半固定破碎站—胶带运输机半连续工艺，成为世界上露天煤矿工艺与设备集大成者。

表土剥离采用轮斗挖掘机—胶带系统，硬岩剥离采用抛掷爆破与巨型吊斗铲倒堆工艺，辅之以单斗电铲—卡车用于剩余硬岩的剥离工程，采煤采用单斗电铲—卡车—半固定破碎站—胶带运输机工艺。这种综合工艺系统充分发挥了各种工艺的优势，取得了很好的经济效益。

（三）开采设备

露天煤矿的主要开采设备是电铲和液压挖掘机。改革开放以来，我国先后引进英国、德国、美国等国家的挖掘机、大型卡车、破碎机。

近年来，我国露天矿在爆破技术和新型炸药研制方面取得了较大进展。在露天矿基建剥离时，成功地进行了万吨级大爆破和数十次百吨级和千吨级的大爆破，掌握了在各种复杂条件下进行松动爆破、抛掷爆破及定向爆破的技术。在炸药加工方面，成功研制出了多胺油炸药、多孔粒状胺油炸药、乳化炸药和防水浆状炸药。

我国露天矿一般采用 $1\sim4.6m^3$ 挖掘机进行采装。对于大型露天矿来说，这种挖掘机规格小，效率低，全年效率一般为 $1\times10^6\sim1.2\times10^6 t$。目前少数大型露天矿采用 $6m^3$ 和 $7.6m^3$ 挖掘机装载，全年效率可达 $4\times10^6 t$ 左右。尤其是露天矿采用的半连续工艺，其工艺系统环节的配合与设备选型、开拓运输方式、破碎机类型、设置及破碎过程参数选择、工艺系统的可靠性等均对半连续工艺系统的经济效益产生影响。因此，优化半连续工艺系统具有重大的经济意义。

露天矿铁路运输采用重 80t、100t 和 150t 重联的电机车和载重 60t 的翻斗车。汽车运输一般使用载重 20~40t 级的自卸汽车。少数矿山使用了 100t 级的电动轮汽车，个别矿山还引进了 170t 的载重汽车。

目前，煤矿使用的电铲最大斗容量已达 76.5m³，在大唐国际锡林浩特矿业公司率先实现使用，与之相配套的卡车最大装载质量达 360t，液压挖掘机最大铲斗容量达 55m³，拉斗铲的铲斗容积达 160m³，轮斗挖掘机日生产能力 2.4×10⁵m³，移动式破碎机破碎能力超过 10 000t/h。

二、井下开采

矿井开采（也称井下开采）条件的好坏与煤矿中含瓦斯的多少成反比，我国煤矿中含瓦斯比例高，高瓦斯和有瓦斯突出的矿井占 40％以上。我国采煤以矿井开采为主，如山西、山东、徐州及东北地区大多数采用这一开采方式。对埋藏过深不适于用露天开采的煤层，可用竖井、斜井、平硐 3 种方法取得通向煤层的通道。竖井是一种从地面开掘以提供到达某一煤层或某几个煤层通道的垂直井。从一个煤层下掘到另一个煤层的竖井称盲井。在井下，开采出的煤倒入竖井旁侧位于煤层水平以下的煤仓中，再装入竖井箕斗从井下提升上来。斜井是用来开采非水平煤层或是从地面到达某一煤层或多煤层之间的一种倾斜巷道。斜井中装有用来运煤的带式输送机，人员和材料用轨道车辆运输。平硐是一种水平或接近水平的隧道，开掘于水平或倾斜煤层在地表露出处，常随着煤层开掘，它允许采用任何常规方法将煤从工作面连续运输到地面。

井下采煤的顺序是对于倾角 10°以上的煤层一般分水平开采，每一水平又分为若干采区，先在第一水平依次开采各采区煤层，采完后再转移至下一水平。开采近水平煤层时，先将煤层划分为几个盘区，立井于井田中心到达煤层后，先采靠近井筒的盘区，再采较远的盘区。如果有两层或两层以上煤层，先采第一水平最上面煤层，再自上而下采另外煤层，采完后向第二水平转移。

（一）采煤方式

现国内煤矿采煤方式有综采、机采、炮采、水采、镐采等，机械化水平有高有低。机械化水平高的有：厚及特厚煤层综放开采、大采高综采、中厚及薄煤层综采，使用这些采煤工艺的采煤工人一般只操作机械手把、扳手，甚至电脑鼠标等，不用铲子，也不用收集碎块，机械自动收集；机械化水平低一点的有：高档普采，这种采煤方式用割煤机割煤，不但要工人用铲子清掏浮煤，还要抱单体支柱，体力劳动强度大；机械化水平更低一点的有：炮采、水力采等，这种采煤方式需要人工打眼、人工持枪，不但要工人用铲子清掏浮煤，还要抱单体支柱，体力劳动强度大；机械化水平最低的有：风镐采、手镐采等，这种采煤方式，要人工用风镐或铲子挖，同时还要工人用铲子清掏浮煤，抱单体支柱，体力劳动强度最大，基本没有机械。

（二）采煤方法

目前，世界主要产煤国家使用的采煤方法很多，总的可划分为壁式和柱式两大类采煤法。壁式采煤法的特点平行于煤壁方向运出工作面；柱式采煤法的特点是煤壁短，呈方柱形，同时开采的工作面数较多，采出的煤炭垂直于工作面方向运出。我国多采用壁式采煤法开采煤层。

由于我国特殊的地质条件和煤层赋予情况的多变性，常用采煤方法主要为走向长壁采煤法、倾斜长壁采煤法、倾斜分层长壁下行垮落采煤法、长壁放顶煤采煤法、急斜煤层采煤法和柱式体系采煤法。

1. 走向长壁采煤法

走向长壁采煤法是工作面沿走向推进的采煤方法。这种采煤法技术简单，应用成熟，适用性广泛，是我国开采缓斜、中斜煤层应用最广泛的方法。根据机械化应用程度可将其划分为普通机械化采煤法和爆破采煤法。爆破采煤法也叫炮采法，是较为传统的开采方法。该方法的工艺流程为人工装煤、打眼、放炮等，同时还具有人工装煤、爆破放煤、机械运煤的特点。在进行爆破采煤时，爆破工作面的环境有了很大改善，对于工作人员的安全保障也有了很大的提升，并且在工作时还配备了现代的机械设备，使得采煤人员的劳动能力有了很大的缓解。普通机械化采煤法也叫普采法，是在爆破采煤的基础上，应用采煤机来完成装煤与放煤，这样就大大提升了采煤的机械化，并降低了采煤工人的劳动力，不过在运煤与顶板支护等工艺上仍然采用了传统的运煤和支护的方法。

2. 倾斜长壁采煤法

倾斜长壁采煤法是工作面沿倾斜推进的采煤方法。这种采煤法巷道布置简单，巷道掘进和维护费用低，投产快，运输系统简单，占用设备少，运输费用低，通风线路简单，通风构筑物少。但分带斜巷内存在下行通风问题，长距离倾斜巷道使掘进、辅助运输和行人比较困难。在开采区域内不受走向断层影响，工作面足够具有连续推进长度的条件下，倾斜长壁采煤法适用于煤层倾角小于 $12°$ 的煤层。倾斜长壁采煤法的突出优点就是在矿井允许的地质条件下，可以不需要布置上山与下山的采煤巷道，这样就减少了建矿前期的成本，还可以缩短建矿工期时间，使其尽早投入生产。从整个采煤工艺来看，倾斜长壁采煤法具有以下特点：①有利于煤矿中的排水。在采煤时，地下水可以沿着巷道自动的流到采空区内，在工作面上不会产生积水，大大改善了工作面上的工作环境。②有利于巷道的支护作用。在采煤时，在工作面上受到了采煤层倾斜倾角的影响，巷道顶板的岩层就会向采空区施加分力，在分力的作用下巷道顶板的岩层向着采空区发生移动，使其产生拉力作用，而这样就对顶板支护工作很有利。③对于倾斜和斜交断层面较多的复杂地质区域，可以划分为较为规则的分带条件时，也可采用倾斜长壁采煤法来进行采煤工作。

3. 倾斜分层长壁下行垮落采煤法

倾斜分层长壁下行垮落采煤法为厚煤层沿倾斜面划分分层的采煤方法，其有效地解决了近水平、缓斜及中斜厚煤层开采时的顶板支护和采空区处理问题，有利于在此类煤层条件下实现安全生产，提高资源采出率。但该采煤方法需要铺设假顶，巷道掘进工程量大，生产组织及管理较复杂，防治煤层自燃的难度较大。近年来，随着我国厚煤层放顶煤及大采高开采技术的发展，在一定程度上取代了分层开采。

4. 长壁放顶煤采煤法

开采 6m 以上缓斜厚煤层时，先采出煤层底部长壁工作面的煤，随即放采上部顶煤的采煤方法。长壁放顶煤开采实现了高产高效，巷道掘进率低，工作面搬家次数少，吨煤成本低，对地质条件和煤层赋存条件变化适应性强。

5. 急斜煤层采煤法

急斜煤层采煤法包括以下 7 种方法：①掩护支架采煤法。在急斜煤层，沿走向布置采煤工作面，用掩护支架将采空区和工作空间隔开，向俯斜推进的采煤方法。②伪倾斜柔性掩护支架采煤法。在急斜煤层中，伪倾斜布置采煤工作面，用柔性掩护支架将采空区和工作空间隔开沿走向推进的采煤方法。这种采煤法在层厚变化不大的厚和中厚煤层中应用，取得较好的技术经济效果。③倒台阶采煤方法。在急斜煤层的阶段或区段内，布置下部超前的台阶形工作面，并沿走向推进的采煤方法。④正台阶采煤法。在急斜煤层的阶段或区段内，沿伪斜方向布置成上部超前的台阶形工作面，并沿走向推进的采煤方法。急倾斜煤层的产量在我国煤炭总产量中所占的比重不大，但分布较广。⑤水平分层采煤法。其为急斜厚煤层沿水平面划分分层的采煤方法，是一种开采急倾斜厚煤层高效安全的机械化采煤方法。⑥斜切分层采煤法。其为急斜厚煤层中沿与水平面成 $25°\sim30°$ 的斜面划分分层的采煤方法。⑦仓储采煤法。此法为急斜煤层中将落采的煤暂存于已采空间中，待仓房内的煤体采完后，再依次放出存煤的采煤方法。

6. 柱式体系采煤法

柱式体系采煤法包括房柱式采煤法和房式采煤法。房柱式采煤法是沿巷道每隔一定距离先采煤房直至边界，再后退采出煤房之间煤柱的采煤方法。房式采煤法是沿巷道每隔一定距离开采煤房，在煤房之间保留煤柱以支撑顶板的采煤方法。

（三）采煤工艺

由于煤层的自然条件和所采用的机械不同，完成回采工作各工序的方法也就不同，并且在进行的顺序、时间和空间上必须有规律地加以安排和配合，这种在采煤工作面内按照一定顺序完成各项工序的方法及其配合，称为采煤工艺。在一定时间内，按照一定的顺序完成回采工作各项工序的过程，称为采煤工艺过程。

采煤工艺是煤矿生产的中心，是高产高效矿井建设的核心，煤矿企业生产指标的优劣，除资源条件外，主要决定于所采用工艺的适用性和先进性。因此，采煤工艺的选择必须坚持高产、高效、高安全及煤炭高采率的基本原则，在技术经济实力和煤层地质特征相同的条件下，优先选择综采工艺，其次为普采工艺，最后为炮采工艺和连采工艺。

1. 综采工艺

在井下采煤过程中实现生产工序的机械化就是综合机械化的采煤工艺（简称综采工艺）。其特点主要为高产、高效和安全，但其设备在采购及安装使用中所花费的成本较高，并且对基础管理依赖性较大，所以该工艺的管理水平要求较高，并且要求煤层埋藏的条件也要足够好。生产工序包括割煤、处理采空区、普采工艺、支护工作面及运煤等一系列工艺系统，破煤与装煤是割煤的主要工序，完成工序的主要采煤机有刨煤机和采煤机两种类型，这两种类型都是滚筒式的，滚筒式的采煤机械还可以分为双滚筒式的采煤机与单滚筒式的采煤机。由于采高与煤层顶底板起伏的不断变化，一般情况下可采用调高双滚筒式的采煤机实施割煤，从而大大降低了采煤工作的劳动强度，提高了生产过程的安全性及单产量。所以，综采技术比较先进，是采煤工艺的发展方向。

综采工艺具有高产、高效、安全、低耗及劳动条件好、劳动强度小的优点。但是，综采设备价格昂贵，综采生产优势的发挥有赖于全矿井良好的生产系统、较好的煤层赋存条件以及较高的操作和管理水平。根据我国综采生产的经验和目前的技术水平，综采适用于以下条件：煤层的赋存较稳定，构造较简单，顶、底同脚，煤层倾斜角在50°以下。

2. 普采工艺

普采工艺即普通机械化采煤工艺，是指能够利用采煤机同时完成装煤和破煤工序，使运煤工序实现机械化，并使用单体支柱来支护工作空间的顶板。而支护工序就是该工艺与综采工艺的主要差别，主要通过人工进行。另外，普采工艺需花费较大的体力劳动量，所以无论是从技术经济效果上还是从安全程度上都与综采工艺系统存在较大的差别，但在适应性上综采工艺不如普采工艺。普采面的支架布置方式为错梁直线柱与齐梁直线柱两种，目前比较常用的是错梁直线柱，其特点是用采煤机械同时完成落煤和装煤工序，而运煤、顶板支护和采空区处理与炮采工艺基本相同。

普采面使用单滚筒和双滚筒两种采煤机工作方式。单滚筒采煤机的滚筒一般位于工作面下端头，这样可缩短工作面下缺口的长度，使货量不通过机体下方，装煤效果好。双滚筒采煤机解决了工作面两头做缺口的工作量,有利于工作面技术管理。采煤机有单向和双向两种割煤方式。双向割煤,往返进两刀。中厚煤层单滚筒采煤机常采用单向割煤,往返进一刀,它适合于采高在 1.5m 以下的薄煤层,滚筒直径接近采高、顶板较稳定、煤层黏顶性不强等条件。

普采设备价格便宜,使用成本不高,对煤层的地质变化条件适应性比综采强,工作面的移动和搬迁容易,特别适用于一些没有规则的小型几何形状、短距离的推进工作面中,另外,其操作技术易于掌握,生产组织较为容易,因此,特别适用于中小型煤炭的井下开采,是我国矿井发展采煤机械化的重点。

3. 炮采工艺

利用单体支柱来支护工作空间中顶板的方式称为爆破采煤工艺(简称炮采工艺),即利用爆破方式对工作面进行落煤、机械装煤、人工装煤、爆破,并实现运煤机械化,主要的工序有破煤、运煤、处理采空区、支护及装煤等。在该工艺中装煤较为简单,但支护、运煤及处理采空区等和普采工艺极为相似,其特点是爆破落煤,爆破后人工装煤,机械化运煤,用单体支柱支护工作空间顶板。近年来,采用防炮崩单体液压支柱代替了摩擦式金属支柱,工作空间得到了有效控制,而且工作面输送机装上铲煤板和挡煤板,减轻了工人的体力劳动。

打眼和放炮。落煤要求保证规定的循环进度,工作面平直,不留底煤和顶煤,以减轻对顶板的破坏,降低炸药和雷管消耗。因此,要根据煤层的硬度、厚度、节理和裂脱的发育状况及顶板条件,确定炮眼排列、角度、眼深、装药量、一次起爆的炮眼数量以及爆破次序等打眼爆破参数。

装煤与运煤。炮采工作面大多采用 SGW-40(或 SGW-150)型可弯曲刮板输送机运煤,在摩擦式金属支柱或单体液压支柱及铰接顶梁所构成的悬壁支架掩护下,输送机移近煤壁,有利于爆破装煤与运煤。经历炮采工作后的工作面,往往落下一些煤,这些煤除了在爆破作用下进入输送机外,剩下的均由人工装载。

炮采工作面支护和采空区处理。我国目前部分炮采工作面仍采用金属摩擦支柱和单体液压支柱支护,其布置方式主要有单柱、对柱和密集支柱 3 种形式。最小控顶距应保留 3 排支柱,以保证足够的工作空间,最大控顶距一般不超过 5 排支柱。随着采煤工作面不断向前推进,顶板悬露面积越来越大,为了工作面的安全和正常生产,需要及时对采空区进行处理。由于顶板特征、煤层厚度和保护地表的特殊要求等条件不同,采空区有多种处理方法,但最常用的是全部垮落法。

炮采工艺具有技术装备投资少、适应性强、操作技术容易掌握、生产技术管理比较简单等优点,但是其单产和效率低,劳动条件差,根据我国的技术政策,凡条件不适于机采的煤层,可采用炮采工艺。目前,我国炮采采煤多应用于急倾斜煤层和地质构造较复杂的煤层。

4. 连采工艺

煤房工作面使用连续采煤机完成破煤和装煤,用梭车或可伸缩输送机运煤,采用锚杆支护顶板，使用铲车搬运物料和清理工作面，破、装、运、支等工艺过程全部实现了机械化作业。这种工作面的机械化采煤工艺习惯称为连续采煤工艺（简称连采工艺）。实践证明，连采工艺作为综合机械化采煤的一种补充，在适宜的条件下，能够为整个井下采煤工作带来很大的技术经济效果。

连采工艺特点是采用5~7m的煤房将待采煤层切割成正方形或长方形煤柱，煤柱宽度由几米至二三十米。采煤在煤房中进行，视顶板条件可回收部分煤柱。连续采煤机采煤实行掘采合一，分为煤房掘进和回收煤柱两个阶段。一般需要2~5条煤房同时交替掘进，煤房顶板采用锚杆支护。当区段内的煤房全部掘完时，采煤机开始后退式回收煤柱。煤柱回收方式较多，具体可根据煤柱尺寸和围岩性质条件确定。回收煤柱后，顶板自行垮落。

连采工艺的主要优点是投资少、出煤快、适应性较强、机械化程度高、效率高、安全性好等，但其通风条件差，煤炭资源回收率较低。连续采煤机房柱式开采对煤层地质条件要求较高，主要适用于以下条件：开采工作深度较浅、煤质硬度不高、开采技术简单、地质结构简单及煤层倾角应在15°以内。开采深度较浅，构造简单，煤质中硬或硬，开采技术条件简单，煤层倾角不超过15°的薄及中厚煤层。近水平煤层最为适宜，但其采出率较低，不适用近距离煤层群开采。从近几年我国连采工艺的应用情况来看，该方法作为大中型矿井的辅助采煤方法为宜。

总之，由于开采条件和煤矿所有制的多样性以及地区资源赋存条件和经济发展的不平衡，目前我国长壁工作面应用的采煤工艺主要有炮采工艺、普采工艺和综采工艺3种，其中综采工艺是采煤技术发展的方向。国有重点煤矿以综采为主，地方国营煤矿以普采和炮采为主，而乡镇煤矿则以炮采为主。

（四）采煤设备

井工矿的主要综采设备是三机一架，即采煤机、刮板运输机、掘进机以及液压支架。在长壁采煤中，用到的机械主要有两类，分别是刨煤机和采煤机。

第二节　煤炭开采的生态环境影响

我国是一个产煤大国，煤炭产量居世界首位，煤炭也是构成我国能源总体结构的主体（占全部能源的70%以上），其开采量占全国矿山开采量的90%以上。丰富的煤炭资源给社会经济带来了巨大效益，但煤炭的过度开采使土地资源和生态环境受到了极大破坏，因过量或不合理的开采、挖掘等煤炭生产导致的土地挖损、塌陷、压占、破坏等引发的经济损失和生态破坏，如空气污染、水体污染、土壤污染和土地荒漠化等一系列问题，对公众的安全、健康、生命、财产和生活都造成了很大的危害，严重影响了社会经济的可持续发展。

一、煤炭开采的环境危害

煤炭露天开采以剥离挖损土地为主，显著地影响土地耕作和植被生长，改变地貌并引发景观生态的变化；煤炭地下开采需要开掘大量的岩石巷道，煤炭开采过程中形成的巷道和采空区，引起顶板和围岩的垮落和下沉，进而造成地表沉陷，导致农田、建筑设施的损坏。采煤塌陷还会引起丘陵、山地等发生山体滑落或泥石流，并危及地面水体、建筑物及铁路与公路的安全。煤炭地下开采造成岩层移动破坏，引起岩层中水与瓦斯的流动，导致煤矿瓦斯事故与井下突水事故；煤炭开采形成的大量堆积在地面的矸石，既占用良田，又造成环境污染。随着我国矿井开采深度的不断增加，矿山压力显现及冲击地压等动力灾害发生的频次增加，强度增大，危及矿井的安全生产，同时煤矸石发热自燃产生大量的 SO_2、CO_2、CO 等气体，严重污染大气环境，也损害了周围居民的身体健康。

煤矿开采对水资源的破坏和污染是很严重的，尤其是在我国。我国是世界上人均占有水资源量较低的国家，且水资源分布极不平衡，从含煤地区分布看，富煤地区往往也是贫水地区。全国 91 个国有重点煤矿中有 75% 的煤矿缺水，其中 44% 的煤矿严重缺水。煤矿开采过程中破坏了地下含水层的原始径流，地下水大量排出，造成区域含水层水位下降，形成大规模地下水降落漏斗，直接影响到区域水文地质条件。开采产生的地表变形往往影响到地表水体，从而使部分沟泉水量减少甚至干涸，严重影响了当地居民正常的生产生活。例如，神华集团有限责任公司的补连塔煤矿，矿井排水引起了地下水位大面积下降，造成补连河干涸；大柳塔煤矿采空区塌陷和矿井排水造成了大面积沙柳等草木枯死，土壤沙化。另外，开采还会造成地表及地下水污染。矿井水中普遍含有煤粉、岩粉悬浮物及可溶性的无机盐类，开采煤炭过程中，由于排水处理费用高，造成大部分污染水未经处理就排掉，对地面水、地下水以及周边的水系造成了污染，破坏了地下水资源，矿区生产造成的水污染已成为影响人民生活和当地经济可持续发展的重要因素。

（一）地质地貌环境危害

据统计，目前全国经采矿活动破坏的土地面积达 $4 \times 10^6 \, hm^2$，其中，露天采场、排土场和尾矿场占 70% 左右，而且每年平均增加近 $2 \times 10^4 \, hm^2$。煤炭生产不仅压占大量土地，而且使煤层上部岩层下沉变形，影响到地表、山体、斜坡的稳定性，导致地面塌陷、开裂、崩塌和滑坡等地质灾害发生。

1. 占用和破坏大量的土地资源

目前，我国大部分露天矿均采用外排土场方式开采。一般而言，露天采矿所占用土地面积相当于采矿场面积的 5 倍以上。据不完全统计，露天矿每开采 1 万 t 煤要挖损土地约 0.1 hm²，外排土压占的土地是挖掘土地量的 1.5～2.5 倍。露天矿正常生产后，每采 1×10^4 t 煤，排土场压占土地 0.04～0.33hm²，平均压占 0.16hm²。目前，我国露天外排土场压占土地面积达 1.63×10^4 hm²。

采煤排放大量煤矸石，煤矸石排出量为原煤的 15%～20%。以排矸量占原煤生产的 20% 估算，每年新增加的煤矸石有 3×10^9 t 以上，除综合利用约 6×10^7 t 外，其余部分就近混杂堆积储存。据有关统计资料，全国工业固体废弃物最多的为煤矸石，全国历年累计工业固体废弃物约 6×10^{10} t，其中煤矸石约 1.2×10^{10} t，每年全国工业固体废弃物排放 5×10^9～6×10^9 t，其中煤矸石有 1 亿多吨。矸石堆存于地面，破坏大量土地资源。据统计，全国有煤矸石山 1900 座，储有 3.8×10^8 t 煤矸石，占地约 2×10^4 hm²。历史遗留下来的矸石堆仍占用大量的土地。我国现有国营矿山企业 8000 多个，个体矿山 23 万多个。我国矿区破坏土地面积累计达 2.88×10^4 km²，并且每年以大约 467km² 的速度增长，进一步加剧了我国人多地少的矛盾。

煤矸石堆多位于井口附近，紧邻居民区，侵占大量耕地、林地、居民用地和工矿用地，是我国积存量和年产生量最大、占用堆积场地最多的工业废物。从区域上来看，压占破坏土地的特征如下：东北、华南、西南压占用林地的比例高于耕地和草地；西北地区压占的草地面积远高于耕地和林地的面积；而长江中下游地区，耕地占用的比例较高。华南、西南露天开采占用土地大于地下开采占用土地，而东北、华北内蒙古地区、西北青藏地区、长江中下游地区地下开采占用的土地大于露天开采占用的土地。

2. 地表塌陷

当岩层深处的煤层被采用地下开采方法开采挖空后，上覆岩层的应力平衡被破坏，导致上岩层的断裂塌陷，甚至地表整体下沉。塌陷下落的体积可达开采煤炭的 60%～70%。目前，全国煤炭开采引发的大面积塌陷区累计破坏土地面积约 1.15×10^5 hm²（占全国土地破坏面积的 10%），并且每年煤矿损毁的土地面积还在以 7×10^4 hm² 的速度飙升。地表沉陷后，较浅处雨季积水、旱季泛碱，较深处则长期积水会形成湖泊；塌陷裂缝使地表和地下水流紊乱，地表水漏入矿井，还使城镇的街道、建筑物遭到破坏。目前，主要由地下开采造成的采空区塌陷对土地资源的破坏在采矿中占有重要的地位，大量的煤矿采空区成为潜在的地面塌陷危险区。据不完全统计，露天矿平均每开采 1 万 t 煤，地表塌陷 0.2hm²。我国煤炭地下开采历年塌陷土地总量在 6.6×10^5 hm²，露天开采挖损与压占土地总量在 4.5×10^4 hm² 左右。由于开采地表塌陷造成我国东部平原矿区土地大面积积水、受淹和盐碱化，不仅使区内耕地面积急剧减少，而且加剧了人口与土地、煤炭与农业的矛盾；西部矿区的地面塌陷加速了水土流失和土地荒漠化，如彬长矿区的彬县、旬邑、长武三县是陕西省水土流失重点县，矿区1270km² 的土地水土流失面积占81.4%。同时，采煤引起的地表塌陷还诱发山体滑坡、崩塌和泥石流等自然灾害，严重破坏了矿区的土地资源和生态环境。矿区的地表塌陷对地面的建筑物、道路、铁路、桥梁和输电线造成不同程度的破坏，特别是在村庄稠密的平原地区，由于土地塌陷造成村庄破坏致使人口迁移，一般每生产1×10⁷t 煤炭需迁移约2000人。有资料报道，安徽省淮北矿区建矿以来累计塌陷土地1.17×10⁴hm²，每生产1万t煤塌陷土地0.3～0.36 hm²，塌陷最大深度有的地方可达10m，万吨征地率为0.28 hm²。淮北煤矿塌陷区，塌陷湖水的pH一般在8.2～8.6，碱性较大，加之地下水位较高，土壤次生盐渍化现象普遍。因此，东部矿区采煤塌陷对优质农田的破坏已成为矿业与农业、甚至区域可持续发展的突出矛盾。例如，北京市门头沟区王坪煤矿总的采空面积为全乡面积的33%，即8.151km²。而北岭地区的采空区因国矿采煤及乡办小煤窑所造成的地表塌陷、错动、下沉使地貌变形，破坏了梯田及坡面植被，进一步加剧了水土流失。

塌陷区破坏程度在不同的地域表现不同。在我国西北、东北和华北的大部分丘陵山地，塌陷后地形地貌无明显变化，不积水，塌陷影响小，有局部渗漏和裂缝。黄河以北的平原地区，因地下水位较深，年降雨量较少，塌陷后只有一小部分积水。塌陷对耕地的影响较大，约有2/3的面积因地面变得坑洼不平而使耕地不同程度减产，且有1/3面积的耕地绝产，如开滦煤矿就属此类。淮南、淮北、大屯、徐州等地势平坦，潜水位高，为我国粮棉重点产区的黄淮海平原，塌陷后大部分地面常年积水或季节积水，除塌陷区的边缘可耕种外，大部分因沼泽化而减产。

3. 地质灾害

地质灾害主要有以下两种：①矿震。由于"房柱式"和"刀柱式"等传统采煤方法的长期使用，形成了大范围的采空区，且短时间内不会冒落，但随着时间的推移，终将发生垮塌，引发矿震，对井下及地表极易造成突然性的破坏。根据陕西地震信息网资料，2013年1～11月，榆林矿区共发生10次地震，均发生在神木县境内，其中3次因地面塌陷引起。②边坡失稳。榆林矿区黄土边坡一般较陡，有的如直立峭壁，地层结构遭到破坏后，极易引发边坡失稳，黄土具有湿陷性，水和附加载荷将进一步引发崩塌、滑坡、错落、泥石流等危害。矿区降水量年际、年内起伏较大，主要降水集中在6～9月，可占全年降水量的75%，其中7～8月可占55%，且多以暴雨的形式出现，具有突发性，为泥石流的发生提供了条件，而崩塌、滑坡所形成的大量松散土体则进一步加剧了泥石流危害（郭坤，2014）。

4. 地层表面破坏

当接近地表的煤层采用露天开采方法开采时，先挖去某一狭长地段的覆盖土层，采出剥露的煤炭，形成一道地沟。然后将紧邻狭长地段的覆盖土翻入这道地沟，开采出下一地段的煤炭，依次类推，其结果是平原采煤后矿区地表形成一道道交错起伏的脊梁和洼地，形如"搓板"；丘陵采煤后出现层层"梯田"。露天煤矿开采后使植被遭到破坏，地表丧失地力。地面被污染，水土流失严重，整个生态平衡被打破。

煤矸石露天堆放对环境造成了巨大的影响和危害，带来了严重的环境污染，是矿区生态环境的主要污染源之一。煤矸石一般露天堆放，经长期日晒、雨淋、风化、分解、氧化自燃等物理化学作用，产生大量的酸性水或携带重金属离子的水，下渗损害地下水质，外流导致地表水的污染。近 1/3 的煤矸石由于黄铁矿和含碳物质的存在发生自燃，产生有害气体，严重污染环境。煤矸石堆放不仅对矿区的自然景观造成一定的影响，有时会产生滑坡和泥石流现象。露天堆放的煤矸石所产生的一系列环境问题如图 1.1 所示。

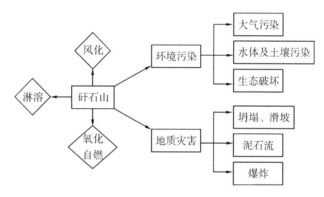

图 1.1　煤矸石露天堆放引起的环境及生态问题

5. 矸石山崩塌和滑坡

煤矸石是煤矿生产过程中产生的固体废弃物，我国矸石山多为大量粒径不等、形状不同的颗粒以不同的排列方式自然堆积而成，煤矸石堆自然安息角为 38°～40°，结构疏松，在本质上说是不连续的，为散体材料。同时，受煤矸石中碳组分自燃、有机质灰化及硫分离解挥发等作用，矸石山的稳定性普遍较差，在人为开挖和降雨淋滤作用下，极易失稳发生崩塌、滑坡。近年来由矸石山引发的事故时有发生，2005 年 5 月 15 日平顶山煤业集团四矿矸石山发生自燃崩塌，造成附近 18 间居民房不同程度受损，123 人受伤；同年 6 月 5 日重庆市一煤矸石山因下雨造成滑坡，一次夺去 5 条生命。黄土高原沟壑区和山区煤矿大都直接将煤矸石堆于沟谷中，成为泥石流的物质源，一旦山谷中形成较强的径流条件，即可能形成泥石流灾害。矸石山灾害已成为矿区主要的地质灾害之一。

6. 矸石山爆炸

煤矸石一般含灰分 70%～80%，发热量为 3350～6280kJ/kg，当含硫较高且

长期存放，其内部经过一系列的化学变化，产生高温而发生爆炸，其反应式为

$$C+H_2O（赤热）\longrightarrow H_2+CO \tag{1.1}$$

在标准状况下，式（1.1）中反应 1 kg 的水产生 $1.24m^3$ 的 H_2 和 CO 气体，大量的气体产生使体积迅速膨胀。气温越高，体积越大，而煤矸石山内空隙有限，孔道狭小，大量的气体不能及时释放，导致气体压力急剧增加则极易产生爆炸，并引起崩塌、滑坡，形成连锁灾害。另外，煤矸石堆在受到爆炸震动后，还经常导致滑坡，煤矸石山爆炸等灾难，危及附近居民的安全。矸石山爆炸也是我国煤矿常见的地质灾害。

7. 破坏自然景观

煤矿开采过程中不仅剥离表层土，造成岩体裸露，破坏原有山体景观，而且巨大且裸露的矸石山严重影响矿区自然景观。在煤矿普遍分布的地区，尤其是在以平原为主的地区，长期堆积黑灰色或黑褐色煤矸石所形成的矸石山严重影响自然景观。且随着风蚀扬尘，矸石尘埃着落在建筑物和植被、树木上，使其失去原来色调，以致矿区环境极不雅观。尘埃还会降低空气的清洁度和地面的光照度，使矿区空气浑浊不清，严重影响人们的生活和植物的生长。地下开采造成的采空区易引起地面塌陷，造成地面建筑、道路等设施变形破坏，直接影响区域生态景观价值。

（二）土壤环境危害

1. 土壤侵蚀

采煤塌陷地对土壤的影响主要是由地表倾斜和拉伸变形引起的。地表变形引起的土壤侵蚀，一方面减弱和改变了土壤的持水能力和通气状况，影响了土壤中有机物和矿物质的分解、淋溶和沉积，土壤胶体对离子的吸附交换，土壤酸碱中和及土壤氧化还原等作用的进行；另一方面，破坏了微生物适宜的生活环境，从而减少了土壤中的腐殖质含量，使土壤保水能力变差，养分流失，土壤肥力下降，土质恶化，进而影响到土壤对农作物的养分供应，使农作物产量减少。

2. 土壤层结构丧失

煤炭开采占用大量的土地资源，同时对被占用土地资源的理化性质和生产力造成严重的破坏，特别是表土层的丧失或性质的改变，使土壤失去永续利用的价值。并表现出以下明显的区域特征。在地处干旱、半干旱地区的华北内蒙古区、西北青藏区，生态环境本身就脆弱，强烈的采矿干扰使生态破坏在一些地区达到了几乎不可逆转的境地，表现为土壤的风蚀和土地的荒漠化，使土壤层结构丧失。例如，典型的区域有晋、陕、蒙接壤区煤炭资源开发形成所谓的"黑三角"。在华南、西南、长江中下游湿润地区，煤炭开采对土壤破坏最主要的形式是引起水土流失和流域性的酸性废水污染，对矿区附近的农林业发展构成威胁。

3. 土壤污染

煤矸石等矿山固体废渣经雨水冲刷和淋溶后，极易将其中的有毒、有害成分渗入土壤中，造成土壤的酸碱污染和重金属污染。煤矸石中主要的重金属元素为 Zn、Pb、Cu、Cd 等，在长期的淋溶过程中，煤矸石中的重金属不断向周围土壤迁移、富集，进入土壤的重金属大部分停留在土壤表层，并通过植物根系的摄取而迁移进入植物体内，再通过食物链进入人体。在干旱地区或旱季，煤矸石堆排放大量粉尘，在雨季，由于煤矸石风化产生的酸性物质被雨水淋溶，造成水体和周围土壤的酸污染和重金属污染。

（三）水文环境危害

1. 矿井酸性排水

煤炭中通常含有黄铁矿（FeS_2），与进入矿井内的地下水、地表水和生产用水等生成稀酸，使矿井的排水呈酸性。此外，矿区洗煤过程中也排出含硫、酚等有害污染物的酸性水。大量的酸性废水排入河流，致使河水污染。

2. 地下水位下降

矿区塌陷、裂缝与矿井疏干排水有关，使矿山开采地段的储水构造发生变化，造成地下水位下降，井泉干涸，形成大面积的疏干漏斗。在高潜水位地区，地表塌陷能够引起地下潜水位相对上升而接近或超出地表，产生永久性积水和季节性积水，从而影响农业生产。大柳塔地区开采后产生塌陷坑及大量地裂缝，塌陷坑最大深度 6.49m。由于地面塌陷、沉降的影响，造成了水位下降。在神府矿区，煤炭开采区地下水位下降严重，某大型矿井开采前有一个观测钻孔，水位标高 1258m，开采后很快下降了 8m 多，沙层中已经没有水。由于陕北地区的河流主要靠沙层水补给，大量的开发，引起河流补给量的减少造成河流的干枯断流。

3. 水资源污染

矿坑水、煤矸石淋溶水中含有 Cr、F、As、Pb、Cd 等微量元素，对矿区周边的地下水、地面水造成一定程度的污染。尤其是 Pb、Cd、Cr 等重金属离子，能在环境中蓄积于动植物体内，对人体产生长远的不良影响。煤矸石除含有 SiO_2 和 Al_2O_3 以及 Fe、Mn 等常量元素外，还有其他有毒微量重金属元素，如 Pb、Cd、Hg、As、Cr 等。煤矸石在露天堆放过程中，经受风吹、日晒和雨淋等风化剥蚀作用，被雨水淋溶后其中的部分有毒重金属元素被溶解，并随雨水形成地表径流进入土壤、地表水体或浅层地下水体，造成土壤、地表水或地下水的污染。其污染程度则取决于煤矸石中这些元素的含量、淋溶量的大小以及煤矸石的堆存时间。矸石山的自燃和淋溶污染是导致矿区生态污染的主要原因。煤矸石堆放区周边区域往往树木枯萎，农作物严重减产甚至绝收。煤矸石燃烧产生的 SO_2，经过风化及长期淋溶作用，形成硫酸或酸性废水，同时离解出各种有毒有害元素渗入地下，地表水体及浅层地下水受污染，形成淋溶酸性水，破坏水环境，影响居民的正常饮水。

4. 造成供水紧张

煤炭开采除了造成采空塌陷外，还危及地下水资源，加剧缺水地区的供水紧张程度。煤炭开采过程中的矿井水、洗煤水和煤矸石淋溶水等未经完全净化就被直接排放，对四周水环境造成了严重的污染。随着煤炭开采强度和延伸速度的不断加大，矿区地下水位大面积下降，使缺水矿区供水更为紧张，以致影响当地居民的生产和生活。另外，大量地下水资源因煤系地层破坏而渗漏矿井并被排出，这些矿井水被净化利用的不足 20%，对矿区周边环境又造成了新的污染，严重影响了社会经济的可持续发展。同时，地下水位的严重下降，也使区域内的作物大面积减产，抗御自然灾害能力下降，严重危害农业生产。

（四）空气环境危害

1. 粉尘飞扬

煤炭的开采、装卸、运输过程中，难免有大量细小的煤灰、粉尘飞扬，使矿区空气中的固体颗粒悬浮浓度增大，严重危害人体健康及矿区生态环境。开采出来的煤堆或地壳煤层经常会自动地缓慢燃烧。煤炭的自燃不仅浪费有价值的资源，而且释放一氧化碳、硫化物等有害气体，严重污染空气。煤矸石露天堆放会因风化产生扬尘影响周围的大气环境。研究结果表明，煤矸石露天堆放产生的扬尘有以下规律：扬尘量与风速呈正比，在相同的风速下，扬尘量的大小与物质的粒度、质量和破碎状态有关。煤的粒度、质量和块度较小时，煤粉多，易被吹扬，反之，吹扬量较少。另外，矸石山的扬尘量与装卸活动也有关，卸矸时扬尘量大，平时场尘量小。矸石山对环境扬尘污染的影响范围一般不超过 $1km^2$。

2. 煤矸石氧化自燃

煤矸石中含有残煤、碳质泥岩和废木材等可燃物，其中碳、硫可构成煤矸石自燃的物质基础。煤矸石野外露天堆放，日积月累，矸石山内部的热量逐渐积蓄。当温度达到可燃物的燃点时，矸石堆中的残煤便可自燃。自燃后，矸石山内部温度为 $800\sim1000℃$，使矸石融结并放出大量的 CO、CO_2、SO_2、H_2S 和 NO_x等气体，其中以 SO_2 为主。产生的粒径 $<10mm$ 的浮尘，不仅使大气能见度降低，还参与光化学烟雾的形成，是导致大气污染的主要原因之一。一座矸石山自燃可长达十余年至几十年，严重影响排矸场周围的大气环境质量。这些有害气体的排放，不仅降低矸石山周围的环境空气质量，影响矿区居民的身体健康，还常常影响周围的生态环境，使树木生长缓慢、病虫害增多，农作物减产、甚至死亡。例如，铜川市由于煤矸石自燃产生的 SO_2 量每天达 37t。矿区大气污染使附近居民慢性气管炎和气喘病的患者增多，周围树木落叶，庄稼减产。

3. 噪声污染

煤矿区地面及井下各种噪声大、震动强烈的设备多，如空气压缩机、风机、凿岩机、风镐、采煤机。根据对华北一些煤矿的调查测试，90dB 以上的设备占 70％。其中，90～100dB 的占 45％，100～130dB 的占 25％。因此，矿山机械噪声被认为是矿区声环境污染的首要原因；另外，伴随着煤矿的不断发展，煤矿与外界的联系日益密切，车流量不断增加、载货汽车的吨位不断提高，交通噪声逐渐成为矿区噪声污染的又一主要原因。

4. 辐射污染

煤矸石中的放射性元素主要是铀 238、钍 232、镭 226、钾 40。据研究报道，煤矸石中的天然放射性元素均高于原煤和土壤中的相应数值。依据《中华人民共和国放射性污染防治法》、《中华人民共和国建筑材料放射卫生防护标准》（GB6566—2000）和《建筑材料产品及建材用工业废渣放射性物质控制要求》（GB6763—2000）中的有关规定，一般情况下煤矸石不属于放射性废物，而属于一般工业固体废物。煤矸石即使 100％用于建材制品，也满足有关放射性限制标准和卫生防护限制规定。

（五）生态植被危害

煤矿区森林植被的破坏主要是由于矿山工业广场的建设、矸石堆放、开山修路、地面塌陷、滥砍滥伐及地下水位下降等引起，其中以滥砍滥伐和人类工程活动破坏面积最大。例如，陕西省黄陵矿区，因滥砍滥伐已有 $1533～3667hm^2$ 的森林受到不同程度的破坏，使森林中的乔木减少、灌木增多，覆盖率下降 20％～30％。仅开凿修路工程就已造成 $80～100hm^2$ 森林植被遭到破坏，而这种破坏仍随矿区的开发建设而加剧。

我国是采煤塌陷大国，目前采煤塌陷现象日益严重，由于采煤塌陷使得矿区植被遭受不可逆转的创伤，采煤对植被产生的影响严重而深远。采煤塌陷对植被的主要影响如下。

1. 植被景观遭到破坏

通常一个矿区在开采前都是被植被覆盖的山体，一旦经过开采，发生采煤塌陷，表面覆盖的植被根部被拉扯、拉断，直接导致植被枯萎死亡，植被减少（Toomik and Liblik，1998）。有关研究表明，煤炭开采造成的地表沉陷、地表植被景观破碎及隔离程度严重，原有的稳定态景观格局被打破并且难以恢复，塌陷区沙蒿死亡率比非塌陷区高出 16％。植被生长状况和不同塌陷强度呈负相关，塌陷强度越小，植被生长状况越好，反之则生长状况不良；植被死亡率随着塌陷强度的减小而减小，随着塌陷程度越来越严重，矿区景观格局逐渐被改变。

2. 采煤塌陷造成季节性积水，破坏植被生长

当采煤塌陷程度较大时，潜水位相对上升（张锦瑞等，2007）。由于雨季大

气降水汇集到塌陷处，造成地表低陷处出现季节性积水，抑制植被根系呼吸，影响植被对水分和养分的吸收，加之雨季过后，地表低洼处积水消失，加速土壤盐渍化进程，更加破坏植被生长。

3. 采煤塌陷造成地表常年积水，陆生生态系统遭到破坏

当采煤塌陷程度极大时，地下水位高出地表，地下水将长期露出地表，淹没地表植被，地表土壤含水量接近或达到饱和，致使土壤中缺乏空气，阻碍植被对氧气和土壤养分的吸收，抑制根系生长，造成植被死亡，正常的陆生生态系统完全消亡，将转为半封闭性的沼泽或者水生生态系统。

4. 地下水位下降，影响植物生长

地下水是处在一个不断运动、发展和交替的过程中，但是由于煤矿开采的扰动以及违背客观规律的矿井疏排水，采矿后发生冒落和塌陷，破坏了地下水的径流平衡，改变了地表水径流和汇水条件，使得地下水位大幅度下降，地表水系流量减小，甚至干涸。另外，采煤塌陷产生的裂缝使得地表潜水沿着裂缝逐渐下渗，间接地通过地下水影响植被的生长，并且这种影响是长期的。张茂省等（2008）指出，影响植被生态的地下水位阈值为：水生植物的临界水位埋深为0.2m，土壤盐渍化的极限水位埋深为1.2m，当地优势植物适生的水位埋深区间为1.2~3.8m，中生植物能够生存但长势较差的水位埋深区间为3.8~7.0mm，仅旱生植物和靠灌溉才能生存的植物的水位埋深>7.0m。草本植物的根系基本分布于土层1m以内，该类植物的生长主要靠大气降水；主要灌木和草本植物的根系主要分布在土层8m以上的部分，且水平分布较垂直分布发达。如果该地的潜水水位加上毛管上升高度能够达到8m左右，则植物可以利用到潜水，否则该类植物的生长也同样主要利用的是大气降水。杨树等深根性乔木树种根深可达10m以上，主要利用地下潜水，地下水水位的高低决定了其生存与否。可见塌陷对乔木影响显著，基本在塌陷产生后2~3年内批量死亡，对于草本及灌木植被短期影响不显著，从长远看，会造成草本及灌林退化。有研究表明，当地下水位埋深较小时，所有植被的长势都较好，而随着地下水位埋深增加，植被的长势变差或根本无法生存（杨泽元等，2006）。

5. 地表裂缝加速土壤深层水分蒸发，影响植物生长

采煤塌陷导致地表产生裂隙，其深度都在1.5~2.0m。当春季或大风季节，通过裂隙蒸发作用，使土壤深层水分迅速散失，土壤含水量下降（有裂隙的土壤比无裂隙土壤多了两个蒸发面），导致下层土壤含水量低于上层土壤含水量，二者土壤含水量可相差1.5%左右，降低了土壤的抗旱能力，尤其是在干旱年份里，必然影响植被的生长。

6. 地表土沙移动加速水土流失导致土壤沙化，影响植被生长

煤炭开采后形成地表沉陷，会使地表潜水沿裂缝下渗，同时地表会出现更多

的土沙移动，加速水土流失和土壤沙化，不利于地表植被的生长。在我国的干旱半干旱地区，土壤水分来源主要是降水和地下水补给的凝结水，由于地下水过多渗漏损失，降水形式是暴雨，且降水间隔时间较长，风沙土的持水能力较差，造成植物缺水，影响植被正常生长。另外，采煤塌陷导致地表沙土松动，并产生一些大小不等的裂缝，使得裂缝处原有的优势物种受到损伤。原来埋在地下的种子有机会受到光照，从而萌发长成植株。新增物种大多为一、二年生草本，这既抑制了植物种群的竞争势，又为其他物种的入侵和种群扩大创造了机会，从而导致物种组成和多样性发生了变化。有研究表明，采煤沉陷后，植被群落物种组成以及群落优势种发生明显改变，植物多样性提高，但是群落优势层由乔木向草本变化，植物群落发生次生演替现象（周莹等，2009）。

7. 地面变形进一步加剧土壤侵蚀，影响植被生长

采煤塌陷造成了地面变形，尤其在我国西北干旱半干旱地区，进一步加剧了土壤侵蚀，对土壤保持养分和水分的功能造成极大的威胁，减弱了土壤持水能力和通气状况，破坏了微生物适宜的生存环境，减少了腐殖质的分解，在土壤养分流失和养分供应减少的双重压力下，植被必然会生长不良。另外，在一些潜水位较高的地区发生采煤塌陷时，潜水位接近地表，潜水蒸发量增加，加速农田土壤盐渍化过程。土壤发生盐渍化的另一个因素是土壤中无机盐的含量较高。当地表沉陷后，地下潜水位所处深度使得地下水盐分能够补充土壤水盐分时，就可能发生土壤盐渍化。土壤盐渍化进一步加剧土壤的退化，破坏植被的生态环境，影响植被的生长。

二、煤炭开采的生态破坏

由于地貌及自然条件的影响，采矿对土地的破坏呈现出完全不同的形式。煤矿区土地破坏类型基本分为压占、塌陷和挖损 3 类。压占土地包括地下开采的煤矸石排放压占和露天矿山排弃剥离物压占等。其主要特征是破坏景观、污染矿区环境。塌陷主要是地下开采沉陷引起的。塌陷破坏土地的主要特征是下沉、附加坡度和裂缝等。高潜水位矿区由于下沉还引起土地盐渍化和沼泽化，甚至由于积水而完全丧失耕种能力。开采急倾斜煤层或在采深很小或采厚很大的情况下，地表可能出现漏斗状塌陷坑。挖损则主要是露天矿采场的挖损，常导致土壤结构完全破坏，采空区若不采取回填措施，则留下几十米至上百米深的大坑。压占、塌陷和挖损还严重影响区域性的水环境。压占土地的矿山固体废弃物由于降雨淋溶存在污染地下水和地表水体的威胁；塌陷则导致煤层上方含水层破坏或地下水位下降；挖损则使含水层完全破坏。煤炭开采对环境的主要破坏形式如下。

（一）崩塌

斜坡上的岩屑或块体在重力作用下，快速向下坡移动称为崩塌。崩塌多发生

在坚硬、半坚硬或软硬互层岩、土体中。发生在土体中的为土崩，发生在岩体中的为岩崩。崩塌坡面坡度一般大于55°，产煤矿区人为活动如扰动岩土层、构筑人工边坡等，破坏了岩土原有的平衡状态，加剧了崩塌或产生新崩塌。

采煤最直观的影响即是采煤塌陷。采煤塌陷是指地下煤层采出后，采空区围岩体内原有的应力失去平衡，出现应力集中现象，经过一段时间后，集中应力超过岩石的强度时，顶板岩层开始断裂、冒落，形成冒落带。冒落后，上部岩层也随后断裂，在上部岩层发生弯曲。随着采空区的扩大，地表开始移动，形成沉降波，致使地表发生变形、破坏，形成一系列裂缝、塌陷盆地等（张平仓等，1994）。

采煤塌陷是人为引发的地质灾害，我国是采煤塌陷面积最大的国家之一。我国煤炭开采基本以井下开采为主。井下开采形成的采空区易造成地面塌陷，根据调查，每开采1万t煤，沉陷的面积大约有$0.2hm^2$（孟俊等，2009）。塌陷面积一般占井下每天开发区总土地破坏面积的80%以上。白中科等（2006）研究表明，采煤后山西大同塔山矿88.8%土地发生不同程度的塌陷。目前我国因井下开采造成的土地破坏面积已经超过400万hm^2，并且仍以每年3.3万～4.7万hm^2的速度增加，严重破坏了矿区的生态环境。

1. 崩塌的类型

根据引起崩塌的原因，采矿造成的崩塌概括起来有以下4个方面。

（1）采空、挖损引起的覆岩崩塌

在高陡斜坡上下采矿取土、取石、取沙引起覆岩悬垂，失去支撑而崩落，经常危及工矿区生命财产安全。

（2）露天采场边坡的崩塌

露天采场边坡（矿坑壁）陡立，大量埋藏地下的岩层暴露，易形成软硬互层层组，引发崩塌。现代化大型露天矿采、排速度惊人，采坑深达几十米至数百米，日剥离量可达几十万吨，边坡小规模崩塌频繁，有时甚至出现大规模崩塌或滑坡，此种矿山的崩塌与大规模采矿爆破和大型机械振动也有密切关系。

（3）固体废弃物松散堆积体的崩塌

固体废弃物松散堆积体，如露天矿山排土场、矸石山等，组成物质之间松散，常呈非固结或半固结态，堆体与基底之间结合不良，在外部因素的诱发下极易产生崩塌。此外堆置在河岸岸坡上的固体松散物，常因洪水冲刷底部而悬空产生崩塌。大型尾矿坝、储灰场、尾砂场有时也因选择不适，设计考虑不周等原因发生崩塌、坍落。

（4）采空塌陷引起的崩塌

采空塌陷（沉陷）是指地下矿层大面积采空后，矿层上部的岩层失去支撑，平衡条件被破坏，随之产生弯曲、塌落，以致发展到使地表下沉变形。地表变形开始形成凹地，随着采空区的扩大，凹地不断发展而成凹陷盆地（亦称移动盆地）。我国煤矿塌陷地数量大，分布面广，主要发生在平原或盆地的地下开采矿区。采空塌陷的地表破坏形式有以下 5 种。

1）张口裂隙。其是在开采缓倾斜及中倾斜煤层时，地表沉陷盆地外缘受拉伸变形而出现的裂隙，出现的数量及裂隙规模与开采深度、煤层厚度、顶板管理方法、覆岩岩性和产状及其上的松散土层性质有关，一般宽数毫米至数厘米，深数米，长度与采空区大小有关，有些矿区地表张口裂隙组合可成为地堑式裂隙和环形堑沟。

2）压密裂隙。其是在开采缓倾斜至急倾斜煤（矿）层时，由于局部压力或剪切力集中作用的结果，使覆岩及地表松散层产生压密型裂隙。这种裂隙分布较为密集，特别是在软岩层和主裂隙两侧较发育，裂隙开口小、紧闭、长度和深度较大，裂面较平直。

3）塌陷漏斗（塌陷坑）。地下开采浅部矿层时由于开采上限过高，在接近含水松散层时，易引起透水、透砂和透泥，造成地表塌陷，形成塌陷漏斗。在开采急倾斜煤层时，沿煤层露头线附近，也会断续出现一些大小不等的漏斗状塌陷坑。塌陷漏斗在平面上一般呈圆形或椭圆形，在垂直剖面上大都是上大下小的漏斗状；也有少数呈口小肚大的坛状漏斗，其规模不大，小者直径仅几米，大者几十米，深几米至几十米。

4）塌陷槽或槽形塌陷坑。其是在开采浅部厚矿层（煤）和急倾斜矿层时，地表沿矿层走向出现的槽形陷落坑，槽底一般较平坦，或断续出现若干漏斗状塌陷坑。

5）台阶状塌陷盆地。其是在浅部开采急倾斜特厚煤层或多层组合煤层时，地表出现的范围较大的台阶状陷落凹形盆地。这种塌陷盆地，中央底面较平坦，边缘形成多级台阶状，每一台阶均向盆地中央有一落差，形成高低不等的台阶。

采煤塌陷分 3 种。一是浅层塌陷，是指煤层厚度 3m 以下，煤炭采空后地面沉降 2m 以内的采煤塌陷地。地面倾斜，水系破坏，地表无积水，农田排灌设施及农田道路等轻微损坏。二是中度塌陷，是指煤层厚度 3～5m，煤炭采空后地面沉降 2～4m 的采煤塌陷地。地貌特征主要表现为落差较大的斜坡地和季节性积水的塌水坑，农田基础设施和农田道路等全部遭到破坏。三是深度塌陷，是指煤层厚度在 5m 以上，煤炭采空后地面沉降 4m 以上的采煤塌陷地。地貌特征主要表现为少量的陡坡和大面积的常年积水的塌陷坑，生态环境均遭破坏。

地表塌陷按其形态分为两大类。第一类是漏斗状塌陷坑和台阶状断裂，主要由开采浅部急倾斜煤层或开采深度与煤层开采厚度之比<20 的缓倾斜煤层引起。第二类是地面平缓的塌陷盆地，主要由开采深部急倾斜煤层或开采深度与煤层开采厚度之比>20 的缓倾斜煤层引起。塌陷形成过程一般从开始下沉到最终稳定需 1～3 年，地表塌陷最大深度为煤层开采深度的 0.7～0.8 倍，塌陷体积为煤层开采体积的 0.6～0.7 倍，塌陷面积约为煤层开采水平投影面积的 1.2 倍。

2. 塌陷裂缝特征

地下采煤采空后，岩层移动在地表形成的裂缝通常有两种类型。一种为张力裂缝，产生于移动盆地的外边缘，是因地表受张力拉伸造成的。张力裂缝上宽下尖，呈倒三角形，深度较浅，多在地面以下几米即行消失，一般与采空区不起连通作用。另一种为剪切裂缝，裂口两侧产生落差，有时会出现台阶式或小型地堑式的裂开。这些裂缝的出现是有规律的，其位置与井下采空区有相应的对应关系，延展的方向多与采空区边界线平行，成组出现。当地表移动终止时，除某些移动盆地边缘以外，这些裂缝都会逐渐闭合起来。地表裂缝对土壤结构和植被群落具有破坏性的影响。

地表裂缝种类很多，通常有直线型、弧线型、曲线型和分叉型 4 种类型的塌陷方式。

直线型。塌陷地表裂缝平直，延伸方向稳定，整条地表裂缝基本没有发生明显的转折点。主要发育在地势较平坦的丘间或较平缓的迎风坡上，裂缝两侧形成一定的落差。

弧线型。地表塌陷裂缝呈弧线形弯曲，表现为一条有一定弧度的曲线。形成的地貌塌陷类型一般为漏斗状塌陷地貌。

曲线型。地表塌陷裂缝像锯齿一样弯曲转折，但整条地表裂缝朝一定方向延伸，一般在较陡的迎风坡上或背风坡处发育，基本与沙丘坡向延伸方向一致。

分叉型。地表塌陷裂缝发育到一定长度后，然后朝两个不同的方向延伸。这种地表裂缝大都呈弧线型或曲线型。

3. 塌陷侵蚀

塌陷侵蚀是指采空塌陷引起的一系列水土资源的损失和破坏现象，主要表现在以下 5 个方面。

（1）破坏土地资源

目前，我国井工煤矿采煤沉陷损毁土地已达 $1 \times 10^6 \, hm^2$。按我国煤炭开采强度测算，每年还将新增土地沉陷面积约 $2.1 \times 10^6 \, hm^2$。地表塌陷引起一系列的地表变形和破坏，首先表现为对土地资源的破坏，特别是对耕地的破坏；即使连续的大块连片耕地变成分割破碎的耕地，给耕作带来困难；同时造成地表水损失，加剧土地干旱，在平原区，灌溉农田的水利设施破坏，如渠道裂缝、水管拉裂、拉断等，使水浇地变为旱地；在潜水位较高的地区，如黄淮海平原，塌陷区积水能够造成大片农田弃耕绝产。

（2）破坏水资源

塌陷导致地表水渗漏，破坏地下储水结构，改变水文循环系统，引起泉水、河流干枯，地下水位下降或上升，水体污染等水资源和水环境问题。据陕西省治沙研究所研究，当地表破损率≥50%时，土壤水分在整个立体剖面上变化的杂乱无章，整体水分变化在45%左右波动。在1m×1m样方内，60cm以上土壤水分普遍较小，变化在4.3%左右，60cm以下水分逐渐增大到4.9%以上，这是因为当地表破损率达到50%，地表变得支离破碎，形成了很多裂隙和缺口，水分沿塌陷裂隙散失很快，深刻地影响了地表0~60cm的土壤水分，而随着土壤垂深的增加，水分散失相对较小。当地表破损率为20%时，土壤水分在整个立体剖面变化中逐渐增大，整个剖面中平均土壤水分达到5.18%，比50%的地表破损率增大了15.11%。这是因为随着地表破损率的逐渐减小，土壤结构破损相对较轻，形成的裂隙和缺口明显减少，使土壤保墒能力相应得到了提高。从不同层次的水平变化来看，土壤水分等值线相对平缓，其变化基本一致，但随着立体剖面深度的增加，土壤水分逐渐增大。当地表破损率为0%（非塌陷区）时，地表完全没有破损，因此土壤水分有了显著的提高，在整个立体剖面内达到6.20%，比50%和20%地表破损率分别增大了38%和20%。土壤水分在1m×1m样方内，土壤水分变化分为3层，即0~30cm、30~70cm和70~100cm，且随着垂向深度的增加，土壤水分逐渐增大。

（3）破坏植被资源

大范围塌陷不仅导致植物根系拉断及枯萎死亡，而且，地表张口裂缝、塌陷漏斗、塌陷盆地造成地面大量土层松散，加剧水土流失，破坏植物生长环境，在风蚀和荒漠化严重地区，地下水体渗漏损失，严重影响植物生长，甚至招致植被大面积死亡，加剧风蚀和荒漠化。例如，神府矿区，70%的地面均被风沙覆盖，但人工沙生植被生长良好，地下水位高是一个重要原因。塌陷破坏地下水体，降低了地下水位，有些植被生长明显受到影响，甚至死亡。

地下水位的变化对植被群落的影响巨大。一方面，塌陷地表对植被资源有重要的影响。其直接影响是在采煤与建设过程中，人类活动直接作用于植被及其土地上，导致植被破坏或逆向演替。间接影响是由于在采煤和矿区建设过程中使某些环境因素发生变化，导致植被破坏或逆向演替。①土壤旱化。由于地面产生裂隙，其深度都在1.5~2m及以上，当春季或大风季节，通过裂隙蒸发作用，导致土壤深层水分迅速散失，土壤含水量下降，这是因为有裂隙的土壤比无裂隙土壤多了两个蒸发面。导致下层土壤含水量低于上层土壤含水量。据测定，土壤含水量10cm处比100cm处高38.5%左右。降低土壤抗旱能力，尤其是在干旱年份里，危害则更大。②植物位移。沙岩层破坏，风积沙流动性强，下泻进入巷道，由于根系的支撑作用，植物体下降速度与风积沙下降速度不同，导致植物与流沙产生相对位置变化，使植物根系露出地面干枯而死。这是矿区采煤塌陷后地表沉陷导致植被大量死亡的主要原因。③机械损伤。由于在形成裂隙过程中，其力量大于植物根系拉力，把植物根系拉断，植株撕裂，造成机械损伤，致使植物死亡。另一方面，地下水位下降导致植被死亡。煤层开采后以及开采过程中，都将给地面或采空区围岩留下裂缝或将原有裂隙加大，并加大地表水体和地下水体的渗漏，而地下水位深浅对植物群落组成、地貌景观及治理的难易具有举足轻重的作用。因此，煤塌陷对地下水体的破坏，使地下水位降低，无疑会影响植被的正常生长。

（4）加剧水土流失

地表塌陷的形成改变了原地面形态，在平原区造成地表凸凹不平，使塌陷区范围内特别是塌陷坑、塌陷盆地周边水蚀和重力侵蚀加剧。在山区丘陵区，临近沟谷、岸坡的塌陷可诱发崩塌、滑坡，槽状塌陷坑若形成于沟谷两侧，且走向与沟谷平行，必然使沟谷进一步下沉和拓宽，槽状塌陷坑本身也是一种特殊的沟道，流水侵蚀会不断加剧其发育。塌陷发生于特殊区域，会产生一系列连锁危害，如水库渗漏、垮坝引发山洪、泥石流侵蚀。在风蚀地区，槽状塌陷坑若走向与主风向平行，势必导致顺风吹蚀两边塌陷坑壁，形成类似干旱地区的"雅丹"地貌。塌陷破坏水资源和植被资源还会引起固定沙丘向流动沙丘的转化，轻度风蚀区向重度风蚀区的转化。

（5）破坏地面建筑和社会环境

地表塌陷的形成会对地面建筑和社会环境造成严重破坏，如对工业和民用建筑物及其设施、交通运输、电力、通信、名胜古迹等的破坏。

（二）滑坡

1. 滑坡的特征

滑坡是指斜坡岩体或土体在重力作用下，沿某一特定面或组合面（软弱滑动面）而产生的整体滑动现象。滑坡与崩塌的区别在于，滑坡在滑动过程中滑体上的地物和岩土层次虽受扰动和破坏，但仍维持原来的相对位置，而崩塌则是岩土层次受到了彻底的破坏，崩塌坡面陡立，滑坡坡面一般较小。完整的滑坡应由滑坡体、滑动面和滑动带、滑坡壁、滑坡阶地、滑坡舌和滑坡鼓丘、滑坡洼地、滑坡裂缝等要素组成，具有明显的特征。一般滑坡只具备其中几个要素。

2. 滑坡的形成与发育

滑坡形成的关键条件是在水、地质构造、地貌、人为触发等因素的作用下能否形成软弱滑动面或滑动带。一般来说，①松散堆积体滑坡与黏土有关，而基岩滑坡则与千枚岩、页岩、泥岩、泥灰岩、绿泥石片岩、滑石片岩、炭质页岩、煤、石膏等遇水软化的松软地层有关。②地质构造或堆积体下伏层的顺层层面、大节理层面、不整合接触面、断层面（带）的存在与否，岩层构造的倾向和坡向与滑动方向是否一致，直接影响滑坡的形成。③滑动层面的聚水是滑坡形成的重要条件，上部透水、下部隔水或上部渗透性大、下部渗透性小导致层面充水，形成高含水层，为滑坡启动提供了条件。④地貌上的临空面、坡度、斜坡、坡地基部的受冲刷情况也是影响滑坡形成的重要因素之一，如河流凹岸的陡坡部位，滑坡发生频数大。⑤大气降水、地下水位变化、斜坡形态改变、爆破、振动、地震是滑坡发生的诱发因素。一旦滑动面形成，滑动面岩土层的抗剪强度将明显降低，滑体就会在重力作用下沿滑动剪切面滑移，一般要经过蠕动变形、快速滑动、渐趋稳定三个阶段。

第一阶段为蠕动变形阶段，在斜坡内部某一部分因抗剪强度小于剪切力而首先变形，产生微小的滑动。以后变形逐渐发展，直至坡面上出现断续的拉张裂缝。随拉张裂缝的出现渗水作用加强，使裂缝变形进一步发展，后缘拉张裂缝逐渐加宽加深，继而两侧出现剪切裂隙，坡脚附近的土层被挤压，而且显得比较潮湿，此时滑动面已隐伏潜存。这一阶段长的可达数年，短的仅数月或几天。一般说滑坡规模越大，这个阶段为时越长。

第二阶段为剧烈滑动阶段，在这一阶段中滑动面业已形成，岩体完全破裂，滑体与滑床完全分离，滑带抗剪强度急剧减小，处于极限平衡状态。之后随切应力增大，裂缝也加大，后缘拉张土裂缝连成整体，两侧出现羽毛状剪切裂缝并逐步贯通。斜坡前缘出现大量放射状鼓张裂缝和挤压鼓丘。位于滑动面出口处常有浑浊泉水渗出，预示滑坡即将滑动。在促使滑动因素诱导下，滑坡发生剧烈滑动。滑坡下滑的速度快慢不等，一般每分钟数米或数十米，但快速的滑动有的可达每秒几十米，这种高速度的滑坡属崩塌性滑坡。

第三阶段为渐趋稳定阶段，经剧烈滑动之后，滑坡体变形重心降低，下滑能量渐渐减小，抗滑阻力增大位移速度越来越慢，并趋向停止。土石体变得松散被碎，透水性加大，含水量增高，原有层理局部受到错开和揉皱，并可出现老地层超覆新地层现象。滑坡停息后，在自重作用下滑坡体松散土石块逐渐压实，地表裂缝逐渐闭合。滑动时东倒西歪的树林又恢复垂直向上生长变成马刀树。滑坡后壁因崩塌逐步变缓，滑坡舌前渗出的泉水变清或消失。滑坡渐趋稳定阶段可能延续数年之久。已停息多年的老滑坡，如果遇到敏感的诱发因素，可能重新活动，如及时采取措施，可预防老滑坡的复活。

3. 滑坡类型

滑坡类型极为复杂，可按滑体组成物质、滑动面性质、滑体厚度、滑动年代等不同来划分。常见的有以下几种：根据滑坡的物质，可划分为黄土滑坡、黏土滑坡、碎屑滑坡和基岩滑坡。根据滑坡和岩层产状、岩性和构造等，可划分为顺层面滑坡、构造面滑坡和不整合面滑坡等。根据滑坡体的厚度，可划分为浅层滑坡（数米）、中层滑坡（数米到20m）和深层滑坡（数十米以上）。根据滑坡的触发原因，可划分为人工切坡滑坡、冲刷滑坡、超载滑坡、饱和水滑坡、潜蚀滑坡和地震滑坡等。按滑坡形成年代，可划分为新滑坡、老滑坡和古滑坡。按滑坡运动形式，可划分为牵引滑坡和推动滑坡。

煤矿区滑坡属人为扰动地层诱发的重力侵蚀范畴，因此受其所处的区城地质背景、主要地质构造和岩土组成物质的控制。我国西南地区、甘肃、宁夏等一些区域构造活动频繁的地区，工矿区滑坡相当严重。在构造相对稳定的地区，工矿区滑坡发生规模小，危害轻。当然工程建设活动对地层的扰动和滑坡也产生了深刻的影响，不同场所滑坡的类型和危害程度不同，与采煤活动有关的生产建设活动引起的滑坡主要有以下两种。

（1）露天开采引起的采场边坡滑坡

露天矿采场切入地层中，采场面积大，边坡呈台阶状分布。边帮角是根据矿山设计要求确定的，如果设计不合理，就会出现滑坡。采场边坡形成滑坡的重要因素有以下 7 方面：①有软弱或破碎岩层存在，如煤层下泥岩、页岩等，或者基底岩层垂直节理发育，或大断层，有形成滑动面的可能。②地下水和地面水流入滑动面。③边坡底部、周围井工开采的冒落、塌陷。④边坡底部软弱岩层被切断。⑤采场边坡台阶过高。⑥爆破、机械振动的触发。⑦露天煤矿残煤层自燃等。

露天矿采场边坡滑坡按滑动面特征描述可分为以下 3 类：①同类土滑坡，其多见于第四纪表土层中，常呈圆弧滑动，黄土区露天矿采场边坡上部黄土台阶滑动属此种类型为多。②顺层滑坡边坡与岩层倾向基本一致，滑体沿某一软弱面滑动。例如，抚顺西露天矿西端 1979 年大滑坡（图 1.2），就是由于西端帮煤层底板是 40m 以上的凝灰岩，岩层倾向 40°～50°，当边坡下部支撑煤层被采掉，上部就沿凝灰岩下伏煤层滑动，并横切下部凝灰岩，呈平面圆弧滑动。③切层滑坡，其是岩层与滑动面相切，边坡逆岩层滑动。例如，内蒙古平庄西窿天煤矿1983 年 4 月发生的滑坡，就是典型的切层滑坡（图 1.3），主要是上覆玄武岩裂隙水经砂岩渗透到滑体，使滑体底部的页岩泥化而形成。

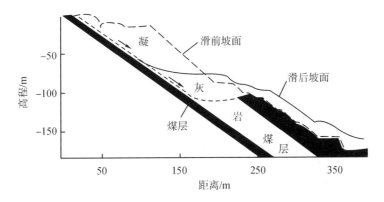

图 1.2 抚顺西露天矿西端帮滑坡示意图

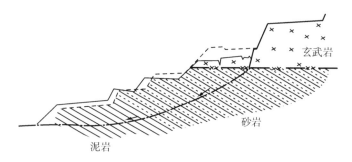

图 1.3　内蒙古平庄西露天矿工作帮第 26 次滑坡示意图

（2）固体废弃物堆置引起的滑坡

在山丘斜坡或采矿台阶上固体废弃物大量堆积，使基底承受荷载增加，在外部因素的触发下，会产生新的滑坡和使老滑坡复活，主要类型有以下 4 种（图 1.4）。

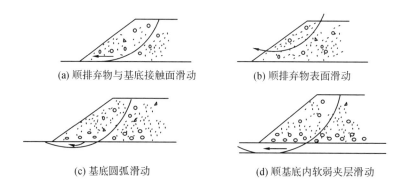

图 1.4　固体废弃物堆积场（排土场）滑坡示意图

1）废弃物堆积体堆置在老滑坡体上，原有的平衡被破坏，老滑体和堆体一起沿地层中存在的古老滑坡面滑动［图 1.4(c)］。

2）废弃物堆积体沿基底面滑动［图 1.4(a)］，这是由于废弃物与基底间摩擦作用弱，而基底岩石强度相对较高所致，滑动常因雨水、地表水等浸润基底面与废弃物面诱发的。

3）沿基底内岩层接触面或软弱夹层滑动。若基底为均质土，可能产生圆弧滑动［图 1.4(d)］。这类滑坡实际上是基底软弱层受剪切而滑动，是基底岩土与废弃物堆积体一起滑动的一种类型。例如，坐落在坡度为 5°～7°基底上，基底为赋存厚度不等的第四纪黄土和第三纪红黏土组成的平朔安太堡露天煤矿南排土场的废弃岩土，在排土场大面积、高强度堆载情况下，在 1991 年 10 月 29 日发生的巨型滑坡，滑体走向长 1050～1095m，滑体倾向覆盖最大宽度 245m，滑体垂高 35m，滑体体积 1.032×10^7 m³，直接经济损失 1000 多万元（图 1.5）。

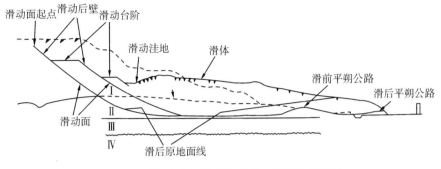

图 1.5　平朔安太堡露天煤矿排土场滑坡示意图

4）固体废弃堆积体内部滑动 [图 1.4(b)]。滑动面全部位于排弃物料中。此类滑坡可能有两种情况。①发生在为了种植而覆盖黄土的排土场上，因其底部岩土或岩石物质与机械倾卸的黄土没有充分结合，当连续降雨之后，表层黄土充分吸水而呈软塑性状态，而沿基底接触面剥落下来，剥离体厚度 50～100cm（实际黄土覆盖厚度），是一种浅层滑坡或者说类似于山剥皮。这种坡面即便种植牧草，也会因为牧草根系分布较浅，不能穿透接触面而连草带土呈整体块状剥落下来。②固体废弃堆积体底部为黏性颗粒含量较高的物质，在高强度排弃条件下，随着排弃高度的迅速增加，下部岩土压密，孔隙水逃逸，并由高应力带向低应力带流动，在某一部位赋存形成高含水带时易发生内部滑坡。此外，堆积体堆置在河流两岸的岸坡上，当洪水暴发时，冲刷搬运走堆体底部物质，堆体上部失去平衡，并沿岸坡基底向下滑动。

4.影响滑坡的因素

（1）斜坡形态的改变

山区斜坡常常因河流凹岸侧蚀和人工开挖坡脚，形成高陡的边坡而发生滑坡，或是在坡顶堆积弃土，或建造工程建筑物。这些不但改变了斜坡的外形，也加大了承载力，使基部的土体加大下滑力，可能发生滑坡。

（2）大气降水和地下水变化

大雨、暴雨以及相随的大量地下水活动，使土体容量骤增，加大下滑动力，减小抗滑力导致滑坡发生。山区河流水位具有很大变幅，高水位时滑带浸水范围扩大，增加土体容重，降低抗滑强度。在水位骤降时，滑坡体动压力增大，浸水部分上浮力和静水反压力都减少，因此河岸不少滑坡常常在水位骤降时发生。

（3）震动影响

砂层或粗粉砂层如遇到震动，颗粒将重新排列，这种过程如发生在地下水面以上，可引起地面沉陷，如发生在地下水面以下，则引起浸水的砂或粉砂的液化发生流动，所以湿润的砂质斜坡受到震动后就很不稳定。地震还直接破坏岩石结构，促使发生滑坡，震级高的为害尤烈。不适当大爆破施工，也会破坏土石结构，导致滑坡的发生。

（三）泥石流

泥石流侵蚀是发生在山区沟谷、坡地上的含有大量泥沙石块的流体，是由于降水（暴雨、融雪、冰川等）形成的一种特殊洪流，也是水力和重力混合作用的结果，因此常被称为混合或复合侵蚀。严格地说它是"介于水流和滑坡之间的一系列过程，是包括有重力作用下的松散物质、水体和空气的块体运动"。泥石流内泥沙石块含量一般都大于15%，最高可达80%，其容重在1.3～2.3t/m³，实测最大值达2.372t/m³（蒋家沟），接近于泥凝土容量（2.4t/m³）。其具有明显的阵发性、浪头（龙关）特征、直进性和高搬运能力，历时短，来势凶猛，破坏力极大，是水土流失为害最严重的形式。

泥石流的形成必须具备3个条件。①丰富的松散固体物质，它的产生、构成、储存积聚取决于地质营力，包括地质构造、新构造运动、地震、地层岩性、不良物理现象等。固体物质的成分、数量和补给方式，决定着泥石流的性质、规模和危害。②短时间内有大量水的来源，这主要是暴雨、冰雪融水、水体溃决的形式。③陡峻的地形和沟床纵坡，特别是地形高差大、沟壁陡峻的漏斗型流域，使坡面上的松散固体物质汇集于沟谷，在水动力作用下形成泥石流。

采矿和工程建设剥离、搬运和堆置岩土、矸石、煤等为泥石流的爆发提供了各种有利条件，特别是剥离地表和深层物质加速改变地面状况和地形条件（如植被、表土、坡度、坡面物质的松散性等），使尚处于准平衡状态的山坡向不稳定状态转变；废弃固体物质随意堆置沟谷坡面，为泥石流的形成提供了固体松散物质，剥离和堆置岩土破坏了原有的水文平衡，增加了暴雨径流量或便于雨水迅速沿松散岩土下渗，从而间接地改变泥石流暴发的外因条件。当然，煤矿区泥石流的发生首先是受区域自然地理因素的影响，其次才是生产建设活动的诱发作用。根据其岩土被扰动的方式可将煤矿区泥石流分为以下3种类型。

1. 岩土堆置引起的泥石流

岩土堆置，这里是指采矿、取土等形成的固体废弃物的堆置。其引起的泥石流包括堆置体本身充水诱发和堆置体崩塌滑坡诱发两类。

（1）堆置体本身充水诱发的泥石流

固体废弃物堆置在斜坡或斜坡冲沟上，由于降雨或地下水位上升等原因使其充分吸收水分，当达到相当高的含水量时，就会转变为黏稠状流体，在重力的作用下沿原自然坡面或堆积体本身形成的边坡流动而产生泥石流，后者往往呈堆置体表层一定深度整体或局部剥离移动。此种泥石流的产生与堆置体的物质组成，尤其岩土中黏土、高岭土、滑石、蒙脱石、伊利石、三水铝石、泥页岩风化细屑等黏性颗粒多少有关，由于这些物质易水化，具有分散性和膨胀性，在充分吸收水分后不仅容易形成稠状浆体，而且抗剪强度明显降低，在重力和岩土膨胀力（起一定的作用）的作用下失去平衡，开始向下蠕动并逐步演变为泥石流。此类泥石流主要发生在大型露天矿新排弃的、含有大量黏性岩土物质的排土场或边坡凸起部分，规模一般较小。

（2）堆置体崩塌、滑坡诱发的泥石流

固体废弃松散堆积体的滑坡、崩塌，在一定条件下可以直接演变为泥石流。一般情况下可分为两个阶段，首先是滑体沿一个或几个独立的剪切面滑动，经历有限变形后，又沿无数个剪切面运动进入泥石流阶段。此类泥石流发生在堆置体天然含水量高、孔隙比大、其下伏坡面陡峻且坡长较长（有时底部为小冲沟）的情况下，一旦出现滑坡，滑体滑程长，在滑动过程中，滑体释放能量使孔隙水与黏性岩土混合形成浆体，而转变成一种类似黏滞流的岩土碎屑流。例如，英国威尔士 Aberfan 废煤堆因非常疏松，含有大量沉泥、细砂碎屑、煤矸石和废煤风化细屑，长期的降雨入渗，使其含水量很高，下伏裂纹砂岩与废煤堆间存在混有卵石的黏土层，易形成滑动面，在滑动过程中，由于滑体能量释放，孔隙水排出，在孔隙水压和重力作用下，水和废煤中的黏性颗粒充分混合形成浆体，呈饱和态固体径流向坡下移动。

2. 剥离倾泻岩土引起的泥石流

煤炭生产中，将大量矸石倾泻于沟坡、沟道中，为泥石流的形成提供了大量的固体松散物质，激发泥石流的因素主要是暴雨，因此发生的泥石流多为水动力泥石流。据王文龙等（1994）研究，神府—东胜矿区自然泥石流很少见，大部分泥石流是由于采矿对土地的扰动、采掘建筑材料、矿区修筑公路等剥离倾泻岩土引起的，尤其是采石场的分布与泥石流分布关系极为密切。

3. 其他原因引起的泥石流

除了剥离倾泻岩土、堆置岩土诱发泥石流以外，剥离岩土导致森林植被毁坏，加剧坡面侵蚀，使大量固体物质倾泻沟谷；采煤、修路等的爆破破坏岩土体平衡引发崩塌、滑坡等，都可能诱发泥石流。此外，采煤引起地下水大量涌出，爆破震动，剥离岩土毁坏水利设施，导致水库溃决、渠道漏水等，也是造成突发性泥石流的重要原因。

（四）非均匀沉降

广义上讲，非均匀沉降是指由于人类工程-经济活动或地质构造运动，导致地壳浅部松散覆盖不均匀压密，而引起地面标高不均匀降低的一种工程地质现象，包括开采引起的非均匀沉降、地基非均匀沉降及其他原因引起的非均匀沉降。非均匀沉降导致地面变形，造成楼房、道路、渠道、水库大坝等各种建筑物的变形和破坏，甚至倾倒坍塌。山区丘陵区非均匀沉降还诱发崩塌、滑坡等重力侵蚀。这种由于非均匀沉降产生的地面破坏和土壤侵蚀统称为非均匀沉降侵蚀。

固体废弃物堆积体的非均匀沉降。是由于其组成物质颗粒大小混杂,自然压缩固结速率不等,而导致表面变形和破坏的特殊现象。这种现象在高速排弃岩土的现代化大型露天矿排土场形成初期尤为严重。据研究露天矿排土场的沉降率波动在10%～20%(沉降系数1.1～1.2),沉降过程延续数年,但头3年沉降量可达总沉降量的80%,且夏季>春、秋季>冬季。排土场非均匀沉降侵蚀,除前面已讲述的土砂流泻外,更多表现为平台部位的陷穴、陷坑、裂隙、盲沟、穿洞等,这种侵蚀在细小颗粒含量高、特别是在黄黏土含量高的排土场或覆盖黄土后的排土场表现得最为剧烈。根据李文银等(1996)研究,平朔安太堡露天煤矿南排土场非均匀沉降侵蚀形式多样、程度不一,它不仅造成排土场平台周边开裂错位,排水渠裂缝,破坏已复垦的土地,而且地表雨水和径流沿裂隙大量灌入成为影响排土场整体稳定性的重要因素,参见表1.2。

表1.2　平朔安太堡露天煤矿排土场非均匀沉降侵蚀特征

种类	特征描述
小陷穴	直径3～15cm,深5～6cm,陷穴下壁或底部可见下伏岩土下垫层。有的单独存在,有的由裂隙串联。由水蚀产生,可加剧内部盲洞、盲沟形成
大陷坑	直径1.0～15m,深1～5m,浅层岩土混堆的土粒随渗漏水淋移,造成地表局部沉陷
小裂缝	分布在距平台边缘50余米范围内,长10～30cm,宽0.5～7.0cm,走向大致与边坡走向平行,常跨小畦,多有小陷穴连联
大裂隙	距平台边缘10余米范围内,可有1条或数条大裂隙,长可达百米甚至数百米,平行边坡走向,等高带状分布,宽10cm以上,局部错位可达20～40cm,在裂隙充水和爆破震动下,可形成滑坡
盲洞、盲沟	分布在岩土混堆下垫层中,内部集中渗流,细粒物质严重冲移形成,隐患巨大

非均匀沉降在小型排土场、矸石山等固体松散堆积体上均会发生,但危害程度不等。例如,煤矸石山由于泥岩、页岩、泥质页岩、废煤、矸石的风化,出现黏性可压缩固结的颗粒后,矸石山也可发生裂隙错位,但很快又会被上部滑落下来的物质充填覆平。另外,矸石山的自燃经常引起局部坍落,也可以看作是一种非均匀沉降。

(五) 土地荒漠化

土地荒漠化是指包括气候变异和人类活动在内的种种因素造成的干旱、半干旱亚湿润地区的土地退化,简言之,"荒漠化"是干旱土地的"退化"。广义的土地荒漠化包括风蚀荒漠化、水蚀荒漠化、土壤盐渍化、植被退化等。

土地荒漠化是自然原因和人为原因综合作用的结果。自然因素主要是指异常的气候条件(尤其是严重和长期的干旱条件)造成植被退化,风蚀加快,从而引起荒漠化。人为不合理的经营活动成为荒漠化发生和发展的重要因素。人类活动导致荒漠化最直接的成因有5种。①过度开垦使土地衰竭；②过度放牧使植被退化；③砍伐森林造成水土流失和植被破坏，在一定程度上助推了土地荒漠化；④不良灌溉方法使土壤板结和盐渍化；⑤过量用水以及水资源利用不合理和污染等。除此之外，人口的过快增长也是荒漠化发生和发展的重要诱导因素。由于人口过快增长，增加了对粮食的需求，造成了对丘陵山区陡坡地的开垦，在人口稠密区，人为活动增强，垦殖率高，植被破坏严重，加速了荒漠化的形成。而且，樵采、乱挖中草药、地下矿床的露天开采、矿渣的堆放、建厂、筑路、挖渠、修建房屋和水库等都会产生大量弃土不做妥善处理等人类的不良行为，也能引起局部土地的荒漠化。自然地理条件和气候变异形成荒漠化的过程是较为缓慢的，而人类的各种活动的刺激加速了荒漠化的进程，成为荒漠化的主要原因。

煤矿区生产建设活动引起的土地荒漠化，即广义的土地退化，包括水地变旱地、土地风蚀和沙化、土地污染、土地生产力水平降低等类型，其结果是造成土地质量下降和粮食大幅度减产。

1) 水地变旱地。主要是由于采煤和地下水超采引起地表水渗漏、地下水位下降、泉水和河流干枯；地面裂隙毁坏农田水利设施等，导致水源枯竭或不能充分利用。

2) 土地污染。包括废水排放河流或矿坑水直接灌溉农田导致的土地污染和粉尘污染导致的土地和作物污染。土地污染常常使作物幼苗枯死，土壤结构变坏，作物光合效率降低，引起土地质量下降，粮食大幅度减产。

3) 土地生产力水平降低。工矿区建设使原来的农、林、牧业用地变成其他用地，特别是主沟道内的川台地、水浇地被大量占用，中低产田面积相对扩大。同时，农民投资转向，大量土地荒芜，使总土地生产力水平下降。矿区的土地荒漠化也有一定的区域性，煤矿建设中心区问题比较严重，农耕地遭受土地破坏、压占和荒漠化多重挤压，近中心区主要受水地变旱地及水土流失威胁，远离中心区受到的威胁很小。

4) 土地风蚀和沙化。风蚀指地表松散物质被风吹扬或搬运的过程，以及地表受到风吹起颗粒的磨蚀作用。风吹过地表时，产生紊流，使沙离开地表，从而使地表物质遭受破坏，称为吹蚀作用；风沙流紧贴地面迁移时，沙砾对地面物质的冲击、摩擦的作用，称为磨蚀作用。干燥的土壤和地表上空相对稳定的风力是发生严重风蚀的主要条件。风蚀的主要形态为吹扬、跳跃、滚动、磨蚀和擦蚀。风蚀强度取决于风的侵蚀力、土壤或岩石的抗蚀性以及地表的粗糙度。风的土壤搬运量大约与风速的平方成正比。一般情况下，表面越粗糙，风蚀越轻，但极细微颗粒的光滑表面能够经受相当高的风速而不被侵蚀。土地沙漠化是沙质荒漠化的简称，是土地荒漠化的一种类型。沙漠化土地的土壤粒间孔隙大，内部排水快，蓄水量少且易蒸发失水。并且，砂质土的毛管较粗，毛管水上升高度小，如果地下水位较低，不能湿润表土，植物则很难在表土上生长。因此，土地沙漠化已成为我国必须解决的重大问题。

　　土地荒漠化是地球的癌症，是全球性重大环境问题之一。土地荒漠化的危害在于：①缩小了人类的生存和发展空间；②生态环境越来越恶化，沙尘天气越来越频繁，水土流失越来越严重；③土地生产力严重衰退。据《中国荒漠化灾害的经济损失评估》，我国每年沙化造成的直接经济损失达 540 亿元。

第三节　煤矿废弃地类型及形成机制

　　煤炭开采的环境影响特点集中表现在以下 3 个方面：①土地破坏面积大。采矿活动能够同时造成大面积采空区和塌陷地和废气尾矿堆积的山体，对土地破坏严重。②环境污染危害大。含有高量的有害化学物质，对周围造成极大的污染，严重的损害人们的身体健康。③景观治理难度大。废弃地生态修复投资巨大、涉及面广、历时漫长，某种程度上是见效慢的复杂系统工程。尽管煤矿废弃地成因复杂，类型多，但其形成机制主要有块体移动机制、沉降和塌陷机制、泥石流形成机制、风蚀机制等。

一、煤矿废弃地类型

　　煤矿废弃地为采煤活动所破坏的、未经治理而无法使用的土地。主要是指在煤炭生产建设活动中因挖损、塌陷、压占造成破坏、废弃的土地，包括露天采场、排土（岩）场、塌陷地、矸石山、工业场地等矿区损毁类型土地，以及受重金属污染失去经济利用价值的土地。煤矿废弃地类型较多，按照不同的方法可以分为不同的类型。常见的分类方法有以下几种。

（一）按照煤矿区土地破坏性质和成因分为以下 8 种类型

　　1）挖损地：因采矿、挖沙、取土等生产建设活动致使原地表形态、土壤结构、地表生物等直接损毁，土地原有功能丧失。

　　2）塌陷地：因地下开采引起围岩的位移和变形，导致地表下沉、变形和塌陷的场地，造成土地原有功能部分或全部丧失。

　　3）压占地：因堆放剥离物、废石、矿渣、粉煤灰、表土、施工材料等，造成土地原有功能丧失。

　　4）污染土地：因生产建设过程中排放的污染物，造成土壤原有理化性状恶化、土地原有功能部分或全部丧失。

　　5）露天采场：露天条件下开采矿物的场所，其中还包括堆放剥离物的内排土场。

6）排土（岩）场：堆放剥离物的场所。建在露天采场以内的称内排土场，建在露天采场以外的称外排土场。

7）矸石山：采煤及煤炭加工过程中集中排放和处置矸石形成的堆积物。

8）工业场地：为生产系统和辅助生产系统服务的地面建筑物、构筑物以及有关设施的场地。

（二）按照煤矿废弃地的来源可划分为以下 3 种类型

1）由剥离表土、开采的岩石碎块和煤矸石堆积而成的废石堆废弃地。

2）随着矿物开采而形成的大量的采空区和塌陷区，即采矿坑废弃地。采空区是在采煤过程中，由于地下采空，地面逐步下沉，形成的块状、带状的塌陷地面，地表破碎并且起伏不平，这种地形通常难以利用。塌陷区废弃地是在垮塌严重时，采矿坑废弃地往往形成一个深坑，成为常年积水或季节性积水的塌陷坑。

3）采煤作业面、机械设施、辅助建筑物和道路交通等先占用而后废弃的土地。

（三）按照采集类型分为以下两种类型

1）露天采集区对景观和生态破坏极大，景观修复难度很大。例如，抚顺西露天煤矿，整个采挖区的景观都面目全非。

2）非露天采集区对表面景观破坏较小，但容易形成塌陷地，对生态的破坏也相当严重，如陕西澄合矿务局王村煤矿，地下开采形成大面积的采空区和塌陷区，使植被、生物及当地群众的生产与生活都受到严重影响。

（四）按照采集作业的进行过程分为以下 4 种类型

1）排土（岩）场：由剥离的表土、开采的岩石碎块和低品位矿石堆积而成的废石堆积地。建在露天采场以内的称内排土场，建在露天采场以外的称外排土场。

2）采场：矿体采完后留下的作业面、采空区和塌陷区所形成的采矿废弃地。

3）尾矿库：筑坝拦截谷口或围地构成的用以贮存金属或非金属矿山进行矿石选别后排出尾矿的场所。

4）其他：采矿作业面、机械设施、矿山辅助建筑物和道路交通等先后占用后废弃的土地。

（五）按照积水的多少将塌陷区分为以下 5 种类型

1）非积水塌陷干旱地：非积水塌陷干旱地是塌陷区中面积最大的类型。特点是一般不积水，地形起伏比较大，特别是大面积整体塌陷时由于煤柱的支撑使地面起伏比较大，但由于整体塌陷不是很深，且不积水，受损情况比较轻，所以建议通过平整进行复垦。

2）塌陷沼泽地：面积不是很大，土壤易出现沼泽化，既不适合耕种，也不适合水产养殖，所以建议用于景观建设。

3）季节性积水塌陷地：在塌陷区内局部塌陷，使地面比周围要低。在雨季时容易积水变成水塘，在旱季时则无水，对农作物生长不利。根据这种情况填土复垦即能够解决问题。

4）常年浅积水塌陷地：对于季节性积水来说下沉深度大，一般在 0.5～3.0m，积水深度 0.5～2.5m，极易造成作物绝产，很难耕种或水产养殖，如果回填土或将土挖深做鱼塘再进行生态治理，造价高且不理想，所以建议用于景观建设。

5）常年深积水塌陷地：下沉深度达 3m 以上，水量充足且常年存在，所以建议建设鱼塘，进行水产养殖。

对于上述 5 种塌陷地的类型，非积水塌陷干旱地、季节性积水塌陷地将地表填平、重新耕种就可以解决，而常年深积水塌陷地可以进行淡水养殖。塌陷沼泽地和常年浅积水塌陷地土地复垦难度大且水产养殖成本高，建议用于景观建设。

二、煤矿废弃地形成机制

（一）块体移动

1. 坡面重力侵蚀应力

（1）概念

重力侵蚀是以单个落石、碎屑流或整块土体、岩体沿坡向下运动的一系列现象。由于坡地重力所移动的物质多系块体形式，故也称为块体运动。块体运动是一种固体或半固体物质的运动，可以是快速运动，也可以是缓慢不易觉察的移动或蠕动。它既是地质作用的动力，又是地质作用的对象，因为，当它沿斜坡向下运动时，因为破坏沿途可能遇到的基岩，而且运动的物质本身也遭受破坏。

（2）应力

重力是促使斜坡上的物质向下运动的动力。当重力克服了物体的惯性力和摩擦阻力时，物体就要向下移动。在这一过程中，水也是一种重要的影响因素，它能促进块体运动的发生。这不仅因为水可以增大物质的重量，更重要的是水还起着润滑作用，从而减少松散物质颗粒之间的黏结力以及整个物体和基底之间的摩擦阻力。此外，地下水在流动中具有渗透力，这种力作用在它所流经的沉积物或岩石颗粒上，其方向与水流方向一致，能促进沉积物或岩石的破坏。每当洪水退后河岸易发生坍塌，就是因为这时两岸的地下水均向河流排泄，其流向与渗透力的方向指向岸坡下方，从而破坏河岸的稳定性。另外，块体运动在地震或人工爆炸时也易于发生，这是因为震动产生的冲击力减小摩擦阻力，而触发了块体运动。促进块体运动的其他因素还有斜坡的负荷超过斜坡所能担负的重量、流水或波浪的掏蚀使斜坡过陡、水的冻结和融化交替发生、滥肆开采斜坡下部的岩石等。

2. 坡面重力侵蚀外营力

使坡地物质发生运动的外营力，除自身的重力外，还受水、冰雪、风、生物、地震以及人为等因素的影响。其中最主要的外营力是重力和水的作用。

分析块体运动的力学过程，可以分为位于坡面上的松散土粒、岩屑和在坡地表层沿一定软弱面发生位移的较大土体、岩体两种情况。

(1) 土粒岩屑或石块运动

位于坡地表面的土粒岩屑或石块，一方面在重力作用下产生下滑力 τ，有促使块体向下移运的趋向，另一方面块体与坡地的接触面间由于摩擦阻力 τ_p 牵制下滑力，使块体趋向稳定。下滑力大于摩擦阻力则发生位移，反之则稳定。如两者相等块体处于极限平衡状态。

要使坡面上的碎屑物质稳定，需要下滑力小于抗滑强度。而要下滑力小于抗滑强度，坡角必须小于坡面物质的内摩擦角。若坡面上的岩屑处于极限平衡状态时，则下滑力等于抗滑强度，即坡角和块体的内摩擦角相等。因此内摩擦角 φ 反映了块体沿坡下滑刚好启动的坡角，代表物质的休止角。特别对那些没有黏结力的砂层或松散岩屑堆积层来说，内摩擦角和休止角是一致的。这时，凡坡面的坡角 θ 小于物质内摩擦角 φ 时，坡面上的物质是稳定的。

土、砂和松散岩屑的内摩擦角 φ 值随其颗粒大小、形状而异。粗大并呈棱角状而又密实的颗粒的休止角大。一般情况下，风化岩屑离源地越远，其颗粒因磨蚀圆度增加，摩擦力减小，休止角变小。因此越近坡麓，坡度也越缓和。但是，土的内摩擦角随含水量而变化。土粒间充满水分将增加润滑性，休止角变小。因此在同样条件下，湿润区的山坡坡度缓，干燥区的山坡坡度陡。一般来说山坡坡顶水分不易积累，显得较干燥，坡麓较湿润，因此，山坡坡度也有从坡顶向坡麓变缓的趋势。

(2) 块体的整体位移

块体运动并不限于在坡地表面移动，有时沿坡面以下一定深度的软弱面发生整体位移。这时还遇到土层或岩层的黏结力 C 的阻力。块体运动一定要克服黏结力 C 和摩擦阻力 τ_p 才能发生位移。

其块体运动的抗滑强度为

$$\tau_p = N \cdot \tan\varphi + C \cdot A \tag{1.2}$$

式中，N 为坡面上的块体在重力作用下产生的平行于坡面的下滑力(kg/cm^2)；C

为黏结力（kg/cm²）；A 为运动块体与坡面的接触面积（cm²）。

土体的黏结力与组成物质的成分、结构及土体含水量多少有密切关系。

黏土的力学性质受水分影响最大，含水量少、处于干燥状态时，具有极其牢固的性质。例如，水分增加黏土可变成可塑状态，其强度大大降低，极易形成软弱面，土体往往沿此破裂面而发生块体运动。

坚硬岩体的黏结力 C 值很大，一般不易发生移动。但岩层中常常存在软弱的结构面（层面、软弱夹层、断层面、节理面、劈裂面等）。软弱结构面的内摩擦角 φ 和黏结力 C 都显著减小，因此容易产生破裂面而发生块体运动。

总之，坡地上的块体运动主要受重力引起的下滑和岩土块体的内摩擦力及黏结力的相互关系而定。其稳定系数为

$$K = 抗滑阻力/下滑力 = N \cdot \tan\varphi + C \cdot A/T \qquad (1.3)$$

式中，T 为坡面上的块体在重力作用下产生的垂直于坡面的分力（kg/cm²）。

理论上，当 $K=1$ 时，岩体或土体处于极限平衡状态；当 $K<1$ 时，岩体或土体处于不稳定状态；当 $K>1$ 时，岩体或土体是稳定的。工程上一般采用 $K=2 \sim 3$ 为安全稳定系数。

自然界的山坡大多数的 $K>1$，所以都是比较稳定的。如果坡麓地带因河流侧蚀或人工切坡，改变了坡地形态使边坡角加大，形成陡坎甚至是临空悬崖，坡面块体突出，不稳定体加大，将促使块体运动发生。

3. 影响块体移动的因素

煤矿区由于开挖、采掘、铲土或掏空等作业，造成了陡峭的边坡或半悬空的岩土体，废弃的矿渣、剥离物、废料等松散固体堆积物边坡一般也较陡，这些都为崩塌、滑坡、泻溜等重力侵蚀创造了条件。在温度变化、震动、下渗水分、暴雨或人为活动的触发下，重力侵蚀即会发生。

根据温度涨缩机制，在工矿区倾斜的斜坡上，由于大量废弃的松散岩土覆盖，冷热变化和干湿变化都能引起碎屑颗粒的体积胀缩，既促进了较大碎屑块石的风化，又导致散落、泻溜，甚至滑塌等重力侵蚀的发生。

斜坡上的每单个碎屑，因温度或干湿变化而使体积改变，能破坏原来碎屑在斜坡上的平衡，使之向下移动。当碎屑个体受热或受湿发生体积膨胀时，颗粒之间互相挤压，一些碎屑被挤出原位而隆起，很不稳定，由于重力作用可能沿斜坡向下滚落。当碎屑颗粒冷却或变干收缩时，颗粒体积缩小，其间形成空隙，使上部碎屑失去支持，在重力作用下向下移动。这样，斜坡上的碎屑或土壤颗粒，因日夜温差或干湿变化而反复发生胀缩，便造成了表层松散物不断地向下坡散落和蠕动。在寒冷地区，冬季地面冻结而膨胀，春季解冻而颗粒收缩，产生类似上述作用。

干湿变化和冻融变化对黏土质物质的体积变化影响特别显著，故其含量高的

斜坡，春季解冻时易发生泻溜作用。温差对岩块体积变化的影响也很明显。例如，温带地区，温差变化可使硅酸盐岩块体积有 0.1% 的变化量。干旱区温差大，硅酸盐岩块的体积变化可达 1%。这种变化可加速岩石的风化破碎和导致散落、崩塌等作用不断发生。除温度、水分变化和碎屑层组分的影响外，斜坡坡度也起很大作用，当地形坡度在 25°～30° 时，泻溜或散落作用明显；当地形坡度＞35° 时，则滑塌、崩塌作用常有发生。

（二）沉降和塌陷

作为世界产煤大国，采煤地面沉降和塌陷在我国采空区中最为普遍和广泛，危害也最大。据不完全统计，全国各煤矿每采万吨煤的土地塌陷率为 1000～3000m²，平均约为 2000m²。以此估算，每年塌陷土地 1700hm²。故煤矿沉降和塌陷机理的研究尤为重要。

1. 地面沉降的成因机制

引起矿区地面沉降的原因，主要是采煤及其造成的地下水大量排出。在煤矿建设和生产过程中，各种类型的水源水会通过不同的途径进入巷道和工作面，为了保证采煤安全，防止水害发生，需将矿井涌水排出。据不完全统计，在采煤过程中，2004 年全国煤矿矿井水排放约 $3 \times 10^{10} m^3$，平均吨煤涌水量约为 2m³，资源化利用率仅占 22% 左右。

纵观国内外许多研究，过量开采地下水是引起地面沉降的外因，而可压缩土层的存在是引起地面沉降的内因。因此，开采、疏干地下水引起地面沉降的机制如下：我国地面沉降区多为平原、山前倾斜平原、山间河谷平原以及滨海、河口三角洲等地区，其浅层分布有相当厚的第四纪沉积物，在松散的沉积物中，存在有不少孔隙。孔隙较大的砂层、砂砾层构成了含水层。孔隙较小的黏土、亚黏土、亚砂土及淤泥质黏性土构成了相对的隔水层及半隔水层。其沉积物的特点是由山前向平原，颗粒由粗变细，分选由差到好。孔隙承压水层多分布在远离山前的地带，而山前一般为承压含水层的补给区。孔隙承压含水层且有压力水头，而径流滞缓。据此，可以认为地面沉降是因地层失水、固结所致。由于抽水，在井的四周必然造成水位下降，形成下降漏斗，使承压含水层在一定范围内压力水头降低。故在该范围内，含水层中的水，不能再负担原来所能承受的上部地层的重量。但上部地层的重量并未改变，这部分重量就转嫁于含水层的颗粒，含水层中的颗粒增加了负担，因承受的压力增大而被压缩，便孔隙体积被减少而排出部分水量，即含水层被压缩。在未抽水之前，含水层中的水及上、下隔水层或半隔水层中的水，因互相连通，压力处于平衡状态。抽水后，在含水层水头降低的影响下，其上、下隔水层或半隔水层，因水头高而向含水层中排水，来降低其水头，以求得到平衡，结果，同样减少了水对上覆地层的支撑力，从而地层受到压缩，使孔隙体积减小，即黏性层被压缩的过程。承压含水层和黏土层被压缩的土层失水固结过程反映在地面上，就是地面沉降。

一般地面沉降量的大小与地下水开采量的多少成正比关系，也与含水层的压缩性和黏性土层的物理力学性质有关。

2. 地面塌陷的成因机制

煤矿区地面塌陷的种类很多，其成因机制也很复杂，有时也和地面沉陷交织在一起，不好区分。但较为常见的是矿山塌陷，矿山塌陷是由于矿体采空、覆岩破坏所引起。埋藏于地下的各种大小矿体，被采动、掘空之后，矿体上部覆岩的力学平衡就会被打破，覆岩岩石力学性质也必然随之发生变化。在重力和应力作用下，便产生裂隙和断移。地下水也乘虚而入，通过裂隙向采空区渗漏，加速覆岩破坏，造成覆岩冒落，引起岩层和地表移动，最终表现为地表变形和塌陷。矿山塌陷是一个复杂的时、空发展过程，其形成机理主要从两方面讨论。

（1）采矿区矿柱破坏形成的塌陷机制

空场法开采所造成的采空区，主要靠矿柱支撑上覆岩体的重量。如果矿柱设计合理，则矿柱系统稳定，因而整个井巷是稳定的；假如设计尺寸偏小，或在其长期承载过程中由于某些必然的或偶然因素（如风化、地震以及累进破坏等）的影响，促使某一矿柱中的应力超过其允许程度；则该矿柱将首先遭到破坏，此时，由该矿柱所承受的荷载即要转移到相邻的前和后矿柱之上。从而使它们也遭破坏，其结果必将导致整个矿柱系统的破坏。

由采空区冒顶形成的塌陷范围，一般都比采空区大，而它们的相对位置取决于矿层的倾角。开采水平矿层形成的塌陷坑多和采空区相对称，也就是，塌陷中心即为采空区中心。开采倾斜矿层时，塌陷坑向下山方向偏移，在垂直走向的断面上塌陷，与采空区的位置不对称。实测表明，主断面上各点的位移，既有垂直分量也有水平分量，而且各点之间的位移量和位移方向是不同的。

由采空区矿柱破坏而导致的地表塌陷形成机理，主要在于矿柱受力性质，因为矿山设计矿柱时，往往按均布荷载计算矿柱压力。实际上，每个矿柱所承受的荷载并不一样。以水平矿床为例，通常采空区中间部位的矿柱承载较大。假如这些部位矿柱下的岩柱和结构又较软弱时（如存在软弱夹层），就使其更加复杂了。因此，从强度-应力关系角度看，在整个矿柱系统中，必然存在着一些最薄弱的环节，成为整个系统发生大规模累进破坏的起点。实测资料也表明，各点位移呈现明显的不均匀性，所以沉陷范围内的变形通常有三种形式，即倾斜、弯曲和水平拉伸或压缩。这些变形的发展通常使塌陷坑产生不同的拉、压应力的分布形式，即在塌陷坑边缘处出现拉应力，而在中间部位产生压应力，在最大拉应力分布区往往在地表形成张性裂缝带。

（2）塌陷理论

矿山塌陷中，由于岩层本身结构、构造、岩性、成分等因素的复杂多变，以及现场观察、实测困难等原因，至今未能形成被公认而通用的矿山塌陷理论。现将较为流行的几个顶板冒落理论简述如下。

1）拱形冒落理论。其实质是借用巷道顶板岩石的成拱作用，认为采掘工作在悬岩内部形成空间，引起覆岩冒落。当冒落形成一个近似于拱的形状时，就不再继续冒落。但是，已形成的压力拱，将随工作面不断推进而扩大，直到拱顶达到地表为止。在覆岩岩性坚硬、结构简单的地层中，常常形成这种拱形冒落。

2）悬臂梁（板）冒落理论。它是把工作面和采空区上方顶板视为梁或板，初次冒落后，一端固定在前方矿壁上，另一端可自由悬露或支撑在支架和垮落的岩石上。在覆岩弯曲沉落时，这个梁或板，被先垮落的岩石支撑，这时，可能只产生弯曲而不被折断。当悬伸长度很大时，便会发生有规律的周期性折断，引起周期采压。此理论与大面积回采引起的顶板岩层冒落的实际情况很接近。

3）冒落岩块铰接理论。该理论是 20 世纪 50 年代初期由苏联学者库兹涅佐夫提出的。他认为，工作面上覆岩层的破坏，可分为两个带：位于其上的为规则移动带；位于其下的为不规则垮落带。不规则垮落带又分为两部分，上部垮落时，按原方向较规则排列；下部垮落时，岩块杂乱无章。这些不规则冒落的岩块可以自由地垮落到采空区，而规则移动带的岩块之间则保持一定联系，相互铰合形成一条多环节的铰链，规则地在采空区上面下沉。

（三）泥石流

矿区发生的泥石流和在自然地貌条件下发生的泥石流一样，必须具备丰富的松散固体物质、强大的水流动力和陡峻的地形才有可能。尽管在各个方面都有人为活动参与，但其形成机制是基本一致的。

煤矿区的各种堆垫场，为矿区泥石流的形成提供了丰富的松散固体物质。特别是各种堆垫场的堆置高度和堆置坡度普遍较大，由于结构松散、局部变形和破坏、移动，极易产生连锁反应。不少堆垫场，还处在地形陡峻、沟床纵坡较大的部位上，均为泥石流的形成创造了有利条件。工矿区泥石流形成的基本动力，仍主要是突发性暴雨。暴雨产生的径流不仅是泥石流的搬运介质，而且也是泥石流的重要组成部分；此外，雨水还具有对固体物质的浸润饱和作用和侧蚀掏挖作用。堆垫岩体在浸润饱和作用和侧蚀掏挖作用下，各种沟蚀和重力侵蚀互相促进，整体稳定性不断遭到破坏，滑塌下来的松散固体物质不断补给泥石流，在地形条件和水力条件的配合下，导致工矿区泥石流的发生。

根据泥石流形成的水动力条件和固体物质来源可将矿区泥石流形成机理分为3 个基本类型。

1. 侵蚀型泥石流形成机理

侵蚀型泥石流形成的水动力条件是地表径流。固体的物质主要来源于坡面片蚀。坡面上的松散碎屑物质，几乎处于自由状态，呈与下垫面毫无关系的倒石堆、石质岩屑堆或土石堆。欲使坡地上的固体颗粒转移入流体中，则片蚀作用的水流动力 P 就得大于固体颗粒（颗粒堆）的总阻力。总阻力用固体颗粒堆质量 G，所处的坡面坡度 α，摩擦系数 f，以及与周围土体连成一体的颗粒内聚力 C 来求得。

$$P > G\cos\alpha f \qquad\qquad (1.4)$$

式（1.4）为自由状态下固体颗粒产生滑移的条件。与周围土体有连结力的固体颗粒产生滑移的条件为

$$P > G\cos\alpha f + C \qquad\qquad (1.5)$$

在上述两种情况下，水流动力 P，均取决于坡地上以流速 v 流动着的流水水层厚度 h，即 $P = f(h, v)$。显然，这类泥石流形成受控于暴雨产生的地表径流。

河床固体物质的冲刷作用和片蚀作用也是导致侵蚀型泥石流形成的重要原因，一种情况是河床冲沟揭底未遭冲刷而河床床底遭冲刷引起的泥石流；另一种情况是仅河床两岸遭冲刷所引起的泥石流，矿区向河床两岸倾倒矸石、废渣，大都属后者。

2. 滑移型泥石流形成机理

坡地上的土块，因其过度充水使平衡条件遭破坏，而引起的滑坡作用发展形成的泥石流。这类泥石流形成有两个内容，一个是土体过度充水；另一个是土块的内应力增大，以至于大于极限剪应力，即 $\tau > \tau_0$。

河床两岸矸石堆积物崩落激发形成的泥石流，也属于此类。这类泥石流形成机理与前一个类型的差别在于，使固体物质产生运动的力主要是重力，其次才是水力。

3. 侵蚀-滑移型泥石流形成机理

分为两种情况，第一种情况是阻塞物溃决引起的泥石流。所谓阻塞物，指天然崩塌堆积的坝，也可以是人工坝。坝体横断了整个河床，通常因来水量大于坝体渗漏量而构成堰塞湖或水库。结果先是坝体遭破坏，接着蓄水和坝体固体物质相混而引起泥石流形成。第二种情况是洪流切割坡地，使矸石等固体物质滑入河床内，和洪流相混而形成泥石流的作用。该类型泥石流先产生的作用是水的侵蚀，然后引发了重力侵蚀，最后导致了较大规模的水和重力的混合侵蚀。

（四）风蚀

土壤风蚀是全球性土地退化的主要原因之一，也是世界上许多国家和地区的主要环境问题之一。分布在我国北方干旱半干旱风沙区的煤矿区普遍存在着严重的风蚀。在风蚀水蚀交错带，矿区生产建设活动不仅加剧水蚀，而且加剧风蚀。

因为自然界的风力主要是受大气环流的控制，人为影响很小，而地表组成物质和植被易受人类活动的影响。因此，煤矿区的风蚀不仅受当地气象条件的控制，更重要的是受工程建设活动过程中对地表扰动程度的控制。露天采矿和工程建设对土壤、岩石的扰动，使地面变得疏松并破坏植被和土壤层，甚至使原地貌面目全非。地下开采也常常因地面塌陷使地下水渗漏而导致植物生长不良甚至死亡，这无疑加剧了矿区的风蚀。根据李文银等在神府矿区大柳塔的观测，当植被覆盖度为 50%～70% 时，风蚀量为 0.5～3.5cm/年，而当植被覆盖度下降到 30%～50% 时，风蚀量为 2.5～22cm/年，可见植被破坏的巨大影响。矿区风蚀首先表现为扬尘，即非常细小的颗粒的悬移，主要发生在黏土比例较大的排土场、覆盖黄土的复垦土地、尾矿渣堆积地、矸石山、煤堆上，不仅造成土粒和风化细屑的损失，而且造成严重粉尘污染。例如，陕西省神木县环保监测站于 1993 年 3 月测定，大柳塔煤炭集装站煤尘含量日均 7.84mg，最大达 18.6mg，超过国家标准 18 倍。在运煤干线公路面上撒落煤炭厚度达 10cm 以上，每当车辆驶过，形成沿公路延伸的煤尘飘浮带，煤尘落入两侧农田、村庄、河流等，严重污染环境；其次，固体松散堆积物粒度粗细不一，胶结力差，若不及时恢复植被，迎风带会出现风蚀。

煤矿区风蚀主要发生在气候干燥的干旱半干旱地区。煤炭企业的生产建设活动扰动地面，破坏植被，使其本身存在的风蚀进一步加剧，加快了土地荒漠化的进程，这是我国西北、华北诸省区普遍存在的问题。现就自然地貌的风蚀和工矿区的风蚀特殊性及风蚀发生机理简介如下，为研究解决矿区风蚀问题提供参考。

1. 风蚀作用的方式与特点

风蚀作用取决于风力的大小，风力与风速的平方成正比，即

$$P = \frac{1}{2}CV^2 \tag{1.6}$$

式中，P 为风力（kg/m²）；V 为风速（m/s）；C 为经验常数，一般为 0.125。

风力为一种机械动力，风蚀是一种纯机械性质的作用。风与地面接触面积甚广，在气温、气压和地形影响下，风的流动路线可以变化，即风的作用是面状性质，无固定剥蚀、搬运和堆积区。

风以自身的压力并以挟带的碎屑物作工具在沿地表前进时，会吹毁磨损地面岩石、松散沉积物和土壤。当风速很小时，风蚀作用不明显；当风速达到 4.5～6.7m/s（即 3～3.5 级的风）时，风就能吹动干燥的粒径为 0.25mm 的砂粒；如遇特大风速（6～7 级及以上的风）时，粒径在 1mm 以上的较大砂粒也能被风吹起，形成所谓的飞沙走石现象。而 12 级大风可将粒径 3～4cm 的碎石吹起 2～3m 高。风蚀包括吹蚀和磨蚀两种形式。

（1）吹蚀作用

吹蚀或称吹扬，是指风本身在流动时，由于风的迎面冲击力和因紊流、涡流

产生的上举力使地面松散碎屑物或岩石风化产物吹起或剥离原地的作用。当迎面冲击力和上举力的合力超过碎屑颗粒的重量或它在地面上的惯性和地表摩擦力时，这些颗粒便离开了原位，即风蚀作用发生了。吹蚀作用的主要对象是干燥的粉砂和黏土级碎屑，他们常被吹扬到高空大气层中，飘扬很远。吹蚀作用强度取决于风速和地面性质，也与人类扰动地面状况有关。风速越大，地面越干旱，植被越稀少，组成地面物质颗粒越细小松散，吹蚀作用则越强烈。因此，工矿区的选矿尾砂（粒度细小，一般小于 0.5mm，结构松散），露天矿的排土场土堆等都是工矿区风蚀的主要对象。对于复垦地来说，土壤因子与风蚀强度的关系，主要取决于土壤的机械组成、结构和含水量。颗粒越粗需要的起动风速越大。土壤水分状况是影响风蚀强度的极重要因素。土壤水分含量越多，土粒重量越大，土粒间黏滞力也越强，而且土壤含水量高时，一般植被状况也较好，风蚀作用必然减弱。

含沙的气流称为风沙流，它是一种气-固两相流。风沙流的形成，是空气与砂质地表相互作用的结果。当风速达到使砂粒脱离地表，能够进入气流中的临界速度（即起沙风速）时，才能形成风沙流。超过起动风速的风称为起沙风，起沙风速与砂粒粒径、地表性质和砂土含水率等多种因素有关。对于粗糙的地表，由于摩擦阻力较大，起沙风速也相应增大。湿润的地面，能增加沙子的凝聚性，因此，起沙风速也较大。一些矿山的选矿尾砂和干燥裸露的沙质地表颗粒粒径多为 0.1～0.25mm 的细沙，起沙风速为 4～5m/s。

（2）磨蚀作用

被风吹扬起的碎屑物质，在沿地表运动时对地面岩石的碰撞和磨损。磨蚀作用强度也取决于风力的大小、地面性质。风速越大，吹扬起的碎屑物质起磨蚀作用越大，组成地面的岩石越软弱，破碎磨蚀作用越强。可见磨蚀作用与吹场强度有关。一般地，距地面 0.5～1.5m 高度范围内，尤其是 10m 高度范围内，风吹扬起的砂、砾石数量最多，故此范围内的磨蚀作用最强。

2. 风蚀发生机理

（1）沙粒起动机制

土壤风蚀是指一定风速的气流作用于土壤或土壤母质，土壤颗粒发生位移造成土壤结构破坏、土壤物质损失的过程。它的实质是气流或气固两相流对地表物质的吹蚀和磨蚀过程。风蚀过程主要包括土壤团聚体和基本粒子的分离、输送和沉积。

半个多世纪以来，中外科学家对静止沙粒受力起动机制进行了深入的研究，并形成了多种假说，其中以冲击碰撞说较有代表性。凌裕泉等（1980）根据在风洞中用高速摄影的方法对沙粒运动过程进行研究后认为在风力作用下，当平均风速约等于某一临界值时，个别突出的沙粒在湍流流速和压力脉动作用下，开始振动或前后摆动，但并不离开原来的位置，当风速增大超过临界值后，振动也随之加强，迎面阻力和上升力相应增大，并足以克服重力的作用，气流的旋转力矩促使某些最不稳定的沙粒首先沿沙面滚动或滑动。由于沙粒几何形状和所处空间位置的多样性，以及受力状况的多变性，因此在滚动过程中，一部分沙粒碰到地面凸起沙粒的冲击时，就会获得巨大冲量。受到突然冲击力作用的沙粒，就会在碰撞瞬间由水平运动急剧地转变为垂直运动，骤然向上起跳进入气流运动，沙粒在气流作用下，由静止状态达到跃起状态。

（2）沙粒运动形式

风力作用下土壤颗粒主要有悬移、跃移和蠕移 3 种运动类型，如图 1.6 所示。

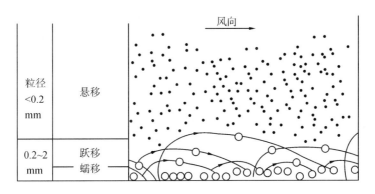

图 1.6　风沙运动的三种形式

1）跃移。当中等粒子（$100\sim500\mu m$）被驱动时，在短时间内它们进入风流中，随后由于重力又落下来，促使它们碰撞并加入到其他土壤颗粒的运动中，这种输送方式叫做跃移。跃移颗粒占总的土壤运动的 $50\%\sim80\%$，跃移高度小于 120cm，大部分在 30cm 左右，研究证明跃移土壤颗粒的升起高度（H）与前进距离（L）比为 1:10。由于跃移是发动其他类型输送的原因，所以在控制措施里是很重要的。另外，由于土壤颗粒的巨大作用，跃移是植物受到伤害的主要原因。

2）悬移。指来自于很小土壤颗粒的垂直和水平运动，在跃移和直接风力作用下，直径 $100\mu m$ 或更小的颗粒将被刮起来，悬浮到风中随风输送；在远距离搬运过程中，主要是 $<20\mu m$ 的颗粒，在风蚀过程中，悬浮一般占总的土壤颗粒的 $3\%\sim40\%$，搬运的高度最高，距离最远，是沙尘暴主要的构成部分，土壤损失最为明显。由于比较细小的土壤颗粒通常含较多的有机质和营养物质，所以悬浮颗粒是最富含有机质和植物营养物质的部分。

3）蠕移。直径在 $500\sim1000\mu m$ 大的土壤颗粒和团聚体，由于太大不能离开地表，但受跃移过程中旋转的颗粒碰撞冲击而松动，随风滚动。表面滚动占总的土壤颗粒的 7%～25%，影响到当地的沉积并对植物产生伤害。

上述三种运动方式中，跃移是主要方式，从重黏土到细砂的各类土壤中跃移占 55%～72%，滚动占 7%～25%，风扬（悬移）占 3%～28%。风沙可能因风速减小而发生沉积，也可因遇到障碍物受阻而产生堆积。在一定的条件下发生沉积会形成沙丘（沙堆、新月形沙丘）。风蚀不受地形限制，在无保护、干燥、松散的土壤上均可发生，其结果可导致土地荒漠化。当风速极大时，风蚀还会发展成为尘暴，给国民经济和人民生活带来严重损失。

第四节　小　　结

煤炭是我国最为重要的能源，是构成我国能源总体结构的主体（占全部能源的 70%以上），对国民经济发展起着举足轻重的作用，是我国可持续发展战略实施的资源保证。目前的煤炭开采量已占到全国矿山开采量的 90%以上。煤炭开采占用大量的土地资源，同时对被占用土地资源的理化性质和生产力造成严重的破坏，特别是表土层的丧失或性质的改变，使土壤失去永续利用的价值。不合理的开采、挖掘等煤炭生产所导致的土地挖损、塌陷、压占、破坏等引发的经济损失和生态破坏，如空气污染、水体污染、土壤污染和土地荒漠化等一系列问题，对公众的安全、健康、生命、财产和生活都造成了很大的危害，严重影响了社会经济的可持续发展。

煤矿废弃地是指为采煤活动所破坏的，未经治理而无法使用的土地，包括露天采矿场、排土场、矸石山、塌陷区等以及受重金属污染而失去经济利用价值的土地。煤炭开采的环境影响特点集中表现在以下 3 个方面：①土地破坏面积大。采矿活动能够同时造成大面积采空区、塌陷地和废气尾矿堆积的山体，对土地破坏严重。②环境污染危害大。含有高量的有害化学物质，对周围造成极大的污染，严重的损害人们的身体健康。③景观治理难度大。废弃地生态修复投资巨大、涉及面广、历时漫长，某种程度上是见效慢的复杂系统工程。煤炭开采对生态环境的影响还具有以下 3 个明显的区域特征：①采煤对生态环境的破坏以非污染性为主，主要通过改变覆岩结构、地表形状、水系径流等生物赖以生存的物理因子为先导，继而引起矿区生态环境的变迁。②动态空间特性和复杂性。矿区空间是包括地面、地下和大气层的多层立体空间，具有复杂的内部构造，并且煤炭开发和生产作业的地理空间时刻在变动中，因此，矿区环境问题表现出动态的三维空间性及影响因素、形成机制和防治的复杂性。③不可避免性和不可逆转性。开采工作面离开切眼的距离为平均采深的 1/4～1/2 时，覆岩移动波及地表时，必然破坏矿区原始生境。尽管采取一定的工程技术措施能够减小对生境的破坏度，但很难恢复到原有的矿区生态环境状态。在地处干旱、半干旱地区的华北内蒙古区、西北青藏区，生态环境本身就脆弱，强烈的采矿干扰使生态破坏在一些地区达到了几乎不可逆转的境地，表现为土壤的风蚀和土地的荒漠化，使土壤层结构丧失。例如，典型的区域有晋、陕、蒙接壤区煤炭资源开发形成所谓的"黑三角"。在华南、西南、长江中下游湿润地区，煤炭开采对土壤破坏最主要的形式是引起水土流失和流域性的酸性废水污染危害，对矿区附近的农林业发展构成威胁。

在煤炭生产建设活动中因挖损、塌陷、压占造成破坏、废弃的土地类型较多，按照不同的方法可以分为不同的类型，常见的有煤矿废弃地的露天采场、排土（岩）场、塌陷地、矸石山、工业场地等。

煤矿废弃地形成机制主要有块体移动机制、沉降和塌陷机制、泥石流形成机制、风蚀机制等。

参 考 文 献

白中科，段永红，杨红云，等.2006. 采煤沉陷对土壤侵蚀与土地利用的影响预测. 农业工程学报，(6)：67-70.

蔡怀恩.2008. 彬长矿区地面塌陷特征及形成机理研究. 西安：西安科技大学硕士学位论文.

程霞.2009. 澄合矿区采空区地面塌陷危险性评价. 西安：西安科技大学硕士学位论文.

郭坤.2014. 榆林矿区主要危害浅析. 陕西煤炭，(3) 35-38.

纪万斌.1994. 塌陷学概论. 北京：中国城市出版社.

蒋日波.2010. 积家井矿区地表沉陷变形形成规律、致灾机制及其防治措施研究. 银川：宁夏大学硕士学位论文.

李凤明.2011. 我国采煤沉陷区治理技术现状及发展趋势. 煤矿开采，16 (3)：8-10.

李树志，高荣久.2006. 塌陷地复垦土壤特性变异研究. 辽宁工程技术大学学报，25 (5)：792-794.

李文银，王治国，蔡继清.1996. 工矿区水土保持. 北京：科学出版社.

凌裕泉，吴正.1980. 风沙运动的动态摄影实验. 地理学报，35 (2)：174-184.

栾长青，唐益群，赵法锁，等.2007. 陕西韩城矿区地表沉降变形研究. 自然灾害学报，16 (3)：81-85.

马迎宾.2013. 采煤塌陷裂缝对土壤水分及地上生物量的影响. 呼和浩特：内蒙古农业大学硕士学位论文.

梅明，李俊峰，周旋，等.2011. 煤炭开采对周边土壤环境的影响. 武汉工程大学学报，33 (9)：72-76.

孟俊，姚多喜.2009. 煤矿塌陷区及复垦区的植物修复研究进展. 环境科学导刊，28 (3)：32-34.

秦胜，田莉雅，张剑，等.2011. 兖州矿区采煤塌陷地现状分析. 中国矿业，20 (1)：61-63, 99.

孙玉成.2012. 采煤沉陷对环境的危害及对策浅析. 科技创新导报，(14)：147.

索永录，姬红英，辛亚军，等.2010. 采煤引起的矿区生态环境影响评价指标体系探析. 煤矿安全，(5)：120-122.

王刚，郭广礼，李伶.2011. 矿区土地的破坏机理与治理措施研究. 安徽农业科学，39 (11)：65-67, 69.

王贤荣，张维，陈纪良，等.2010. 煤矸石长期堆放对周边土壤环境的影响及污染评价. 广西轻工业，(5)：84-86.

王新.2011. 浅谈煤炭开采对矿区环境的影响及治理方法. 煤，20 (5)：60-61, 63.

吴超凡.2010. 安溪县后井矿区地面塌陷形成机理与防治. 化工矿物与加工，(10)：38-41.

杨泽元，王文科，王雁林，等. 2006. 干旱半干旱区地下水引起的表生生态效应及其评价指标体系研究.

干旱区资源与环境，20（3）：105-110.

叶瑶，全占军，肖能文，等 . 2013. 煤炭资源开采对植被影响综述 . 安徽农业科学，41（1）：10796-10798.

袁丽侠，崔星，王州平，等 . 2009. 浙江乐清仙人坦泥石流的形成机制 . 自然灾害学报，18（2）：150-154.

张锦瑞，陈娟浓，岳志新，等 . 2007. 采煤塌陷引起的地质环境问题及其治理 . 中国水土保持，（4）：37-39.

张茂省，卢娜，陈劲松 . 2008. 陕北能源化工基地地下水开发的植被生态效应及对策 . 地质通报，27（8）：1299-1312.

张明 . 2012. 采煤塌陷区复垦土壤质量变化研究——以徐州贾汪粉煤灰充填复垦区为例 . 北京：中国农业科学院硕士学位论文 .

张平仓，王文龙，唐克丽，等 . 1994. 神府-东胜矿区采煤塌陷及其对环境影响初探 . 水土保持研究，（4）：35-44

张志斌 . 2014. 煤矿开采中的采煤技术分析 . 能源与节能，（10）：5-7.

周国乐，邹军平 . 2013. 煤矿工程中井下采煤的工艺与方法分析 . 民营科技，（7）：207，217.

周莹，贺晓，徐军，等 . 2009. 半干旱区采煤沉陷对地表植被组成及多样性的影响 . 生态学报，（8）：4517-4525.

Brady N C. 1990. The Nature and Properties of Soils. New York：Macmillan Publishing Co.

Horning L B，Stetler L D，Saxton K E. 1998. Surface residue and soil roughness for wind erosion protection. Trans. of the ASAE，41（4）：1061-1065.

Pan L，Liu P，Ma L，et al. 2012. A supply chain based assessment of water issues in the coal industry in China. Energy Policy，48：93-102.

Toomik A，Liblik V. 1998. Oil shale mining and processing impact on landscapes in north-east Estonia. Landscape&Urban Planning，41：285-292.

第二章　煤矿废弃地生态环境

采煤活动所破坏的，未经治理而无法使用的土地，包括露天采矿场、排土场、矸石山、塌陷区等，以及受重金属污染而失去经济利用价值的土地具有"旱、寒、瘠、结构差、重金属污染严重"的生态环境基本特征，是煤矿废弃地植被建设和生态恢复的重点和难点。

近年来，随着矿区废弃地复垦研究的深入，煤矸石废弃地复垦过程中的植被演替研究受到国内外学者的广泛关注。印度学者认为，植物群落组成随废弃物堆积时间而变化，物种丰富度随废弃物年龄增加而增加，废弃地生态系统经过多重演替，达到稳定状态预计需要50余年。李凌宜等（2006）认为，大多数情况下，矿业废弃地植被的自然演替过程是比较缓慢的，一般需要50～100年的时间才能获得满意的植被覆盖率。孙庆业等（1999）研究认为，影响淮南煤矸石堆植物自然定居的主要因素是包括石块大小、表面稳定性、坡度、坡向及水分状况在内的物理因子，风播种子和果实是矸石堆上植物繁殖体的主要来源，先锋植物为广域性、耐贫瘠的草类。随着矸石堆置时间的增加和理化性质的改善，植被种类和盖度相应增加，生活型组成也随之变化。林鹰（1995）研究发现，随着时间的推移，岭北矸石堆植物种类不断增加，频度和盖度不断提高。在停止排矸8年的地段，植物盖度达到15%，此时矸石山环境已较适宜于植物生长，可进行人工复垦造林，而在停止排矸10年以上地段，平均盖度约为20%，植物种类达19个科、20余属、30余种。郝蓉等（2003）指出，平朔安太堡露天煤矿区废弃地人工植被经过演变，植物种的组成发生较大变化，由单一的物种组成结构逐渐发展为复杂的物种组成结构，并逐渐趋于动态的平衡。胡振琪等（2003）报道，经过9年演替和生长的王庄煤矿矸石山人工植被，已形成了由15个乔木树种、12个灌木树种和18种草本组成的人工植物群落，混交林中木本植物（乔、灌木）种群密度达到11 220株/hm^2；整个矸石山初步形成了多植物种组成、多层次结构、多生态功能相结合的人工植被生态系统。王孝本等（2000）认为，矸石山植被演替的基本进程主要分为低等植物阶段（菌类、藻类的定居）和高等植物阶段（藓类植物群落——一、二年生草本植物群落—多年生草本植物群落—木本植物群落）。

矸石废弃地植被的自然恢复过程是极为缓慢的。试验表明，在人为裸地上植被自然恢复过程长达10～20年，条件差的地区20～30年也难以恢复。而且，在植物群落形成与演替的过程中，各种类成分的种群数量及综合优势比呈动态变化。植物群落形成与演替与环境因子有关，废弃地高浓度的土壤速效磷是影响植物生长与分布的胁迫因子。伴随着群落的形成与演替，植物群落的物种多样性呈逐渐增加的趋势（陈芳清，2001）。刘世忠等（2002）研究了名北排油页岩废渣堆放场 670hm² 次生裸地自然恢复的植被演替特点后查明，20 多年里入侵定居植物只有 24 科 59 属 66 种，且大多数均为禾本科、莎草科、菊科等科的草本植物种类。其中，抗逆性强的先锋草本植物有 13 科 38 属 44 种，占总种数的 67%，占总覆盖度的 80% 以上。群落结构及组成种类简单，处于群落次生演替的前期阶段（潘德成等，2013；汤举红等，2011）。因此，必须辅以人工措施加速废弃地植被的恢复进程。例如，赤峰市元宝山区 20 世纪 60 年代露天煤矿开采分层剥离形成的排土场，上层土段土石混杂，地表坚实，乱石堆积，土壤贫瘠，有机质含量只有0.65%。经过 20 多年的植被自然恢复，植被盖度仅为 22%～25%，主要植物种为三芒草、东北鹤虱、糙隐子草和百里香等，产干草为 278～675kg/hm²。1990 年进行围栏封育，3 年后植被盖度提高 15%，干草产量提高到 872～1360kg/hm²，新增植物成分主要是胡枝子、白草、狗尾草及蒿属植物（朱利东，2001）。

　　根据上述植被自然恢复情况，考虑植被自然恢复所需要的时间较长，不应被动地等待植被的自然恢复，实行人工复垦是进行废弃地植被恢复的重要途径。因此，研究煤矸石废弃地植被的自然演替规律和特点，对于探求人工促进矸石山植被演替的有效途径和措施，加速植被演替进程，改善生态环境具有重要的理论和实际意义。

第一节　研究地区概况

　　煤炭是我国最主要、最可靠的能源，但煤炭开采在为国民经济发展发挥巨大作用的同时，也不可避免地对矿区生态环境造成破坏，如露天挖损导致的土壤和植被破坏以及景观变化、井工开采导致大量土地沉陷和地表裂缝、水文地质条件破坏导致地下水位下降和水资源流失、大量的煤矸石不断堆积形成的矸石山不仅直接占压土地，还污染环境，影响景观，因此，煤矿区生态环境的修复就成为我国一项十分紧迫的任务。直接关系到绿色矿山建设和生态文明建设的成败。

　　中国西部地区地处典型的大陆性半干旱气候区，煤炭资源的丰富性与生态环境的脆弱性并存。由于我国煤炭绝大多数为井矿开采，且煤炭开采和洗选加工过程中产生的固体废弃物煤矸石的产出率较高，有统计显示，采煤过程中煤矸石占煤炭产量的比重平均为 11%，洗煤过程中煤矸石占所入洗原煤的比重平均为17.5%。所以，以煤为主的能源结构决定了煤矸石是我国最主要的工业固体废弃物，具有产生量大、分布广的特点，以煤矸石为基质构成的煤矿废弃地物理结构不良、理化性质复杂且多变、极端 pH、重金属含量高、营养元素和水分缺乏等成为影响植物定居的主要限制因子。另外，煤矿废弃地由于加上地表植被破坏，因而基质水分含量极低，干旱现象普遍。部分矿业废弃物中常积累有 Ca、Mg、Na 的硫酸盐和氯化物，使得基质含盐量偏高，过量的可溶性盐可增加土壤溶液的渗透压，影响根吸收水分，导致植物生理干旱，脱水死亡，种子不能萌发。因此，查明煤矿废弃地生态环境特征是研究和开发煤矿废弃地高效植被恢复技术，治理矸石地对生态环境的破坏与污染，恢复土地生产力和建立稳定、高效矸石地人工植被群落的基础。

自 2003 年以来，作者以辽宁省阜新矿业集团阜新矿区的海州露天矿排土场、新邱排土场、高德矸石山和孙家湾矸石山，陕西省铜川矿务局的桃园煤矿矸石山、三里洞煤矿矸石山和王家河煤矿矸石山，山东省济宁市兖矿集团兴隆庄矸石山和济宁二号矿矸石山，河南省新密市郑煤集团裴沟、超化、米村和磨岭矸石山为对象进行了一系列调查研究，取得了重要成果。现就研究地区的自然与社会经济概况及煤矿废弃地基本情况简介如下。

一、阜新矿区

（一）自然概况

1. 地理位置

阜新市位于辽宁省西北部，与省会沈阳市直线距离为 147.5 km。阜新全境呈矩形，中轴斜交于北纬 $42°10'$ 和东经 $122°0'$ 的交点上。阜新地区东西长为 170km，南北宽为 84km，总面积为 10 355 km^2。阜新矿业集团为国家大二型煤炭企业。阜新矿区长为 75km，平均宽为 8km，面积约为 600km^2。研究区为辽宁省阜新市阜新矿业集团阜新矿区的海州露天矿排土场、新邱排土场、高德矸石山和孙家湾矸石山。

2. 地形地貌

阜新市北为科尔沁沙地，东接辽河平原，西连努鲁儿虎山，属内蒙古草原与华北石质山地过渡带，也是内蒙古高原和辽河平原的中间过渡带，属于辽宁西部的低山丘陵区。地貌形态是西北高东南低，其间有细河盆地和柳河平原。境内主要山脉有乌兰木图山、骆驼山、大青山、青龙山、海棠山、伊吗图山和绕阳河、柳河、养息牧河、细河、牤牛河等。丘陵山地分布较广，占总面积的 58%，风沙地占 19%，平原地占 23%。

3. 土壤、水文

阜新市总土壤面积为 1420 万亩[①]，其中耕地为 600 万亩，全地区现有草场面积为 106 万亩。共有八大土壤类型：褐土、棕壤、草甸土、风沙土、盐土、碱

①　1 亩≈666.7m^2。

土、水稻土等。以褐土、棕壤、草甸土、风沙土为主。第二次土壤普查结果为：土壤有机质平均为 1.073%，全氮为 0.066%，全磷为 0.043%，全钾为 2.48%，微量元素锌为 $6 \times 10^8 \sim 33 \times 10^8$，pH 在 6.5~8.5，土壤质地砂性的占总面积的 25.9%，团粒结构土壤占 7.3%，土壤容重为 1.3~1.5g/cm³，土壤孔隙度多在 40%~50%。全地区土壤总体评价是土壤有机质含量低，缺磷、少氮、钾不足，严重缺锌，土壤阳离子代换量小，pH 偏高，土壤质地粗、容重大、孔隙度小、土壤肥力低。

阜新地区水资源总量为 10.3 亿 m³，其中，地下水储量为 7.04 亿 m³，可开采量的有 5.57 亿 m³，现已开发利用的有 2.05 亿 m³。地表水为大凌河和辽河两大流域。大凌河水系包括细河和牤牛河；辽河水系包括绕阳河、柳河、养息牧河、秀水河。其中辽河流域境内总河长为 396km，总流域面积为 7216km²；大凌河流域境内河道总长度为 127km，总流域面积为 3139 km²。

4. 气候条件

受东亚季风影响，阜新气候属北温带半干旱大陆性季风气候型。全年降水量一般在 520mm 左右，最多年份达 825mm，最少年份为 310mm。气温年平均为 7.1~7.6℃，全年最热的月份为 7 月，最冷的月份为 1 月，无霜期平均为 154d。日平均气温稳定通过 0℃的活动积温为 3764℃。≥5℃活动积温为 3647℃。≥10℃活动积温为 3377℃，年日照时数为 2826.7h，平均无霜期为 154d。气候特点：四季分明、降水集中、日照充足、温差较大。春季干旱多风、夏季炎热多雨、秋季天高气爽，冬季寒冷少雪。

5. 植被状况

阜新处在华北植物区系和蒙古植物区系交错地带，全市有林地面积 581 万亩，森林覆盖率已达到 30% 以上。分布有 110 科 456 属近千种植物，主要树种有油松、樟子松、侧柏、杨树、柳树、蒙古栎、家榆、山杏、刺槐、胡枝子、锦鸡儿、荆条、大扁杏、山杏等。

（二）社会经济概况

2014 年，阜新市全市总户数为 685 415 户，总人口为 1 910 101 人，其中，非农业人口为 857 340 人。常住人口为 182 万，现有 30 个民族，少数民族人口为 29.8 万，其中，蒙古族人口为 22 万。总面积为 10 355km²，其中，城市规划区面积为 674.02km²，建成区面积为 76.5km²。

阜新农业资源和矿产资源比较丰富。现有耕地为 780 万亩，农村人均占有耕地为 6.7 亩，居辽宁省第一位。阜新地面和地下资源丰富，蕴藏着煤、金、铁、石灰石、玛瑙、硅砂、萤石、沸石、膨润土、玄武岩、地热、风力等 40 多种资源。其中，萤石、沸石、硅砂储量居全省第一位；玛瑙产量与销量占全国的一半，是全国玛瑙制品的集散地。地热资源蕴藏丰富，被誉为"实属罕见、中国一流、泉中极品"。阜新"因煤而立、因煤而兴"，是我国最早建立起来的能源基地之一，曾经拥有亚洲最大的露天矿——海州露天矿和亚洲最大的发电厂——阜新发电厂，60 多年来，全市已累计生产煤炭 7 亿 t，发电 2000 多亿 kW·h，被称为"煤电之城"。为国家经济建设作出了重要贡献。进入 21 世纪，阜新迈上了经济转型之路，成为全国首个资源型城市经济转型试点市，辽宁省实施"突破辽西北"战略的重点地区、沈阳经济区的重要成员。经过十多年转型实践，阜新培育了煤化工、液压、氟化工、农产品加工、皮革、新型能源、铸造、板材家居、新型材料和玛瑙共 10 个重点产业集群，已形成了煤炭、电力、电子、化工、食品、纺织、建材、机械、轻工、医药等多门类于一体的工业体系，努力打造中国"煤化工之都"、"液压之都"、"氟化工之都"和"玛瑙之都"，加快构筑多元化产业格局。

阜新交通环境优越。全市高速公路总里程为 304.4km，现有高速公路 5 条，即阜新至锦州、沈阳至彰武、阜新至铁岭、阜新至朝阳、阜新至盘锦。全市境内有国有铁路运营线 2 条，即新义线、郑大线。在建铁路有巴新铁路、京沈客运专线，规划建设的有巴新铁路复线、沈彰通客运专线。随着这些项目的建成，阜新将成为辽西蒙东地区的重要节点城市。

(三) 煤矿废弃地概况

阜新矿区地处辽宁省阜新市区东部、南部和西部，地理位置为东经 $121°26'$，北纬 $42°02'$。是我国重要的煤炭生产基地，采矿形成的堆积量达 $1×10^9\,m^3$ 以上大型矸石山有 3 座，堆积量 $1×10^8\,m^3$ 以上中型矸石山有 5 座，堆积量 $1×10^7\,m^3$ 以上小型矸石山有 4 座，不具规模的矸石山有 340 多座。矿区内煤矸石总量占地面积为 32.135km²，总堆积量为 $1.290\,85×10^{10}\,m^3$（赵明鹏等，2003）。阜新矿区排土场主要由露天剥离出的废弃物及矿井采煤掘进挖出的深层岩石、煤粉、表土、表土母质堆积构成，排放场地 4 个，占地为 5.5 万亩，其中可耕地 $2.5×10^4$ 亩。最大的就是已经堆放了 50 多年的海州露天矿矸石堆，占地为 20km²，垂直高度平均在 30~40m。这些矸石山堆的矸石主要由粉砂岩、砾岩、煤页岩等岩石组成，矸石山上生长着蒺藜（*Tribulus terrestris*）、猪毛菜（*Solsola collina*）、野谷草、糙隐子草（*Cleistogenes squarrosa*）、黄蒿（*Aretmisia cupillaris* var Simplex）等。

1. 海州露天煤矿排土场

海州露天煤矿排土场位于阜新市区南部太平区境内，细河南岸，阜新车站东南 3km 处，地理位置为东经 $121°41'$，北纬 $41°59'$。露天采场东西长为 3.9km，南北宽为 1.8km，深度为 350m。地表海拔为 165~200m，平均为 175m。地势东

南高，西北低。全矿占地总面积为 26.82km²，其中排土场面积约为 13km²。海
州露天煤矿排土场的剥离物混堆，整个排土场呈现一片荒凉的景象，影响了周围
景观。露天堆积的排土场废弃岩石，易于风化破碎，产生的大量粉尘随风飘扬，
加重了大气的粉尘污染。随着时间的推移，雨水的淋漓以及风化作用的影响，剥
离岩石会逐渐风化分解，岩石中的有害物质及重金属等会随雨水流入地下水体，
造成地下水的污染，给周围居民的生产及生活带来不便。调查结果表明，在排土
场上，频度、盖度、多频度均超过 10% 的植物种类有野古草、猪毛菜、黄背草、
苦荬菜（*Ixeris denticulata*）等；频度、盖度、多频度均低于 10% 的植物种类有
黄蒿（*Artemisia scoparia*）、萝藦（*Metaplexis japonica*）、益母草（*Leonurus
japonicus*）、草木樨（*Melilotus suaveolens*）、车前（*Plantago asiatica*）、委陵
菜（*Potentilla chinensis*）、黄耆（*Astragalus membranaceus*）等。

2. 新邱露天矿排土场

新邱露天矿排土场位于阜新市新邱区北 5km 处，地理位置为东经 121°26′，
北纬 42°02′，年均降水量为 539mm，蒸发量达 1800mm。地带性土壤主要是在各
种岩石化风物残积母质上以及黄土、红土母质上发育的淋溶褐土，褐土性土。本
区属华北植物区系边缘，华北与蒙古植物区系的过渡地带，分布着中、旱生的草
本植物和灌木，如荆条（*Vitex chinensis*）、虎榛子（*Ostryopsis davidiana*）、酸
枣（*Zizyphus jujuba* var. *spinosus*）、白茅（*Imperata cylindrica*）、黄背草、野
古草等，盖度在 30%～50%，旱生植物如兴安胡枝子（*Lespedeza davurica*）、多
叶隐子草（*Cleistogenes polyphylla*）、百里香（*Thymus dahuricus*）、大针茅
（*Stipa grandis*）等盖度在 10%～50%，还有阿尔泰紫菀（*Vster tataricus*）、羊
草（*Leymus chinensis*）等，盖度极小。排土场东南长约为 3800m，南北宽约为
750m，占地面积为 297.58hm²。东高西低，呈东北到西南狭长分布。相对平均
高度 27m，平均坡度 45°，呈阶梯状分为 3 个大盘，盘面较为平坦，主要由露天
矿剥离表土及表土母质和矸石组成。该排土场于 20 世纪 80 年代停止使用，经
20～30 年的风化，一部分表层已经形成了一定深度的土壤基质，一些耐旱、耐
碱植物的入侵，已发现的草本植物有隐子草、藜藜、萝摩、缬草、飞蓬、结缕
草、狼尾草、早熟禾。

3. 孙家湾矸石山

孙家湾矸石山位于辽宁省阜新市的东南部，地理坐标为东经 121°40′，北纬
41°58′，海拔为 192～293m。多年平均降水量为 480mm，年平均蒸发量为
1800mm，年均气温为 7.3℃，无霜期为 156d。≥10℃ 的积温为 3341.4℃，年平
均风速为 2.8m/s。地带性土壤是在各种岩石风化物残积母质上以黄土、红土母
质发育的淋溶褐土、褐土性土，土层较薄。当地煤矸石的组成主要是粉砂岩、砾
岩、煤页岩和泥岩等岩石成分。植被属华北、蒙古和长白山三大植物区系的交汇

地带,分布着中旱生的草本和灌木。孙家湾矸石山堆积时间已有 50 年,山体与地面的夹角为 35°,山脚边长为 1100m,相对高度为 100m,随着煤炭生产现仍在继续堆积,由于山体保持规整,阴、阳坡植被发育良好,随时间进程植被自然演替现象十分明显。

4. 高德矸石山

高德矸石山位于阜新市中西部地区辽宁省阜新市太平区。排矸时间已有 50 多年,矸石堆积厚度为 15~30m,堆积量为 0.54 亿 m³,占地面积为 1.2 km²。矸石山长约为 2000m、宽约为 600m、相对高度约为 50m,山顶海拔高度为 200m。阳坡植被发育良好,植被组成为紫穗槐:榆树:草本植物=8.0:0.5:1.5。紫穗槐为 1992 年人工栽植,生长茂盛。草本植物以黄蒿、艾蒿、野糜子、益母草、狼尾草等为主。

二、铜川矿区

(一) 自然概况

1. 地理位置

研究区为陕西省铜川矿务局下属的三里洞煤矿、王家河煤矿和桃园煤矿。陕西省铜川市地处陕西省中部,关中盆地和陕北高原的交接地带,距西安市区 68km,位于东经 108°35'20"~109°29'04",北纬 34°48'16"~35°35'16",总面积 3882km²。

2. 地形、地貌

铜川市地势北高南低,由西北向东南倾斜,境内海拔处于 680~1000m。境内地貌复杂多样,从西北到东南分别为子午岭山区、黄土塬梁丘陵区、黄土残塬沟壑区、渭北山区和川塬区。

3. 土壤、水文

铜川市土壤分为 9 个土类、15 个亚类、25 个土属、73 个土种。9 个土类占全市土壤总面积的比例分别是褐土为 53.72%、黄绵土为 30.3%、黑垆土为 4.32%、新积土为 2.02%、垆土为 1.52%、潮土为 0.06%、水稻土为 0.03%、紫色土为 0.02%,其分布规律由南向北依次为褐土、黑垆土、黄绵土,山间河谷地多为沙壤质新积土、砂砾质新积土、壤质新积土、冲击型潮土、洪树型潮土、壤质新潮土、冲积型湿潮土;梁峁残原分布着白土、红黏土;原区分布着黑垆土、垆土;土石山地分布着砂砾岩褐土性土、泥质岩褐土性土。铜川的土质属微碱性,不仅适合于大多数农作物生长需要,而且有利于固氮菌类活动,能够增加固氮能力。

铜川市水资源总量为 22 042 万 m³,其中地表水有 21 069 万 m³,地下水有 12 607 万 m³。铜川境内的河流分为石川河和洛河两大水系。石川河水系主要由漆、沮二水组成，市内流域面积为 2240.8 km²。石川河水系中流域面积为 10 km² 以上的支流有 67 条，主要河流有漆河、沮河、赵氏河、浊峪河、清峪河、赵老峪河等。洛河为铜川东北部的界河，境内流程为 35 km，流域面积为 1648.8 km²。洛河水系中流域面积在 10 km² 以上的支流 78 条，主要河流有白水河、清河、五里镇河、雷塬河等。

4. 气候条件

铜川市地处温带，属暖温带大陆性季风气候，四季分明。冬长夏短，雨热同季。夏季炎热，冬季寒冷。全年平均气温为 10.6℃，1 月平均气温为－3.0℃，7 月平均气温为 22.5℃，极端最高气温为 34.1℃，极端最低气温为－15.2℃，年平均降水量为 678.3mm，年均相对湿度为 71%，年平均日照时数为 2428.6h，年平均风速为 2.2m/s，年平均气压为 905.4hPa，年平均无霜期为 190d。

5. 植被状况

铜川市植被类型丰富，主要有森林资源、草地资源、中草药资源、野生植物资源等。全市共有林地面积为 142.1 万亩，经济林面积为 30 万亩，疏林地为 13 万亩，灌木丛地面积为 49.95 万亩。森林覆盖率为 24.5%，主要树种有油松、山杨、毛白杨、刺槐、侧柏、泡桐、臭椿、栾树、构树、楝树、杜松、苹果、核桃、柿子、梨、桃等。全市有草地面积为 152 万亩，可利用面积为 136 万亩，多呈大面积连片分布。有 300 亩以上的草场 105 块，计 100 万亩，其中万亩以上的草场 29 块，面积为 59.3 万亩。牧草有 67 科、308 种，主要有白羊草、铁扫帚、蒲公英、苔草等。草场分为农林地和山坡灌木丛两类，草质优良，可载畜 19.98 万个羊单位，发展畜牧业条件优越。境内有中草药 683 种，已大量采集收购的有 164 种，主要为党参、黄芪、柴胡、连翘、黄连木、丹参、益母草等。境内有野生维管束植物为 106 科、384 属、618 种、5 个亚种、38 个变种，其中，蕨类植物 9 科 13 属 16 种；裸子植物 2 科 3 属 3 种；被子植物 95 科 318 属 599 种，5 亚种，38 变种，主要植物有山桃、山杏、山樱桃、杜梨、野葡萄、酸枣、沙棘、虎榛子、荆条、狼牙刺、马蔺、黄花柳、桑树、南蛇藤、蒙椴、杠柳、榆树、葛藤、野亚麻、青榨槭、扁担杆、漆树、白头翁、石竹、野棉花、草芍药、牡丹、黄蔷薇、绣线菊、勾儿茶、丁香、忍冬等。

（二）社会经济状况

铜川矿产资源丰富，目前已发现的矿产资源有 4 大类 20 种，已探明保有储量分别为原煤 25.6 亿 t、油页岩 4.7 亿 t、水泥石灰岩 4.2 亿 t、耐火黏土 3400 万 t、陶瓷黏土 34.7 万 t，并拥有以煤炭、建材、陶瓷、铝冶炼、机电、机械、纺织、医药、食品、化工等为骨干的 80 多个工业门类。其中，全市煤田面积为 522km²，煤炭产量占全省总产量的 1/3。

（三）煤矿废弃地概况

陕西煤业化工集团铜川矿业公司（铜川矿务局）现有玉华煤矿、陈家山煤矿、下石节煤矿、柴家沟煤矿、王石凹煤矿、金华山煤矿、东坡煤矿、鸭口煤矿和徐家沟煤矿，分布于铜川、焦坪两个自然矿区，井田总面积为 174.23 km²，保有地质储量为 8 亿多吨，可采储量为 4.9 亿 t。综采机械化程度达到 100%，掘进机械化程度达到 80% 以上。现就研究所在地，铜川矿区桃园、三里洞、王家河煤矿矸石山的基本情况介绍如下。

1. 桃园煤矿

桃园煤矿位于铜川市郊区。近 40 多年来，累计产煤矸石为 1000 万 t，约为 1750 万 m³，矸石山占地面积约为 70 hm²。该矿于 20 世纪 80 年代中期关闭停产，矸石地台阶式地形，较陡，水平高度为 40m 以上。山体几乎裸露，仅有极少量的臭椿（幼树）、狗尾草等植被分布，加之人为活动频繁，污染严重。

2. 三里洞煤矿

三里洞煤矿位于铜川市郊区，近 40 多年来，累计产煤矸石为 850 万 t，约为 1500 万 m³，矸石山占地面积约为 60hm²。该矿于 20 世纪 80 年代中期关闭停产，矸石地主要为阶梯式地形，水平高度为 45m 以上。目前主要植被有刺槐、臭椿、沙棘、狗尾草、杠柳、黄蒿等，覆盖度达 20% 左右。由于人为活动频繁，污染较严重。

3. 王家河煤矿

王家河煤矿位于陕西省铜川市王益区。近 40 多年来，累计产煤矸石为 670 万 t，约为 1200 万 m³，矸石山占地面积约为 80hm²。该矿于 20 世纪 80 年代中期关闭停产，矸石地主要包括两个台阶，水平高度近 70m。目前主要植被有刺槐、臭椿、胡枝子、狗尾草、杠柳、黄蒿、蒲公英等，覆盖度达 20% 左右。其人为活动较频繁，污染较严重。

三、兖州矿区

（一）自然概况

1. 地理位置

研究区为山东省济宁市兖矿集团有限公司（简称兖矿集团）下属的兴隆庄煤矿和济宁二号煤矿。济宁市位于山东省西南腹地，地处黄淮海平原与鲁中南山地交接地带。地理位置为北纬 34°26′~35°57′，东经 115°52′~117°36′。南北长为 167km，东西宽为 158km。

2. 地形地貌

济宁属鲁南泰沂低山丘陵与鲁西南黄淮海平原交接地带，地质构造上属华北地区鲁西南断块凹陷区。全市地形以平原洼地为主，地势东高西低，地貌较为复杂。

3. 土地、水文

济宁市总土地面积为 11 187km²。其中，耕地面积占 54.6%，园地面积占 0.9%，林地面积占 5.6%，草地面积占 0.7%，其他面积占 38.2%。土壤一般厚度约为 180.71m，以黏土、砂质黏土、含黏土砂、砾或砂（砾）等相间组成。

全市天然水资源总量水平年为 55 亿 m³，其中，地表水为 34 亿 m³，地下水天然补给量为 21 亿 m³；可利用水资源总量为 30.37 亿 m³，其中地表水为 17.44 亿 m³，地下水为 12.93 亿 m³。资源丰富的地下水为潜水类型，水位一般在 4.60~7.10m。浅层水储量达 20 亿 m³，水流向由北向西南，大体上与河流流向一致。地表水系主要是泗水河、小寨河和白马河，均为泄洪河道，河床浅窄，堤岸低矮，是以排涝为目的的季节性河道。

4. 气候特点

济宁市位于东亚季风气候区，属暖温带半湿润大陆季风气候，年平均气温为 13.3~14.1℃，平均无霜期为 199d，年平均降水量在 597~820mm，四季分明，夏季多偏南风，受热带海洋气团或变性热带海洋气团影响，高温多雨；冬季多偏北风，受极地大陆气团影响，多晴寒天气；春秋两季为大气环流调整时期，春季易旱多风，回暖较快；秋季凉爽，但时有阴雨。

5. 生物资源

济宁市属暖温带落叶阔叶林区，生物资源丰富，全市高等植物总计有 127 科 904 种，其中，药用植物 92 科 357 种（含栽培药材 80 多种）。主要森林植被类型有落叶阔叶纯林、针叶混交林、针叶林等，而且基本上都是人工林。常见的树种有杨、柳、榆、槐、泡桐、苦楝、臭椿、松、柏、苹果、梨、桃、山楂、石榴、柘树、紫藤、榔榆、皂角、青檀、黄檀、乌桕等。

（二）社会经济状况

济宁市常住人口为 820.58 万，其中城镇人口为 396.59 万，农村人口为 423.99 万。经济以农业为主，盛产小麦、玉米、高粱（Sorghum bicolor）、水稻（Oryza sativa）、谷子、甘薯、大豆（Glycine max）、棉花等，是山东省粮食作物的重要产区之一。

济宁矿产资源丰富，已发现和探明储量的矿产有 70 多种，以煤为主，其次为石灰石、石膏、重晶石、稀土、磷矿、铁矿石、铜、铅等。全市含煤面积为 4826km²，占全市总面积的 45%，主要分布于兖州、曲阜、邹城、微山等地。

济宁公路四通八达，石新铁路复线、日菏高速公路、327 国道等九条干线从市区通过，公路密度是全国平均水平的 3 倍。西邻京杭大运河和济宁飞机场，东连日照海港，构成"水、陆、空"立体交通网络。

（三）煤矿废弃地概况

兖矿集团公司是中国内地第四大国有煤炭企业，拥有兖州、济宁两大煤田，井田总面积达 440km²，地质储量为 37.68 亿 t，可采储量为 21.61 亿 t。兖矿集团目前拥有八个煤矿，分别是南屯煤矿、兴隆庄煤矿、鲍店煤矿、东滩煤矿、济宁二号煤矿、济宁三号煤矿、北宿煤矿和杨村煤矿，年产原煤为 4000 万 t 以上，并有与之相配套的现代化选煤厂，矿区煤炭开采及洗选加工技术先进，质量监控手段完善，系统灵活，可生产不同规格的洗煤产品。现就研究所在地基本情况介绍如下。

1. 兴隆庄煤矿

兴隆庄煤矿位于济宁市兖州区兴隆庄镇境内，地理坐标为东经 116°40′，北纬 35°30′。年平均降雨量为 693.4mm，年平均气温为 13.5℃，年主导风向为南风，年出现频率为 12%，常年平均风速为 2.6m/s，平均相对湿度为 68%。矸石堆积地停止排矸 12 年以上，占地面积约为 0.5hm²，水平高度为 56m，平均坡度为 40°左右。水平阶整地，侧柏、刺槐、火炬树、构树、黄栌、山刺玫、迎春等人工植被长势良好。

2. 济宁二号煤矿

济宁二号煤矿位于济宁市境内，地理坐标为东经 115°54′~117°06′，北纬 34°25′~35°55′。矸石堆积地停止排矸不到 5 年，占地面积约为 0.4hm²，水平高度约为 45m，平均坡度为 38°左右。它几乎裸露，仅有极少量的黄蒿、狗尾草等天然植被分布，矸石工业利用率不到 5%，污染严重。

四、新密矿区

（一）自然概况

1. 地理位置

研究区为河南省郑州市郑州煤炭工业（集团）有限责任公司（郑煤集团，原名新密矿务局）裴沟煤矿、超化煤矿和米村煤矿，分别位于新密市境内的裴沟村、超化镇和米村镇。新密市位于河南省中部的嵩山东麓，隶属省会郑州，地理坐标为北纬 34°19′~34°40′，东经 113°09′~113°41′。位于省会郑州西南 40km 处，总面积 1001km²。

2. 地形、地貌

新密市位于外方山系余脉的五指岭东北支脉和东南支脉的夹角地带，地势由西北向东南倾斜，西、北、南三面环山，中部丘陵起伏，沟谷交错，东部为平原，形如簸箕。地貌类型复杂多样，山地、丘陵和平原面积分别占全市总面积的

21.2%、57.3%和21.5%。

3. 土壤、水文

据土壤普查统计，新密市土壤有褐土、潮土、棕壤3个土壤类型，7个亚类，26个土属，98个土种。其中以褐土面积最大，达6万多公顷。土壤中有机质含量较低，严重缺磷，养分比例失调，满足不了高产作物对土壤养分的需求。

新密市中西部各地层地下水位标高为130～140m，地下水埋深为70～210m，地下水类型为岩溶裂隙水，单井出水量为40～100m³/h；东部地下水类型为第四系空隙水和第三系泥灰岩裂隙水，单井出水量为30～40m³/h。地表水主要为双洎河、溱水河、黄水河，属淮河水系。其中，双洎河修筑有河堤，河槽底宽为10～40m，坡降范围为1/300～1/100，最大洪峰流量为3280 m³/s，年平均流量为1.0～1.5 m³/s。

4. 气候条件

新密市属暖温带大陆性季风气候，冬寒夏热，气候干燥，雨雪较少，四季分明。年平均气温为14.9℃，1月平均气温为0.2℃，7月平均气温为26.9℃，极端最高气温为42.5℃，极端最低气温为－18.3℃，年平均降水量为611.7mm，年平均地温为16.9℃，年平均日照时数为2134.2h，年平均风速为2.8m/s，年平均气压为1001.1hPa，年平均无霜期为220d。

5. 植被状况

据调查，新密市约有184科、900属、1900多种植物资源。其中，用材树种有57科274种，主要有毛白杨、油松、旱柳、臭椿、泡桐、侧柏、榆树、栾树、香椿、苦楝、辽东栎、白桦等；特用植物主要有荆条、益母草、马唐、牛筋草、狗尾草、虎榛子、荠菜、腊梅、绣线菊、连翘、胡枝子、卫矛等；果品植物主要有苹果、石榴、柿、梨、桃、李、杏等。

(二) 社会经济概况

新密市土地面积为1001km²，总人口为69.1万。土壤肥沃，水利发达，主要农作物为小麦、玉米、谷子、红薯等，主要经济作物有花生、棉花、油菜。

新密市煤、铝、建材等矿产资源丰富，其中，煤炭地质储量达10亿t，铝矾土储量为5亿t，石灰石储量为50亿t，工业硅储量为10亿t。目前，已形成煤炭、建材、造纸、耐火材料四大支柱产业。

境内公路、铁路纵横交织，四通八达，东临107国道、京广铁路和宋大铁路，距郑州新郑国际机场仅为30km，北临310国道。境内主干公路"七纵七横"，郑少高速公路、省道（豫03、豫62、豫L113）穿境而过。

(三) 煤矿废弃地概况

郑州煤炭工业（集团）有限责任公司（原名新密矿务局，郑州矿务局）是一个以煤炭生产为主,集电力、铁路、电解铝、建材、煤化工和机械制造等多元发展的现代能源企业集团。集团总部位于郑州市中原区,所辖企业遍布河南、山西、湖南、内蒙古 4 省区 7 地市近 20 个县市,是全国规划的 13 个亿吨级大型煤炭基地豫西基地的重要组成部分,目前拥有固定资产为 138 亿元,年产值超过 130 亿元,是河南省重点企业。

1. 超化煤矿

超化煤矿位于新密市境内,矸石年排放量为 8.56 万 t,累积堆存量为 75.53 万 t,占地面积为 0.87hm²。矸石堆积地停止排矸 12 年以上,水平高度为 50m,20 世纪 90 年代后期开始绿化,主要树种有刺槐、白榆、楝树、构树等,植被覆盖度已达 80%以上。目前有少量煤矸石的利用,并有一定程度的人为干预。

2. 米村煤矿

米村煤矿位于新密市境内,矸石年排放量为 15.52 万 t,累积堆存量为 247.77 万 t,占地面积为 3.66hm²。矸石堆积地停止排矸 10 年左右,水平高度为 48m,1999 年左右开始绿化,主要树种有刺槐、侧柏、白榆、臭椿等,植被覆盖度已达 50%左右。人为干扰不严重,污染较轻。

3. 裴沟煤矿

裴沟煤矿位于新密市境内,矸石年排放量为 6.42 万 t,累积堆存量为 211.97 万 t,占地面积为 3.0hm²。矸石堆积地停止排矸 10a 左右,平均坡度为 50°左右,水平高度为 50m 以上,1998 年左右开始绿化,主要树种有刺槐、楝树、白榆、臭椿、构树、狗尾草等,植被覆盖度已达 50%左右。有少量人为干扰活动,污染较轻。

4. 磨岭煤矿

磨岭煤矿位于巩义市境内,地理坐标为东经 112°48′～113°16′,北纬 34°31′～34°52′。矸石年排放量为 4.75 万 t,累积堆存量为 53.6 万 t,占地面积为 2.53hm²。矸石堆积长达 30 年,目前仍在继续排矸,因此,表面裸露,风化度低,人为活动频繁,废气污染较严重,仅有极少量先锋草本植物入侵并定居。

第二节　气　候

一、地形特征

辽宁阜新矿业集团的海州露天矿排土场、新邱排土场、高德矸石山和孙家湾矸石山,陕西省铜川矿务局的桃园、三里洞和王家河煤矿矸石山,山东省济宁市兖矿集团兴隆庄矸石山和济宁二号矿矸石山,河南省新密市郑煤集团裴沟、超化、米村和磨岭矸石山废弃地立地特征调查结果见表2.1。

表 2.1　调查样地立地特征

样地号	废弃地类型	地点	面积/hm²	海拔/m	相对高度/m	地形特点	坡向、坡度、坡位
1～6	排土场	阜新海州	1300.00	220	25	台地平地	一、二、三、四台阶
7～13	矸石山	阜新孙家湾	—	211	100	小山斜坡	阴、阳坡，35°，上、中、下部
14～15	排土场	阜新新邱	297.58	251	38	台地平地	台地
16～17	矸石山	阜新高德	120.00	200	32	台地斜坡	阳坡，38°，中部
18～19	矸石山	铜川桃园	70.00	862	48	小山	阴、阳坡，42°，中、下部
20～21	矸石山	铜川王家河	80.00	910	80	台地斜坡、平地	第二台阶，阴坡，33°，中部
22～23	矸石山	铜川三里洞	60.00	892	125	小山斜坡	阴、阳坡，36°，上、中、下部
24～26	矸石山	兖州兴隆庄	4.35	27	56	小山斜坡	阳坡，40°，上、中、下部
27～29	矸石山	济宁二号煤矿	0.4	39	45	小山斜坡	阴、阳坡，38°，上、中、下部
30～33	矸石山	新密超化	0.87	650	50	小山斜坡	阴、阳坡，36°，上、中、下部
34～36	矸石山	新密裴沟	3.00	648	48	小山斜坡	阴、阳坡，38°，上、中、下部
37～39	矸石山	新密米村	3.66	678	78	小山斜坡	阳坡，35°，上、中、下部
40～42	矸石山	巩义磨岭	2.53	565	65	小山斜坡	阴、阳坡，43°，上、中、下部

二、气候类型

海州露天矿排土场、新邱排土场、高德矸石山和孙家湾矸石山所在阜新矿区地处我国温带大陆性季风气候区，年均降水量为 539 mm，蒸发量达 1800 mm，是典型半干旱地区，土壤主要是在各种岩石风化物残积母质上以黄土、红土母质上发育的淋溶褐色土为主，多分布在丘陵和低山丘陵区，一般土层较薄，为 10～30 cm。气候类型为暖温带季风大陆性气候。冬季寒冷，雨雪稀少；春季回暖快，多风，雨水较少；夏季雨热同季、降水集中；秋季日照充足、多晴好天气。该地区气温常年平均值为 13.5℃，极端最低气温为－19.3℃；极端最高气温为 41.0℃。常年年降水量平均为 693.4mm，主要集中在 6～9 月。常年主导风向为东南风，年出现频率为 12%，常年平均风速为 2.6 m/s，以 4 月最大，为 3.3 m/s。

济宁二号煤矿和隆庄煤矿所在兖州矿区处在我国暖温带半湿润大陆性季风气候区，四季分明，春季风大干燥、夏季炎热多雨、秋季秋高气爽、冬季寒冷少雨雪。年平均气温为 13.5℃，最高气温为 41.0℃，最低气温为－19.3℃；年平均相对湿度为 68%；年平均降雨量为 693.4mm，最大降雨量为 1179.3mm，最大积雪深度为 0.19m；最大冻结深度为 0.45m；年主导风向为南南东（SSE）风，年出现频率为 12%；常年平均风速为 2.60m/s，最大风速为 5.0m/s。

超化、米村、裴沟、磨岭煤矿所在的新密矿区处在我国暖温带大陆性季风气候区，冬寒夏热，气候干燥，雨雪较少，四季分明。年平均气温为 14.9℃，1 月平均气温为 0.2℃，7 月平均气温为 26.9℃，极端最高气温为 42.5℃，极端最低气温为－18.3℃，年平均降水量为 611.7mm，年平均地温为 16.9℃，年平均日照时数为 2134.2h，年平均风速为 2.8m/s，年平均气压为 1001.1hPa，年平均无霜期为 220d。

桃园、三里洞、王家河煤矿所在地铜川矿区处在暖温带半干旱大陆性季风气候区。气温：多年平均气温为 10.6℃，最低气温为－18.2℃（1 月），极端最高气温为 37.7℃（6 月）。年蒸发量为 1640mm，年平均降水量为 588m，集中分布于 7~9 月份（占年总降水量的 54%）。向风速受到地形控制，盛行山谷风，主导风向为 NE，次主导风向为 SW，平均风速为 2.3m/s，最大风速为 18m/s，静风频率塬区占 18%，谷区占 34%。

三、气候特点

辽宁阜新矿业集团海州露天矿排土场、新邱排土场、高德矸石山和孙家湾矸石山，河南省郑州市郑煤集团磨岭、裴沟、超化和米村矸石山，山东省济宁市兖矿集团兴隆庄矸石山和济宁二号煤矿矸石山，陕西省铜川矿务局三里洞、王家河和桃园矸石山气候因子调查结果见表 2.2。

表 2.2　矸石堆积地气候状况

调查项目	阜新	兖州	济宁	新密	巩义	铜川
气候类型	A	B	B	A	A	A
日照时数/h	2767	2654	2733.6	2189.5	2312	2428.6
气温/℃	8.5	13.5	13.3	14.9	14.7	10.6
风速/(m/s)	2.8	2.6	3.2	2.8	2.9	2.3
降水量/(mm/年)	490.65	693.4	597	655.9	563	678.3
蒸发量/(mm/年)	1672.7	1620.2	1741.6	1214.7	1300	1640
相对湿度/%	56	68	66	68	60	71
地温/℃	10.2	15	14.1	16.9	16.7	13.1
干燥度	1.4	1.7	1.7	1.5	1.5	1.5

注：1）调查地点阜新为新邱、高德、海州和孙家湾矿，济宁为济宁二号煤矿，新密为超化、米村和裴沟矿，铜川为王家河、三里洞和桃园矿，巩义为磨岭矿，兖州为兴隆庄矿。2）表中气温、风速、日照时数、降水量、蒸发量、相对湿度均为年平均值。其中阜新资料为 1994~2003 年的平均值，由阜新市气象局提供。3）A 大陆性半干旱气候；B 暖温带半湿润大陆性季风气候。4）干湿带区划指标：干燥度 1.0~1.5 为半湿润，1.5~2.0 为半干旱，>2.0 为干旱。

从研究所在地的 4 个矿区 13 个煤矿废弃地调查与观测结果来看，研究区内煤矿废弃地年平均日照为 2189.5～2767h，年平均温度为 8.5～14.9℃，年平均风速为 2.3～3.2m/s，年平均蒸发量为 1214.7～1741.6mm/年，年平均降雨量为 490.65～693.4mm/年，年平均相对湿度为 56%～71%。因此，日照时间长，温度低，风速大，蒸发量大，降雨量少，相对湿度小，冬长夏短、冬季寒冷、夏季炎热，光照充足是研究地生态环境的基本特点。

第三节　土　　壤

一、土壤肥力特征

土壤肥力是土壤的基本属性和本质特征，是土壤为植物生长供应和协调养分、水分、空气和热量的能力，是土壤物理、化学和生物学性质的综合反应。影响土壤肥力因素有养分因素、物理因素、化学因素和生物因素等。

养分因素指土壤中的养分储量、强度因素和容量因素，主要取决于土壤矿物质及有机质的数量和组成。但土壤向植物提供养分的能力并不直接决定于土壤中养分的储量，而是决定于养分有效性的高低。土壤养分的有效性还取决于能进入土壤溶液中的固相养分元素的数量（通常称为容量因素），常指呈代换态的养分的数量（如代换性钾、同位素代换态磷等），以及土壤养分到达植物根系表面的状况，包括植物根系对养分的截获、养分的质流和扩散 3 方面状况的影响。

物理因素指土壤的质地、结构状况、孔隙度、水分和温度状况等。它们影响土壤的含氧量、氧化还原性和通气状况，从而影响土壤中养分的转化速率和存在状态、土壤水分的性质和运行规律以及植物根系的生长力和生理活动。物理因素对土壤中水、肥、气、热各个方面的变化有明显的制约作用。

化学因素指土壤的酸碱度、阳离子吸附及交换性能、土壤还原性物质、土壤含盐量，以及其他有毒物质的含量等。它们直接影响植物的生长和土壤养分的转化、释放及有效性。土壤阳离子吸附和交换性能的强弱，对于土壤保肥性能有很大影响。土壤酸度通常与土壤养分的有效性之间存在一定相关。土壤中某些离子过多和不足，对土壤肥力也会产生不利的影响。

生物因素指土壤中的微生物及其生理活性。它们对土壤氮、磷、硫等营养元素的转化和有效性具有明显影响，主要表现在：①促进土壤有机质的矿化作用，增加土壤中有效氮、磷、硫的含量；②进行腐殖质的合成作用，增加土壤有机质的含量，提高土壤的保水保肥性能；③进行生物固氮，增加土壤中有效氮的来源。

辽宁阜新矿业集团的海州露天矿排土场、新邱排土场、高德矸石山和孙家湾矸石山，河南省郑州市郑煤集团磨岭、裴沟、超化和米村矸石山，山东省济宁市兖矿集团兴隆庄矸石山和济宁二号矿矸石山，陕西省铜川矿务局的三里洞、王家河和桃园矸石山土壤水分、养分测定结果见表 2.3。

表 2.3 各类矸石地土壤性质测定结果

类别	地点	pH	土壤含水量/%	速效氮/(mg/kg)	速效磷/(mg/kg)	速效钾/(mg/kg)	速效氮磷钾/(mg/kg)	有机质/%
1	新邱	7.24	10.89	14.928	2.355	125.392	142.675	3.344
	高德	6.85	10.88	25.377	3.806	441.888	471.071	12.769
	海州	6.83	9.85	47.413	2.403	293.878	343.694	12.907
	孙家湾	7.14	12.35	27.369	3.063	354.410	384.842	13.073
	济宁二号煤矿	8.53	2.16	11.197	4.84	576.65	592.691	7.240
2	超化	7.69	1.47	4.433	10.46	69.014	83.907	16.864
	米村	7.81	1.79	5.599	2.52	73.161	81.28	15.041
3	裴沟	8.06	0.84	2.100	3.41	77.820	83.33	0.583
	王家河	7.65	2.86	7.694	2.96	534.226	544.878	5.183
4	三里洞	7.26	5.91	12.932	14.52	535.122	562.576	6.421
5	桃园	7.2	3.80	15.399	8.11	712.777	736.286	4.045
6	磨岭	2.93	1.11	4.899	6.22	58.965	70.084	9.382
7	兴隆庄	7.67	3.04	6.498	12.08	588.341	606.919	5.923

表2.3显示，各类矸石地土壤的 pH、含水量、速氮、速磷、速钾、有机质含量差异较大，究其原因主要与气候、停止排矸的时间长短、人为干预等因素有关。

（一）煤矸石堆积地土壤 pH

土壤 pH 是土壤重要的基本性质，它直接影响着土壤养分存在的状态、转化和有效性。从不同矸石堆积地 pH 测定及分析结果来看，不同矸石废弃地土壤的 pH 差异显著，见表2.4。

表 2.4 不同矸石堆积地 pH 测定结果及分析

地点	新邱	高德	海州	孙家湾	超化	裴沟	米村	磨岭	兴隆庄	济宁二号煤矿	三里洞	王家河	桃园
pH	7.24	6.85	6.83	7.14	7.69	8.06	7.81	2.93	7.67	8.53	7.26	7.65	7.2
	CDd	Def	Df	Ddef	BCc	Bb	Bbc	Eg	BCc	Aa	CDd	BCc	CDde
含水量	10.89	10.88	9.85	12.35	1.47	0.84	1.79	1.11	3.04	2.16	5.91	2.86	3.80
	Bb	Bb	Bc	Aa	FGgh	Gh	EFgh	Ggh	DEef	EFGfg	Cd	DEFef	De

注：1) 表中含水量为各研究点相关样地土壤含水量的平均值。2) 不同的大、小写字母表示处理间差异分别达1%和5%显著水平（Duncan 法）。3) 土壤含水量 $W=$（风干矸石重－烘干矸石重）/烘干矸石重×100。

（二）煤矸石堆积地土壤温度

煤矸石堆积地不同深度土壤温度调查结果显示，在 10:00～18:00,煤矸石山裸地地面温度远高于天然植被覆盖下的地面温度；裸地、阳坡、阴坡的地面温度均随时间进程先增加而后减小，在 14:00 前后达到最大值；同一时间同一深度处的土壤温度是裸地＞阳坡＞阴坡，且温度变幅为裸地＞阳坡＞阴坡。在 10：00～18：00，在 0～20cm 深度范围内，土壤温度随时间延续而增加，不同深度处的土壤温度基本上都是随时间延续而增加；在同一时间内，矸石山的土壤温度随土层深度增加而减少，见表 2.5。

表 2.5　孙家湾矸石山土壤温度日变化　　　　　单位：℃

土层深度	类别	时　间				
		10：00	12：00	14：00	16：00	18：00
0cm	裸地	37.5	43.6	45.5	45.5	44.6
	阳坡	35.5	42.8	44.8	44.8	43.7
	阴坡	32.5	43.0	43.0	43.0	41.5
5cm	裸地	30.4	33.0	35.5	33.0	28.3
	阳坡	31.5	32.5	34.0	30.8	27.5
	阴坡	30.0	30.0	30.0	28.0	27.3
10cm	裸地	25.1	32.0	30.0	30.2	28.2
	阳坡	26.5	28.5	29.8	28.0	26.5
	阴坡	26.1	28.5	28.0	27.0	27.0
15cm	裸地	24.1	25.5	28.2	29.8	26.3
	阳坡	23.8	25.5	27.0	27.0	26.0
	阴坡	25.6	26.0	26.0	26.0	26.0
20cm	裸地	23.9	23.8	25.2	24.5	24.5
	阳坡	23.0	24.0	25.8	26.5	26.0
	阴坡	25.5	25.1	25.5	26.0	26.0

注：1）表中地面温度均为最高温度。2）观测时间：2004 年 8 月 13 日。3）裸地为阳坡。4）阴坡与阳坡均有天然植被。

（三）煤矸石堆积地土壤水分

煤矸石堆积地土壤含水量测定及分析结果显示，各矸石堆积地的土壤含水量差异极大。方差分析结果显示，各矸石地的土壤含水量差异极显著。多重比较表明，各矸石地任意两两之间的土壤含水量差异极显著或显著。造成这种差异的原因主要与各地气候、矸石化学组成、排矸时间、表层风化程度、人为干扰等因素有关。不同坡向、坡位矸石山 0～20cm 和 20～40cm 处土壤含水量测定结果显示，阴坡明显高于阳坡，山坡下部明显高于山坡上部，见表 2.6。

表 2.6　不同坡向的矸石山土壤含水量

坡向	坡位	海拔/m	土壤含水量/%		
			0～20cm	20～40cm	平均
孙家湾阴坡	下部	204	25.86	19.41	22.64
孙家湾阴坡	上部	220	24.79	13.03	18.91
孙家湾阳坡	下部	220	12.66	9.42	11.04
孙家湾阳坡	上部	204	10.39	10.96	10.68

同一地点和同一坡度、坡向和坡位下不同停止排矸时间矸石山土壤含水量测定结果表明，0～20cm、20～40cm 深土壤含水量随排矸时间的延长而明显增加，这主要是由于随着土壤的风化程度加强，蓄水保水能力增大的缘故，参见表 2.7。

表 2.7　不同终止排矸时间下的矸石地土壤含水量

地点	终止排矸时间/年	坡向/坡位/坡度	含水量/%		
			0～20cm	21～40cm	平均
孙家湾	35	阳坡/中下部/35°	18.24	17.16	17.7
	25	阳坡/中下部/35°	11.48	11.19	11.34
	15	阳坡/中下部/35°	10.16	10.94	10.55
海州排土场第三台阶	＞20	—	12.13	15.77	13.95
	15	—	11.87	12.45	12.16
	＜10	—	7.95	9.85	8.9

不同土地利用方式下排矸场土壤含水量测定结果表明，在同一时间内，0～20cm、20～40cm 深土壤含水量农田最高（平均为 11.67%），林地次之（平均为 9.37%），裸露地最低（平均为 3.04%），且差异非常显著，见表 2.8。

表 2.8　海州排土场第一台阶不同利用方式下矸石堆积地土壤含水量

利用方式	土壤含水量/%		
	0～20cm	平均	20～40cm
裸地	1.42	4.65	3.04
林地	8.73	10	9.37
农田	11.64	11.69	11.67

阜新矿区孙家湾、高德、新邱和海州矿矸石堆积地土壤含水量测定结果及分析进一步证明：矸石山土壤含水量阴坡高于阳坡，山坡下部高于上部，中下部高于中部，平地高于斜坡地。停排时间长的高于停排时间短的；植被好的地方明显高于植被差的地方；农用地高于林地，有林地高于裸地。

（四）煤矸石堆积地土壤养分

大量实践证明，未经覆土和人工绿化的矸石山表层风化深度仅为 3～20cm，下部均为未风化的矸石，且在风化之前无土壤结构，矸石中的粒径大，毛细结构差，含碳量大、地温高，易蒸发，往往伴随有自燃现象发生，因此，养分与水分含量少，土壤的持水与保肥能力很差。但是，由于气候、环境以及矸石本身的组成差别，不同产地的矸石地土壤中速效氮、速效磷、速效钾的含量不同。各矸石地土壤养分测定结果见表 2.9。

表 2.9　矸石地土壤养分状况测定结果及分析　　　单位：mg/kg

矸石废弃地	全氮	全钾	全硫	速效氮	速效磷	速效钾	有机质
新邱	—	—	—	14.928CDd	2.355Ji	125.392Gg	33440DEef
高德	—	—	—	25.377Bc	3.806Gg	441.888Dd	127690ABb
海州	—	—	—	47.413Aa	2.403IJi	293.878Ff	129070ABb
孙家湾	—	—	—	27.369Bb	3.063HIh	354.410Ee	130730ABb
超化	1354BCcd	5597Ef	3100CDc	4.433GHh	10.46Cc	69.014Hhi	168640Aa
裴沟	2653ABb	7039Ee	3500BCbc	2.100Hi	3.41GHgh	77.820Hh	5830Ef
米村	3923Aa	3989Fg	2600DEd	5.599FGgh	2.52IJi	73.161Hhi	150410Aab
磨岭	1327BCcd	2361Gh	3200Cc	4.899Ggh	6.22Ee	58.965Hi	93820BCc
兴隆庄	2042BCbc	14710Bb	2300Ed	6.498FGfg	12.08Bb	588.341Bb	59230CDde
济宁二号煤矿	1173BCbc	18034Aa	2300Ed	11.197Ee	4.84Ff	576.654Bb	72400CDcd
三里洞	1661BCbcd	12515Cc	3500BCbc	12.932Dee	14.52Aa	535.122Cc	64210CDcd
王家河	1134BCcd	9972Dd	4200Aa	7.694Ff	2.96HIJh	534.226Cc	51830CDde
桃园	699Cd	12154Cc	3900ABab	15.399Cd	8.11Dd	712.777Aa	40450DEdef

注：表中不同的大、小写字母表示处理间差异分别达 1% 和 5% 显著水平（Duncan 法）。

矸石地土壤养分状况测定结果及分析（表 2.9）表明，矸石地土壤中的速效氮、速效磷、速效钾、全硫及有机质含量差异较大。方差分析和多重比较的结果显示，各矸石地土壤中的速效氮、速效磷、速效钾、全硫及有机质含量存在显著或极显著差异。土壤中的硫主要是来源于粉煤灰和黄铁矿。粉煤灰因含有黄腐酸，具有改善土壤质地，增加土壤持水量，提高土壤 pH，增加土壤肥力等作用，成为生产腐殖酸肥料的主要原料。因此，各矿区矸石地土壤中的硫含量的差异可能主要是其矸石中的黄铁矿含量存在差异造成的。但是，陕西铜川矿区三里洞矸石地土壤中较高含量的营养元素系人为排放有机物（生活垃圾）所致，并不是矸石本身的含量较高。

综上分析，我国煤矿废弃地土壤具有以下基本特征：①未经覆土和人工绿化的矸石山一般表层风化深度仅为 3～20cm，下部均为未风化的矸石，无土壤结构，且矸石中含碳量大、地温高、易蒸发，往往伴随有自燃现象发生。不仅因其含水量及持水量少，而且矸石粒径大、毛细结构差、阳离子代换量小、养分含量少及保肥能力很差。②矸石地土壤温度的日变化特点是，在 10：00～18：00，矸石堆积地土壤温度随时间进程而增加。在 10：00～14：00 逐渐升高，在 14：00 前后达到最大值，14：00～18：00 逐渐降低。且裸地地面温度远高于天然植被覆盖下的地面温度，温度变化幅度为裸地＞阳坡＞阴坡，裸露矸石地地面温度明显高于有植被覆盖的矸石地的地面温度，且二者均随时间延续而增加。③矸石地土壤表层含水量一般为 0.84%～12.35%，但不同矸石堆积地之间差异显著，同一矸石地 0～40cm 深土层范围内的土壤含水量阴坡高于阳坡，山坡下部高于山坡上部，山坡中下部高于山坡中部；排土场台地高于斜坡地；停排时间长的矸石山高于停排时间短的矸石山。以农田用矸石地的土壤含水率为最高（平均为 11.67%），林用矸石地次之（平均为 9.37%），裸露的矸石地最低（平均为 3.04%）。④矸石地土壤 pH 一般在 5.8～10.0。电导率（全盐量）为 64.62～1025.36。全氮、全钾、全硫含量分别为 1134～3923mg/kg、2361～18 034mg/kg 和 2300～4200mg/kg；速效氮、速效磷和速效钾含量分别为 2.1～47.4mg/kg、2.3～14.5mg/kg 和 59～576.7mg/kg；有机质含量为 5830～168 640mg/kg（其有机质多为不易被植物吸收的矿化的有机碳）。但是，不同矸石地土壤中的全氮、全钾、全硫和速效氮、速效磷、速效钾、有机质含量均存在极显著差异。造成这些差异的原因，除了气候因子和排矸终止时间外，主要是矿物组成和植被的影响。所以，在进行矸石地植被恢复过程中，特别是在选择植物和复垦造林时一定要视不同矸石地的具体养分状况来采用相应的措施以提高植被恢复的效果。例如，对于缺氮的矸石地就要选用以固氮能力较强的植物为主，对于其他某种养分元素比较缺乏的矸石地，就要补充增施含有所缺元素的肥料。

二、土壤肥力测定

通过在陕西省铜川市三里洞、王家河、桃园煤矿分别有植被覆盖矸石地和无植被覆盖矸石地上选取有代表性的地方设置采样地，每个矿区各选取 5 个主取样点采样。然后在每个主取样点以 20m 对角线及其中心选定 5 个次级采样点，挖取矸石地土壤剖面后采取土样（土层深度为 0～20cm），将多点样品经充分混匀、风干、磨碎、过筛（100 目）后测定其土壤 pH、含水量、有机质、全氮等 9 个肥力指标，测定方法见表 2.10。

表 2.10　土壤肥力指标与重金属含量测定方法

项目	测定方法	测定仪器设备
pH	电位法	PSH-25C 型酸度计
含水量	烘干法	烘箱、天平、铝盒
有机质	油浴加热 $K_2Cr_2O_7$ 容量法	石蜡锅、硬质试管
全氮	凯氏定氮法	2300 型自动定氮仪
全磷	酸溶-钼锑抗比色法	分光光度计、高温电炉
全硫	$Mg(NO_3)_2$ 氧化-$BaSO_4$ 比浊法	砂浴、分光光度计、电磁搅拌器
速效氮	扩散吸收法	扩散皿、半微量滴定管、恒温箱
速效磷	0.5M $NaHCO_3$-钼锑抗比色法	分光光度计、恒温往复式振荡机
速效钾	原子吸收光谱法	原子分光光度计、往复式振荡机

所得测定数据采用 Microsoft Excel、IBM SPSS Statistics 20.0 软件、Yaahp 7.5 层次分析法软件等进行统计处理，并应用相关性检验、LSD 多重比较检验、GraphPad Prism 5 软件等方法进行分析和绘制图表，结果概述如下。

三、土壤肥力评价

(一) 土壤单一肥力指标评价

1. 土壤肥力指标分级标准

根据《全国第二次土壤普查暂行技术规程》(全国土壤普查办公室，1979)，结合铜川矿区三里洞、王家河、桃园 3 个典型煤矿区矸石地土壤实际情况，建立各肥力指标分级标准，用于评价土壤中各肥力指标含量的多寡情况。肥力等级共分为 6 个级别，分级数值范围为 1~6，肥力水平为从高到极低，等级数值越大说明肥力水平越低，见表 2.11。

表 2.11　土壤各肥力指标分级

分级	pH	含水量/%	有机质/%	全氮/%	全钾/%	全硫/%	速效氮/(mg/kg)	速效钾/(mg/kg)	速效磷/(mg/kg)
1 高	7.5~8.0	15~20	>4	>0.2	>3	>1.2	>150	>200	>40
2 较高	7.0~7.5	12~15	3~4	0.15~0.2	2.4~3	1.0~1.2	120~150	150~200	20~40
3 中等	6.5~7.0	8~12	2~3	0.1~0.15	1.8~2.4	0.6~1.0	90~120	100~150	10~20
4 较低	6.0~6.5	5~8	1~2	0.07~0.1	1.2~1.8	0.25~0.6	60~90	50~100	5~10
5 低	5.0~6.0	2~5	0.6~1	0.05~0.07	0.6~1.2	0.1~0.25	30~60	30~50	3~5
6 极低	<5.0	<2	<0.6	<0.05	<0.6	<0.1	<30	<30	<3

2. 土壤单一肥力指标分析与评价

对铜川矿区三里洞、王家河、桃园煤矿矸石地土壤样品测定结果进行统计分析，结果表明研究区土壤各项肥力指标存在很大的差异，其肥力水平高低排序为有机质＝速效钾>pH>全氮>全硫＝速效磷>含水量＝全钾>速效氮。三里洞、王家河、桃园煤矿矸石地肥力水平高低排序分别为：有机质＝速效钾>pH＝全氮>速效磷>全钾＝全硫＝含水量>速效氮、pH＝有机质＝速效钾>全氮>全硫>全钾＝含水量>速效磷＝速效氮、有机质＝速效钾>pH>全氮>全硫＝速效磷>含水量＝全钾>速效氮，见表 2.12。

表 2.12　土壤各肥力指标含量

样地	pH	含水量/%	有机质/%	全量养分/%			速效养分/(mg/kg)		
				N	K	S	N	K	P
三里洞	7.26* (2)	5.92 (4)	6.42 (1)	0.17 (2)	1.25 (4)	0.35 (4)	12.93 (6)	535.12 (1)	14.52 (3)
王家河	7.65 (1)	2.86 (5)	5.18 (1)	0.11 (3)	1.00 (5)	0.42 (4)	7.69 (6)	533.23 (1)	2.96 (6)
桃园	7.20 (2)	3.80 (5)	4.05 (1)	0.07 (4)	1.22 (4)	0.39 (4)	15.4 (6)	475.04 (1)	8.11 (4)
总体	7.37 (2)	4.19 (5)	5.21 (1)	0.12 (3)	1.15 (5)	0.38 (4)	12.01 (6)	514.8 (1)	8.53 (4)

* 为均值，样本数均为 5。

注：括号内数值为肥力等级。

土壤有机质含量、速效钾含量远超过 1 级土壤的下限值，肥力等级为高，说明研究区土壤有机质与速效钾能够为植物生长提供非常充足的养分；土壤含水量、全钾、速效氮含量为 5 级或 6 级，肥力等级为低或极低，明显成为影响植物生长的主要限制因素；其他指标处于 2～4 级，在一定程度上能为植物提供生长所需的养分。三里洞、王家河、桃园煤矿矸石地各项肥力指标（速效磷除外）等级相差不大（等级差值为 0 或 1），肥力分布较为均匀。此外，LSD 多重比较检验表明三里洞、王家河、桃园煤矿矸石地各肥力指标间差异不显著（P 值均大于 0.05）。

（二）土壤肥力指数和法评价

指数和法评判模型是将参与综合评价的参评因子的权重值，与其相对应的参评指标的得分相乘后相加，土壤肥力综合指数值 IFI（integrated fertility index）可以综合直观地表示土壤肥力状况。具体计算公式如下：

$$\text{IFI} = \sum (W_i \times N_i) \tag{2.1}$$

式中，N_i 和 W_i 分别为第 i 种肥力指标的评分值和权重系数。IFI 取值为 0～1，其值越高，表明土壤肥力越高，其分级标准（吕晓男等，1999）见表 2.13。

表 2.13　IFI 评价分级标准

IFI	土壤肥力等级	土壤肥力水平
0～0.2	5	低
0.2～0.4	4	较低
0.4～0.6	3	中等
0.6～0.8	2	较高
0.8～1	1	高

1. 评分函数的确定

研究表明，土壤肥力与作物产量间具有一定的关系，其效应曲线可分为正相关型、抛物线型及概念型 3 种函数关系类型。土壤有机质、全氮、全钾、全硫以及速效氮、速效钾、速效磷等在一定的范围对作物的效应曲线呈现 S 型，符合正相关型函数关系（王德彩等，2008）。因此，可以构建 S 型评分函数（评分值介于 0 和 1 之间）。土壤 pH 以及含水量在一定范围内对作物产生明显的正效应，高于或低于这个范围则变得很差，符合抛物线型函数关系。因此，可以构建抛物线型评分函数。为便于计算，分别将 S 型和抛物线型曲线函数转化为相应的折线型函数，如图 2.1 所示。

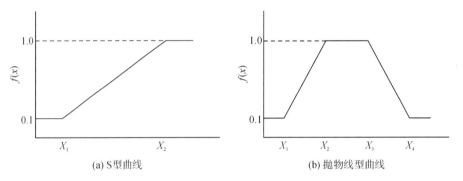

图 2.1　S 型和抛物线型曲线的折线型

S 型评分函数表达式为

$$f(x)=\begin{cases}1, & x\geqslant x_2\\ 0.9(x-x_1)/(x_2-x_1)+0.1, & x_1\leqslant x<x_2\\ 0.1, & x<x_1\end{cases}\qquad(2.2)$$

抛物线型评分函数表达式为

$$f(x)=\begin{cases}0.9(x-x_1)/(x_2-x_1)+0.1, & x_1\leqslant x<x_2\\ 1, & x_2\leqslant x<x_3\\ 0.9(x_4-x)/(x_4-x_3)+0.1, & x_3\leqslant x_<x_4\\ 0.1, & x<x_1 \text{ 或 } x>x_4\end{cases}\qquad(2.3)$$

根据王德彩等（2008）和吕晓男等（1999）的研究，并结合陕西省土壤肥力的特点，对公式中的转折点 x_1、x_2、x_3、x_4 分别进行赋值，见表 2.14。

表 2.14　S 型及抛物线型隶属度函数曲线转折点取值

转折点	pH	含水量/%	有机质/%	全量养分/%			速效养分/(mg/kg)		
				N	K	S	N	K	P
x_1	7.0	5	0.6	0.05	0.6	0.05	30	50	3
x_2	8.0	15	4	0.2	3	1.2	120	200	40
x_3	8.5	20	—	—	—	—	—	—	—
x_4	9.0	25	—	—	—	—	—	—	—

由各项肥力指标的评分值折线图可知，研究区煤矸石地土壤速效氮与含水量的评分值最小，处于 0.1～0.2，成为影响土壤肥力的最主要限制因素，如图 2.2 所示。此外，土壤全钾与全硫的评分值处于 0.3～0.5，在一定程度上成为矿区土壤肥力的第二限制因子。土壤有机质与速效钾评分值处于最大值状态，均为 1，说明该肥力指标能够给植物生长提供充足的养分。

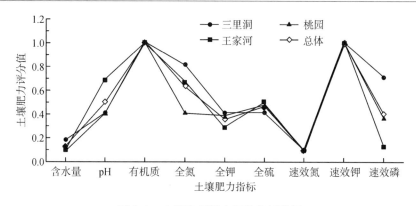

图 2.2　土壤各项肥力评分值折线图

研究区肥力得分排序分别为①三里洞煤矿矸石地：有机质（1.0）＝速效钾（1.0）＞全氮（0.816）＞速效磷（0.710）＞pH（0.415）＞全硫（0.415）＞全钾（0.409）＞含水量（0.187）＞速效氮（0.1）；②王家河煤矿矸石地：有机质（1.0）＞速效钾（1.0）＞pH（0.681）＞全氮（0.671）＞全硫（0.505）＞全钾（0.288）速效磷（0.128）＞含水量（0.100）＞速效氮（0.100）；③桃园煤矿矸石地：有机质（1.0）＞速效钾（1.0）＞全硫（0.473）＞全氮（0.411）＞ pH（0.406）＞全钾（0.392）＞速效磷（0.371）＞含水量（0.1）＝速效氮（0.1）；④总体为：有机质（1.0）＝速效钾（1.0）＞全氮（0.632）＞pH（0.501）＞全硫（0.464）＞速效磷（0.403）＞全钾（0.363）＞含水量（0.129）＞速效氮（0.1）。

2. 权重的确定

权重是指各个肥力评价指标对土壤肥力影响的大小程度和贡献率。各种肥力评价指标对土壤肥力的影响程度不同，其所处的营养地位不同，对土壤整体的肥力特性贡献程度也有差异，因此需要确定各指标对土壤肥力影响的大小排序及量化指标。作者采用层次分析法（analytic hierarchy process，AHP）确定各肥力指标的权重。层次分析法是确定多因素复杂问题中各因素权重的一种方法，能够将定性分析和定量分析有机结合起来（茹思博等，2009）；能够将复杂问题中的各因素划分为互相联系的有序层，通过两两比较的方法来构造判断矩阵，进而反映层次中各个因素的相对重要性（崔运鹏等，2007）。

（1）建立层次结构模型

选用含水量、pH、有机质、全氮、全钾、全硫、速效氮、速效钾、速效磷9 个评价因子为研究的决策对象，依据土壤肥力指标评价特征，以土壤肥力作为目标层（决策层），环境指标、全量养分、速效养分为准则层，以各项肥力指标为对象层，建立土壤肥力递阶层次分析结构，如图 2.3 所示。

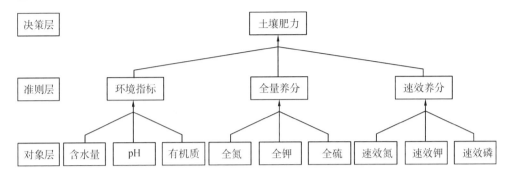

图 2.3　土壤肥力的层次结构模型

（2）建立各层次的判别矩阵

参考宋苏苏（2011）等的研究，根据各个指标之间的相互作用影响程度，依照 Saaty（1980）给出的 1～9 标度法，对各准则层和对象层分别建立判断矩阵，依次为 U（土壤肥力）=［生物指标，全量养分，速效养分］、U（环境指标）=［含水量，pH，有机质］、U（全量养分）=［全氮，全钾，全硫］、U（速效养分）=［速效氮，速效钾，速效磷］，如下所示：

$$U（土壤肥力）= \begin{pmatrix} 1 & 0.5 & 1 \\ 2 & 1 & 1 \\ 1 & 1 & 1 \end{pmatrix}, \quad U（环境指标）= \begin{pmatrix} 1 & 2 & 0.5 \\ 0.5 & 1 & 0.5 \\ 2 & 2 & 1 \end{pmatrix}$$

$$U（全量养分）= \begin{pmatrix} 1 & 1 & 4 \\ 1 & 1 & 3 \\ 0.25 & 0.33 & 1 \end{pmatrix}, \quad U（速效养分）= \begin{pmatrix} 2 & 1 & 2 \\ 0.5 & 1 & 2 \\ 0.5 & 0.5 & 1 \end{pmatrix}$$

（3）计算各肥力指标权重值

土壤肥力、环境指标、全量养分、速效养分矩阵的一致性比率 CR 分别为 0.0516、0.0517、0.0089、0.0517，均小于 0.1，所以上述矩阵满足需要。应用 Yaahp 7.5 层次分析法软件计算得到各肥力指标的权重值见表 2.15，速效氮和全氮权重系数最大，其次是全钾，说明这 3 种指标对土壤肥力的贡献最大。

表 2.15　运用层次分析法求得的各肥力指标的权重系数

决策层	准则层		对象层		综合权重
	指标	权重	指标	权重	
土壤肥力	环境指标	0.2611	含水量	0.2611	0.0814
			pH	0.3278	0.0516
			有机质	0.4111	0.1281
土壤肥力	全量养分	0.3278	全氮	0.4577	0.1500
			全钾	0.4160	0.1364
			全硫	0.1263	0.0414
	速效养分	0.4111	速效氮	0.4111	0.2016
			速效钾	0.2611	0.1282
			速效磷	0.3278	0.0812

3. 土壤综合肥力计算与分析

根据式（2.1）和计算所得到的各肥力指标的隶属度值和权重值，求得矿区土壤肥力状况的综合指数表 IFI，见表 2.16。

表 2.16　各煤矿矸石地土壤肥力综合评价结果

样地	综合肥力指数	土壤肥力等级	土壤肥力水平
三里洞	0.566	3	中等
王家河	0.491	3	中等
桃园	0.470	3	中等
总体	0.507	3	中等

由各煤矿矸石地土壤肥力综合评价结果（表 2.16）可知，铜川三里洞、王家河和桃园矸石地土壤肥力均处于中等水平，其中排序为三里洞＞王家河＞桃园；研究区土壤肥力整体也为中等水平。

（三）土壤肥力的模糊综合法评价

模糊综合评价法（fuzzy comprehensive evaluation，FCE）是一种基于模糊数学的综合评价方法，它利用模糊数学隶属度理论，定量地对影响事物的各个因素进行评价。具有结果清晰、系统性强等特点，能较好地解决各种模糊的、难以量化的、非确定性的问题。其具体表达式如下：

$$B=A \cdot R= (a_1\ a_2 \cdots a_m) \begin{bmatrix} r_{11} & \cdots & r_{1n} \\ \vdots & \ddots & \vdots \\ r_{m1} & \cdots & r_{mn} \end{bmatrix} = (b_1\ b_2 \cdots b_m) \quad (2.4)$$

式中，A 为各肥力评价指标的权重值构成的向量，即肥力指标权重模糊矩阵；R 为各评价指标对评价等级的隶属度，即模糊关系矩阵；B 为评价结果向量，表示评价指标（肥力指标）对评价等级的隶属度。

1. 隶属度的确定

在模糊综合评价方法中，是以隶属度来刻画客观事物中的模糊界线；隶属度通常用降半梯形法进行计算（张红锋等，2012）。其原理为若指标优于最优等级，则其对最优等级的隶属度为 1，对其他等级为 0；若指标差于最差等级，则其对最差等级的隶属度为 1，对其他等级为 0；若指标介于 i 和 $i+1$ 等级之间，则它对 i 和 $i+1$ 等级的隶属度可用式（2.5）计算得出，对其他等级为 0。

$$a_i=\frac{x-x_{i+1}}{x_i-x_{i+1}} \quad (2.5)$$
$$a_{i+1}=1-a_i$$

式中，x 为肥力指标的实测值；x_i 和 x_{i+1} 分别为第 i 和 $i+1$ 等级的标准值。

根据前述土壤肥力分级标准，选取其各级上限值或下限值作为式（2.5）中 x_i 和 x_{i+1} 的临界值见表 2.17。

表 2.17　土壤各肥力指标分级

肥力等级	pH	含水量/%	有机质/%	全量养分/%			速效养分/(mg/kg)		
				N	K	S	N	K	P
1	8.0	20	4	0.2	3.0	1.2	150	200	40
2	7.5	15	3	0.15	2.4	1.0	120	150	20
3	7.0	12	2	0.1	1.8	0.6	90	100	10
4	6.5	8	1	0.075	1.2	0.25	60	50	5
5	6.0	5	0.6	0.05	0.6	0.1	30	30	3

根据隶属度计算公式（2.4）和土壤各肥力指标的实测值，计算出每个采样点各肥力指标的隶属度值；然后根据公式（2.5）分别求其平均值，作为每个样地各肥力指标的隶属度值。分别以 $R_{(S)}$、$R_{(W)}$、$R_{(T)}$、$R_{(Z)}$ 表示三里洞矸石地、王家河矸石地、桃园矸石地的土壤肥力综合状况和铜川矿区矸石地土壤肥力整体状况的隶属度模糊矩阵，如式（2.6）所示：

$$R = \left(\begin{bmatrix} a_{11} & \cdots & a_{1n} \\ \vdots & \ddots & \vdots \\ a_{m1} & \cdots & a_{mn} \end{bmatrix} + \begin{bmatrix} a_{11} & \cdots & a_{1n} \\ \vdots & \ddots & \vdots \\ a_{m1} & \cdots & a_{mn} \end{bmatrix} + \cdots + \begin{bmatrix} a_{11} & \cdots & a_{1n} \\ \vdots & \ddots & \vdots \\ a_{m1} & \cdots & a_{mn} \end{bmatrix} \right) \Big/ 3 \quad (2.6)$$

$$R_{(S)} = \begin{Bmatrix} 0 & 0 & 0 & 0.321 & 0.679 \\ 0.20 & 0.30 & 0.31 & 0.19 & 0 \\ 1 & 0 & 0 & 0 & 0 \\ 0.591 & 0.409 & 0 & 0 & 0 \\ 0 & 0 & 0.34 & 0.66 & 0 \\ 0 & 0 & 0.271 & 0.729 & 0 \\ 0 & 0 & 0 & 0 & 1 \\ 1 & 0 & 0 & 0 & 0 \\ 0 & 0.465 & 0.511 & 0.025 & 0 \end{Bmatrix}$$

$$R_{(W)} = \begin{Bmatrix} 0 & 0 & 0 & 0 & 1 \\ 0.29 & 0.71 & 0 & 0 & 0 \\ 0.965 & 0.035 & 0 & 0 & 0 \\ 0 & 0.305 & 0.621 & 0.069 & 0 \\ 0 & 0 & 0 & 0.662 & 0.338 \\ 0 & 0 & 0.471 & 0.529 & 0 \\ 0 & 0 & 0 & 0 & 1 \\ 1 & 0 & 0 & 0 & 0 \\ 0 & 0 & 0 & 0.265 & 0.735 \end{Bmatrix}$$

$$R_{(T)} = \begin{cases} 0 & 0 & 0 & 0 & 1 \\ 0.18 & 0.32 & 0.22 & 0.18 & 0 \\ 0.58 & 0.42 & 0 & 0 & 0 \\ 0.19 & 0.31 & 0 & 0 & 0.5 \\ 0 & 0 & 0.117 & 0.792 & 0.091 \\ 0 & 0 & 0.4 & 0.6 & 0 \\ 0 & 0 & 0 & 0 & 1 \\ 1 & 0 & 0 & 0 & 0 \\ 0 & 0 & 0.662 & 0.378 & 0 \end{cases}$$

$$R_{(Z)} = \begin{cases} 0 & 0 & 0 & 0.107 & 0.893 \\ 0.223 & 0.443 & 0.177 & 0.157 & 0 \\ 0.848 & 0.152 & 0 & 0 & 0 \\ 0.260 & 0.341 & 0.207 & 0.023 & 0.167 \\ 0 & 0 & 0.152 & 0.705 & 0.143 \\ 0 & 0 & 0.381 & 0.619 & 0 \\ 0 & 0 & 0 & 0 & 1 \\ 1 & 0 & 0 & 0 & 0 \\ 0 & 0.155 & 0.378 & 0.223 & 0.245 \end{cases}$$

2. 权重向量的确定

根据表 2.15 所示的权重系数作为各肥力指标的权重值，则权重向量 A 可表示如下：

$$A = (0.0814, 0.0516, 0.1281, 0.1500, 0.1364, 0.0414, 0.2016,$$
$$0.1282, 0.0812)$$

很明显，研究区各矸石地所选取的肥力指标相同，故而 $A = A_{(S)} = A_{(W)} = A_{(T)} = A_{(Z)}$。

3. 土壤综合肥力计算与分析

利用公式 $B_i = A_i \times R_i$，根据先取小后取大的原则，得到各煤矸石地土壤养分综合状况的模糊评判向量 $B_i = (b_1, b_2, \cdots, b_n)$。将模糊评判结果归一化后得到如下评判向量。

$$B_{(S)} = (0.3553 \quad 0.1145 \quad 0.1150 \quad 0.1580 \quad 0.2569)$$
$$B_{(W)} = (0.2668 \quad 0.0869 \quad 0.1127 \quad 0.1440 \quad 0.3888)$$
$$B_{(T)} = (0.2403 \quad 0.1168 \quad 0.0944 \quad 0.1779 \quad 0.3705)$$
$$B_{(Z)} = (0.2874 \quad 0.1061 \quad 0.1074 \quad 0.1600 \quad 0.3388)$$

最后，将模糊综合评价结果向量 B 与肥力等级向量 $D = \{1, 2, 3, 4, 5\} = \{高，较高，中，较低，低\}$ 合成，得到土壤肥力的模糊评价值 F，见表 2.18。

$$F = B \cdot D = \begin{pmatrix} b_1 & b_2 & b_3 & b_4 & b_5 \end{pmatrix} \begin{pmatrix} 1 \\ 2 \\ 3 \\ 4 \\ 5 \end{pmatrix} \qquad (2.7)$$

表 2.18　土壤肥力水平模糊评价结果

样地	模糊评价值	土壤肥力等级	土壤肥力水平
三里洞	2.8467	3	中等
王家河	3.2988	3	中等
桃园	3.3214	3	中等
总体	3.1556	3	中等

土壤肥力水平模糊评价结果（表 2.18）显示，三里洞、王家河、桃园矿煤矸石地土壤肥力均处于中等水平，其中排序为三里洞＞王家河＞桃园；铜川矿区土壤肥力整体也处于中等水平。

（四）土壤肥力的主成分法评价

1. 土壤理化性质各因子间的相关性

煤矿废弃地不同植被恢复模式下不同的土壤理化性质指标反映了不同方面的土壤性质，并且各项理化性质指标具有交互关联性，相互影响。现就阜新矿区废弃地土壤物理性质和化学性质间的内在相关性分析如下。

（1）0～20cm 土层土壤理化性质各因子间的相关性分析

对 0～20cm 土层土壤理化性质相关分析结果显示，土壤含水率仅与电导率存在极显著负相关关系（$P < 0.01$），相关系数达到 -0.921，与其他各性质指标间相关性不显著。土壤容重与总孔隙度、速效氮分别达到极显著负相关（$P < 0.01$），相关系数达到 -1.000 和 -0.940；容重与电导率达到显著正相关（$P < 0.05$），与有机质达到显著负相关（$P < 0.05$），相关系数分别达到 0.811 和 -0.809。总孔隙度与速效氮相关性最高，达到极显著正相关水平（$P < 0.01$），相关系数为 0.943；与电导率达到显著负相关（$P < 0.05$），相关系数为 -0.810；与有机质达到显著正相关（$P < 0.05$），相关系数为 0.812。有机质与速效氮达到极显著正相关水平（$P < 0.01$），相关系数为 0.931。其余各指标两两之间相关性并不显著。其中 pH、速效钾分别与其他各性质指标之间的相关性均不显著，见表 2.19。

表 2.19　0～20cm 土层土壤理化性质之间的相关系数矩阵（Pearson 相关分析）

	含水率	容重	总孔隙度	pH	电导率	有机质	速效氮	速效磷
含水率	—	—	—	—	—	—	—	—
容重	−0.687	—	—	—	—	—	—	—
总孔隙度	0.686	−1.000**	—	—	—	—	—	—
pH	−0.555	0.386	−0.392	—	—	—	—	—
电导率	−0.921**	0.811*	−0.810*	0.720	—	—	—	—
有机质	0.557	−0.809*	0.812*	−0.039	−0.536	—	—	—
速效氮	0.577	−0.940**	0.943**	−0.252	−0.678	0.931**	—	—
速效磷	0.281	−0.718	0.722	−0.251	−0.493	0.485	0.729	—
速效钾	0.310	−0.026	0.027	−0.725	−0.471	−0.316	−0.077	0.298

* 表示相关达到显著水平（$P<0.05$），** 表示相关达到极显著水平（$P<0.01$）。

（2）20～40cm 土层土壤理化性质各因子间的相关性分析

从 20～40cm 土层土壤物理性质和化学性质相关性分析结果可以看出，土壤含水率仅与 pH、电导率存在显著负相关关系（$P<0.05$），相关系数达到 −0.824 和 −0.861。土壤容重与总孔隙度存在极显著负相关（$P<0.01$），相关系数为 −1.000；与电导率存在极显著正相关（$P<0.01$），相关系数为 0.918；与有机质、速效氮分别存在显著负相关（$P<0.05$），相关系数为 −0.842 和 −0.759。总孔隙度与电导率之间存在极显著负相关（$P<0.01$），相关系数达到 −0.915；与有机质、速效氮分别达到显著正相关（$P<0.05$），相关系数为 0.844 和 0.767。其余各性质指标两两之间相关性不显著。其中速效磷、速效钾分别与其他各性质指标之间的相关性均不显著，见表 2.20。

表 2.20　20～40cm 土层土壤理化性质之间的相关系数矩阵（Pearson 相关分析）

	含水率	容重	总孔隙度	pH	电导率	有机质	速效氮	速效磷
含水率	—	—	—	—	—	—	—	—
容重	−0.748	—	—	—	—	—	—	—
总孔隙度	0.751	−1.000**	—	—	—	—	—	—
pH	−0.824*	0.574	−0.576	—	—	—	—	—
电导率	−0.861*	0.918**	−0.915**	0.707	—	—	—	—
有机质	0.695	−0.842*	0.844*	−0.722	−0.741	—	—	—
速效氮	0.482	−0.759*	0.767*	−0.301	−0.616	0.719	—	—
速效磷	0.237	−0.516	0.522	−0.502	0.463	0.445	0.453	—
速效钾	0.207	−0.066	0.052	−0.525	−0.345	0.162	−0.278	0.223

* 表示相关达到显著水平（$P<0.05$），** 表示相关达到极显著水平（$P<0.01$）。

2. 不同植被恢复模式下土壤肥力的主成分法评价

主成分分析（PCA）是用降维的思路基于变量协方差矩阵对原来具有一定相关性的各信息变量进行处理、压缩和抽提的方法，即对好几个变量进行综合处理分析，这些综合变量能代表大部分原始数据信息且彼此互相独立，具有最大的方差。为综合评价阜新矿区不同植被恢复模式下土壤理化性质和养分状况，现就上述 9 个指标运用 SPSS 18.0 软件进行主成分分析的具体方法如下。

（1）原始数据标准化

为了消除不同性质指标量纲不同的影响，首先要对原始数据进行标准化转换，表 2.21 所示。

表 2.21　不同植被恢复模式的土壤指标标准值

模式	土层厚度	含水率	容重	总孔隙度	pH	电导率	有机质	速效氮	速效磷	速效钾
I	0～20cm	0.178	−0.019	−0.016	0.059	−0.453	−0.117	−0.133	−0.386	0.615
	20～40cm	0.452	−0.288	0.251	0.653	−0.379	−0.708	−1.099	−0.648	−0.206
II	0～20cm	0.056	−1.184	1.192	−0.891	−0.616	1.169	1.140	0.108	−0.549
	20～40cm	0.305	−0.467	0.457	1.078	−0.547	−0.477	0.710	−0.357	−0.931
III	0～20cm	−0.541	−0.736	0.750	−0.959	−0.548	0.835	1.224	1.764	1.505
	20～40cm	0.091	−0.288	0.251	−0.585	−0.442	−0.078	−0.370	0.505	1.293
IV	0～20cm	0.355	0.698	−0.664	−1.332	−0.379	−0.335	−0.422	−0.851	1.422
	20～40cm	0.819	1.056	−1.074	−0.467	0.163	−0.836	−1.226	−1.006	0.792
V	0～20cm	0.620	−1.005	1.017	0.484	−0.454	2.596	1.743	0.573	−0.847
	20～40cm	1.307	−0.647	0.661	−0.704	−0.339	0.140	0.259	−0.551	−1.104
VI	0～20cm	0.056	−0.736	0.752	−0.280	−0.402	0.385	0.735	1.764	0.633
	20～40cm	0.520	−0.109	0.132	−0.467	−0.144	−0.554	−0.160	1.144	−0.546
VII	0～20cm	−2.501	1.594	−1.575	1.196	1.770	−0.759	−0.975	−0.948	−0.906
	20～40cm	−1.717	2.132	−2.134	2.214	2.769	−1.261	−1.426	−1.112	−1.170

注：表中数值的正负只表示大小，不表示实际意义。I 白榆纯林；II 白榆＋紫穗槐＋刺槐混交林；III 白榆＋刺槐＋菊芋混交林；IV 菊芋纯林；V 沙棘＋紫穗槐混交林；VI 白榆＋紫穗槐混交林；VII 荒草裸地。

采用 KOM 检验法比较相关系数和偏相关系数，KOM 统计量为 0.604＞0.6；Bartlett 球型检验，$P=0$，均适合于因子分析。

（2）各指标矩阵系数的确定

主成分个数的提取原则为其对应的特征值大于 1 且累计贡献率≥85％的前 n 个主成分，本例中主成分个数为 3 个，见表 2.22。初始因子载荷矩阵见表 2.23。

表 2.22　方差分解主成分分析表

成分	提取平方和载入		
	合计	方差百分比/%	累积百分比/%
1	5.454	60.596	60.596
2	1.598	17.755	78.351
3	1.017	11.304	89.655

注：分析方法为主成分分析法。

表 2.23　初始因子载荷矩阵

	因子	成分		
		1	2	3
1	土壤含水率	0.664	−0.315	−0.611
2	土壤容重	−0.955	−0.174	0.118
3	土壤总孔隙度	0.957	0.179	−0.112
4	土壤 pH	−0.686	0.599	−0.063
5	土壤电导率	−0.908	0.272	0.214
6	土壤有机质	0.768	0.423	0.147
7	土壤速效氮	0.843	0.437	0.157
8	土壤速效磷	0.703	0.110	0.555
9	土壤速效钾	0.306	−0.788	0.462

注：1) 分析方法为主成分分析法。2) 三个主成分。

从初始因子载荷矩阵表 2.23 可以看出，土壤含水率、土壤容重、土壤总孔隙度、土壤 pH、土壤电导率、土壤有机质、土壤速效氮和土壤速效磷在第一主成分上有较高载荷，分别为 0.664、−0.955、0.957、−0.686、−0.908、0.768、0.843 和 0.703，说明第一主成分基本反映了这些性质指标的信息，这些指标可以解释土壤理化性质信息的 60.596%；土壤 pH 和土壤速效钾在第二主成分上有较高载荷，分别为 0.599 和 −0.788，说明第二主成分基本反映了这些指标信息，这 2 个指标信息可以解释土壤理化性质的 17.755%；土壤含水率和土壤速效磷在第三主成分上有较高载荷，分别为 −0.611 和 0.555，说明第三主成分基本反映了这两个指标的信息，解释土壤理化性质指标信息的 11.304%。所以提取这 3 个主成分可以基本反映全部性质指标的信息，可以用这三个新变量来代替原始的九个变量。

（3）主成分分析

用表 2.23 中的数据除以主成分对应的特征根开平方根可以得到主成分各自指标相对应的系数。得到 3 个主成分得分（式中 $ZX_1 \sim ZX_9$ 均为标准化后的变量数据）。

$$F_1 = 0.28ZX_1 - 0.41ZX_2 + 0.41ZX_3 - 0.29ZX_4 - 0.39ZX_5 + 0.33ZX_6 +$$

$0.36ZX_7+0.30ZX_8+0.13ZX_9$

$F_2=-0.25ZX_1-0.14ZX_2+0.14ZX_3+0.47ZX_4+0.22ZX_5+0.33ZX_6+$
$0.35ZX_7+0.09ZX_8-0.62ZX_9$

$F_3=-0.61ZX_1+0.12ZX_2-0.11ZX_3-0.06ZX_4+0.21ZX_5+0.15ZX_6+$
$0.16ZX_7+0.55ZX_8+0.46ZX_9$

用第一主成分 F_1 乘以 F_1 所对应的贡献率再除以所提取的 3 个主成分的累积贡献率，加上第二主成分 F_2 乘以 F_2 所对应的贡献率再除以所提取的 3 个主成分的累积贡献率，然后再加上第二主成分 F_3 乘以 F_3 所对应的贡献率再除以所提取的 3 个主成分的累积贡献率，即可得到综合得分 F 为

$$F=F_1\cdot\lambda_1/(\lambda_1+\lambda_2+\lambda_3)+F_2\cdot\lambda_2/(\lambda_1+\lambda_2+\lambda_3)+F_3\cdot\lambda_3/(\lambda_1+\lambda_2+\lambda_3)=$$
$$0.676F_1+0.198F_2+0.126F_3$$

（4）综合评价

土壤理化性质综合评价主成分分析指标值见表 2.24。

表 2.24　土壤理化性质综合主成分值

模式	土层厚度	第一主成分 F_1	排名	第二主成分 F_2	排名	第三主成分 F_3	排名	综合主成分 F	排名
Ⅰ	0～20cm	0.09	9	−0.62	11	−0.18	9	−0.08	9
	20～40cm	−0.54	11	−0.36	10	−1.19	13	−0.59	10
Ⅱ	0～20cm	2.25	3	0.90	5	−0.22	10	1.67	3
	20～40cm	0.24	8	1.08	3	−1.05	12	0.24	8
Ⅲ	0～20cm	2.39	2	−0.30	9	2.09	1	1.82	2
	20～40cm	0.75	6	−1.23	12	0.63	4	0.34	6
Ⅳ	0～20cm	−0.26	10	−2.21	14	0.01	6	−0.61	11
	20～40cm	−1.49	12	−1.97	13	−0.70	11	−1.49	12
Ⅴ	0～20cm	2.58	1	2.30	1	−0.14	8	2.18	1
	20～40cm	1.07	5	0.22	6	−1.72	14	0.55	5
Ⅵ	0～20cm	1.87	4	0.12	7	1.16	2	1.43	4
	20～40cm	0.47	7	−0.14	8	−0.08	7	0.28	7
Ⅶ	0～20cm	−4.04	13	1.02	4	0.98	3	−2.41	13
	20～40cm	−5.37	14	1.19	2	0.42	5	−3.34	14

注：Ⅰ白榆纯林；Ⅱ白榆＋紫穗槐＋刺槐混交林；Ⅲ白榆＋刺槐＋菊芋混交林；Ⅳ菊芋纯林；Ⅴ沙棘＋紫穗槐混交林；Ⅵ白榆＋紫穗槐混交林；Ⅶ荒草裸地。

表 2.24 显示，不同植被恢复模式的土壤理化性质综合指标值顺序为：沙棘＋紫穗槐混交林 0～20cm 层（2.18）＞白榆＋刺槐＋菊芋混交林 0～20cm 层（1.82）＞白榆＋紫穗槐＋刺槐混交林 0～20cm 层（1.67）＞白榆＋紫穗槐混交林 0～20cm 层（1.43）＞沙棘＋紫穗槐混交林 20～40cm 层（0.55）＞白榆＋刺槐＋菊芋混交林 20～40cm 层（0.34）＞白榆＋紫穗槐混交林 20～40cm 层

（0.28）＞白榆＋紫穗槐＋刺槐混交林 20～40cm 层（0.24）＞白榆纯林 0～20cm 层（－0.08）＞白榆纯林 20～40cm 层（－0.59）＞菊芋纯林 0～20cm 层（－0.61）＞菊芋纯林 20～40cm 层（－1.49）＞荒草裸地 0～20cm 层（－2.41）＞荒草裸地 20～40cm 层（－3.34）。由此推断，不同植被恢复模式 0～20cm 土层土壤理化性质质量普遍高于 20～40cm 土层，说明土壤肥力质量随土壤层次的加深而下降。白榆＋紫穗槐＋刺槐混交林上下两层、白榆＋刺槐＋菊芋混交林上下两层、沙棘＋紫穗槐混交林上下两层和白榆＋紫穗槐混交林上下两层土壤综合得分都为正值，说明土壤肥力质量高于平均水平，改善肥力质量的能力较强；白榆纯林和菊芋纯林上下两层土壤质量综合得分均为负值，说明土壤肥力质量低于平均水平，改善肥力质量的能力较差。混交林的土壤理化性质质量得分普遍高于纯林的恢复模式，说明混交林生物多样性较丰富，比纯林能更有效地改善土壤肥力质量状况。因此，在阜新地区该废弃矿区营造混交林恢复模式更能改善土壤理化性质的质量。沙棘＋紫穗槐混交林恢复模式最佳，其次是白榆＋紫穗槐＋刺槐混交林和白榆＋刺槐＋菊芋混交林两种植被模式得分较接近，再次是白榆＋紫穗槐混交林，菊芋林植被恢复模式排名最后，与荒草裸地相近，说明在植被恢复中，单独种植菊芋效果并不明显。

主成分分析方法对 6 种植被恢复模式和荒草裸地上下两层土壤养分质量综合评价结果表明如下。

第四节　植　　被

植被具有涵养水源、改良土壤、增加地面覆盖、防止土壤侵蚀进而减少土壤养分流失的特殊功能，尤其是植被的根系是改善土壤侵蚀环境的重要因素。因此，植被是生态系统进行物质循环和能量交换的枢纽，是防止煤矿废弃地生态退化的物质基础。

一、植被类型与特征

（一）矸石山植被类型与特征

矿区天然植被由于其脆弱的生态环境，覆盖度较低，以中高覆盖度和低覆盖度为主。矿区植被类型以半矮灌木为主的沙生植被为主，无国家和地方野生保护物种。在煤矿废弃地环境下，灌丛为优势植被群落，农作物植被次之，草丛、乔木林较少。根据停止排矸时间、风化层含水量、pH、有机质含量、土壤中速效氮、速效磷、速效钾总量及植物分布状况，采用模糊聚类的方法将所调查的新邱西等 13 个矸石堆积地分为七类，其相应的植被类型分别为①榆树＋刺槐＋紫穗槐＋狼尾草＋黄蒿＋苣荬菜群丛，②刺槐＋侧柏＋酸枣＋紫草＋香茅＋狗尾草群丛，③榆树＋杠柳＋紫穗槐＋臭椿＋黄刺玫＋刺儿菜群丛，④酸枣＋黄刺玫＋臭椿＋狗尾草＋猪毛菜＋马唐群丛，⑤酸枣＋黄刺玫＋粟＋狗牙根＋苔草群丛，⑥早熟禾＋刺儿菜＋反枝苋＋狗尾草＋蒺藜＋沙蓬群丛，⑦刺槐＋臭椿＋黄蒿＋苜蓿＋稗＋地锦草群丛。各类矸石地之间在土壤 pH、含水量、速氮、速磷、速钾、有机质含量和植被类型上都有较大差异。

煤矸石废弃地气候与土壤等生态环境条件影响着植物生长发育和植被类型分布。各类矸石地的植被类型及其物种多样性调查与分析结果见表 2.25。

表 2.25　各类矸石地的植被类型及其物种多样性指数

植被类型	层次	丰富度	辛普森（Simpson）指数/S	香农-威纳多样性（Shannon-Winner）指数/H	皮卢（Pielou）指数/Jw	阿拉塔洛（Alatalo）指数/Ea
URACAS	草本层	49	0.9302	3.1556	0.8108	0.4929
	乔灌层	11	0.6072	1.3851	0.5776	0.5026
RPZLCS	草本层	79	0.9927	4.2183	0.9654	0.8522
	乔灌层	7	0.8087	1.7667	0.9079	0.8496
UPAARC	草本层	31	0.9688	3.3024	0.9617	0.8915
	乔灌层	7	0.8170	1.7881	0.9189	0.8685
ZRASSD	草本层	16	0.9406	2.7061	0.9760	0.9404
	乔灌层	4	0.6568	1.2052	0.8694	0.7928
ZRSCC	草本层	24	0.9562	3.0902	0.9724	0.9042
	乔灌层	5	0.7119	1.4067	0.8740	0.7745
PCASBA	草本层	6	0.8280	1.6658	0.9297	0.8993
	乔灌层	2	0.4675	0.6307	0.9099	0.8898
RAABEE	草本层	30	0.9484	3.1445	0.9245	0.7165
	乔灌层	7	0.8459	1.8821	0.9672	0.9249

注：1) URACAS：榆树＋刺槐＋紫穗槐＋狼尾草＋黄蒿＋苣荬菜群丛 Association of *Ulmus pumila* ＋ *Robinia pseudoacacia* ＋ *Amorpha fruticosa* ＋ *Calamagrostis epigeios* ＋ *Aretmisia cupillaris* ＋ *Sonchus brachyotus*；2) RPZLCS：刺槐＋侧柏＋酸枣＋紫草＋香茅＋狗尾草群丛 Association of *Robinia pseudoacacia* ＋ *Platycladus orientalis* ＋ *Zizyphus jujuba* var. *spinosus* ＋ *Lithospermum erythrorrhizon* ＋ *Cymbopogon nardus* ＋ *Setaria viridis*；3) UPAARC：榆树＋杠柳＋紫穗槐＋臭椿＋黄刺玫＋刺儿菜群丛 Association of *Ulmus pumila* ＋ *Periploca sepium* ＋ *Amorpha fruticosa* ＋ *Ailanthus altissima* ＋ *Rosa xanthina* ＋ *Cirsium segetum*；4) ZRASSD：酸枣＋黄刺玫＋臭椿＋狗尾草＋猪毛菜＋马唐群丛 Association of *Zizyphus jujuba* var. *spinosus* ＋ *Rosa xanthina* ＋ *Ailanthus altissima* ＋ *Setaria viridis* ＋ *Salsola collina* ＋ *Digitaria sanguinalis*；5) ZRSCC：酸枣＋黄刺玫＋粟＋狗牙根＋苔草群丛 Association of *Zizyphus jujuba* var. *spinosus* ＋ *Rosa xanthina* ＋ *Setaria italica* ＋ *Cynodon dactylon* ＋ *Carix* sp.；6) PCASBA：早熟禾＋刺儿菜＋反枝苋＋狗尾草＋蒺藜＋沙蓬群丛 Association of *Poa pratensis* ＋ *Cirsium segetum* ＋ *Amaranthus retroflexus* ＋ *Setaria viridis* ＋ *Tribulus terrestris* ＋ *Agriophyllum squarrosum*；7) RAABEE：刺槐＋臭椿＋黄蒿＋苜蓿＋稗＋地锦草群丛 Association of *Robinia pseudoacacia* ＋ *Ailanthus altissima* ＋ *Aretmisia cupillaris* ＋ *Medicago sativa* ＋ *Echinochloa crusgallii* ＋ *Euphorbia humifusa*。

（二）排土场植被类型与特征

1. 立地类型分类

调查研究结果表明，矸石山停止排矸年限、矸石堆放高度等是影响矸石山表面植被种类及生长状况的重要因素。海州煤矿矸石山的海拔相差很小，且矸石山的立地条件随排矸年龄的不同变化明显，因此，根据矸石山的停止排矸年限、矸石堆放高度，将海州煤矿矸石山划分为 4 个类型（余运波等，2001），分别记作Ⅰ类、Ⅱ类、Ⅲ类、Ⅳ类。Ⅰ类：停止排矸 10 年以内的矸石山；Ⅱ类：停止排矸 10～20 年的矸石山；Ⅲ类：停止排矸 20～30 年的矸石山；Ⅳ类：停止排矸30～40 年的矸石山。

2. 植被生长状况

各类型矸石山植被生长状况调查结果显示，Ⅰ类矸石山上没有进行人工造林，所以没有人工植被，全是天然生长的植物。Ⅱ类、Ⅲ类矸石山上均有人工栽植的菊芋，但是在Ⅲ类矸石山的成活率明显高于Ⅱ类矸石山。在Ⅲ类矸石山上有人工栽植的少量榆树，另外在Ⅳ类矸石山上造林，像榆树、紫穗槐、刺槐等皆能成活，且长势良好。

3. 植被分布规律

根据矸石山类型、植被分布特点，采取样方调查形式，对各类矸石山的植被进行了调查，即在不同矸石山上选取有代表性的地块，各设置 3 个样方，分别对不同植被进行盖度、频度、生物量等方面的调查，最后进行统计分析，结果如下。

（1）Ⅰ类矸石山植被分布规律

Ⅰ类矸石山植被分布较稀少，植被总盖度不到 40%，其中以猪毛菜最多，其次为蒺藜、苋菜，再次为野谷草、鸡爪草、扫帚草；但各类植物个体数目不多，且长势较弱，地上生物量（鲜重）为 $620g/m^2$，见表 2.26。

表 2.26　排矸终止 10 年以内的矸石山植被

植物名称	频度/%	占总盖度/%	生活强度	平均高度/cm
猪毛菜（Solsola collina）	20	28	1	19
苋菜（Amaranthus retroflexus）	9.8	24	1	20
蒺藜（Tribulus tenestris）	9.1	22	1	35
野谷草（Arundinella hirta）	8.4	19	1	38
鸡爪草（Calathodes oxycarpa）	1.0	6	1	35
扫帚草（Kochia scoparia）	1.0	1	1	20

（2）Ⅱ类矸石山植被分布规律

Ⅱ类矸石山上的植物种类有所增加，且植被总盖度达到 60%；天然植被以猪毛菜、藜藜分布多，且生长旺盛；偶见灰菜、狗尾草、水稗草等。另外还出现了人工栽培的菊芋，成活率达 50%，平均高度为 23.6cm，平均地径为 0.9cm。天然植被调查结果见表 2.27。

表 2.27　排矸终止 10～20 年的矸石山植被

植物名称	频度/%	占总盖度/%	生活强度	平均高度/cm
藜藜（*Tribulus tenestris*）	80	34	1	40
猪毛菜（*Solsola collina*）	45	29	1	34
鸡爪草（*Calathodes oxycarpa*）	10	8	1	60
苋菜（*Amaranthus retroflexus*）	9.8	5	1	18
野谷草（*Arundinella hirta*）	9.3	11	1	40
青蒿（*Artemisia apiacea*）	6.7	3	1	25
扫帚草（*Kochia scoparia*）	1.0	2	1	45

（3）Ⅲ类矸石山植被分布规律

Ⅲ类矸石山上植被总盖度达到 70%，先锋植物逐渐减少，以天然鸡爪草、萝摩、猪毛菜、狼尾草、大针茅等为主，人工植被仍为一年生菊芋，与Ⅱ类矸石山相比，植被成活率明显提高，达 75%。另外，还出现了少量葛藤和榆树，其中，榆树的平均高度为 1.88m，平均地径为 2.78cm，平均冠幅为 2.06m×2.25m，草本植物具体见表 2.28。

表 2.28　排矸终止 20～30 年的矸石山植被

植物名称	频度/%	占总盖度/%	生活强度	平均高度/cm
鸡爪草（*Calathodes oxycarpa*）	10	30	1	60
萝摩（*Metaplexis japonica*）	9.6	32	1	50
猪毛菜（*Solsola collina*）	10	20	1	8
大针茅（*Stipa grandis*）	9.0	7	1	15
狼尾草（*Pennisetum alopecuroides*）	8.5	4	1	25
榆树（幼树）（*Ulmus pumila*）	1.0	1	1	100

（4）Ⅳ类矸石山植被分布规律

Ⅳ类矸石山上植被明显大量增加，植被总盖度达 90% 以上，见表 2.29。另外第二台阶天然块团密集分布的杠柳，长势良好，平均高度 70cm，第四台阶有 1/4 左右土地被开垦为耕地，天然植被有毛桃、酸枣、葛藤等，人工种有玉米，长势良好。此外，还有益母草、鸡爪草、苦买菜、隐子草、苍耳、藜藜、水稗草以及人工栽植的刺槐、榆树、紫穗槐、菊芋等。艾蒿、黄蒿、野谷草、刺儿菜、虎尾草等植物的长势明显优于其他植物，它们的平均高度均在 50cm 左右或 50cm 以上。

表 2.29　排矸终止 30～40 年的矸石山植被

植物名称	频度/%	占总盖度/%	生活强度	平均高度/cm
黄蒿 (*Aretmisia Cupillaris* var Simplex)	50	21	1	48.7
鸡爪草 (*Calathodes oxycarpa*)	30	12	1	15.0
野谷草 (*Arundinella hirta*)	80	18	1	50
虎尾草 (*Chloris virgata*)	58	15	1	50
刺儿菜 (*Cirsium segetum*)	<10	7	1	110
狼尾草 (*Pennisetum alopecuroides*)	20	5	1	29.5
艾蒿 (*Artemisia argyi*)	15	5	1	73.2
猪毛菜 (*Solsola collina*)	40	4	1	30
灰菜 (*chenopodium album*)	20	2	1	25
三芒草 (*Aristida adscensionis*)	9	2	1	20
大针茅 (*Stipa grandis*)	<10	3	1	15
乌拉草 (*Carex meyeriana*)	10	2	1	15
苋菜 (*Amaranthus retroflexus*)	<10	1	1	15

从以上各类矸石山的植被分布来看，Ⅳ类矸石山上分布的植被种类最多，且长势良好；Ⅰ类、Ⅱ类、Ⅲ类矸石山上分布的植被不尽相同，但是植被种类数相差不很明显；在Ⅰ类、Ⅱ类矸石山上先锋植物处于优势地位，这些植物特点是耐干旱，说明该立地类型干旱、瘠薄，适合耐旱植物生长；在Ⅲ类和Ⅳ类矸石山上先锋植物逐渐减少，逐渐出现了适合中生立地类型的植被，这些草本植物抗盐碱，适合在山坡、草地、石质地生长。

（三）人工植被建植

辽宁阜新矿区海州露天煤矿不同类型矸石山植被调查结果显示，矸石山人工植被种类丰富，生长良好。其中：

在Ⅱ类矸石山人工当年栽植的菊芋，其平均高度为 23.6cm，平均地径为 0.9cm，最大高度为 30cm，最大地径为 1.3cm。

在Ⅲ类矸石山上生长着人工栽植的一年生菊芋和两年生榆树。其中，菊芋的平均高度为 26cm，平均地径为 0.47cm；榆树的平均高度为 1.88m，平均胸（地）径为 2.77cm；最大树高为 3.1m，最大胸（地）径为 4.32cm。

在Ⅳ类矸石山上生长着人工栽植的榆树、刺槐、紫穗槐等。其中在第一台阶造林的两年半生的榆树平均树高为 2.25m，平均胸（地）径为 2.6cm，最大树高达 6.9m，最大胸（地）径达 8.6cm，平均冠幅（南北×东西）为 305cm×283cm；两年半生的紫穗槐平均树高为 1.26m，平均胸（地）径为 1.01cm，最大树高达 2.4m，最大胸（地）径达 1.8cm，平均冠幅（南北×东西）为 187cm×203cm；两年半生的刺槐平均树高为 2.19m，平均胸（地）径为 2.47cm；最大树高达 4.6m，最大胸（地）径达 5.6cm，平均冠幅（南北×东西）为 154cm×194cm。在第二台阶造林的两年半生的榆树平均树高为 1.91m，平均胸（地）径为 1.48cm，最大树高为 3.0m，最大胸（地）径为 3.0cm，平均冠幅（南北×东西）为 101cm×86cm；两年半生的紫穗槐平均树高为 2.10m，平均胸（地）径为 1.17cm，最大树高为 2.7m，最大胸（地）径为 1.9cm，平均冠幅（南北×东西）为 226cm×188cm；两年半生的刺槐平均树高为 4.3m，平均胸（地）径为 4.01cm，最大树高为 6.2m，最大胸（地）径为 5.4cm，平均冠幅（南北×东西）为 347cm×344cm。

二、植被演替特点

（一）不同排矸终止时间下的草本植物多样性

探求区域植被演替规律，特别是研究恢复生态学中破坏生态系统自然修复与植被重建的过程和机理，是生态修复、植被管理和利用改造的基础依据，具有重要的理论和实际意义（赵平，2003）。不同排矸终止时间下矸石地草本植物的多样性研究结果及分析如下。

1. 植物种类及生活型分布

草本植物是率先进入矸石地的主要物种。其传播与定居的趋势是：1 年或 2 年生草本植物先从井口附近的绞车道两侧或矸石山脚下沟谷地带，在苔藓类植物群落中出现，并呈现出以单株或稀疏的状态以后，株数逐渐增多。有的植物种类形成种群，这些草本植物多是低矮且耐旱、耐碱的植物，如猪毛菜、蒺藜、扫帚菜、苋菜等。随着 1～2 年生草本植物的数量及种类逐渐增多，多年生草本植物开始出现并逐渐增多，其组成在种类数量上保持相对的稳定。草本植物群落使原有岩石环境有了较大改善，在草丛郁闭条件下土壤层增厚，同时有遮阴。相应减少了水分蒸发，也调节了温度和湿度，使土壤中的菌类以及昆虫和蛆蚓等种类、数量有所增多，活动增强。

调查中共发现草本植物 31 科（含栽培 4 科），97 属（含栽培 9 属），131 种（含栽培 12 种）。其中，禾本科 22 属 31 种，菊科 18 属 32 种，豆科 7 属 8 种，蓼科 5 属 8 种，十字花科 5 属 6 种，藜科 4 属 4 种，唇形科 3 属 3 种，紫草科 3 属 3 种，旋花科 2 属 2 种，莎草科 2 属 2 种，苋科 1 属 4 种，蔷薇科、萝摩科、紫葳科、车前科、锦葵科、茜草科、香蒲科、蒺藜科、牻牛儿苗科、毛茛科、葫芦科、堇菜科、亚麻科、鸢尾科、木贼科、蓝雪科均为单属单种。另有栽培作物中伞形科 3 属 3 种、茄科 3 属 6 种、百合科 2 属 2 种，胡颓子科 1 属 1 种。矸石地草本植物种类及其分布状况调查结果及分析见表 2.30。

表 2.30　矸石地草本植物种类及其分布

科（属，种）	磨岭 （1~10 年）	三里洞 （10~20 年）	米村 （20~30 年）	兴隆庄 （30~40 年）	桃园 （40~50 年）
禾本科 Gramineae（22 属，31 种）	9，9	16，18	16，18	16，17	16，17
菊科 Compositae（18 属，32 种）	11，19	10，13	12，14	13，18	14，23
豆科 Leguminosae（7 属，8 种）	6，6	4，4	6，6	7，8	8，9
藜科 Chenopodiaceae（4 属，4 种）	4，4	4，4	4，4	4，4	3，3
蓼科 Polygonaceae（5 属，8 种）	2，2	1，1	1，2	2，2	1，4
十字花科 Cruciferae（5 属，6 种）	1，1	5，5	4，4	5，5	2，2
唇形科 Labiatae（3 属，3 种）	2，2	3，3	3，3	2，2	3，3
紫草科 Boraginaceae（3 属，3 种）	2，2	1，1	2，2	1，1	1，1
旋花科 Convolvulaceae（2 属，2 种）	—	2，2	2，2	2，3	1，1
莎草科 Cyperaceae（2 属，2 种）	2，2	2，4	2，4	2，4	2，3
苋科 Amaranthaceae（1 属，4 种）	1，3	1，1	1，2	1，3	1，2
伞形科 Umbelliferae（3 属，3 种）	1，1	2，2	3，3	3，3	3，3
茄科 Solanaceae（3 属，6 种）	—	—	—	—	1，1
百合科 Liliaceae（2 属，2 种）	—	—	1，1	2，2	—
萝摩科 Asclepiadaceae（1 属，1 种）	—	—	—	1，1	—
紫葳科 Bignoniaceae	1，1	1，1	1，1	1，1	—
车前科 Plantaginaceae	—	1，1	—	—	—
锦葵科 Malvaceae	—	—	—	—	1，1
茜草科 Rubiaceae	—	1，1	1，1	—	—
香蒲科 Typhaceae	1，1	1，1	—	—	—
蒺藜科 Zygophyllaceae	—	—	—	1，1	—
蓝雪科 Plumbaginaceae	—	—	1，1	—	—
毛茛科 Ranunculaceae	1，1	1，1	1，1	1，1	1，1
葫芦科 Cucurbitaceae	1，1	1，1	1，1	2，2	1，1
堇菜科 Violaceae	1，1	1，1	1，1	—	1，1
亚麻科 Linaceae	—	—	—	1，1	—
鸢尾科 Iridaceae	—	1，1	1，1	—	1，1
木贼科 Equisetaceae	—	1，1	1，1	1，1	—
牻牛儿苗科 Geraniaceae	—	—	1，1	1，1	1，1
总计（属，种）	46，56	60，67	66，74	69，81	62，78
生活型 1 年/越年生	39	38	36	37	36
生活型　多年生	17	24	38	34	42

　　由矸石地草本植物种类及其分布调查分析结果（表 2.30）可以看出，在草本演替整个阶段的科水平上，禾本科、菊科、豆科、蔷薇科、蓼科、十字花科植

物占据着主导地位。随着演替的进展，先锋种消失或优势度下降，新物种接着出现。禾本科、豆科、蔷薇科、唇形科和其余各科为次生种和伴生种，它们在各演替阶段的出现具有一定的规律性，随着排矸终止时间的延长其个体数量和出现频率都呈现增加的趋势。比较分析生活型，其规律性更加明显，1 年生或多年生草本的数量变化不大，而多年生根茎植物的种类不断增加，在 30 年时基本达到平衡。多年生根茎植物在不同演替阶段的群落中所占比例依次为 31%、39%、48%、42%和 54%。

2. 群落学指标

（1）平均总盖度、平均总株高、种数和个体数量

总平均盖度和总平均株高是指一个群落类型中所有样方总盖度和总株高的平均值，与物种数量和个体数量结合起来可反映群落最基本的外貌特征。

植被的外部特征在演替的各个阶段呈现出有规律的变化。在停止排矸的初期阶段，适应性强的禾本科、蓼科、藜科、苋科等 1 年或 2 年生和多年生草本及菊科高秆植物如苍耳及蒿类占优势，其平均高度和盖度不断增加，如图 2.4 和图 2.5 所示。随着排矸终止时间延长，矸石表层风化程度的加深和水分、养分条件的好转及新物种的侵入，使这些原有物种的优势度逐渐下降，群落的平均高度随之增加，但盖度随之降低。从物种及其个体数量来看，随排矸终止时间的延长，由于外界种子植物的大量侵入，物种数量和个体数量不断增加，随着环境条件的变化和竞争强度的加剧，一些先锋物种先行消失或者优势度下降，随之其他多年生或根茎植物增多，从而在停排后 1~30 年物种数量不断增加，到 30~40 年达到最大值，之后又增加并维持在一定水平，如图 2.6 和图 2.7 所示。种群的个体数量在排矸终止后 1~30 年不断增加，到 20~30 年即达到最大值。

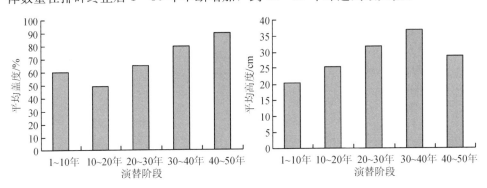

图 2.4　不同演替阶段的平均盖度　　图 2.5　不同演替阶段的平均株高

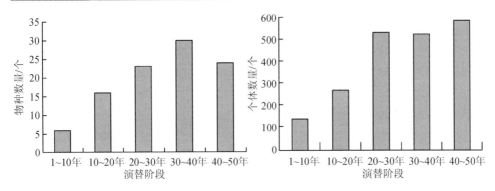

图 2.6　不同演替阶段群落物种数量变化　　图 2.7　不同演替阶段群落个体数量变化

（2）多样性及均匀度

排矸终止后的前 10 年物种数量较少，多样性较低（图 2.8），个体数量也较少，所以均匀度明显低于稳定期，如图 2.9 所示。10～20 年时马唐、狗尾草、猪毛菜、牛皮消、大青茅等侵入后使优势度增加，均匀度增幅不大。从 20～30 年开始到达相对稳定的阶段，多样性随着先锋物种的消失和后续种的增加而略呈下降的趋势，均匀度也基本呈现这种变化特点。

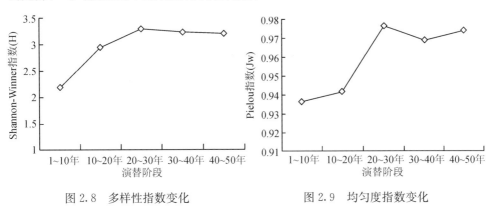

图 2.8　多样性指数变化　　　　　　　　图 2.9　均匀度指数变化

（二）不同演替阶段矸石地植物的多样性

1. 不同演替阶段植物物种构成特征

典型矸石地上的植被演替属于原生裸地上的原生演替。在演替的初期阶段基本上是以 1 年或 2 年生草本或杂草为主，有早熟禾、狗尾草、反枝苋、荠菜、香茅等。能够在很短时间内成为先锋种。后期则以多年生根茎草本植物为主，随着停止排矸年限的增加逐渐取代先锋种。当发展到稳定阶段后，物种数量增加，但物种间相对优势度差异降低，群落结构趋于均一，均匀度上升。

以空间序列代替时间序列的方法研究了我国北方煤矸石地植被演替过程中植

物多样性变化特点，结果表明：排矸终止时间从＜10年、10～20年、20～30年、30～40年、40～50年、＞50年的矸石地，由先锋草地群落演替到森林群落的样地和样方中共出现高等植物196种，分属于51科146属，其中，禾本科23属24种，菊科18属36种，豆科11属19种，蔷薇科8属12种，蓼科5属15种，十字花科5属11种，六科合计70属117种，占全部种数的59.7％，见表2.31。表明6科植物在矸石山植被的自然恢复演替过程中起到巨大的作用。此外，有4属7种的茄科、4属4种的藜科和唇形科、2属6种的莎草科、2属4种的杨柳科也较为重要，有3属3种的科主要有桑科、萝摩科、紫草科、伞形科、紫葳科、木樨科、柏科，有2属3种的科有旋花科和松科，有2属2种的科有马鞭草科、胡颓子科、百合科，苋科为1属4种，葡萄科、鼠李科和漆树科为1属2种，其余均为单属单种，包括：车前科、榆科、锦葵科、楝科、苦木科、茜草科、香蒲科、蒺藜科、三尖杉科、牻牛儿苗科、毛茛科、木兰科、麻黄科、黄杨科、卫矛科、夹竹桃科、红豆杉科、木通科、玄参科、葫芦科、堇菜科、亚麻科、鸢尾科、芸香科、木贼科、槭树科和蓝雪科等。

表 2.31 矸石地植被不同演替阶段植物科属种组成的动态变化

	植被类型	PCAP	ZRSSD	RPZHL	RAAMEE	AZZSGSR	合计
	地点	磨岭	三里洞	米村	兴隆庄	桃园	
	时间	＜10年	10～20年	20～30年	30～40年	40～50年	
	科	8	17	29	33	27	51
	属	13	25	41	52	36	146
	种	18	39	56	67	45	196
六大科种数分布	禾本科	5	7	4	3	5	24
	菊科	6	8	6	9	7	36
	豆科	—	3	5	7	4	19
	蔷薇科	—	2	4	3	3	12
	蓼科	1	2	5	4	3	15
	十字花科	1	1	5	2	2	11
	合计	13	23	29	28	24	117
六科总种数占所有植物总种数比例/%		72.0	59.0	51.8	41.8	53.3	59.7

注：1）PCAP：早熟禾＋刺儿菜＋反枝苋＋车前群丛 Association of *Poa annua* ＋ *Cirsium segetum* ＋ *Amaranthus retroflexus* ＋ *Plantago asiatica*；2）ZRSSD：酸枣＋黄刺玫＋狗尾草＋猪毛菜＋马唐群丛 Association of *Ziziphus jujuba* var. Spinosa ＋ *Rosa xanthina* ＋ *Setaria viridis* ＋ *Salsola collina* ＋ *Digitaria sanguinalis*；3）RPZHL：刺槐＋侧柏＋酸枣＋香茅＋紫草群丛 Association of *Robinia pseudoacacia* ＋ *Platycladus orientalis* ＋ *Ziziphus jujuba* var. Spinosa ＋ *Hierochloe odorata* ＋ *Lithospermum erythrorhizon*；4）RAAMEE：刺槐＋臭椿＋黄蒿＋苜蓿＋光头稗子＋地锦群丛 Association of *Robinia pseudoacacia* ＋ *Ailanthus altissima* ＋ *Artemisia annua* ＋ *Medicago sativa* ＋ *Echinochloa colonum* ＋ *Euphorbia humifusa*；5）AZZSGSR：臭椿＋花椒＋酸枣＋高粱＋大豆＋粟＋萝卜群丛 Association of *Ailanthus altissima* ＋ *Zanthoxylum bungeanum* ＋ *Ziziphus jujuba* var. Spinosa ＋ *Sorghum vulgare* ＋ *Glycine max* ＋ *Setaria italica* ＋ *Raphanus sativus*。

以所选矸石地为研究对象，用聚类分析和极点排序等方法，进行了矸石地草本植被不同阶段的群落学特征、群落类型划分及自然演替规律等研究，结果表明，矸石地草本植被演替过程可划分为以下 5 个阶段。停排 1～10 年，刺儿菜＋早熟禾＋反枝苋＋车前群丛；停排 10～20 年，狗尾草＋猪毛菜＋马唐＋打碗花＋披碱草群丛；停排 20～30 年，紫草＋香茅＋狗尾草＋萝摩＋青蒿群落；停排 30～40 年，黄蒿＋苜蓿＋稗＋地锦草＋蒺藜＋艾蒿＋早熟禾＋夏枯草＋苦荬菜群丛。停排 40 年以上，狗尾草＋构牙根＋苔草＋作物＋蔬菜群落。停排 30 年后群落开始趋于稳定。

由表 2.31 可以看出，随着停排时间的延长，植物群落也逐渐由草地演替到灌丛，最终演替到森林群落阶段，其物种组成也呈较明显的增加趋势，但是 6 科所占的比例却呈显著下降的趋势，表明群落的物种组成在逐渐向复杂化方向发展。但是桃园矸石山的臭椿＋花椒＋酸枣＋高粱＋大豆＋粟＋萝卜群丛中 6 科所占比例的提高主要是由于种植蔬菜作物与经济树种的缘故。

从植物本身而言，它们出现在各个演替阶段的次序取决于植物本身的生物学特性和繁殖策略如生活型、种子重量与数量等。在停止排矸的初期阶段基本上都是一些 1 年生草本或杂草占主要优势，表现为生活周期短、种子数量多、传播能力强，能够在很短时间内成为地表优势种，如早熟禾、狗尾草、反枝苋、荠菜、香茅等。后期则以多年生根茎草本植物为主，个体生活能力强，根系发达，随着排矸终止年限的增加逐渐取代先锋种。所以在排矸终止后的初期优势种与伴生种之间的差异极为明显，而当发展到稳定阶段，物种数量增加，但物种间相对优势度差异降低，群落结构趋于均一，均匀度上升。

依据植物生长型分类系统，调查样方中共出现草本植物 115 种，乔、灌木 22 种，常见的植物种类主要有：榆树、刺槐、侧柏、臭椿、茶条槭、胡枝子、黄刺玫、沙棘、紫穗槐、杠柳、黄蒿、青蒿、铁杆蒿、茵陈蒿、艾蒿、酸枣、狗尾草、狼尾草、蒺藜、早熟禾、苔草、萝摩、刺儿菜、香茅、猪毛菜等。另外，梓树、山桃、山杏也是调查区较常见的乔木树种，但未在样方中出现。以上物种构成不同演替阶段植物群落的建群种或优势种，其中对植被演替起重要作用的植物主要有禾本科、菊科、蓼科、苋科的蒿属、隐子草属、稗属、狗尾草属、早熟禾属、酸模属、苋属植物及榆、臭椿、杠柳、枸杞、黄刺玫、白刺花、红花绣线菊等，它们是矸石山植被演替过程中主要的建群种或共建种。此外，调查样方中还发现层间藤本植物 11 种，主要有爬藤卫矛、三叶木通、杠柳、葎草、牛皮消、萝摩、野豌豆、打碗花等。

榆树与杠柳是植被自然演替过程中出现最早而且持续时间较长的木本植物，具有较宽的生态位，可作为该矸石地人工造林树种优先考虑。杠柳虽然是藤本植物，但却是群落恢复演替过程中出现最早的木本植物，而且从 20 年以上的各阶段群落中均有出现，在前期主要以小灌丛形式稀疏分布，高度一般在 50cm 左右，冠幅一般在 40cm 以下。枸杞、红花绣线菊、黄刺玫为灌木，高度一般在 3m 以下，枝下高一般在 0.7m 以下，多数情况下<0.5m，因此有一定的灌丛特征。榆树为乔木，最早出现于矸石山阴坡的杂草群丛，在废弃 30 年左右的阴坡地上已成灌状疏林。在植物群落中从草本层、灌木层一直到人工营造的乔木层常见到它的存在，但多数情况下主要分布于灌木层，高度一般在 2m 左右，但是枝叶显然要较林外稀疏。以上分析表明，无论在时间上还是在空间上榆树和杠柳均在矸石地上具有较广泛的分布，说明它们具有较宽的生态位，是耐阴性较强的中性泛化树种，相对于先锋乔木树种（如山杨、旱柳）与顶极乔木树种（如人工建植的刺槐、侧柏、臭椿）等特化树种来讲具有更强的生态适应性，因此，榆树与杠柳可以作为矸石地人工造林树种考虑，至少可以作为主要伴生树种，见表 2.32。

表 2.32　四个主要演替阶段杠柳与榆树的群落特征

| 样地 | 时间/a | 榆树（*Ulmus pumila*） | | | | | 杠柳（*Periploca sepium*） | | | | |
		树高/m	地径/cm	密度/(zhu/hm²)	盖度/%	频度/%	树高/m	地径/cm	密度/(zhu/hm²)	盖度/%	频度/%
阳坡 1#	40	1.17	1.8*	250	25	20	1.5	1.4	1370	70	60
阳坡 2#	30	1.72	3.67*	67	15	5	1.2	2.6	534	30	30
阳坡 3#	20	0.42	0.35	34	5	10	1.1	1.7	60	5	7
阴坡 1#	40	220	2.7*	617	36	35	1	0.9	576	32	35
阴坡 2#	30	1.95	2.67*	490	30	50	0.9	0.7	110	12	20
阴坡 3#	20	1.8	2.2*	89	10	20	0.8	0.5	40	1	3

* 为株高 1.3m 处的直径。

以上物种构成特征显示，在矸石地植被的自然演替中，草本植物与灌木相对较为发达，而乔木种类特别是能够形成优势种群的乔木种类相对较为贫乏，这显然与相对较为干旱的自然条件、贫瘠而具有较强重金属污染的土壤环境有密切关系。当然，相对于天然植被严重匮乏的整个北方矸石地来讲，其植物多样性是相当高的，这对于建设矸石地植被具有重要价值，是当前人工植被建设与生态环境修复中物种遴选的重要理论依据和实践基础。

2. 不同演替阶段植物多样性的变化

在矸石地植被演替过程中植物多样性在空间结构上的变化表现为：草本层>灌木层>乔木层，均匀度的变化与多样性基本一致。

不同演替阶段植物多样性的分层测度结果表明，草本层与灌木层的物种丰富度指数（S）、多样性指数（Simpson 指数 D，Shannon-Winner 指数 H）和均匀度指数（Pielou 指数 Jw；Alatalo 指数 Ea）等多样性指标均呈现出明显的变化规律：乔灌层随排矸终止时间的延长各指标值呈直线增加；草本层的多样性指数值在 1~50 年内随排矸终止时间延长呈上升趋势，40 年后就基本稳定，均匀度指数值变化幅度不大，见表 2.33。

表 2.33 不同演替阶段植物多样性的变化比较

植被类型	地点	时间/年	丰富度	Simpson 指数（S）	Shannon-Winner 指数（H）	Pielou 指数（Jw）	Alatalo 指数（Ea）
				草本层			
PCAP	磨岭	<10	6	0.8280	1.6658	0.9297	0.8993
ZRSSD	三里洞	10～20	16	0.9406	2.7061	0.9760	0.9404
RPZHL	米村	20～30	79	0.9927	4.2183	0.9654	0.8522
RAAMEE	兴隆庄	30～40	30	0.9484	3.1445	0.9245	0.7165
AZZSGSR	桃园	40～50	24	0.9562	3.0902	0.9724	0.9042
				乔灌层			
PCAP	磨岭	<10	2	0.4675	0.6307	0.9099	0.8898
ZRSSD	三里洞	10～20	4	0.6568	1.2052	0.8694	0.7928
RPZHL	米村	20～30	7	0.8087	1.7667	0.9079	0.8496
RAAMEE	兴隆庄	30～40	7	0.8459	1.8821	0.9672	0.9249
AZZSGSR	桃园	40～50	5	0.7119	1.4067	0.8740	0.7745

注：1）PCAP：早熟禾＋刺儿菜＋反枝苋＋车前群丛 Association of *Poa annua* ＋ *Cirsium segetum* ＋ *Amaranthus retroflexus* ＋ *Plantago asiatica*；2）ZRSSD：酸枣＋黄刺玫＋狗尾草＋猪毛菜＋马唐群丛 Association of *Zizyphus jujuba* var. Spinosa ＋ *Rosa xanthina* ＋ *Setaria viridis* ＋ *Salsola collina* ＋ *Digitaria sanguinalis*；3）RPZHL：刺槐＋侧柏＋酸枣＋香茅＋紫草群丛 Association of *Robinia pseudoacacia* ＋ *Platycladus orientalis* ＋ *Zizyphus jujuba* var. Spinosa ＋ *Hierochloe odorata* ＋ *Lithospermum erythrorhizon*；4）RAAMEE：刺槐＋臭椿＋黄蒿＋苜蓿＋光头稗子＋地锦草群丛 Association of *Robinia pseudoacacia* ＋ *Ailanthus altissima* ＋ *Artemisia annua* ＋ *Medicago sativa* ＋ *Echinochloa colonum* ＋ *Euphorbia humifusa*；5）AZZSGSR：臭椿＋花椒＋酸枣＋高粱＋大豆＋粟＋萝卜群丛 Association of *Ailanthus altissima* ＋ *Zanthoxylum bungeanum* ＋ *Zizyphus jujuba* var. Spinosa ＋ *Sorghum vulgare* ＋ *Glycine max* ＋ *Setaria italica* ＋ *Raphanus sativus*。

从整个演替过程来看，草本层植物的物种丰富度（Simpson 指数 D）显著高于乔、灌木层，但是从 Shannon-Winner 指数值可以看出，在由草本群落演替至灌丛群落以前及由灌丛群落演替至森林群落阶段以后草本层与灌木层均差异较大，而在两个群落之间却较为接近，表明在停止排矸二、三十年后灌木层的植物多样性相对较高，体现了北方落叶阔叶林带的特点。均匀度指数在草本层与乔、灌木层之间差异相对较小，主要是人为因素的影响所致。

分析结果表明，矸石地植物多样性的变化在群落中不同的层次是不同步的，其中草本层多样性达到最大的时间为 20～30 年，乔、灌木层为 30～40 年，而乔木层估计要在 100 年左右，但其共同的特点是各层植物多样性达到最高的阶段一般都是处于植被演替的过渡阶段，如从裸地向草地演化的阶段，草地向灌丛演化的阶段，灌丛向森林演化的阶段，甚至不同森林（如榆树林与刺槐林或侧柏林）之间演替的过渡阶段，因为在这些阶段冠层的郁闭度一般较低，群落内小生境多样性因而也较高，群落组成成分中既有大量的阳性植物，同时也含有大量的耐阴植物，是多种成分并存的时期。

（三）不同生境条件下的植物物种多样性变化

1. 排土场

物种多样性调查分析表明，海州排土场第一、二、三、四台阶的植被类型分别为：榆树＋刺槐＋紫穗槐＋黄蒿＋猪毛蒿＋狼尾草群丛、刺槐＋榆树＋酸枣＋狼尾草＋野糜子＋黄蒿＋艾蒿群丛、榆树＋白刺花＋葎草＋蒺藜＋猪毛菜＋苣荬菜＋苋菜＋萝藦＋鸡爪草群丛、黄蒿＋苣荬菜＋艾蒿＋狼尾草＋玉米群丛。由各台阶物种多样性指数、均匀度指数及生物量比较（表 2.34）可看出，除第二台阶的生物量外，同一地点不同台面上的植物种的丰富度指数、多样性指数、均匀度指数的差异均不大，说明各台阶上的植物演替进程接近，处于相对稳定状态。建造的人工榆树、刺槐、紫穗槐林郁郁葱葱，长势良好，见表 2.35。

表 2.34　海州排土场各台阶物种多样性指数、均匀度指数及生物量比较

台阶	层次	丰富度	Simpson 指数（S）	Shannon-Winner 指数（H）	Pielou 指数（Jw）	Alatalo 指数（Ea）	生物量 /(kg/hm²)
1	草本 Herbaceous	7	0.8312	1.8206	0.9356	0.8974	3.4794
	乔灌 Arbor and shrub	3	0.6418	1.0537	0.9591	0.9327	
2	草本 Herbaceous	9	0.8581	2.0388	0.8279	0.8453	12.7696
	乔灌 Arbor and shrub	3	0.6717	1.0961	0.9977	0.9962	
3	草本 Herbaceous	13	0.9018	2.3669	0.9228	0.8619	3.6292
	乔灌 Arbor and shrub	7	0.8210	1.7918	0.9208	0.8700	
4	草本 Herbaceous	8	0.7883	1.7527	0.8429	0.7467	3.7653

注：1) 表中生物量为该台阶各样地内生物量（干重）的平均值。2) 第四台阶上无乔灌层。

表 2.35　海州矿排土场不同样地树木生长状况

样地号	树种	调查株数/株	年龄/年	树高/m	地径/cm	冠幅/m	生物量/g
台1\1号	榆	29	10	2.84	4.70	2.3	1613.55
台1\1号	紫穗槐	27	5	1.80	1.00	1.9	453.05
台1\1号	刺槐	17	7	2.6	3.4	1.9	1568.62
台1\2号	榆树	28	6	2.1	2.85	0.75	602.68
台1\2号	刺槐	15	5	2.0	2.30	0.95	713.55
台1\2号	紫穗槐	20	3	1.05	1.10	0.45	129.09
台2\1号	刺槐	46	12	4.5	4.90	2.3	3606.60
台2\2号	紫穗槐	47	7	1.85	1.0	0.8	1378.79
台3\1号	榆树	34	4	1.4	2.40	1.4	208.71
台3\2号	榆树	23	4	1.90	1.6	1.3	907.92

注：表中年龄、树高、地径、冠幅及生物量均为平均值，且生物量为干重。

2. 矸石山

物种多样性调查分析表明，孙家湾矸石山阴坡和阳坡的植被类型是不同的。阳坡的植被类型为榆树＋杠柳＋狼尾草＋黄蒿＋苣荬菜群丛，阴坡的植被类型为榆树＋狼尾草＋黄蒿＋隐子草＋萝摩群丛。由孙家湾矸石山阴坡和阳坡物种多样性指数、均匀度指数及生物量比较（表2.36）可看出，阴坡植被明显较阳坡好，见表2.37。实际测定的结果是阴坡单位面积的生物量也比阳坡的大，反映了生产力的不同。

表 2.36　孙家湾矸石山阴阳坡物种多样性指数与生物量

生境	植被类型	丰富度	Simpson 指数（S）	Shannon-Winner 指数（H）	Pielou 指数（Jw）	Alatalo 指数（Ea）	生物量 /（kg/hm²）
阳坡	UPPAS	18	0.8248	2.1739	0.7521	0.5729	3.5492
阴坡	UPACM	20	0.9226	2.6917	0.8985	0.7660	2.3615

注：1）表中生物量为该坡面各样地内生物量（干重）的平均值；2）UPPAS：榆树＋杠柳＋狼尾草＋黄蒿＋苣荬菜群丛 Association of *Ulmus pumila*＋*Periploca sepium*＋*Pennisetum alopecuroides*＋*Artemisia annua*＋*Sonchus brachyotus*；3）UPACM：榆树＋狼尾草＋黄蒿＋隐子草＋萝摩群丛 Association of *Ulmus pumila*＋*Pennisetum alopecuroides*＋*Artemisia annua*＋*Cleistogenes serotina*＋*Metaplexis japonica*。

表 2.37　孙家湾矸石山不同坡向的土壤含水量与植被生长状况

调查日期	坡向	样地	土壤含水量/%			植被状况
			0～20cm	21～40cm	平均	
2004-8-11	阴坡	1	10.80	13.86	12.33	良好
2004-8-11	阴坡	2	8.45	9.26	8.86	较好
2004-8-11	阴坡	3	6.32	8.53	7.43	较差
2004-8-13	阳坡	2	9.59	10.86	10.23	良好
2004-8-13	阳坡	1	8.64	9.16	8.60	较好
2004-8-13	阳坡	3	4.36	6.78	5.57	差

（四）煤矸石废弃地植被演替的时空关系

禾本科、菊科、豆科、蔷薇科、蓼科、十字花科植物在矸石山植被的自然演替过程中所起的作用巨大。① 在植被演替过程中物种丰富度指数（Simpson 指数 D）、多样性指数（Shannon-Winner 指数）以及 Pielou 均匀度指数达到最大的时间为草本群落为20～30年，灌木群落为30～40年，而乔木群落估计要在100年左右。② 榆树和杠柳是植被自然演替过程中出现最早而且持续时间较长的木本植物。刺槐、侧柏、楝树、臭椿、紫穗槐、沙棘等是矸石山人工造林绿化已获得成功的树种。

1. 不同时期矸石地植物科、属、种数的动态变化

从不同时期矸石地植物科、属、种数的动态变化图 2.10 可以看出：随着停止排矸时间的延长，矸石地植物的总科数、总属数、总种数和六大科（禾本科、菊科、豆科、蔷薇科、蓼科、十字花科）的属数均逐渐增加；当停止排矸时间为30～40 年时，植物的总科数、总属数、总种数和六大科的属数达到最大值，随后呈下降趋势，并趋于稳定。

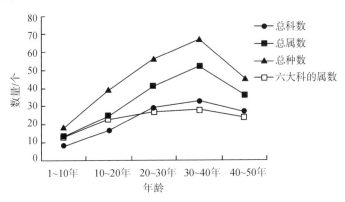

图 2.10　不同时期矸石地植物科、属、种数的动态变化图

2. 不同年龄矸石地植物总属数、总种数的分布

在研究区内，随着排矸终止时间的延长，矸石地植物的总科数、总属数、总种数和禾本科、菊科、豆科、蔷薇科、蓼科、十字花科六科的属数均逐渐增加；在停止排矸时间为1～30 年时，随着停止排矸时间的延长，矸石地上植物的总属数和总种数均逐渐增多；在停止排矸时间达到30～40 年时，植物的总属数和总种数也达到最大值，随后，逐渐趋于稳定。不同年龄矸石地植物总属数、总种数的分布如图 2.11 所示。

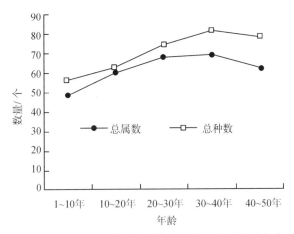

图 2.11　不同年龄矸石地植物总属数、总种数的分布

3. 不同时期矸石地主要植物属数、种数的分布

从不同时期矸石地主要植物属数、种数的分布图 2.12 可以看出：在停止排矸时间为 1～50 年范围内，随着终止排矸时间的延长，禾本科、菊科、豆科、蔷薇科、蓼科、十字花科六个科植物的总属数与总种数均逐渐增加。在停止排矸时间分别为 30～40 年和 50 年时，植物属和种的数量分别达到最大值。

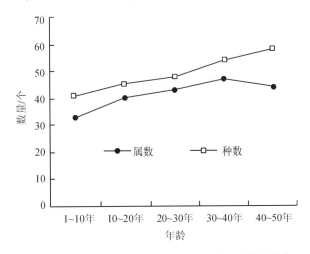

图 2.12　不同年龄矸石地主要植物属数、种数的分布

4. 不同时期矸石地植物生物量的变化

海州排土场的调查研究表明，在海州排土场的四个台阶中，以进行了人工植被建设的第二台阶植物的生物量为最大，第一、三、四台阶植物的生物量基本接近。这表明了人工植被建设能显著提高矸石地植物的生物量。海州排土场各台阶植物的生物量变化如图 2.13 所示。

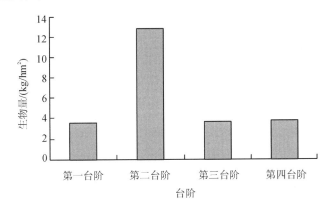

图 2.13　海州排土场各台阶植物的生物量变化

从海州排土场不同年龄榆树、刺槐、紫穗槐的平均生物量变化测定结果（图2.14）可以看出：随着停止排矸时间的延长，海州排土场不同年龄的榆树、刺槐、紫穗槐的平均生物量呈逐渐增加趋势。在3～6年时平均生物量增加缓慢；在4～12年时平均生物量增加极为明显。这可能是由于植物的生长，加速了矸石地的土壤形成和质地、性质的改良，促进了矸石中N、P、K元素的释放转化，改善了土壤的水肥条件，因此对后期自身的生长起了促进作用。

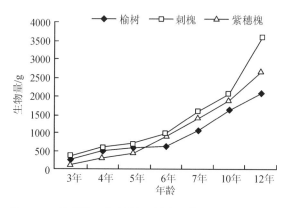

图2.14　海州排土场榆树、刺槐、紫穗槐平均生物量

第五节　立地类型划分

矸石地不同类型划分是实现适地适树、科学造林和提高植被恢复效率的前提。也是提高废弃地复垦造林成活率、选择适宜植物种类和植被恢复对策的重要措施之一。一个特定的矸石山属于哪种复垦类型，可以采用哪种复垦模式，需要通过立地分类来回答。过去的工作中，根据不同的划分依据和标准对矸石山进行分类，有矸石山与排土场之分，平原地下开采形成的矸石山、丘陵山区地下开采形成的矸石山和荒漠化地区地下开采形成的矸石山之分，平原露天开采形成的排土场、丘陵山区露天开采形成的排土场和荒漠化地区露天开采形成的排土场之分等。随着矸石山复垦理论研究以及矸石山实施生态环境综合整治的不断发展和深入，这些粗浅的分类越来越不能满足需要。因此，有必要对具有相同复垦条件的矸石山进行更切合实际的分类，建立一套完整、科学的矸石山土地复垦评价体系、对策模式和管理办法，用以指导矸石山土地复垦复耕工作，使矸石山生态环境走上良性循环的可持续发展道路。

一、主要立地因子

一般造林地的主要立地因子包括：地形因子、土壤因子、水文因子、生物因子和人为活动因子。其中地形因子：海拔、坡向、坡位、坡度、坡形、小地形；土壤因子：种类、厚度、性质、母质、发育程度、侵蚀程度、腐殖质含量；水文因子：地下水位高低、矿化度、季节变化、积水状况、土层含水量及变化；生物因子：植被状况、病虫害、微生物；人为活动因子：土地利用历史、现状。特殊因素考虑：风口；土壤、地下水、大气污染；特殊小地形；特殊元素含量；冲淤状况。

煤矿废弃地影响植被恢复的限制性因子主要有：水分、温度、土壤结构、土壤养分、土壤重金属含量、土壤酸碱度（pH）。

（一）水分

水是植物体的重要组成，是一切生命活动、生化过程的基本保证。水分缺乏，植物代谢将会受到障碍，甚至死亡。

对于位于海拔较高，地下水资源匮乏，降雨量少，且年际年内降雨分布不均，并多集中分布于7~9月这3个月的煤矿地区来说，降雨的时空分布与植物生长时对水分的需求规律不吻合。一方面是植物可利用的水量相对短缺，春季干旱少雨，播种、植树困难；另一方面则是夏秋季降水集中，损失严重。尤其是排土场用载重为154~190t的重型卡车堆垫并用轮胎式大型推土机平整，使排土场整体呈岩土混置松散状态。平台地表严重压实，容重达 $1.6~1.9g/cm^3$，径流系数高达50%~70%，同时深层渗漏加剧。新造排土场初期压缩沉降剧烈，还易发生崩塌、滑坡、泥石流等地质灾害，不利于植物生长，这就使得水分成为煤矿植被恢复的限制因子。据王改玲等（2002）研究安太堡露天煤矿1~3年生刺槐（*Robina pseudoacacia* L.）春季地上部分因脱水而抽梢严重，甚至死亡；7~8年后，在密度较大的种植区（1 m×1 m），40 cm 土壤以下出现明显干层，也会使刺槐死亡。在其他密度较大的复垦区，也存在类似的情况。另外，对小黑杨（*Populus Simonii*×*P. nigra*）的调查发现，在堆状地面的低凹处，因水分条件较好，小黑杨长势要好于平地及坡地。对野生植物侵入状况调查发现，平台地水分好于坡地，因此平台地上野生植物侵入种类多于坡地。

（二）温度

温度是影响植物生长、发育、形态、数量和分布的又一重要因子。低温时植物体内代谢减慢，生长发育迟缓甚至停止生长。一般来说，植物在0~30℃的温度范围内随温度升高，生长加快；随温度降低，生长变慢。对于不同的植物来说，要求的温度条件不同，受到极端温度和积温的限制。从植被恢复的角度看，热量资源相对不足，会限制复垦植物品种的选择。极端低温较低，使许多植物难以越冬。在这种情况下，部分乔木即使能够成活，由于热量不足，生长量不够，常表现为灌木形态，如臭椿、复叶槭等。有些乔木虽然能够正常生长，但在光度条件好的地方，长势要好于光照温度条件差的地方，如刺槐，在阳向坡上，长势良好，越冬状况良好，而在阴坡上则相对较差。

（三）土壤结构

土体构造是土壤内在属性的外在表现。良好的土体构造要求土质疏松，土层深厚，保水、保肥、供水、供肥能力强，且上砂下黏，能托水托肥。煤矿废弃地物理结构不良主要表现为基质过于坚实或疏松。一方面采矿地的表土通常会被清除或挖走，而采矿后留下的通常是矿渣或心土，加上汽车和大型采矿设备的重压，使得暴露在外的往往是坚硬、板结的基质；另一方面采矿活动所产生的废弃物粒径通常为几百乃至上千毫米，短期内自然风化粉碎困难，空隙大、持水能力极差，加上表土受到严重扰动，原始结构被破坏因而往往具有松散的结构。北方露天煤矿因采掘工艺、技术和经济条件的限制，废弃物排放时随意性强，使排土场地表物质复杂，主要为黄土、红黏土、砂页岩及其他基岩、矸石等，下部为土石混堆的底垫层，无发育层次，结构不良。另排土场平台由于受大型载重卡车的碾压，地表紧实度加大，平台容重达 $1.6\sim1.9\mathrm{g/cm^3}$，从而使根系生长受到阻碍，下扎困难，根系对水分、养分的吸收受到抑制，且易倒伏。这种过于坚实或疏松的结构均使土壤的持水保肥能力下降，从而影响土壤的生物肥力水平。

（四）土壤养分

养分是植物进行正常生命活动的基础，而土壤养分则是植物吸收养分的主要来源。煤矿废弃地的基质中一般都缺少 N、P、K 和有机质。土壤养分缺乏，植物对养分的吸收将会受到限制，植物体内代谢受阻，从而限制植物的正常生长。北方煤矿露天开采后，原表土已被压占或剥离，所有的土多由人工铺垫至排土场地表。铺垫的土层主要是黄土类物质及少量红土，有时还混有少量煤矸石和碎石等物质。此类土实属土壤"母质"，结构不良，土壤养分含量，尤其是有机质和氮素含量很低。经测定，未经复垦的土壤有机质含量为 $1.2\mathrm{g/kg}$，全氮为 $310\mathrm{mg/kg}$，碱解氮为 $8.48\ \mathrm{mg/kg}$，速效磷为 $8.81\mathrm{mg/kg}$。养分的缺乏使引种受到限制，有些耐瘠薄的植物也因养分缺乏而生长缓慢且发育不良。富硫矸石露地集中排放或埋藏较浅时，矸石会逐渐被氧化、放热、自燃，放出 SO_2，同时使土温升高至 $40℃$ 左右，从而使植物遭受毒害而生长不良，甚至是死亡。

（五）土壤重金属含量

煤矿废弃地由于受采矿活动的剧烈扰动，不但丧失天然表土特性，而且还具有众多危害环境的极端理化性质，其中重金属含量过高问题最为突出，是持久而严重的污染源。煤矿废弃地中常含有大量 Cu、Pb、Zn、Cr 等重金属元素。这些重金属元素的存在与植物生长有很大关系，植物体内适当的重金属浓度是生长所必需的。当这些重金属元素微量存在时，可作为土壤中的营养物质促进植物生长，但当这些元素超量存在时，则成为阻止植物生长的有毒物质，尤其是当这些过量的重金属元素共同存在时，由于毒性的协同作用，对植物生长危害更大。一般认为，土壤中可溶性 Al、Cu、Pb、Zn、Ni 等对植物显示毒性的浓度为 $1\sim10$ mg/kg，Mn 和 Fe 为 $20\sim50$ mg/kg。通常情况下，矿山废弃地的重金属含量均过高，如广东凡口铅锌尾矿 1 号矿的 Pb、Zn 总量分别高达 34 300 mg/kg 和 36 500 mg/kg，有效态 Zn 也高达 1963 mg/kg。重金属含量过高不但会影响植物的各种代谢途径，抑制植物对营养元素的吸收及根系的生长，而且也加大了周边地区遭受重金属污染的潜在风险。

（六）土壤 pH

大多数植物适宜生长在中性土壤环境中。当土壤的 pH 超过 $7\sim8.5$ 时呈强碱性，可使植物枯萎，而当其 pH 小于 4 时，则呈强酸性，对植物生长有强烈的抑制作用。高度酸化是大多数矿业废弃地共同存在的特征。煤矿废弃物大都含有各种类型的金属硫化物，这些金属硫化物与空气接触后可产生氧化作用而生成硫酸并使基质严重酸化，严重时 pH 可降至 2.4 左右。强酸除了其自身对植物能产生强烈的直接危害外，酸性条件还会加剧重金属的溶出和毒性，并导致土壤养分不足。如低 pH 可引起微量元素 Fe、Mg 和 Be 的缺乏，P 形成难溶的磷酸钙，N 形成氨而损失。此外，在酸性环境中，大量金属离子和有毒盐可进入土壤溶液中，破坏土壤微生物环境，并影响土壤酶的活性，进而阻碍根的呼吸作用及对矿物盐和水的吸收。此外，煤矿废弃地主要由剥离废土、废石、低品位矸石和煤渣等组成，固结性能差，且表面缺少植被保护，基质松散易流动，水蚀、风蚀现象显著，土层结构不稳定，表面温度较高，这些因素均造成了煤矿废弃地的极端生境。

二、立地类型划分

立地条件是在造林地上与林木生长发育有关的自然环境因素的总和。立地条件类型（简称为立地类型）是具有相同或者相似的气候、土壤、生物条件各个地段的总和。立地分类是指对林业用地的立地条件、宜林性质及其生产力的划分。是科学地确定造林营林措施的基础。立地分类及立地质量评价是对立地性能的认识。科学进行立地分类及立地质量评价，对摸清经营范围内的立地条件，提高造林和经营水平，充分发挥林地生产潜力具有重要意义。

长期以来，世界各国对森林立地分类进行了大量的研究、实践和探索。利用

更多的立地信息，采用多种途径，多种方法进行立地分类和立地质量评价。产生
了各种各样的分类系统。大致有植被因子途径、环境因子途径和综合多因子途径
3 种（朱万才等，2011；吴菲，2010；马天晓，2006）。在我国关于森林立地类
型划分的方法有很多，陶国祥（1995）运用模糊数学理论，选择地形、土壤、坡
向、海拔和土层厚度为主导立地因子，依据贴近原则，计算贴近度来划分立地类
型亚区、立地类型组和立地类型。隆孝雄（2001）在划分立地区的基础上，根据
地形、地貌、海拔、土壤、植物、气候等因子，划分立地亚区、立地类型小区和
立地类型组。赵雨森（2001）采用土壤物理因素指标、化学因素指标和生物因素
指标，运用定量和定性相结合的方法，将立地类型和土坡生产力划分为优、良、
可、劣 4 个等级。上述的各种立地类型划分一般都是大尺度的，且地域上不连
续，空间上大尺度指标影响因素考虑的也比较大，所以立地条件类型划块非常
大，是适用于大区域的立地划分，而煤矿废弃地植被恢复，由于地块小，环境因
素多，变异比较大，有时甚至需要考虑地表的颜色、温湿度、粗糙度、裂隙的密
度等，故以往关于立地条件类型划分的方法已不能满足煤矿废弃地植被恢复的要
求，所以有必要在森林立地类型划分的框架下进行微立地条件类型划分，即拟定
适合煤矿废弃地实际情况的立地类型划分方案，以满足煤矿废弃地植被恢复的生
产需要。微立地级别主要考虑从立地因子上包括气候、人为、生物、水文、土壤
和地形的差异、土壤的差异以及近地表小气候的差异形成的立地条件。所以，划
分煤矿废弃地立地类型是矿区植被恢复建设的基础工作之一，是保证植被成活率
和提高保存率的重要举措。

　　矸石地属于工业废弃地的一种特殊类型。随着整个矸石山土地复垦工作的规
范化和科学化发展，矸石山分类在矸石山复垦工作中的作用日益凸现，将直接关
系到矸石山土地复垦对策的科学性及矸石山土地复垦评价精度的高低。我国煤矸
石山众多，且各个矸石山的土地复垦方法不完全一致，但具有相同土地破坏类型
的矸石山具有相近的复垦方法和对策。因此，因地制宜地划分矸石山类型，对开
展矸石山土地复垦具有重要的理论和实践意义。

　　不同种类、不同地区矸石地土地复垦的主要限制因素不尽相同，正确选择本
地区矸石地土地复垦的主要影响因素对矸石地分类尤为重要。在一定地区内选取
一定数目具有代表性的矸石山，按矸石地土壤水分、养分、pH、植被等因子组
合进行聚类分析，从中找出和矸石山植被恢复组合密切相关的因素，这些因素既
是同类矸石山的相同因素又是异类矸石山的不同因素。根据这些因素对一定区域
内的所有矸石地进行分类，最终得到一定区域面向土地复垦的分类结果。这种利
用与矸石地土地复垦密切相关的土壤水分与养分类型来确定矸石地分类的主导因
素，进行矸石地分类的方法，可以克服矸石地分类中影响因素众多，难以统一的
困难，对其他地方待复垦矸石地分类具有一定的借鉴作用。

周家云等（2005）以开采方式和矿区地形条件作为主导因素，将四川矸石山分为地下矿山和露天矿山两个大类以及山地地下矸石山、盆地丘陵地下矸石山、高原露天矸石山、山地露天矸石山、盆地丘陵露天矸石山和河谷露天矸石山6个基本类型。在此基础上，分析了各类矸石山对土地破坏的特点，并探讨了各类型矸石山的复垦对策。

刘青柏等（2003）根据矸石山的排矸终止年限、矸石堆放高度、表层风化碎屑厚度，将阜新地区矸石山划分为以下4大类型。Ⅰ类矸石山：停止排矸7a以内，矸石堆放高度为30~40m，在矸石山的上坡及坡顶部表层矸石没有明显的风化碎屑；Ⅱ类矸石山：停止排矸7~15年，矸石堆放高度为20~30m，在矸石山的中上坡，表层矸石风化碎屑厚度为0~5cm；Ⅲ类矸石山：停止排矸15~25年，矸石堆放高度为10~20m；在矸石山的中坡表层矸石风化碎屑厚度为5~15cm；Ⅳ类矸石山：停止排矸25年以上，矸石堆放高度为0~10m，在矸石山的坡脚，表层矸石风化碎屑高度为15cm以上。分析了各类矸石山风化物的化学性质及林木生长的适应性，研究了各类矸石山植物种的更替规律。在此基础上确定了不同类型矸石山适宜的植被类型和植被恢复措施。

姜韬（2014）通过对阜新海州矿区煤矸石堆积地植物群落的调查、土壤剖面的测定及土壤理化性状的分析，将海州矿区煤矸石堆积地划分为3类。并根据不同矸石土的物理性状及群落分布的特性，提出适宜的主要造林树种：风化良好的Ⅰ类矸石地植物群落分布特性为山枣、杠柳、荆条、兴安胡枝子、多叶隐子草等，适宜的主要造林树种为白榆、刺槐和卫矛等；风化中等的Ⅱ类矸石地植物群落分布特性为芦苇、黄蒿、百里香、大针茅、阿尔泰紫菀等，较适宜的主要造林树种为刺槐和卫矛；风化较差的Ⅲ类矸石地植物群落分布特性为狗尾草、虎尾草、白茅等，可选择紫穗槐和火炬树为先锋树种。

（一）煤矿废弃地立地类型分类的依据、原则与方法

1. 依据

几乎在所有的情况下，矸石地依靠自然演替形成植被，都需要很长的时间。尤其是矸石山，其表面形成极端的生态环境，自然条件下植物几乎无法定居。因此，人工复垦是十分必要的。为了便于有效地进行人工植被建设，改良生态环境，对矸石地进行立地类型划分十分必要。

从矸石山破坏土地的复垦研究考虑，矸石山复垦条件是矸石山分类的主要考虑因素。矸石山复垦需要考虑的因素很多，主要有①矿区地表特征，如地形、地貌、水系、植被等；②环境因素，如气候、气象和城镇、居民区分布，矸石山开采前该地区环境状况及矸石山开采后可能造成的污染等；③ 矿区地表地层的理化性质，如厚度、有机质含量、pH、盐渍度、土壤水分、渗透性、微量元素、

抑制植物生长的有毒化学物质等;④矸石的堆积方法及复垦的可能性,采用的采矿及复垦设备的通用性,复垦区再种植及综合利用的可能性,复垦周期与经济效益等。

2. 原则

合理的矸石山分类原则是确保矸石山科学分类的重要前提。国内学者通过对土地分类原则和依据的深入研究,提出的若干分类原则,为矸石山分类提供了很好的借鉴。归纳起来,矸石山分类主要应遵循综合性原则、主导性原则和实用性原则。

综合性原则。矸石山是多种要素相互作用、相互制约所形成的自然综合体,矸石山复垦需要考虑的因素也很多,因此在依据矸石山复垦的相似性和差异性进行分类时,必须全面分析矸石山复垦的各个影响因素。

主导性原则。在对矸石山各个影响因素进行综合分析的前提下,必须考虑特定条件下某要素所起到的主导性作用。由于不同区域矸石山的分异特点是不同的,因此起主导作用的主导因素也往往是随地而异的。

实用性原则。矸石山分类研究是为一定目标服务的,因此在选定分类标志时,分类依据的确定应尽量照顾到它的服务目的,分类依据和指标要力求客观反映研究区的矸石山分异规律。为此要对众多的矸石山分异因素进行仔细分析。

3. 方法

根据研究区内 13 个矸石废弃地的共性特点,选用停止排矸时间、土壤含水量、土壤 pH、有机质含量、土壤中速效氮、速效磷、速效钾总量及植物分布状况 6 个指标,采用模糊聚类的方法进行矸石地类型划分。为了便于统计处理和分类将各指标按照以下方法进行归一化处理。

1) 停止排矸时间以 10 年为一个时间段划分成 6 个阶段,分别表示如下。1:<10 年;2:10~20 年;3:20~30 年;4:30~40 年;5:40~50 年;6:>50 年。

2) 土壤含水量划分成 6 个阶段,分别表示如下。1:1%~5%;2:5%~10%;3:10%~15%;4:15%~20%;5:20%~25%;6:>25%。

3) 土壤 pH 划分成 6 个阶段,分别表示如下。1:2.9~3.9;2:3.9~4.9;3:4.9~5.9;4:5.9~6.9;5:6.9~7.9;6:7.9~8.9。

4) 土壤有机质含量分成 6 个阶段,分别表示如下。1:0~5%;2:5%~10%;3:10%~15%;4:15%~20%;5:20%~25%;6:>25%。

5) 土壤中速效 N/P/K 总量(mg/kg)分成 6 个阶段,分别表示如下。1:<300;2:300~400;3:400~500;4:500~600;5:600~700;6:700~800。

6) 植被分布状况按照有为 1,无为 0 进行标记。

(二)煤矿废弃地立地类型分类结果

在同一大气候的前提下,作者通过野外调查和室内分析,根据停止排矸时

间、风化层含水量、土壤 pH、有机质含量、土壤中速效 N/P/K 总量及植物分
布状况，采用模糊聚类的方法将新邱、高德、海州、孙家湾、超化、裴沟、米
村、磨岭、兴隆庄、济宁二号煤矿、三里洞、王家河、桃园 13 个矸石堆积地分
为以下 7 类，见图 2.15。

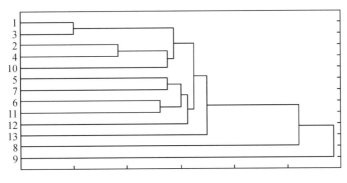

图 2.15   矸石地分类图

1. 新邱西排土场；2. 高德矸石山；3. 海州排土场；4. 孙家湾矸石山；5. 超化矸石山；
6. 裴沟矸石山；7. 米村矸石山；8. 磨岭矸石山；9. 兴隆庄矸石山；10. 济宁二号煤矿矸石山；
11. 王家河矸石山；12. 三里洞矸石山；13. 桃园矸石山

第一类包括新邱西排土场、高德矸石山、海州排土场、孙家湾矸石山和济宁
二号煤矿矸石山。除济宁二号煤矿位于山东省济宁市外，其他均位于辽宁省阜新
市境内。这些矸石山堆的矸石主要由粉砂岩、砾岩、煤页岩等岩石组成，矸石山
上生长着蒺藜、猪毛菜、野谷草、糙隐子草、黄蒿等植物。

第二类包括超化矸石山和米村矸石山，均位于河南省新密市境内。其中，超
化煤矿矸石山排矸终止 12 年以上，水平高度 50m，20 世纪 90 年代后期开始绿
化，主要树种有刺槐、白榆、楝树、构树（Broussoneta papyrifera）等，植被
覆盖度已达 80% 以上。目前有少量煤矸石利用，并有一定程度的人为干预。米
村煤矿矸石地排矸终止 10 年左右，水平高度 48m，1999 年左右开始绿化，主要
树种有刺槐、侧柏、白榆、臭椿等，植被覆盖度已达 50% 左右。人为活动不严
重，污染较轻。

第三类包括裴沟矸石山和王家河矸石山，分别位于河南省新密市和陕西省铜
川市境内。其中，裴沟煤矿矸石地排矸终止 10 年左右，平均坡度为 50° 左右，水
平高度 50m 以上，1998 年开始绿化，主要树种有刺槐、楝树、白榆、臭椿、构
树、狗尾草等，植被覆盖度已达 50% 左右。有少量人为活动情况，污染较轻。
王家河煤矿矸石地停止排矸 6 年左右，主要包括两个台阶，水平高度近 70m。目
前主要植被有刺槐、臭椿、胡枝子、狗尾草、杠柳、黄蒿、蒲公英等，覆盖度达
20% 左右。人为活动较频繁，污染较严重。

第四类包括三里洞矸石山，位于陕西省铜川市境内。三里洞煤矿矸石地排矸

终止 6 年左右,主要为阶梯式地形,水平高度 45m 以上。目前主要植被有刺槐、臭椿、沙棘、狗尾草、杠柳、黄蒿等,覆盖度达 20% 左右。人为活动频繁,污染较严重。

　　第五类包括桃园矸石山,位于陕西省铜川市境内。桃园煤矿矸石地排矸终止 5 年以内,台阶式地形,较陡,水平高度 40m 以上。它几乎裸露,有极少量的臭椿(幼树)、狗尾草等,目前矸石尚未被利用。人为活动频繁,污染严重。

　　第六类包括磨岭矸石山,位于河南省巩义市境内。磨岭矸石山排矸终止时间 6 年左右,相对高度 65m。目前为大面积裸露状,表层风化程度极低,植被稀少,主要为 1 年或 2 年生草本植物,如早熟禾、刺儿菜、蒺藜、苍耳、狗尾草等。环境质量差,污染严重,亟须进行治理。

　　第七类包括兴隆庄矸石山,位于山东省兖州市境内。椭圆形占地面积 0.05hm²,水平高度 56m,除排矸石路线外,平均坡度为 40°左右。20 世纪 80 年代中期进行绿化治理。不仅在山下挖掘修筑了水面面积为 0.03hm² 的人工湖,挖出的土整平回填了塌陷区,清理整平了矸石滩,建成了一处(包括矸石山占地)面积为 0.18hm² 的公园。而且在矸石山顶借储水池做底座,建成了钢结构六角双面亭一座,取名"怡然"。用片石混凝土又建成了七道绕山梯田,靠外湖一面建了之字形登山台阶 170 余级,山半腰筑起了 64m² 的一座高台,并建半山亭盘山路全部用冰纹石铺设。同时,进行水平阶整地,人工种植侧柏、刺槐、火炬树、桃、黄栌、山刺玫、迎春等,使得面积 65 亩的矸石山表层全部绿化,成活率达到了 85% 以上。

　　为了便于研究和应用,结合植被覆盖情况的实地调查结果,将矸石废弃地分为Ⅰ类(植被覆盖率 80% 以上)、Ⅱ类(植被覆盖率 50% 以上)、Ⅲ类(植被覆盖率 20% 以上)和Ⅳ类(无植被覆盖)4 种类型。其中Ⅰ类主要包括超化煤矿、兴隆庄煤矿,停止排矸 12 年以上,表层风化程度好,重要指示植物为刺槐、榆树、苦楝、侧柏、火炬树、构树等。Ⅱ类主要包括裴沟煤矿和米村煤矿,停止排矸 8～12 年,表层风化程度较好,重要指示植物为榆树、臭椿、苦楝、构树、侧柏、荠菜等。Ⅲ类主要包括三里洞煤矿和王家河煤矿,停止排矸 5～8 年,表层风化程度一般,重要指示植物为刺槐、臭椿、沙棘、狗尾草、杠柳、黄蒿等。Ⅳ类主要包括济宁二号煤矿和桃园煤矿,停止排矸 3～5 年,表层风化程度差,重要指示植物为臭椿(幼树)、狗尾草等。

　　由于研究区内各类废弃地之间及其同一废弃地内部立地环境有差异,因此实践中应根据当地具体情况,因地制宜,采取施肥、灌水、补植、除草、病虫防控等抚育管理措施,加强各类型煤矿废弃地土壤改良、水土保持、植物保护工作,以尽快实现生态恢复、环境改善和经济效益多赢。

第六节　小　　结

　　煤矿废弃地是指为采煤活动所破坏的，未经治理而无法使用的土地，包括露天采矿场、排土场、矸石山、塌陷区等以及受重金属污染而失去经济利用价值的土地。地处于大陆性半干旱气候条件下的我国辽宁阜新矿业集团的海州露天矿排土场、新邱排土场、高德矸石山和孙家湾矸石山，河南省郑州市郑煤集团磨岭、裴沟、超化和米村矸石山，山东省兖州市兖矿集团兴隆庄矸石山和济宁二号煤矿矸石山，陕西省铜川矿务局的三里洞、王家河和桃园矸石山生态环境基本特点如下：①日照时间长，温度低，风速大，蒸发量大，降雨量少，相对湿度小。未经覆土和人工绿化的矸石山一般表层风化深度仅为3～20cm，下部均为未风化的矸石，无土壤结构，且矸石中含碳量大、地温高，易蒸发，往往伴随有自燃现象发生。②矸石地土壤温度变化幅度为裸地＞阳坡＞阴坡。③矸石地土壤表层含水量一般为0.84%～12.35%，但不同矸石地之间土壤含水量差异显著。④矸石地土壤一般pH在5.8～10.0，电导率（全盐量）为64.62～1025.36 mg/kg。全氮、全钾、全硫含量分别为1134～3923mg/kg、2361～18 034mg/kg和2300～4200mg/kg；速效氮、速效磷和速效钾含量分别为2.1～47.4mg/kg、2.3～14.5mg/kg和59～576.7mg/kg；有机质含量为5830～168 640 mg/kg（其有机质多为矿化的有机碳，不易被植物吸收）。⑤煤矸石地重金属污染严重，而且土壤中有毒元素As、Hg、Cu、Zn、Cr、Pb含量随矸石地和植被覆盖程度的不同而存在着极显著的差异。

　　通过多种方法对煤矸石废弃地土壤肥力特性进行了调查和分析。从土壤单一肥力指标分析来看，陕西省铜川市三里洞、王家河、桃园煤矿矸石堆积地土壤各项肥力指标等级存在很大的差异，其肥力水平高低排序为有机质＝速效钾＞pH＞全氮＞全硫＝速效磷＞含水量＝全钾＞速效氮。土壤肥力隶属度评分值大小排序为有机质（1.0）＝速效钾（1.0）＞全氮（0.632）＞pH（0.501）＞全硫（0.464）＞速效磷（0.403）＞全钾（0.363）＞含水量（0.129）＞速效氮（0.1）。从土壤单一肥力指标分析与隶属度评分值分析结果来看，铜川矿区三里洞、王家河和桃园3个矿废弃地的土壤有机质和速效钾含量丰富，但其他养分指标含量均偏低，尤其是土壤含水量、速效氮与全钾含量极低，成为影响土壤肥力、植物生长的主要限制因素。究其原因可能与矸石地土壤的结构有关，煤矸石扬尘及废弃物堆积覆盖在周边土壤上，使土壤的粒度变大，排列杂乱、松散并具有缝隙和孔洞，致使土壤的保水、保肥能力下降。此外，煤矸石地土壤中重金属的积累会使土壤的理化性质发生变化，从而影响土壤微生物和酶活性以及养分元素的周转率和能量循环，也可能是导致土壤肥力降低的因素之一。指数和法和模糊综合评价法评价结果都表明，铜川矿区三里洞、王家河、桃园各煤矿矸石地土壤肥力均为 3 级，处于中等水平，排序为王家河＞三里洞＞桃园。

矸石地土壤的养分随产地与植被覆盖度不同而不同。新密、兖州和铜川 3 个矿区矸石地土壤中水解氮、速效磷、速效钾、有机质和全硫含量由大到小分别是铜川＞兖州＞新密、兖州＞新密＞铜川、兖州＞铜川＞新密、新密＞兖州＞铜川、铜川＞新密＞兖州。除速效氮外，不同植被恢复程度下矸石地土壤的养分含量基本上符合全国土壤养分五级标准的要求，且随着植被覆盖率的增加，矸石地土壤中的全氮和有机质含量不断增加，而速效氮、速效磷、速效钾、全硫含量和 pH 逐渐减小，所以恢复植被对提高矸石地的全氮和有机质含量有重要意义。

根据对研究地区 13 个煤矿废弃地不同演替阶段草本植被的群落学特征的调查研究，可将草本植被演替过程分为以下五个阶段：刺儿菜＋早熟禾＋反枝苋＋车前群丛（排矸终止 1~10 年）；狗尾草＋猪毛菜＋马唐＋打碗花＋披碱草群丛（排矸终止 10~20 年）；紫草＋香茅＋狗尾草＋萝摩＋青蒿群落（排矸终止 20~30 年）；黄蒿＋苜蓿＋稗＋地锦草＋藜＋艾蒿＋早熟禾＋夏枯草＋苦荬菜群丛（排矸终止 30~40 年）。狗尾草＋构牙根＋苔草＋作物＋蔬菜群落（排矸终止 40 年以上）。且排矸终止 30 年时群落已经趋于相对稳定。草本植物出现在各个演替阶段的次序取决于本身的生物学特性和繁殖策略如生活型、种子重量与数量等。在停止排矸的初期阶段基本上都是一些 1 年生草本或杂草占主要优势，表现为生活周期短，种子数量多、传播能力强，能够在很短时间内成为地表优势种，如早熟禾、狗尾草、反枝苋、荠菜、香茅等。后期则以多年生根茎草本植物为主，个体生命力强，根系发达，随着排矸终止年限的增加逐渐取代先锋物种。所以在排矸终止后的初期优势种与伴生种之间的差异极为明显，而当发展到稳定阶段，物种数量增加，但物种间相对优势度差异降低，群落结构趋于均一，均匀度上升。

采用空间序列代替时间序列的方法研究我国北方煤矸石地植被演替过程中植物多样性特征后发现，在植被演替过程中草本层与灌木层物种丰富度指数、多样性指数以及均匀度指数均呈现出一定的规律性变化，而且草本层、乔、灌木层多样性与均匀度的变化是不同步的，其中草本层达到最大的时间大约为 20~30 年，灌木层为 30~40 年，而乔木层估计要在 100 年左右。在植被演替过程中植物多样性在空间结构上的变化表现为：草本层＞灌木层＞乔木层，均匀度的变化与多样性基本一致。禾本科、菊科、豆科、蔷薇科、蓼科和十字花科六科植物在矸石山植物的自然演替过程中起到了巨大的作用。榆树与杠柳是植被自然演替过程中出现最早而且持续时间较长的木本植物，具有较宽的生态位，建议作为该矸石地人工造林的首选树种。

从矸石地植被演替的时空特征上看，随着排矸终止年限的增加，研究区内矸石地植物的总科数、总属数、总种数和禾本科、菊科、豆科、蔷薇科、蓼科、十字花科六科的属数均逐渐增加；当排矸终止年限为 30～40 年时，植物的总科数、总属数、总种数和六大科的属数达到最大值，随后呈下降趋势，并趋于稳定。从实际调查结果看，海州排土场第二台阶人工植被的生物量为最大，第一、第三、第四台阶植物的生物量较小，而且随着排矸终止年限的增加，不同年龄的榆树、刺槐、紫穗槐的平均生物量呈逐渐增加趋势。尤其在 3～6 年时平均生物量增加缓慢；在 4～12 年时平均生物量增加极为明显。说明，植物的生长有利于加速矸石地的土壤形成和质地、性质的改良，促进矸石中 N、P、K 元素的释放转化，改善土壤的水肥条件。

　　土壤结构、土壤水分、温度、土壤养分、土壤重金属含量、pH 是煤矿废弃地植被恢复主要限制性因子。根据停止排矸时间、风化层含水量、pH、有机质含量、土壤中速效氮、速效磷、速效钾总量及植物分布状况，采用模糊聚类的方法将研究地区内 13 个矸石堆积地分为 7 类，其相应的植被类型分别为①榆树＋刺槐＋紫穗槐＋狼尾草＋黄蒿＋苣荬菜群丛，②刺槐＋侧柏＋酸枣＋紫草＋香茅＋狗尾草群丛，③榆树＋杠柳＋紫穗槐＋臭椿＋黄刺玫＋刺儿菜群丛，④酸枣＋黄刺玫＋臭椿＋狗尾草＋猪毛菜＋马唐群丛，⑤酸枣＋黄刺玫＋粟＋狗牙根＋苔草群丛，⑥早熟禾＋刺儿菜＋反枝苋＋狗尾草＋蒺藜＋沙蓬群丛，⑦刺槐＋臭椿＋黄蒿＋苜蓿＋稗＋地锦草群丛。各类矸石地之间在土壤 pH、含水量、速效氮、速效磷、速效钾、有机质含量和植被类型上都有较大差异。

参 考 文 献

卞正富.2001.矿区土地复垦界面要素的演替规律及其调控研究.北京：高等教育出版社.

崔运鹏，钱平，苏晓鹭.2007.基于层次分析法的动态指标体系管理系统及其应用.地球信息科学，9（1）：93-98.

陈芳清，卢斌，王祥荣.2001.樟村坪磷矿废弃地植物群落的形成与演替.生态学报，21（8）：1347-1353.

陈洪祥，张如礼，马建军.2007.煤矿复垦地不同恢复模式下土壤特性研究——以黑岱沟露天煤矿为例.内蒙古环境科学，19（4）：63-64.

樊金拴，周心澄，王华.2006.利用绿化技术对煤矸石地进行生态恢复与景观改造的原理、方法及效果——以山东兖矿集团煤矸石山绿化为例.中国园林，22（123）：57-63.

范亚辉，于桂芬.2010.煤矸石山植被恢复限制因素分析及治理对策.煤，19（2）：54-56.

冯军会.2003.煤矸石有害元素赋存状态、迁移规律及复垦环境效应.合肥：合肥工业大学硕士学位论文.

郝蓉.2004.黄土区大型露天煤矿废弃地植被研究.太谷：山西农业大学硕士学位论文.

郝蓉，白中科，赵景逵，等.2003.黄土区大型露天煤矿废弃地植被恢复过程中的植被动态.生态学报，23（8）：1470-1477.

胡振琪，张光灿，魏忠义，等.2003.煤矸石山的植物种群生长及其对土壤理化特性的影响.中国矿业大学学报，32（5）：491-495.

姜韬.2014.阜新煤矸石堆积地立地条件分析及其适宜树种的研究.辽宁林业科技，（4）：26-29.

李凌宜，李卓，宁平，等.2006.矿业废弃地生态植被恢复的研究，矿业快报，（8）：25-28.

林鹰.1995.矸石山复垦造林技术的研究//周树理.矿山废地复垦与绿化.北京：中国林业出版社：

157，162.

刘青柏，刘明国，刘兴双，等.2003.阜新地区矸石山植被恢复的调查与分析.沈阳农业大学学报，34（6）：434-437.

刘世忠，夏汉平，孔国辉，等.2002.茂名北排油页岩废渣场的土壤与植被特性研究.生态科学，（1）：31-34.

隆孝雄.2001.四川立地分区及适生树种.四川林业科技，22（4）：54-58.

栾以玲，姜志林，吴永刚.2008.栖霞山矿区植物对重金属元素富集能力的探讨.南京林业大学学报（自然科学版），32（6）：69-72.

吕晓男，陆允甫，王人潮.1999.土壤肥力综合评价初步研究.浙江大学学报（农业与生命科学版），25（4）：378-382.

马天晓.2006.基于人工神经网络的森林立地分类与评价.郑州：河南农业大学硕士学位论文.

潘德成，齐鹏春，吴祥云，等.2013.半干旱地区煤矿次生裸地植被演替规律应用.辽宁工程技术大学学报（自然科学版），32（4）：505-509.

秦胜，曹志洋，田莉雅，等.2008.煤矸石山绿化造林的小气候效应.洁净煤技术，14（2）：102-105.

茹思博，杨乐，钱文东.2009.利用层次分析法和综合指数法评价新疆棉区土壤质量.河南农业科学，（8）：64-66.

宋苏苏，黄林，陈勇.2011.基于粗糙集的土壤肥力组合评价研究.农机化研究，（12）：10-13.

孙庆业，杨德清.1999.植物在煤矸石堆上的定居.安徽师范大学学报（自然科学版），22（3）：236-239.

汤举红，周曦，王丽霞.2011.次生裸地植被恢复过程的植物群落特征.安徽农业科学，39（22）：13683-13685，13687.

陶国祥.1995.模糊数学在林业立地类型划分中的应用.云南林业调查规划，（1）：1-5.

王德彩，常庆瑞，刘京，等.2008.土壤空间数据库支持的陕西土壤肥力评价.西北农林科技大学学报（自然科学版），36（11）：105-110.

王改玲，白中科.2002.安太堡露天煤矿排土场植被恢复的主要限制因子及对策.水土保持研究，9（1）：38-40.

王金满，郭凌俐，白中科，等.2013.黄土区露天煤矿排土场复垦后土壤与植被的演变规律.农业工程学报，29（21）：223-232.

王丽艳，韩有志，张成梁，等.2011.不同植被恢复模式下煤矸石山复垦土壤性质及煤矸石风化物的变化特征.生态学报，31（21）：6429-6441.

王尚义，石瑛，牛俊杰，等.2013.煤矸石山不同植被恢复模式对土壤养分的影响——以山西省河东矿区1号煤矸石山为例.地理学报，68（3）：372-379.

王孝本，林玉利.2000.煤矿矸石山生态系统的演替.国土与自然资源研究，（1）：44-45.

韦冠俊.2001.矿山环境工程.北京：冶金工业出版社.

魏忠义，王秋兵.2009.大型煤矸石山植被重建的土壤限制性因子分析.水土保持研究，16（1）：179-182.

吴菲.2010.森林立地分类及质量评价研究综述.林业科技情报，42（1）：12，14.

许丽，樊金拴，汪季，等.2006.阜新矿区孙家湾矸石山阳坡物种多样性研究.水土保持研究，13（4）：246-249，252.

许丽，樊金拴，周心澄，等.2005.阜新市海州露天煤矿排土场植被自然恢复过程中物种多样性研究.干旱区资源与环境，19（6）：152-157.

闫钦运.2009.植被恢复对矸石山生态环境效应影响研究.能源环境保护，23（2）：19-21.

杨传兴.2007.阜新矿区矸石山植被土壤主要特征分析.防护林科技，（2）：8-9.

岳西杰.2011.黄土高原沟壑区不同地形部位和利用方式下土壤质量及其评价研究.杨凌：西北农林科技

大学硕士学位论文.

张成梁. 2008. 山西阳泉自然煤矸石山生境及植被构建技术研究. 北京：北京林业大学博士学位论文.

张红锋，郭健斌. 2012. 西藏林芝地区福建公园土壤肥力综合评价. 安徽农业科学，40（9）：5295-5297.

张建彪. 2011. 煤矸石山生态重建中的植被演替及其与土壤因子的相互作用. 太原：山西大学博士学位论文.

赵明鹏，张震斌. 2003. 阜新矿区矸石山灾害与防治. 辽宁工程技术大学学报，22（5）：711-713.

赵韵美. 2014. 阜新煤矿废弃地不同植被恢复模式对土壤养分的影响. 杨凌：西北农林科技大学硕士学位论文.

赵雨森. 2001. 半干旱退化草牧场造林立地类型划分、评价与适地适树研究. 中国生态农业学报，9（3）：31-34.

周家云，李发斌，朱创业. 2005. 四川省待复垦矿山分类及复垦对策研究. 金属矿山，（8）：63-66.

朱利东，林丽，付修根，等. 2001. 矿区生态重建. 成都理工学院学报，28（3）：312-317.

朱万才，李亚洲，李梦. 2011. 森林立地分类方法研究进展. 黑龙江生态工程职业学院学报，26（1）：243-245.

Abrabams P W. 2002. Soils：their implications to human health. The Science of the Total Environment，291：1-32.

Kimber A J，Pulford I D，Duncan H J. 1978. Chemical variation and vegetation distribution on a coal waste tip. Journal of Applied Ecology，15（2）：627-633.

Loizidous M，Haralambous K J，Sakellarides P O. 1991. Chemical Treatment of Sediments Contaminated with Heavy Metals. 8th Inter. Edinburgh：Conference of Heavy Metals in the Environment.

第三章　煤矿废弃地土壤重构

　　土壤重构，即重构土壤，是以工矿区破坏土地的土壤恢复或重建为目的，采取适当的采矿和重构技术工艺，应用工程措施及物理、化学、生物、生态措施，重新构造一个适宜的土壤剖面与土壤肥力条件以及稳定的地貌景观，在较短的时间内恢复和提高重构土壤的生产力，并改善重构土壤的环境质量。

　　土壤重构按照不同的方法可以分为不同的类型，常见的分类方法有以下两种：①按煤矿区土地破坏的成因和形式，可分为采煤沉陷地土壤重构、露天煤矿扰动区土壤重构和矿区固体污染废弃物堆弃地土壤重构3类。排土场土壤重构是露天煤矿土壤重构的主要内容。沉陷地土壤重构根据所采取的工程措施可分为充填重构与非充填重构。充填重构是利用土壤或矿山固体废弃物回填沉陷区至设计高程，主要类型有：煤矸石充填重构、粉煤灰充填重构与河湖淤泥充填重构等。非充填重构是根据当地自然条件和沉陷情况，因地制宜地采取整治措施，恢复利用沉陷破坏的土地。非充填复垦重构措施包括疏排法重构、挖深垫浅法重构、梯田法重构等方式。②按土壤重构过程的阶段性，可分为土壤剖面工程重构以及进一步的土壤培肥改良。而土壤剖面工程重构是在地貌景观重塑和地质剖面重构基础之上的表层土壤的层次与组分构造。土壤培肥改良措施一般是耕作措施和先锋作物与乔灌草种植措施。

　　土壤重构的方法因具体重构条件而异，不同采矿区域、不同采矿类型、不同采矿与复垦阶段的土壤重构方法各不相同。煤矿区土壤重构的一般方法包括地貌景观重塑、土壤剖面重构和土壤培肥改良。土壤重构的一般程序是：首先考虑的是地貌景观重塑，它是土壤重构的基础和保证；然后是表层土壤剖面层次重构，目的是构造适宜重构土壤发育的介质层次；最后是重构土壤培肥改良措施（主要是生物措施），促使重构介质快速发育，短期内达到一定的土壤生产力。特别是对于利用煤矸石等固体废弃物作为主要重构物料的土壤介质，只有采取适当的生物措施才能使重构物料逐步发育，从而具备土壤特性。

　　土壤重构方式依废弃地类型不同而异。沉陷地的土壤重构可采用直接利用法、修整法、疏排法、挖深垫浅法、充填法等方法；露天土壤重构一般要求对表土进行剥离和回填，以及地质剖面重构及地貌景观重塑；对少土区来说，表土的剥离与回填最为关键；在无土区，则需要对各扰动层次进行样品分析，选择合适层次的物料作为替代"土壤"覆盖于表层；黄土区土层深厚，对表土的剥离与回填要求不高，但需要采取有效的水土保持措施防止水土流失，恢复植被，重建生态。

　　为了方便，现就土壤重构的内容按照土地复垦与土壤改良两部分叙述如下。

第一节　煤矿废弃地土地复垦

　　土地复垦是指采用工程、生物等措施，对在生产建设过程中因挖损、塌陷、压占造成破坏、废弃的土地和自然灾害造成破坏、废弃的土地进行整治，使其恢复到可供利用状态的活动。煤矿废弃地复垦一向为世界发达国家重视，目前美国土地复垦率已达80%左右，其他发达国家平均达到65%，而我国煤炭企业土地复垦率仅为10%左右。因此，加大煤矿废弃地土地复垦对于增加土地的有效使用面积，恢复被破坏土地的生产力以及改善生态环境意义重大而迫切。

　　煤矿废弃地土地复垦，首先要结合土地损毁方式和特点，将土地损毁划分为挖损土地、塌陷土地、压占土地3种类型。再根据挖损对象、塌陷积水程度和地表压占物等将挖损土地分为露天采场、取土场；塌陷土地分为积水塌陷地、季节性积水塌陷地、非积水塌陷地；压占土地分为排土（岩）场、矸石山、工业场地。然后根据损毁土地的特点，结合矿区的气候条件、水资源和土壤条件、制约土地复垦的条件，确定不同土地损毁类型的复垦目标和重点、土地复垦工程模式和措施，以及土壤重构、植被重建、配套工程、监测与管护等工程的建设方式和建设特点。不同损毁类型的主要土地复垦工程内容见表3.1。

表 3.1　不同损毁土地类型土地复垦工程内容

损毁类型	复垦方向	土源类型	复垦措施		
			土壤重构	植被重建	配套工程
露天采场	平台可复垦为耕地、林草地；边坡可复垦为林草地；采坑可复垦为渔业用地	原土壤状况较好，可翻耕后直接用作覆土；若原土壤状况不好或被污染等，可用距离较近状况较好的客土作为覆土	表土剥离与回填，平整工程，坡面工程	平台种植农作物、栽植乔灌木和撒播草籽，边坡植种草和灌木	截排水沟，道路工程，沉砂池，消力池，陡坎
排土（岩）场	边坡宜复垦成林地或草地；平台宜复垦成耕地，可复垦成林地或草地	边坡覆盖薄层表土，或选择无土；平台应覆盖表土	表土剥离与回填，平整工程，梯田工程，土壤改良，土地翻耕	平台种植农作物、栽植乔灌木和撒播草籽，边坡植树、撒播草籽等	截排水沟，道路工程，集雨工程，边坡砌护，消力池，陡坎
积水塌陷地	大面积积水或深积水塌陷地可复垦为鱼池；塌陷程度小、坡度低可复垦为耕地；区位条件好的矿区可复垦为水域及公园等	通过挖深垫浅的方式就近客土	平整工程，削高填洼、挖深筑高，表土剥离与回填	农田防护林，栽植乔灌木和撒播草籽	疏排水工程，灌排工程，道路工程

续表

损毁类型	复垦方向	土源类型	复垦措施		
			土壤重构	植被重建	配套工程
季节性积水塌陷地	可将积水区域复垦为鱼池；塌陷程度小坡度低可复垦为耕地；塌陷坡度大、不易耕种的，宜复垦为林地草地等	通过削高补低的方式就近客土	煤矸石、粉煤灰、石料、淤泥和建筑垃圾等充填，表土剥离与回填，修筑梯田	农田防护林，栽植乔灌木和撒播草籽	疏排水工程，灌排工程，道路工程
非积水塌陷地	塌陷程度小坡度低宜复垦为耕地；塌陷坡度大、不易耕种的，宜复垦为林地；难以复垦的废弃地，利用其交通便利可复垦为建设用地；地表继续塌陷区可复垦为综合利用地等	填充后需覆盖表土	填堵陷坑及裂缝，平整土地，修筑水平梯田	栽植乔灌木和撒播草籽，农田防护林	塘坝、地堰、水平沟、鱼鳞坑、谷坊等工程，道路工程
矸石山	平台通过平整工程等措施可复垦为林地；边坡进行整形铺设生态植被毯等措施可复垦为草地	依据矸石山的风化程度和理化性质分为覆土与不覆土	表土剥离与覆盖，削坡开级，平整工程，基质改良	周边种植乔灌木防护带、平台与边坡栽植乔灌木	截排水沟，道路工程，灌溉工程，沉砂池，消力池，陡坎
工业场地	可保留为建设用地或适当用作耕地、林草地	若地面坡度小、原土壤状况较好，可翻耕后直接用作农用地；若原土壤状况不好，可用剥离的表土或用距离较近的客土	清理工程，土地翻耕，表土覆盖，基质改良，土壤修复与培肥、污染阻隔	种植农作物、栽植乔灌木和撒播草籽	灌排工程，水土保持工程，道路工程，监测管护工程

　　土地整理是煤矿废弃地复垦的重要内容之一。土地整理的目的主要是提高矸石山和排土场堆体及其坡面的稳定性，便于施工作业；同时通过微地形整理，增加天然降水地表径流的利用率，从而提高植物成活率。土地整理包括堆体和开挖坡体的地形整理两种方式。前者首先要对影响排水行洪、占压沟道或自身存在的稳定性隐患等，尤其是下游还存在村镇等重要设施的矸石堆体坡面进行清理、地形整理、拦挡加固等措施。对于坡面较陡、较长的堆体，在空间场地允许的情况下，一般可以通过放坡处理，同时设置分级平台提高堆体稳定性，便于植被恢复实施作业。堆体整理要因地制宜，与周边地形条件相融合，避免出现陡坡陡坎等地形。后者主要包括对土质、矸石、土石松散物不稳定陡坡进行放坡处理，对稳定坡面的危石、浮石进行清理，对一些坡面进行特殊工艺如挂网客土喷播、种植槽修砌等特殊的微地形整理。对不稳定陡坡的放坡处理可以通过对上部削坡或用部分渣体填坡或上挖下填来实现。

　　现按照煤矿废弃地类型就土地整理的工程体系、工程建设标准及主要的整理方法与技术作一概述。

一、采煤塌陷地复垦

我国煤炭以井工开采为主，其产量约占原煤产量的 92％。井工矿的开采不可避免造成采煤塌陷，因此，采煤塌陷地复垦是我国量大面广、难度最大的复垦工作。塌陷区土地复垦技术是根据不同的目的和用途对煤炭开采所引起的地表破坏、变形、沉落等地面塌陷区进行填垫复垦的技术措施。目前，我国已经形成了包括工程技术与生物技术在内的采煤塌陷地复垦技术体系。

工程复垦是主要以矿区的固体废渣作充填物料，将塌陷区填满推平覆土。它兼有掩埋矿区固体废弃物和复垦塌陷土地的双重效益，所以发展甚快，应予大力倡导。生物复垦指的是通过种植植物或者培养微生物以及放养动物，改变土壤结构和组分，从而达到修复改良土壤的目的。因此，生物复垦包括土壤改良技术和植物种类（品种）筛选技术两个内容，又分为植物修复改良、微生物修复改良和动物修复改良 3 种类型。由于生物复垦以恢复土壤的肥力与生长植物的能力，进一步建立生产力高、稳定性好、具有较好经济和生态效益的植被为最终目的，一般在工程复垦阶段结束之后进行。在矿区生态环境的修复与管理中，生物复垦法不仅效果好，而且还经济环保。

工程复垦技术按复垦形式可分为充填复垦和非充填复垦两类。其中，充填复垦根据所用充填材料不同又分为煤矸石充填复垦、粉煤灰充填复垦、湖泥沙泥充填复垦等。非充填复垦根据复垦设备、积水情况及地貌特征又分为泥浆泵复垦、拖式铲运机复垦、挖掘机复垦、土地平整、梯田式复垦、疏排复垦等。结合复垦土地的利用和土地破坏的形式、程度，常用的矿山工程复垦技术有煤矸石充填复垦技术、粉煤灰充填复垦技术、淤泥充填复垦技术、挖深垫浅复垦技术、疏排法复垦技术、采矿与复垦相结合的技术、梯田法复垦技术、综合治理技术、土地平整技术、建筑复垦技术、露天矿复垦技术及塌陷水域的开发利用等。

（一）充填复垦工程与技术

充填复垦一般是利用土壤和容易得到的矿区固体废弃物，如煤矸石、坑口和电厂的粉煤灰、露天矿排放的剥离物、尾矿渣、垃圾、沙泥、湖泥、水库库泥和江河污泥等来充填采矿沉陷地，恢复到设计地面高程来综合利用土地。但一般情况下很难得到足够数量的土壤，而多利用矿山固体废弃物来充填，然后覆盖土壤，这既处理了废弃物，又治理了沉陷破坏的土地。充填复垦的应用条件是有足够的充填材料且充填材料无污染或可经济有效地采取污染防治措施。

按主要充填物料的不同，充填复垦土地综合利用技术的主要类型有煤矸石充填、粉煤灰充填、河湖淤泥充填与尾矿渣充填等土地综合利用技术等。其优点是既解决了沉陷地的复垦问题，又进行了矿山固体废弃物的处理，经济环境效益显著。缺点是土壤生产力一般不是很高，并可能造成二次污染。

1. 煤矸石充填复垦技术

矸石充填塌陷坑是以各种煤矸石为基本充填材料，具体技术可分 3 种情况。

1）排矸石充填复垦技术。应用矿井生产排矸系统将新产生的煤矸石直接排入塌陷区，推平覆土形成土地。所用运矸设备主要有标准规距火车、架线机车、蓄电瓶车以及自卸汽车等。

2）预排矸石充填复垦技术。在建井过程和生产初期，在采区上方预计地表将发生下沉的地区，取出一定量表土堆放于周围，按预计的下沉等值线图利用生产排矸设备向该地区排放矸石，待到下沉停止，矸石充填到预定水平后，即可将原先堆放在四周的表土推到矸石层上覆土成田。

3）老矸石山充填复垦技术。利用已有的老矸石山堆存的矸石充填塌陷区以实现复垦，此时一般采用汽车运输。该法回填灵活，但成本较高，通常多用于填垫建筑场地或路基。

煤矸石充填复垦技术是近年来大力提倡的一种矿井排矸方式，也是一种重要的复垦形式，其工艺过程如图 3.1 所示。

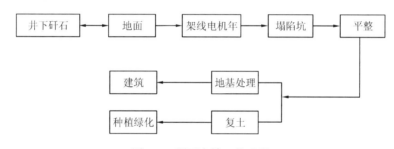

图 3.1　矸石充填工艺过程

根据矸石充填塌陷坑后土地利用情况不同，对充填工艺的要求往往也不同。

（1）矸石充填方法

矸石充填方法可分为全厚充填法和分层充填法。

1）全厚充填法就是一次将塌陷坑用矸石回填至设计标高（图 3.2）。由于全厚充填法施工方法简单，适用性强而广泛被利用。使用这种方法恢复的土地可以用于农林种植，稍作地基处理可建低层建筑，经强夯处理可建高层建筑。

充填标高 H 按式（3.1）确定（图 3.3）。

$$H = H_0 + \Delta h \tag{3.1}$$

式中，H_0 设计充填沉降后的标高；Δh 为充填后的沉降量；Δh 由式（3.2）或式（3.3）确定。

$$\Delta h = \left(\frac{\gamma}{\gamma_0} - 1 \right) h \tag{3.2}$$

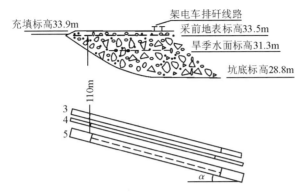

图 3.2 全厚充填法示例

$$\Delta h = \left(\frac{e_1}{e_2 + 1} - 1 \right) h \tag{3.3}$$

式（3.2）和式（3.3）中，γ 为矸石压实后实际达到的密度；γ_0 为压实前矸石密度；h 为充填高度（图 3.3）；e_1 为矸石压实前的孔隙比；e_2 为矸石压实后的孔隙比。孔隙比等于孔隙体积与矸石颗粒体积之比。

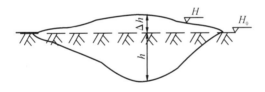

图 3.3 矸石充填标高计算示意图

矸石全厚充填法回填塌陷区常有两种运输方法：一是铁路运输；二是汽车运输。无论采取哪种运输方式，通常是将轨道或汽车运输的道路沿长度方向布置，这种布置方法的优点是轨道移动次数少，倾倒方便，材料消耗少。

2）分层充填法就是为了达到预期的充填复垦效果，以一定的充填厚度逐次将塌陷区回填至设计标高。将塌陷地改造为建筑用地常用这种充填方法。

分层充填厚度与矸石的颗粒级配、含水量、压实要求、压实设备、压实趟数等有关。分层厚度的确定可以用理论计算的办法，也可根据经验确定，但压实后都必须通过现场测试加以检验。

分层充填法有边缘充填法、条带充填法等形式，其工艺要点是分层充填，分层碾压。

（2）矸石充填的一般工作过程

1）充填工艺设计。包括施工场地勘测、充填方法的确定、施工过程的监测设计、充填后土地利用方向的考虑等。

2）施工场地准备。包括排除积水、清理杂物、铺设道路等工作。

3）充填—平整—压实—充填—平整。

4）监测。监测的目的是为调整充填方法提供依据。

5）交付使用。

2. 粉煤灰充填复垦技术

该项技术的工艺方法是先在计划复垦的塌陷区内修筑起储灰场，利用管道将电厂粉煤灰经水力输送到储灰场，当储灰场所沉积的粉煤灰达到设计标高后停止充灰，将水排尽，然后覆盖厚度大于 0.3m 的泥土而形成田地。

我国大型火力电厂多在煤矿区，如淮北电厂是安徽省最大的火力电厂，位于淮北矿区。燃煤发电过程中要排放大量的灰渣，通常的做法是修筑山谷或平原型储灰场，但需要征用大量的土地，同时，对周围环境污染严重。利用电厂灰渣充填塌陷坑复垦既可解决电厂灰场征地难的问题，又可解决煤矿塌陷地复垦问题，同时还能取得较好的经济效益。粉煤灰充填复垦工艺过程见图 3.4。

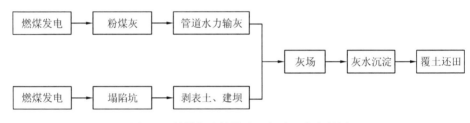

图 3.4　粉煤灰充填塌陷区复垦工艺流程图

塌陷区用作储灰场通常有两种情况：一是稳定塌陷区用作灰场，可称为静态塌陷区灰场，二是不稳定塌陷区用作灰场称为动态塌陷区灰场。静态塌陷区灰场与平原型洼地灰场基本相似，无特殊技术要求。下面重点介绍动态塌陷区充填复垦的技术关键和充灰覆盖技术。

（1）技术关键

1）向动态塌陷区排灰，灰水是否会溃入井下影响生产安全。此问题可通过"三带"高度预测来论证。

2）灰场建筑物和附属设施能否适应地表移动和变形。此问题需预计地表移动变形值，将预计值与灰场建筑物的允许变形值比较来分析技术可行性。

（2）灰场规划设计原则

塌陷区灰场设计，目前尚无技术规程。根据以往的经验、一般灰场技术规程和煤矿开采的特点，储灰场规划设计时一般应考虑下述主要问题。

1）灰场容量。总容量应能存放电厂 10～20 年按装机容量计算的灰渣量，一般排灰量为 $1m^3/kW$。储灰场可分期建设，初期容量以能存放 5～7 年的灰渣量为宜。灰场的一个区为 30～50hm²，库容量要求 $1×10^6$～$2×10^6 m^3$，可供电厂运行 2 年左右。所以灰场的一个区通常可选择一、两个采区范围内的塌陷坑，且以井下煤柱在地面上的投影为灰场的界线。

2）灰场边界和输水管线等构筑物的位置以及灰场区域内的防洪排涝问题。尽量将边界和构筑物的位置设于相对稳定的地带。

3）出灰口和排水口位置及输灰水设备。出灰口和排水口位置的选择应考虑设计灰场库容量的发挥以及灰场的运行管理等因素。输灰水设备的选择应便于安装和拆卸，同时能适应变形。

4）灰场建设时机。最佳施工期为征地迁村完毕、地下采煤已开始、地表刚开始塌陷时。这时地下水位位于表土以下，便于使用大型铲运机械或组织人工，进行表土剥离、取土筑堤，并储存覆盖土源。

（3）充灰和覆盖技术

1）灰管适应地表变形技术措施。

根据对灰管影响的大小，地表移动和变形依次分为下沉、水平移动和变形、倾斜和曲率等。为克服这些移动和变形的影响，灰管通常需采取以下保护措施：①适当增加伸缩节，吸收地表变形对管道的拉伸和压缩。②采用卡箍式柔性管接头，代替法兰盘和伸缩节，管道设计中取消固定支座。③释放应力。在多煤层开采时，管道将受到多次变形，为了不叠加各煤层开采后管子上的附加应力，可以在开采一层以后，开采下一层之前，将管子切断，释放应力后再接上。④制定运行规程，进行变形监测，适时进行维护调整。

2）灰场取土、扩容和覆盖技术措施。

取土方法有预先取土法、水下取土法和循环取土法。预先取土法是指在地表未塌陷或塌陷初期事先取出表土筑坝或堆存；水下取土法是在塌陷积水地段用挖泥船取土覆盖灰场；循环取土法是指覆盖灰场第一区所用表土取自第二区，覆盖第二区所用表土取自第三区，如此循环进行。

覆土与不覆土以及覆土厚度的确定问题取决于复垦后土地用途及粉煤灰的理化特性。

3. 露天矿山采空区充填复垦技术

按照排土方式不同，露天矿山采空区复垦可分为采用外排土方式时的充填复垦和采用内排土方式时的充填复垦。

（1）采用外排土方式时的充填复垦

外排土方式是指将所采矿床的上覆岩土剥离后运送到采空区以外预先划定的排土场地堆存起来。采用外排土方式时采空区可以用地下开采排放的矸石、电厂粉煤灰或其他固体废弃物充填复垦，也可将排土场的岩土重新运回充填。若用排土场岩土回填，一般在排土时就应根据岩土的理化特性采取分别堆放措施，回填时先石后土；大块岩石在下，小块岩石在上；酸碱性岩石在下，中性岩石在上；不易风化的岩石在下，易风化的岩石在上；贫瘠的岩石在下，肥沃的土壤在上。

（2）采用内排土方式时的充填复垦

所谓内排土方式，是将剥离的岩土直接回填在露天开采境界内的已采区域中。此时，采空区充填复垦就成为回采的一道工序，由于岩土运距短，排土又不需占用专门的场地，复垦费用可大大降低。为保证岩土的剥离、回填与采矿工程之间互不干扰，应合理布置回填块段、回采块段和剥离段之间的顺序。

4. 河、湖淤泥充填复垦技术

靠近河道湖泊的一些煤矿，可利用河、湖淤泥充填塌陷区进行复垦。实施方法是先将矿井矸石或其他固体废弃物排入塌陷区充填底部，再取河、湖水下淤泥，经管道水力输送到复垦区，使之覆盖于煤矸石上，待泥干后用推土机整后改良土壤，完善排灌系统，经绿化种植之后还田。这种处置方法既疏浚了河道湖泊，又复垦了塌陷破坏的土地，而且土壤肥力也较好，适于耕种。

（二）非充填复垦工程与技术

非充填复垦技术包括：直接利用法、修整法、疏排法、梯田法、挖深垫浅法。

1. 直接利用法

积水区直接利用法。对于大面积的沉陷积水或积水很深的水域，且未稳定沉陷地或暂难复垦的沉陷地，常根据沉陷地现状因地制宜地直接加以利用，如网箱养鱼、养鸭、种植浅水藕或耐湿作物等。

未稳定沉陷区的直接利用法。对于采矿初期地面受影响较小的沉陷地，除居民点用地外，可以按照原用途继续使用。对于还未稳定的塌陷区域，应略比周围地面高出 5~10cm，待其稳定沉实后可与周围田面基本齐平；在充填裂缝距地表1m 左右时，每隔 0.3m 左右分层应用木杠或夯石分层捣实，直至与地面平齐。大面积未稳定沉陷地，且地表无积水的，在有监测保障条件下，可继续按原用途使用；对于暂难复垦的沉陷地，潜水位在种植临界水位以下，地表无积水的待复垦沉陷地、矸石山、采矿迹地等，可直接用于林业、牧草或野生用途。

直接利用法特点：复垦成本低、提高了生态多样性、二次污染小等；缺点：土地利用粗放、经济效益低、恢复期长等。

2. 修整法

包括对矸石山整形，对于裂缝地利用裂缝周边或者裂缝上坡方向的土壤采用人工方法充填裂缝，对于塌陷稳定地进行平整等。

矸石山整修法。矸石山是煤矿开采过程中排弃矸石堆砌的结果，在直接利用复垦时往往存在滑坡、坍塌等危害，需要对其进行整形处理。整形方式有：梯田式或者螺旋式、微台阶式等形式。

土地平整与梯田整修法。不积水沉陷区、积水沉陷区的边坡地带、井工矿矸石山、露天矿剥离物堆放场，均可采用平整土地、改造成梯田或梯田绿化带的方法复垦。

　　土地平整技术主要适用于中低潜水位塌陷地的非充填复垦、高潜水位塌陷地充填法复垦、与疏排法配合用于高潜水位塌陷地非充填复垦、煤矿固体废弃物堆放场的平整以及建筑复垦场地的平整等，以消除附加坡度、地表裂缝以及波浪状下沉等破坏特征土地利用的影响。并结合煤炭开采特点和土地资源特点，因地制宜，灵活运用。对于非稳定的塌陷耕地使用阶段性治理措施，仅以充填裂缝为主，待塌陷稳定后再进行土地统一治理。对于地处黄土台塬起伏不平不便耕种的塌陷地通过就地平整法进行挖补平整。

　　土地平整技术基本要求如下：①土地平整要与沟、渠、路、田、林、井等统一考虑，避免挖了又填，填了又挖的现象。②平整范围以条田内部一条毛渠所控制的面积为一个平整单位。例如，地形起伏大，还可将毛渠控制面积分为几个平整区。③地面平整度必须符合规定要求。一般情况下，田面纵坡方向设计与自然坡降一致，田面横向不设计坡度，纵坡斜面上局部起伏高差和畦田的横向两边高差一般均不大于 3～5cm 为宜。对于水田，格田内绝对高差不宜超过 5～7cm。要达到上述要求，格田大小应按地形坡度而定，其边宽或长度可按式（3.4）计算。

$$L=\frac{\Delta H}{i} \tag{3.4}$$

式中，L 为格田长或宽（m）；i 为自然坡度；ΔH 为格田允许高差（m）。

　　土地平整的方法和步骤如下。

　　（1）地形测量

　　地形测量通常采用方格网法。一般采用 20m×20m、50m×50m 方格。地形测量得到方格网点高程及主要地物的位置（如道路、沟渠、涵洞等）。

　　（2）土地平整后标高与坡度设计

　　土地平整后标高应满足作物生长要求或建（构）筑物的要求。对于农田，其平整后标高 H 应满足式（3.5）。

$$H\geqslant H_t=H_p+h \tag{3.5}$$

式中，H_t 为农田应达到的最低标高；H_p 为潜水位标高；h 为地下水临界深度。

　　h 与土质、地下水矿化度、作物种类等因素有关。表 3.2 是北方地区通常采用的地下水临界埋深值。

表 3.2　北方地区采用的地下水临界埋深值表

矿化度/(g/l)	土壤质地/m		
	砂壤	壤土	黏土
<2	1.8～2.1	1.5～1.7	1.0～1.2
2～5	2.1～2.3	1.7～1.9	1.1～1.3
5～10	2.3～2.6	1.8～2.0	1.2～1.4
>10	2.6～2.8	2.0～2.2	1.3～1.5

（3）土地平整计算

土地平整计算包括：土方量最小的平整面参数的计算；方格网点施工高度的计算；计算零位线；计算挖填土方量；根据计算结果，绘制土地平整施工图，在图上勾绘出填挖范围，运土方向和搬运的土方量等。

（4）土地平整工程施工

施工方法正确与否，直接影响复垦质量。对地面高差不大的田块，可结合耕种，有计划地移高垫低，逐年达到平整。对于需要深挖高填的地块，可采用人工或机械的方法平整。人工施工常采用倒槽施工工艺，即将待平整土地分成 2～5m 宽的若干条带，依次逐带先将熟土翻在一侧，然后挖去沟内多余的生土，按施工图运至预定填方部位。填方部位也要先将熟土翻到另一侧，填土达到一定高度后，再把熟土平铺在生土上。机械法施工时常用的机械有推土机、铲土机、平地机等，施工工艺有分段取土、抽槽取土、过渡推土等，按填土顺序又分为前进式和后退式，选用哪种工艺方法应结合所用机械类型和实际地形而定，且应尽可能避免机械碾压造成的土壤板结现象或采取相应的措施，如用平整后的耕翻来解决土壤板结问题。

3. 疏排法

疏排法复垦是通过开挖沟渠、疏浚水系，将塌陷区积水引入附近的河流、湖泊或设泵站强行排除积水，使采煤沉陷地的积水排干，再加以必要的地表整修，使采煤沉陷地不再积水并得以恢复利用。该方法适于对大面积的沉陷地和塌陷后地表大部分仍高于附近河、湖水面的塌陷区进行复垦。是高潜水位矿区大范围恢复塌陷土地农业耕作的有效办法。地下开采沉陷引起地表积水可分成两种情况，见图 3.5。图 3.5（a）是外河洪水位高出塌陷后地表标高的情形，这种情况下，若不采取充填法复垦，必须采用强排法排除塌陷坑积水或采用挖深垫浅的方法抬高部分农田标高方可耕种。图 3.5（b）为外河洪水位标高低于塌陷后农田标高的情况，这种情况下，可在塌陷区内建立合理的疏排系统，通过自排方式排除地表积水，但在 $H_s - H_p < h$（h 为地下水临界深度）时，除建立疏排系统外，还必须采取开挖降渍沟降低地下水位 H_p，这样才能保证作物正常生长。

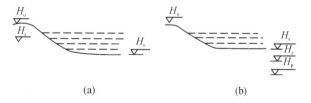

(a)　　　　　　　　　　　　　　(b)

图 3.5　塌陷区积水示意图

$a - H_r > H_t$；$b - H_r \leqslant H_s$；H_o 为原地表标高；H_s 为塌陷后地表标高；

H_r 为外河洪水位标高；H_p 为潜水位标高

　　该方法优点是不仅能使大部分塌陷地恢复成可耕地，而且也能使村庄和其他建筑物周围不再积水，避免了不必要的搬迁，同时也保护了生态环境；工程量小，投资少见效快，且不改变土地原用途等，但需对配套的水利设施进行长期有效的管理以防洪涝、保证沉地的持续利用。

　　无论是自排还是强排，都必须进行排水系统设计，而排水系统在露天矿以及其他类型复垦区域也起着十分重要的作用。

　　（1）排水系统组成

　　塌陷区疏排法复垦，重点需要防洪、除涝和降渍。所谓防洪就是要防止外围未受塌陷地段或山洪汇入塌陷低洼地；除涝就是要排除塌陷低洼地的积水；降渍则是在排除积水之后开挖降渍沟使潜水位下降至临界深度以下。为此疏排法复垦的排水系统设计包括防洪、除涝和降渍系统。

　　（2）排水系统设计

　　a. 防洪系统

　　1）整修堤坝。矿区在较大水体下采煤常常导致河湖堤塌陷。堤坝整修既是复垦的需要，也是保证矿山生产安全的需要。堤坝整修一方面要加高并扩宽堤顶；另一方面还要注意堤坝因塌陷而产生的裂缝，因为这些裂缝经水浪冲蚀，会成为堤坝崩溃的隐患。

　　整修后堤顶高程一般按式（3.6）计算。

$$H_d = H_f + h_1 + h_2 \tag{3.6}$$

式中，H_d 为堤顶高程；H_f 为洪水位；h_1 为波浪爬高；h_2 为安全超高；$(h_1 + h_2)$ 常取 1.5~2.0m。

　　2）分洪。分洪就是将治理区以外的洪水通过治理区以外的沟道汇入承泄区，实际上是一种减少治理区排水沟汇水面积的一种方法。许多矿山为保证生产安全，在开采之初就已在其井田边界四周开挖了防洪沟道，这些防洪沟道若在采煤塌陷后及时整修疏浚，就可起到很好的分洪作用。

　　b. 除涝系统

　　1）分片排涝，高水高排，低水低排。通过高水高排可以减少强排面积，提高排水效益。

　　2）排蓄结合，排灌结合。在治理地势总体平坦，局部特别低洼地时，可将低洼段改造成蓄水池，或将低洼段用挖深垫浅法复垦，挖出的鱼塘实际也起蓄水作用。排水沟也可分段设闸，丰水季节开闸排水，枯水季节关闸蓄水，蓄水可用于灌溉。

　　3）力争自排、辅以强排。自排与强排方式的选择取决于塌陷区的地形、外围承泄区水位以及地面建（构）筑物分布等因素。选择的原则是技术可行、经济合理与实施可能。

　　关于除涝系统中排水沟道、强排时翻水站的设计计算，可参看有关水文水利计算书籍。

　　c. 降渍系统

　　设置降渍系统是为保证土壤有适宜的含水率并防止土壤盐碱化。降渍工程实际上是为了控制地下潜水位，有明沟排水、暗沟排水和竖井排水等方法。通常使用的方法是明沟排水，其对地下水位的控制作用如图 3.6 所示，即在无降渍沟的情况下，当有降雨等水源补给地下水时，地下水位上升，而开挖降渍沟后，地下水侧向渗透流入降渍沟使地下水回落，因而起到降低地下水位的作用。

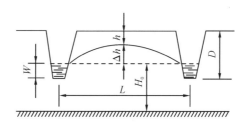

图 3.6　排水沟的降渍作用示意图

　　排水沟的深度 D 可按式（3.7）确定。

$$D=h+\Delta h+W \tag{3.7}$$

式中，h 为作物要求的地下水埋深；Δh 为两沟之间的中心点地下水位降至 h 时，地下水位与排水沟水位之差，其大小取决于排水沟间距和土质，一般不小于 $0.2\sim0.3\text{m}$；W 为排水沟水深。

　　排水沟的间距一般通过试验或经验的方法确定，也可用公式计算。式（3.8）为隔水层位于有限深度时恒定流计算排水式沟间距的公式。

$$L=\sqrt{\frac{4K(\Delta h^2+2H_0\Delta h)}{\varepsilon}} \tag{3.8}$$

式中，Δh 为地下水位上升高度（m）；L 为排水沟间距（m）；K 为土壤渗透系数（m/d）；H_0 为沟内水位至隔水层的距离（m）；ε 为降雨入渗强度（m/d）。

　　所谓恒定流是指雨季长期降雨时，降雨入渗补给地下水的水量与排水沟出水量相等的情况，这时地下水位趋于稳定，而不随时间变化。非恒定流计算公式和隔水层位于无限深度时，排水沟间距的计算公式可参看有关文献。

　　4. 梯田法

　　梯田式复垦适用于地处丘陵山区的塌陷盆地或中低潜水位矿区开采沉陷后地表坡度较大的情况下。对潜水位较低的塌陷区或积水塌陷区的边坡地带，可根据情况采用平整土地和改造成梯田的方法予以复垦。我国山西大部分矿区以及河南、山东等地的一些矿区不少塌陷地可采用此法复垦，利用此法复垦可解决充填法复垦充填料来源不足的问题。梯田的水平宽度与梯次高度应根据地面坡度的陡缓、土层厚薄、工程量大小、种植作物的品种、耕作的机械化程度等因素综合考虑予以确定。田面坡度的大小和坡向，要以"不冲不淤"为原则，根据原始坡度大小，有无灌溉条件，复垦土地用途以及排洪蓄水能力来决定。

（1）梯田设计

a. 梯田断面三要素

梯田断面如图 3.7 所示。田面宽、田坎高和田块侧坡（分内侧坡和外侧坡）是梯田断面的三要素。梯田设计就是要根据塌陷后地形及土质条件与耕作要求等确定断面要素。断面要素设计合理，既可保证边坡稳定、耕作灌溉方便，同时又节省用地、用工，提高土地的利用率。

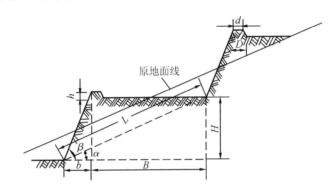

图 3.7　梯田断面示意图

L 为斜坡距离（m）；B 为田面宽度（m）；b 为田坎占地宽（m）；D 为地埂底宽（m）；

d 为地埂顶宽（m）；H 为田坎高（m）；h 为地埂高（m）；α 为地面坡度（°）；β 为田坎侧坡（°）

b. 断面要素间的相互关系与断面要素计算

梯田宽的确定综合考虑塌陷后的地形坡度、土层厚度、农业机械化程度和复垦后土地利用方向等因素。在地形坡度小于 5° 的情况下，田面宽选在 30m 左右为宜；10° 以上丘陵陡坡田面宽以不少于 8m 为宜，最小不小于 2m。

田坎高度与田面宽和塌陷后地形坡度等因素有关。在坡度一定的情况下，田面宽越大，田坎越高，反之田坎越低。田坎太高，修筑困难且易塌损。因而需根据土质情况、坡度大小等来选择田坎高，一般田坎高在 0.9～1.8m 为宜。

田坎侧坡越缓，安全性越好，但占地、用工量大；反之田坎侧坡较陡，占地和用工量减小，但安全性差。因此田坎侧坡的稳定，以能使田坎稳定而少占耕地为原则。边坡大小与田坎高度和筑埂材料有关，壤土取 1∶0.3～1∶0.4，沙土取 1∶0.5。

田面宽（B）、田坎高（H）和田坎侧坡（β）之间的关系可用式（3.9）表示。

$$B = H(\text{arctan}\alpha - \text{arctan}\beta) \tag{3.9}$$

田坎占地宽 b 用式（3.10）计算。因此可得到田坎占地百分数 c，见式（3.11）。

$$b = H \arctan\beta \tag{3.10}$$

$$c = \frac{b+D}{b+B} \times 100\% \tag{3.11}$$

由式（3.9）～式（3.11）可知，当地形坡度 $\alpha = 5°$，田坎侧坡取 1∶0.3，田坎高度 1m 时，田面宽为 11.1m。当 D 取 0.4m，b 取 0.3 时，田坎占地百分数为 6.1%。

c. 修筑梯田时土方量的估算

在坡度变化不大，挖填土方量大致相等时，每亩梯田的土方量可用式（3.12）估算。

$$V = SL = \frac{HB}{8} \times \frac{666.67}{B} = 83.3H \tag{3.12}$$

式中，V 为每亩梯田土方量（m³）；S 为梯田挖方或填方的断面积（m²），当挖填相等时，$S = \frac{HB}{8}$；L 为每亩梯田的田亩长度（m），$L = \frac{666.67}{B}$；H 为田坎高（m）。

由式（3.12）可知，土方量是田坎高的函数。田坎越高，挖填土方量越大。

（2）梯田施工

为保证梯田施工质量，在施工前需在实地测量定线。测量定线的内容包括确定各台梯田的埂坎线以及在每台梯田上定出挖填分界线。测量定线的依据是梯田施工设计图。

梯田施工主要包括表土处理、平整底土和田坎修筑等几个环节。施工顺序是清除地面障碍物、表土处理、平整底土、田坎修筑、回铺表土。

表土处理和底土平整常用中间堆土法、逐级下翻法和条带法等施工方法。中间堆土法适用于坡度大、田面窄的梯田施工。其主要工序包括堆积耕层土于设计的两田埂中间、垫底底层土及覆盖表土 3 个步骤。逐级下翻法适用于坡陡田面窄的梯田。该法自下而上修筑梯田，上一级梯田的表土作为下一级梯田的覆盖土源，最下一级梯田的表土首先堆存起来，或作为最上一级梯田覆盖土源或它用。条带法适用于坡缓田面宽的梯田修筑。该法施工顺序为间隔条带剥离堆放表土，再进行底土平整，待底土平整完后将第 2、4 条带堆存的表土覆盖于 1、3、5 条带上，依同样的方法可修筑第 2、4、6…条带。

田坎修筑是保证梯田稳固的关键，一般应采取夯实等加固措施。

5. 挖深垫浅法

挖深垫浅技术是将造地与挖塘相结合，即用挖掘机械（如挖掘机、推土机、水力挖塘机组等），将沉陷深的区域继续挖深（"挖深区"），形成水（鱼）塘，取出的土充填至沉陷浅的区域形成陆地（"垫浅区"），达到水陆并举的利用目标。

水塘除可用来进行水产养殖外，也可视当地实际情况改造成水库、蓄水池或水上公园等，陆地可作为农业种植或建筑等。

依据复垦设备的不同，挖深垫浅技术可以细分为①泥浆泵复垦技术。②拖式铲运机复垦技术。③挖掘机复垦技术（依据运输工具不同又可分为挖掘机＋卡车复垦技术、挖掘机＋四轮翻斗车复垦）。④推土机复垦技术。由于推土机多用于平整土地往往与其他机械设备联合使用，因此，从复垦设备区分主要是前3种。

挖深垫浅法应用于沉陷较深，有积水的高、中潜水位地区，同时，应满足挖出的土方量大小或等于充填所需土方量，且水质适宜于水产养殖。优点是投资小，成本低，操作简单，适用面广，经济效益高，生态效益显著等，但对土壤的扰动大，处理不好会导致复垦土壤条件差。

（三）塌陷地复垦工程与技术标准

1. 非积水塌陷地

（1）复垦措施

1）对于轻度塌陷、地表凹凸不平、起伏较小且面积较大的地块，采取划方整平，削高填洼的方法平整土地。对于地面坡度较大的可因地制宜修筑梯田。

2）对于塌陷较深，地表无积水的地块，应先将表土剥离，再以煤矸石等材料填充凹陷处，覆盖表土，恢复至与周边地表一致的高度。

3）对于复垦为耕地、园地、林地、草地等对土壤肥力要求较高的情况下，可采用绿肥、有机肥、微生物技术和化肥改善土壤的理化特性，增加土壤肥力。

4）复垦为林地时，应根据塌陷程度、地面坡度等选择适宜的树种营造水土保持林。对于复垦工程立体性较强的塌陷地，田坎或坡面可采取铺植草皮，或栽植经济草丛、灌木等措施护坡。复垦为耕地时应进行农田防护林布设。

5）合理布设道路体系，复垦为耕地时应充分利用已有的水源，布设完善的灌溉排水系统。

6）在丘陵地区，应修建塘坝、地堰、水平沟、鱼鳞坑、谷坊等工程，提高拦蓄地表径流能力。

（2）建设标准

a. 地貌重塑工程

1）平原区复垦为耕地时，地面坡度应不超过15°，田面高差应控制在±5cm以内；复垦为园地、林地、草地时，坡度应不超过25°。丘陵区复垦为耕地时坡度应不超过25°，田面高差应控制在±10cm以内；复垦为园地、林地、草地时坡度应不超过35°。

2）田块规模应因地制宜，较平坦区域田面长度宜为200～500m，宽度宜为100～200m；修筑为梯田时，梯田田面长度宜为100～200m，宽度宜为20～

50m，丘陵区梯田化率应不低于 90％。

　　b. 土壤重构工程

　　1）复垦为耕地、园地时，有效土层厚度应大于 60cm；复垦为林地、草地时，有效土层厚度应大于 30cm。对用煤矸石或粉煤灰充填复垦为耕地、园地的地块，其表土覆盖厚度应不低于 80cm；复垦为林地、草地的地块，其表土覆盖厚度应不低于 50cm。

　　2）复垦土壤质量应满足《土地复垦质量控制标准》(TD/T1036—2013) 的要求。复垦为耕地时，覆盖土壤 pH 应控制在 5.5～8.5，电导率应不大于 2dS/m，有机质含量应不小于 1.5％。

　　3）充填物料（煤矸石、粉煤灰等）应满足国家有关环境标准，视其性质、种类应做不同程度的防渗、防污染处置，必要时设衬垫隔离层。

　　c. 植被重建工程

　　1）复垦为林地时，应满足《造林作业设计规程》(LY/T1607—2003) 的要求。成活率应达到 90％以上，定植密度应大于 2000 株/hm²，3 年以后郁闭度应达到 0.30～0.40。立地条件好的地区郁闭度应达到 0.50，立地条件差的地区郁闭度应达到 0.30。

　　2）复垦为草地时，应满足《人工草地建设技术规程》(NY/T1342—2007) 的要求。覆盖度应达到 30％～40％，立地条件好的地区应达到 50％，立地条件差的地区应达到 30％。

　　3）农田防护林建设应满足当地土地开发整理工程建设标准的要求，受防护的农田面积占建设区面积的比例应不低于 90％。

　　d. 设施配套工程

　　1）复垦为耕地时，灌溉水质、灌溉与排水工程应满足露天采矿场建设标准的要求。

　　2）道路工程的宽度及纵坡应满足露天采矿场建设标准的要求。道路修建宜采用煤矸石为路基材料。在未稳沉地区，路基与路床之间应添加一层 0.3m 稳沉砂。在未稳沉的塌陷区，田间道路面不宜采用硬化路面。

　　3）电力工程建设和塘坝等水土保持工程应满足露天采矿场建设标准的要求。

　　2. 季节性积水塌陷地

　　(1) 复垦措施

　　1）对于起伏较大的季节性积水区，应根据塌陷后地形起伏或倾斜情况，通过削高填洼的方式可改造为水平梯田等。对于起伏较小的季节性积水区，可因地制宜，适当整形后直接复垦利用。

　　2）用煤矸石、粉煤灰、石料、淤泥和建筑垃圾等对塌陷低洼处及裂缝进行填充，上覆一定厚度土壤，恢复地表到可利用状态。

3）优先选择具有固氮作用、生长迅速、耐干旱瘠薄、抗污染能力强的植物品种进行植被恢复。复垦为耕地时应进行农田防护林建设。对于复垦为林地的可采用乔木与灌木混交、深根性与浅根性树种混交的方式进行造林。不稳定季节性积水塌陷地可实施水土保持与种草措施并举。

4）合理布设道路体系，复垦为耕地时应充分利用原有的水源，布设完善的灌溉排水系统。

5）因地制宜修建塘坝、地堰等工程，提高拦蓄地表径流能力，发展灌溉水源。

（2）建设标准

a. 地貌重塑工程

1）复垦为耕地时，地面坡度应不超过 15°，田面高差应控制在 ±5cm 以内；复垦为园地、林地、草地时，坡度应不超过 25°。

2）田块规模、梯田化率可参照非积水塌陷地建设标准的要求执行。

b. 土壤重构工程

同非积水塌陷地土壤重物工程。

c. 植被重建工程

同非积水塌陷地植被重建工程。

d. 设施配套工程

1）复垦为耕地时，灌溉水质、灌溉与排水工程应满足露天采矿场建设标准的要求。塌陷地平整后的高程应高于常年涝水位 0.2m 以上；地下水位较高的耕地，田面设计高程应高于常年地下水位 0.8m 以上等。

2）道路、电力和塘坝等水土保持工程建设同非积水塌陷地，应满足露天采矿场建设标准的要求。

3. 积水塌陷地

（1）复垦措施

1）对于重度塌陷的常年积水区，复垦时通过挖深垫浅的方法，复垦为养殖水面或人工湖等。

2）对于浅塌陷地，稳定常年积水，经过适当整形后可营造水土保持林或种植水生植物。

3）结合塌陷后的地形，因地制宜修建塘坝、地堰等工程，提高拦蓄地表径流能力。

4）合理布设道路体系，进行防洪和排水系统工程建设。

（2）建设标准

a. 地貌重塑工程

1）挖深垫浅复垦为渔业时，塘（池）面积和深度应适中，一般以面积

0.3～0.7hm²，深度 2.5～3m 为宜。渔业水质符合《渔业水质标准》（GB11607－89）。

2）营造水土保持林时，复垦为林地、草地的坡度应不超过 25°。

b. 土壤重构工程

1）营造水土保持林，复垦为林地、草地时，有效土层厚度应大于 30cm。

2）土壤质量应满足《土地复垦质量控制标准》（TD/T1036—2013）的要求。复垦为林地时，有效土层厚度应大于 30cm，pH 应控制在 6.0～8.5，有机质含量应大于 1%。

c. 植被重建工程

1）复垦为林地时，应满足《造林作业设计规程》（LY/T1607—2003）的要求。成活率应达到 90% 以上，定植密度应大于 3750 株/hm²，3 年以后郁闭度应达到 0.25～0.50。

2）复垦为草地时，应满足《人工草地建设技术规程》（NY/T1342—2007）的要求，覆盖度应达到 20%～50%。

d. 设施配套工程

1）塌陷地平整后的高程应高于常年涝水位 0.2m 以上，设计排涝标准为排除 10a 一遇暴雨。

2）灌溉水源水质符合《农田灌溉水质标准》（GB5084－2005）。

3）道路工程的宽度及纵坡应满足露天采场设施配套工程的要求。道路建设用材及施工要求等同非积水塌陷地。

4）电力工程建设和塘坝等水土保持工程应满足露天采场设施配套工程的要求。泵站建设应按照《泵站设计规范》（GB50265—2010）规定执行。

二、排土（岩）场复垦

（一）排土场复垦工程与技术

露天矿排土场破坏土地的面积一般占全矿面积的 50% 左右。所以，排土场地复垦是矿区土地复垦的重点。

1. 排弃物料的分采分堆

在露天矿工艺设计中，要注意土壤和围岩的农业化学性质和物理力学性质以及它们的空间分布及数量。对于土壤、含肥岩石与其他硬质岩石，要尽可能分开剥离，集中或分开堆存；对酸性和含毒的岩石，采集后应排弃在排土场底部或中间，然后覆盖土壤或含肥岩石。

2. 生物复垦要求

准备用于生物复垦的排土场要符合下列要求：①排土场的稳定性不会受到地

形、地表水的影响，不会发生泥石流，不会成为二次污染源。②排土场顶部标高应高于露天采场附近地带地下水的最高水位1~2m。③排土场表面整治后能适合农业和林业机械的工作。④整平后的排土场用于农业开发时应覆盖土壤层；用于林业开发时应用成土母质岩覆盖。⑤对排土场斜坡进行缓坡工作，以稳定斜坡，适应种植要求，还应采取措施防止斜坡的冲刷及顶部沼泽化的出现。⑥修筑通往排土场的专用道路。

3. 排土场整治

排土场的整治一般可分为顶部和斜坡两项。

1) 顶部整治。根据排土工艺和设备的不同，顶部可形成的形状有等锥形、连脊形、横向弧形和平坦形（铁路、汽车排土形成的）4种。整治工作量以平坦形最小，锥形排土场最大，其次为脊形和弧形排土场。为了防止排土场表面受到水侵蚀，要求平整的复垦场地坡度符合以下要求：当用作农业种植时不宜超过1°~2°，而坡度在3°~5°时应有保护措施；当用作牧场或操场时为2°~5°；用于林地时适宜的纵坡为10°以下，横向坡度不应超过4°。复垦场地的坡向尽量朝南或朝西南。

2) 斜坡整治。为使排土场能尽量用来复垦，对斜坡要进行变坡工作以利于种植。一般斜坡分为平台式和连续式两类，如图3.8所示。通常排土场斜坡角（安息角）在35°~45°。斜坡缓和到35°时适宜于林业，30°时可用于放牧，20°~25°可用于使用专门机械的某些耕作，10°~15°可作为某些建筑物的场地，5°~10°可用于农业。

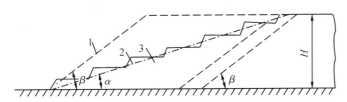

图3.8　排土场斜坡变坡图式

1为斜坡不变时的轮廓线；2、3为平台式和连续式斜坡线；

α为斜坡变缓角；β为安息角；H为台阶高

4. 排土场覆盖

排土场覆盖可分为土壤覆盖和其他物料覆盖两类。土壤覆盖工艺与露天坑覆盖土壤相同。场地用于造林时不必在全部场地上覆以表土层，只需在植树坑内施足底肥后才覆盖土壤。在缺乏表土时，可用生活垃圾、下水道污泥及其他生产废料覆盖。经过筛选的生活垃圾与人肥、厩肥、工业废渣搅拌在一起，覆盖在复垦场地上，可认为是良好的"人造土壤层"。在有含肥岩石的矿区，可将含肥岩石破碎成级配颗粒。颗粒最大粒径不超过50mm。颗粒级配值与当地降雨量、蒸发量、地形变坡有关，并可在级配的碎石中掺入粉煤灰等工业废渣进行覆盖。

5. 造林绿化

在排土场岩石比较硬而贫瘠，不宜农业种植时，可进行人工造林。一般在坚岩排土场上，挖出小坑把树苗栽入，再填上松软客土即可。最适合栽植的是1年生的阔叶树苗和2年生的针叶树苗。排土场顶部一般栽种针叶树，斜坡底脚和高度不超过4.5m的台阶上可栽种杨树、槭树、槐树、紫穗槐；在排土场北坡和东坡上栽黑胡桃树、杨树、槭树，而在南坡和西坡上栽松树、刺槐。为了尽快绿化排土场，宜选用速生树种，营造混交林，以利于树苗生长和防治病虫害。对于大的排土场，应力求营造多用途林，如经济林、防护林、卫生保护林、风景林和休闲林等。

露天矿土地复垦后，不仅可以恢复景观，挽救生态环境遭受损害，而且还能获得可观的经济效益，计算如下。

（1）排土场平整工作量计算

锥形、脊形、弧形（扇形）和平坦形排土场所形成的空隙 V_n（m³）按式（3.13）计算。

$$V_n = nAL_n\tan\alpha \tag{3.13}$$

式中，A 为排土（剥离）带宽度（m）；L_n 为电铲移动步距（m）；n 为与排土方法有关的系数，锥形为0.37，脊形为0.25，弧形为0.126，平坦为0；α 为排土场边坡角。

（2）土地复垦系数

土地复垦系数也称土地复垦率（K_r），其等于露天采场、排土场等场地已复垦面积 S_r 与场地挖损、压占等破坏总面积 S_m 之比，即

$$K_r = \frac{S_r}{S_m} \tag{3.14}$$

（3）恢复农业生产潜力的计算

1）农产品单位面积产值。它是指在破坏的或恢复的土地上单位面积全部农产品的产值，可按式（3.15）计算。

$$B_n = \frac{S_1b_1 + S_2b_2 + \cdots + S_ib_i + \cdots + S_nb_n}{S_0} \tag{3.15}$$

式中，S_1，S_2，$\cdots$，S_i，$\cdots$，S_n 为破坏或恢复的土地面积，按不同的土地利用结构部分（耕地、草地、牧场、果园、菜园等）计算（hm²）；b_1，b_2，$\cdots$，b_i，$\cdots$，b_n 为上述各面积的总产值［万元/（hm²/年）］；S_0 为总面积（hm²）。

2）土地利用结构系数。根据农业上使用土地的优先程度来评价复垦土地的效益时，应当以改善复垦土地利用结构和提高其总产量的情况作为基本的准则。所以在征用农地以及复垦土地用于农业生产时，必须顾及土地利用结构系数。c_m

为破坏农地与破坏土地之比，c_r 为复垦农地与恢复土地之比，其计算公式为

$$c_m = \frac{S_{c_1 m}}{S_m}, \quad c_r = \frac{S_{c_1 r}}{S_r} \tag{3.16}$$

式中，$S_{c_1 m}$、$S_{c_1 r}$ 为露天矿生产期间破坏和复垦的农业可耕地面积（hm^2）；S_m、S_r 同式（3.14）。

3）农业可耕地生产恢复指数。

从保护农地生产潜力的观点来看，复垦土地的质量取决于农地生产恢复指数，即 $N_r = \frac{c_r}{c_m}$。

4）农地利用结构变化系数。

一般来说，恢复被破坏了的土地，在农业生产潜力方面会发生土地利用结构的变化，其变化系数按式（3.17）计算。

$$K_c = \frac{S_r c_r}{S_m c_m} = K_r N_r \tag{3.17}$$

5）农业总产值。

$$W_m = S_m c_m B_m = S_{c_1 m} B_m, \quad W_r = S_r c_r B_r = S_{c_1 r} B_r \tag{3.18}$$

式中，W_m、W_r 为土地在破坏前和恢复后获得的总收入（万元）；B_m、B_r 为农地破坏前和恢复后获得的产值 [万元/（hm^2/年）]。

6）复垦土地的生产率。复垦土地的生产率指标因恢复土地质量的不一而不同，一般分为标准的（$q=1$）、增产的（$q>1$）、减产的（$q<1$）。复垦土地的生产率 $q = \frac{W_r}{W_m}$。

7）土地复垦效益。恢复土地的收益可按式（3.19）计算。

$$E_r = \sum_{i=1}^{t} (B_n - e) \tag{3.19}$$

式中，e 为单位土地面积生物复垦费用（即农业生产投入费用）[万元/（hm^2/年）]；t 为评价期限（一般为土壤肥力恢复周期）（年）。

工程复垦费的计算应严格区分复垦与剥离的界限。工程费包括：采集和装运含肥岩土、整平排土场等场地、修筑复垦专用道路和土壤改良与水文地质设施、堆存和从堆场装运土壤去覆盖的费用，而剥离费应计入生产费中。生物复垦费用是恢复被破坏土地的第二阶段采用土壤覆盖法把破坏的土地恢复成农业用地时有关费用的总和。工程复垦施工中应尽量采用生产机具，以减少复垦机、推土机、轮式或履带式装载机。用推土机整平场地，推运土壤距离在 30m 以内最合理；而推土机采土时，往返推运 2 次或 3 次时的效益为最高。

林业复垦效益可根据树木的价值、森林净化空气、在水的自然循环中所起的作用、改善小区域气候条件及减轻污染等综合考虑。

（二）排土场复垦工程建设标准

1. 复垦措施

（1）边坡

1）应对待复垦边坡稳定性进行调查、分析，包括防渗材料、防渗层构筑方式、渗透系数、边坡坡度、排水设施、防洪标准等。

2）边坡应采取工程措施防止水土流失和滑坡，满足稳定性要求，可采用修筑挡水墙、锚固、堆放大石块等措施对排土（岩）场边坡进行复垦。

3）应根据复垦方向、岩土类型、表层风化程度等，确定排土（岩）场边坡的土壤重构方案和复垦方向。复垦为林地、草地的可以参照有关边坡的规定执行。对贫瘠的土壤采取化学和物理的改良措施，改变土壤的不良性状，恢复或提高土壤的生产力以及保护土壤免受侵蚀。

4）根据地区自然条件来选择植被恢复模式及植物品种，可采用"以草先行"的模式，有条件的地区，可复垦为林、草混合地，合理配置林草比例，并根据配置模式，确定相应的栽培技术。栽培技术包括直播、客土种植、带土球移植、营养钵种植或扦插等；对存在重金属污染的金属矿排岩场，应选择一些对重金属有吸附作用的植被进行植被重建。

5）边坡重要地段应进行砌护，应布设蓄水系统、排洪渠系统及相应的水工构筑物，如消力池、斗坎等。对外排土（岩）场基底的一些重要区段适当清除地表松散土层。对内排土（岩）场局部光滑的基底，应进行爆破处理，增加其粗糙度，必要时可在基底设置基柱、临时挡墙及抗滑桩等。

（2）平台

1）应对待复垦场地的防渗材料、防渗层构筑方式、渗透系数、平台宽度、平台高度、排水设施、防洪标准等方面进行调查、分析。

2）采用"采—运—排"一体化复垦模式，合理安排岩土排弃次序，可采用"堆状对面"等排土工艺。

3）排土（岩）场平台覆盖土层前应整平并适当压实。依具体情况，平整的方式分为大面积成片平整和阶梯平整；当用机械整平后，应对覆土层进行翻耕。

4）应根据排土场坡度、岩土类型、表层风化程度等，确定土壤重构方案。土源情况不同的重构方案，参照露天采场中平台的规定执行。排土（岩）场表层含有毒有害或放射性成分时，应铺设隔离层用惰性碎石深度覆盖后覆盖表土，方可种植参与食物链循环的植物。

5）根据土质情况和利用方向来选择植物品种，种植草类、灌木和乔木，并进行合理配置。复垦为林、草地时，平台一般以豆科牧草为先锋植物；复垦为耕地时，应布设农田防护林体系，注意树种搭配。

6）布设集雨系统与排水系统，完善周边的拦挡设施和截排水沟，布设完善田间道路系统。

2. 建设标准

（1）地貌重塑工程

1）合理安排岩土排弃次序，应将含不良成分的岩土堆放在深部，品质适宜的土层包括易风化性岩层可置于上部，富含养分的土层宜置于排土（岩）场顶部或表层。煤矸石须填埋在排土场的 20m 以下，以防自燃。

2）可将排土（岩）场平台修成 2°～3° 的反坡，在排土（岩）场内部布设排水沟，外侧修筑梯形挡水墙，防止径流对边坡的冲刷。

3）对于在剖面形态上呈凹形的、凸形的或有临空状态的上陡下缓的斜坡，应采取分级削坡或修筑马道削坡的措施，总坡比应控制在 1∶1～1∶1.5。削坡时，复垦为林地的，坡面坡度应小于 35°；复垦为草地的，坡面坡度应小于 30°；复垦为果园和其他经济林用地的，坡度坡面宜 15°～20°；复垦为耕地的，坡面坡度宜 5°～10°。

4）复垦成耕地时，田块宽度应考虑灌溉和机耕作业要求，排土（岩）场平台田块规格应满足平台地貌工程的要求，一般边坡平台田块规格在陡坡区田面宽度为 5～15m，缓坡区为 20～40m。

5）梯田面长度一般不小于 100m，以 150～200m 为宜。田坎高度在 3m 以下的外侧坡，一般可选用 45°～80°，田坎内侧坡可选用 45°～60°。田坎稳定性要求应按土力学方法进行计算。

（2）土壤重构工程

1）建设排土（岩）场时，应对表土实行单独采集和存放，一般情况表土剥离厚度应不小于 15cm，特殊地区肥土层厚的可剥离 20～30cm，甚至 80cm。若土壤层太薄或质地太不均匀，或者表土肥力不高，且附近土源丰富，可满足生态重建要求时，可不对表土进行单独剥离存放。

2）表土堆放场地应尽量避免水蚀、风蚀和各种人为损毁。堆存期及堆存高度应满足露天采矿场建设标准的要求。

3）表土覆盖厚度根据当地土质情况、气候条件、种植种类以及土源情况确定。表土覆盖后有效土层厚度应满足露天采矿场建设标准的要求。

4）复垦土壤质量应满足《土地复垦质量控制标准》（TD/T1036—20B）露天采矿场建设标准的有关规定，具有放射性物质污染时，工程措施及标准应符合《放射性废弃物管理规定》（GB14500—2002）。

5）隔离层厚度一般为 30～50cm。可采用各种防渗材料，如水泥、黏土、石板、塑料板等，把污染土壤就地与未污染的土壤或水体分开。

（3）植被重建工程

1）复垦为林地的应满足《造林作业设计规程》（LY/T1607—2003）的要求。

成活率应达到 85% 以上，3 年以后郁闭度立地条件好的地区郁闭度应达到 0.50，立地条件差的地区郁闭度应达到 0.20。

2）复垦为草地的应满足《人工草地建设技术规程》（NY/T1342—2007）的要求。覆盖度立地条件好的地区应达到 50%，立地条件差的地区应达到 20%。

3）农田防护林建设要求同非积水塌陷地。

4）造林管护方法参照《水土保持综合治理技术规范——荒地治理技术》（GB/T16453.2—2008）。

（4）设施配套工程

1）道路工程、电力工程及复垦为耕地时的灌溉水质、灌溉与排水工程建设应满足露天采矿场建设标准的要求。

2）拦挡设施、蓄水沟等水土保持工程建设应满足《开发建设项目水土保持技术规范》（GB50433—2008）的要求。

三、矸石山复垦

煤矸石为采煤过程和洗煤生产过程中排出的矸石，一般占原煤产量的 10%～30%，我国每年要排放煤矸石 115 亿～210 亿 t，并露天堆放。然而煤矸石露天堆放极易发生风化，在风雨的作用下，风化颗粒会随风雨漂浮和流动，污染大气环境和附近土壤环境、水环境；煤矸石中含有硫铁矿、硫、煤粉等，极易引起煤矸石山自燃，释放出大量的有毒有害气体，如 SO_2、CO、H_2S 等，严重污染大气环境，给人类健康造成危害；煤矸石中的重金属受雨水的冲刷、淋溶等作用，释放到地表水和地下水中，造成水体的重金属污染；煤矸石堆积过高，坡度过大，容易形成坍塌、滑坡和泥石流等灾害，造成附近土地被埋、建筑物被毁，不仅危及居民生命财产安全，而且还造成环境污染。而对于正在自燃的矸石山，如遇淋溶水的渗入，受热后水气急剧膨胀易引起爆炸，严重危及附近居民的安全。因此，煤矸石山的露天堆存导致了严重的社会问题和环境问题。虽然近几年煤矸石的综合利用研究有了较大的进展，但是利用率还不到 30%。因此，治理煤矸石山对生态环境的破坏与污染，建立稳定、高效的人工植被生态系统意义重大，势在必行。

（一）煤矸石山复垦模式

1. 充填造地

（1）煤矸石充填已塌陷区

即利用发热量较低的煤矸石作填料，直接填充塌陷区造地，既能处理煤矸石固体废物，减少矸石占地，又能恢复开采沉陷区土地的利用价值，是一条综合治理和恢复矿区生态环境的有效途径。特别在煤层遍布、人口密集、耕地紧张、村庄搬迁选址困难、基建用地矛盾突出，同时又有采掘产生的大量煤矸石山，而且存在着大片塌陷地的矿区用煤矸石回填塌陷区造地，复地后供矿区或城镇生活及生产基建用地具有重要的现实意义。

矸石复垦土地作为建筑用地时，应采用分层回填，分层镇压方法充填矸石，以获得较高的地基承载能力和稳定性。

对于高潜水位地区，因大多数矿井地表下沉到潜水位以下，塌陷区常年积水或季节性积水。因此，在以往的回填方式上要尽量减少煤矸石淋溶及有害污染物的迁移。其隔离方案如下：在煤矸石充填过程中，设置多层黏土或特种水泥隔离层，或类似于垃圾埋场，在周围设置黏土衬层、导水沟、阻水坝等措施。

（2）煤矸石充填塌陷区

对于较新的还在建设的矿区，由于开采的程度较低，地表的土地大部分属于不稳定的沉降区。随着开采程度的加大，最后它们将成为完全的塌陷区。一般采煤引起的地表沉陷，是一个连续的、缓慢有规律的渐变过程，在这个过程中存在着危险性、破坏性，同时也是一个可预测、可防治的过程。根据这种不稳定沉陷区的特点，将其复垦的模式设计方案为：首先根据煤矿的探测数据，将煤矿开采区未来要塌陷的土地的表土剥离。根据土壤有机质的含量，剥离 50～60cm 的土壤即可。其次是将采煤和洗煤选出的煤矸石堆放其上。在这一步中要求准确计算在井筒上方的地层所能承受的煤矸石山的压力，以免导致井筒破裂事件。最后随着开采程度的加深，待其完全塌陷后，将剥离的表土覆盖即可。该模式由于保留了表土，塌陷后的土地还是具有肥力的，经过保养同样可进行农业生产。同时，由于边采边堆让其自然沉降，也大大减少了复垦填充的土方量，节约了经费。只是考虑到煤矸石的淋溶污染性，在完全塌陷前，必须在井筒下壁铺隔离层。同时，在覆土前要铺设隔离层。但对于地质构造复杂，自然条件恶劣，生产困难很大，几乎所有立井筒下沉断裂，被迫进行井筒套壁处理的矿区不适合这种方式的煤矸石回填方法。

2. 煤矸石山生态修复

按照"因地制宜、合理布局、分步实施"的煤矿矸石山治理方针，结合矸石自燃、风化和淋溶的潜在特点，采取注浆、放缓坡度、分层碾压、黄土覆盖、矸石山排灌水、矸石山坡脚挡护工程等综合治理措施，减小矸石山潜在风险。对矸石山覆土进行生物修复并绿化，最终达到对煤矸石等固体废弃物进行无害化处置，实现矿山经济和生态环境的双受益目标。

（二）煤矸石山生态治理

1. 煤矸石山复垦整形

对煤矸石山进行复垦整形设计是改造、种植绿化的基础。煤矸石山复垦整形设计包括整形形状设计、边坡稳定性分析、排水系统设计、边坡加固和防侵蚀措施等。

(1) 矸石山整形形状设计

为节约用地，我国井工开采煤矿矸石排放，以堆积成高度过高、坡度过大的锥形矸石山为主（图 3.9），容易引起滑坡。结合矸石山原来形状及复垦绿化的目的，将矸石山整形形状设计为台阶式，如图 3.10 所示。一方面降低坡长和坡高提高边坡的稳定性，另一方面为复垦绿化创造了基础条件。国外在进行矸石堆放时，大多堆放成缓坡形式（图 3.11），使复垦绿化后的矸石排放场与周围环境和谐统一。

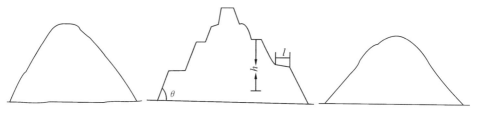

图 3.9　锥形堆积形式　　　图 3.10　台阶式整形形式　　　图 3.11　缓坡堆积形式

台阶式整形方式的主要技术参数包括边坡角、梯田落差和梯田台阶宽。边坡角太小，矸石山占地多，整形工程量大；边坡角太大，边坡稳定性差。边坡角一般应小于 30°，台阶宽度取 2m 左右，梯田落差取 5m 左右。梯田台阶应向里倾斜。

(2) 矸石山的整形与阶地化

煤矸石山一般堆成圆锥形，为了满足煤矸石山植被恢复的栽植工程和水土保持的要求，需要对煤矸石山进行整形整地。煤矸石山整形包括修建环山道路、平整山顶、重塑地貌景观、建排水系统。

为了消除矸石山对周围环境的有害影响，搞好矸石山绿化，需要在矸石山的坡面上建造阶地，便于阶地台面上覆盖土壤，栽种树木和阶地之间的坡面上广种多年生的草。

为了编制矸石山阶地化的计划，必须进行详细的地形测量，绘制 1∶500 的平面图。在此图上进行矸石山阶地化的设计，通常有 3 种阶地化的形式（图 3.12）。

1) 挖填式阶地［图 3.12(a)］。用于矸石山坡面角小于 30° 的情况下。阶地条带倾斜 4°～10°，阶地高度为 10～15cm，倾斜长度为 20～25cm。2 个阶地间的总长 L 可以按照式（3.20）检核。

$$L = l_1 + l_2 + a_1 + a_2 \tag{3.20}$$

式中，L 为阶地的斜长；l_1、l_2 为填方和挖方部分的斜长；a_1 为考虑斜坡变形的加宽量（$\alpha \leqslant 15°$ 时为 0.1m，$\alpha = 30°$ 时为 0.74m）；a_2 为考虑斜坡破坏的加宽量（$\alpha \leqslant 24°$ 时为 1m，$\alpha > 24°$ 时为 0.74m）。

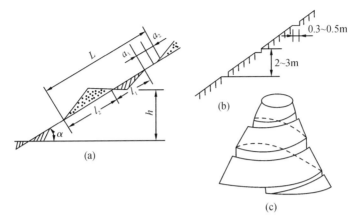

图 3.12　矸石山的阶地化方案

(a) 挖填式阶地；(b) 微小阶地；(c) 螺旋状阶地

2) 微小阶地[图 3.12(b)]。用人力或简单机械挖掘宽为 0.2～0.3m 的小阶地，高度间隔为 2～3m。

3) 螺旋状阶地[图 3.12(c)]。对于放缓的、降低的废石场进行绿化时，需要把各种重物运到高处，此时宜用螺旋状阶地，阶地平台纵向倾角大于 6°，横向倾角为 4°～6°，用推土机或挖掘机进行螺旋状阶地的施工。

在修建阶地时，需将设计标设于实地，并对几何参数进行检核。为了计算土方量，在阶地的长度方向上，每隔 10～20m 绘制大比例尺横断面图，通常用垂直断面法计算土方量。

（3）矸石山的清理与平整

矿井的矸石山的清理工作一般包括以下 3 个方面：把矿井工业广场及居民区范围内的矸石山完全清除掉，把矸石用于工业或修筑道路等；把圆锥形矸石山改造成平面或其他形状，用于工业和民用建筑；将矸石山作适当处理，用作绿化区。

为了编制矸石山复垦设计，需准备用于设计矸石山进出道路、制订矸石山清理或改造方案、确定工程量时的有关图纸资料。常用水平断面法或方格法计算矸石量。

矸石山的完全清除是最佳的复垦方法，然而花费较大。比较经济的方法是把锥形的矸石山改造为扁平状矸石场，即把矸石山的头部削去。在某些矿井，首先用水枪把发火的矸石山熄灭，水的冲刷使矸石山高度降低 5～10m。然后用推土机逐层把矸石推向周边（图 3.13）。推运总量可用式（3.21）计算。

$$V_{推} = K \cdot V_{总} \tag{3.21}$$

式中，K 为重复推动系数，它是 h/H 的函数 [图 3.13 (b)]；$V_{总}$ 为矸石山降低部分的岩石总量。

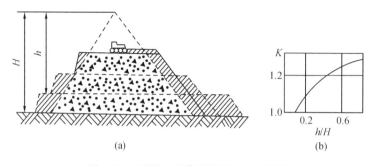

图 3.13　用推土机降低矸石山的工艺图

(a) 剖面图；(b) 系数 K 与比值 h/H 关系曲线

2. 注浆

煤矸石主要是由灰分高、发热量低的碳质页岩组成，其中还夹有一些煤、黄铁矿及回采下来的腐烂木材等可燃物，这些碳质可燃物及黄铁矿结核的存在构成了煤矸石自燃的内在因素。高碱性石灰泥浆深部注浆的灭火机理主要是隔氧和降温，隔氧与煤矸石内部的压力、孔隙率和煤矸石粒径有关，降温则与泥浆量有关。用高碱性石灰泥浆深部注浆的工艺流程即将石灰和黏土按 1：2 的比例连续投入制浆机，以一定流速加入清水，制成约 50% 的浓泥浆；将其移入泥浆池，制成 20% 左右的泥浆，然后用泵供给已经插入煤矸石燃烧区内的泥浆管，对自燃矸石堆实施灭火。

3. 放缓坡度

放缓坡度的治理主要针对矸石山周围有居民，或有未建成的工业企业等情况，首先治理的是矸石山的塌方滑坡问题。另外，若矸石山现有的堆放坡度超出 45°，会时常出现滑坡、塌方现象。亦采取放缓坡度的措施。具体做法为首先对矸石山的坡面坡度进行放缓消减，即由上至下推散矸石，将其坡度削减为 30° 以下（含 30°，比例为 1：1.732），以稳定坡面。同时在平台修建马道，便于机械施工，在周边建筑挡墙，以防止矸石发生塌方现象。

4. 分层碾压

分层碾压是将现有的矸石的倾倒方式由"自上而下"改为"自下而上"进行分层碾压。具体为：由下向上沿荒沟从底部分层往上回填矸石，排放过程中标高每升高 5~10m 建造 1 个台阶（分为 1 层），并用推土机将矸石推平压实，即边填边压，压实后喷洒石灰水、并覆盖黄土。

5. 黄土覆盖

根据矸石自燃的机理，矸石自身硫铁矿结核体是引起矸石自燃的决定因素，水和氧是矸石山自燃的必要条件，黄土覆盖是将发生自燃的高温矸石堆散，采用黄土碾压覆盖为主，辅以局部注浆，以隔绝空气，使自燃矸石内部空气耗尽后熄灭的综合性灭火方法。即采用局部灌浆、填实孔隙、固化碎块的简便易行的方法。配以改变矸石坡度、堆散高温矸石促使降温，自燃现象能得到有效控制。

黄土覆盖的具体做法为：根据煤矸石山表面风化程度的不同，需在栽植植物前，按覆土的厚度不同采取适当的覆土措施，有不覆土直接种植、薄覆土、厚覆土 3 种措施。不覆土直接种植适用于风化程度好的煤矸石山；薄覆土的是针对风化程度稍好，煤矸石表面温度过高、含盐量高、酸度过大时，种植前覆土 3～5cm，使栽植植物的根系能深入到矸石深层吸收水分和养分，便于植物的成活、发育；厚覆土是对没有风化或者风化程度极低的煤矸石山而言，矸石山的表面全部是不易风化的白矸石，不能保肥、保水的大块岩石，在栽植植物前需要覆土 50cm 以上。需要注意的是，厚覆土虽然可让栽植的植物在短期内快速的生长、发育，但由于需要大量的客土，从而提高了初期的投资，所以推广起来较为困难。

6. 整地与改土

煤矸石山的整地深度最低限值因植被不同而异，一般草本植物为 15 cm，低矮灌木为 30cm，高大灌木为 45cm，低矮乔木为 60cm，高大乔木为 90cm。同时，整地季节要按照至少提前一个雨季的原则进行，这样有利于植树带的蓄水保墒和增加土壤养分含量。

煤矸石主要化学成分中包括黄铁矿，黄铁矿的氧化会释放出酸性物质，妨碍植物的生长。同时矸石山覆土植物营养贫乏、盐分过高，需要对矸石山进行生物修复，可通过客土法、生物熟化法、施肥法及化学调解法等方式对矸石山覆土进行改良。若酸性煤矸石山未经处理就种植，那么矸石淋溶后的酸性物质会通过毛细作用上升到土层，造成土壤的酸化，从而严重影响植物生长和土壤微生物的生成。当植物根系穿过覆土层遇到酸性的矸石时，根系的生长发育将受到影响。一般采用的改良方法是把破碎后的 CaO 或 $CaCO_3$ 均匀地撒入矸石山后（用量依矸石的 pH 和中和材料的纯度及矸石层的深度确定），再翻耕 10～15cm。

（三）边坡治理

1. 边坡稳定性分析

煤矸石分层填筑，分层碾压。煤矸石物理力学参数选取：内摩擦角 φ_1，黏结力 C_1，容重 r_1。边坡及煤矸石表面覆土也应压实。覆土选用粉土，其物理力学参数选取：内摩擦角 φ_2，黏结力 C_2，容重 r_2。下面分析中取 $\varphi_1 = 35°$，$C_1 = 0$，$r_1 = 21 \text{ kN/cm}^3$，$\varphi_2 = 30°$，$C_2 = 0$，$r_2 = 18\text{kN/cm}^3$。稳定性分析采用极限平衡法。

（1）不覆土边坡

如图 3.14 所示，煤矸石单元体 abcd 的单位宽度体积是 $z \cdot \cos\theta \cdot l$（式中，$z$

为煤矸石单元体 bd 边的边长；l 为煤矸石单元体 cd 边的边长。），所以自重 $W = r_1 z \cos\theta$。极限平衡条件下，

$$K = \frac{\text{抗滑力}}{\text{下滑力}} = \frac{N \cdot f + C_1 \cdot l}{F} \tag{3.22}$$

式中，K 为安全系数；N 为滑动面正压力，$N = W\cos\theta$；f 为滑动面摩擦系数，$f = \tan\varphi_1$；l 为煤矸石单元体 $abcd$ 的斜边长；F 为下滑力，$F = W\sin\theta$。所以，

$$K = \frac{W\cos\theta \cdot \tan\varphi_1}{W\sin\theta} = \frac{\tan\varphi_1}{\tan\theta} \tag{3.23}$$

当 $K_{min} = 12.5$ 时，$\tan\theta = 1/1.79$，$\theta = 29.1°$。因此，当堆积煤矸石的内摩擦角为 $35°$，坡度为 $29.1°$ 时，其边坡的安全系数为 1.25。

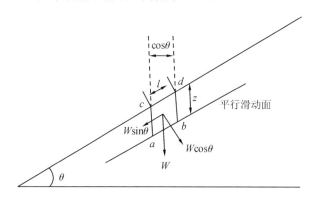

图 3.14　斜面上产生表层滑动时斜面的破坏情况分析

（2）覆土边坡

当在矸石坡面上覆粉土 20 cm 时，覆土的稳定性分析如下。

土单元体 $abcd$ 的单位宽度体积是 $z \cdot \cos\theta \cdot l$。覆土中无渗流作用：土单元体自重 $W = r_2 z \cos\theta$。

$$K = \frac{N \cdot f + C_2 \cdot l}{F} = \frac{W\cos\theta \cdot \tan\varphi_2}{W\sin\theta} = \frac{\tan\varphi_2}{\tan\theta} \tag{3.24}$$

当时 $K_{min} = 1.25$ 时，$\tan\theta = 1/2.2$，$\theta = 24.4°$。因此当覆土内摩擦角为 $30°$，黏结力为 0，覆土坡度为 $24.4°$，且覆土中无渗流作用时，其边坡的安全系数为 1.25。覆土中有渗流作用（雨水入渗引起）。

如图 3.15 所示，在 a 点设测压管，测压管中的水位为 $H_p = z\cos\theta\cos\theta$，设 r_w 是水的重度，r 是饱和粉土的重度，则作用于 ab 面上的孔隙水压力 u 为

$$u = r_w H_p = r_w z \cos^2\theta \tag{3.25}$$

作用于 ab 面上的垂直压应力 σ 为

$$\sigma = rz\cos^2\theta \tag{3.26}$$

所以作用 ab 面上的有效应力 N' 为

$$N' = \sigma - u = rz\cos^2\theta - r_w\cos^2\theta \tag{3.27}$$

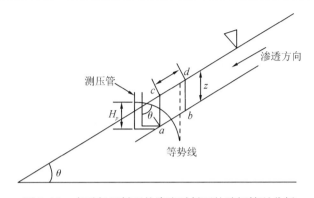

图 3.15　有平行于斜面的渗流时斜面的破坏情况分析

$$k=\frac{N' \cdot f}{F'}=\frac{(r-r_w)\ z\cos^2\theta\tan\varphi_2}{rz\cos\theta\sin\theta}=\frac{(r-r_w)z\tan\varphi_2}{r\tan\theta} \qquad (3.28)$$

F' 为作用于 ab 面上的下滑力。取 $r=20\text{kN/cm}^3$，$r_w=10\text{kN/cm}^3$，则当 $k=1.00$ 时，$\tan\theta=1/3.5$，$\theta=16.1°$。在上述条件下，即使边坡角 $\theta=16.1°$，边坡的安全系数也只为 1。雨水入渗使覆土达到饱和，土体自重增加，土的抗剪强度降低，产生渗流的边坡很容易塌方。因此，一方面要在整形时设置完善的地面排水系统，另一方面采取边坡加固措施，提高岩土体的抗剪性。

2. 边坡加固与防侵蚀措施

目前常用的边坡加固措施有削坡减载技术、排水与截水措施、锚固措施、混凝土抗剪结构措施、支挡措施、加筋土技术以及植物框格护坡、护面措施等，在边坡治理工程中强调多措施综合治理的原则，以加强边坡的稳定性（李秀妍，2011）。

（1）支挡

支挡（支护、挡墙等）是边坡治理的基本措施。对于不稳定的边坡岩土体，使用支挡结构对其进行支挡，是较为可靠的。支挡主要分为以下几种。

1）混凝土拦挡工程。在排弃渣石较多，压力较大时，且要求绝对安全稳定，而浆砌石工程和其他黏土工程不能达到要求时，需采用混凝土挡土工程。

2）浆砌石、干砌石拦挡工程。在容易得到石料时，或使用混凝土困难，备土压力较小，又能够满足安全要求的地段上，可采用浆砌石或干砌石工程。在砌石工程中，需注意修建基础。如基础为基石可不必修筑基础，如基底为土石混合物或为土壤，则必须修建基础。基础埋深应当在当地冻土层以下。砌石规格应呈梯形，下底宽、上底窄。其宽度与高度依据挡土墙承载压力和矸石的压力而定，一般成正比关系。浆砌石挡土墙要每隔 5m 留设一个排水孔，以排泄墙体内的积水，还要每隔 10m 留设一道伸缩缝，以防止热胀冷缩破坏墙体。

3）格宾网挡护工程。修筑混凝土或浆砌石、干砌石挡土工程时，需要地基平整并牢固，不能出现下沉和土块滑动现象，才能保证挡土墙安全。否则，需修筑格宾网挡土工程。

格宾网挡土墙的规格为高度 0.5～1m、宽度 1m、长度 1～3m。网内填入石料后，将格宾网加盖用钢丝系紧。挡土墙较高时，如超过 5m，使用规格高 0.5m 的比 1.0m 的更有利。

(2) 土工格室加固边坡

针对煤矸石山整形复垦的特点，土工格室作为一种加筋土技术非常适合煤矸石山的边坡加固和复垦。土工格室是用聚合物通过连续热加工制成的蜂巢状三维结构，具有较强的抗拉强度。土工格室通过限制使表土层稳定，满尺寸完全展开填上轻度压实的表土，可以得到稳定而不易移动的植物培养土。所有格室的连接处有通道，相邻格室间的水可以流通，从而有效排水。不同长度、倾角和土质的边坡，都可以通过选择合适的土工格室抵抗侵蚀而得到保护。土工格室的施工过程如下。

1) 边坡平整。①放置土工格室板：土工格室板沿平行于流动方向满尺寸展开，每一板要求在坡顶部沟首先锚定，顶部锚定沟可以填混凝土。土工格室沿坡用骑马钉固定。②板的连接：相邻的板要用钉固定，一个钉一个格室。③填土：填入种植土并轻轻打实，即可形成一层完好的种植土层。

2) 地表覆盖技术。地表覆盖是在复垦土壤表面覆盖一层材料来增加土壤水分、减轻土壤侵蚀、增加土壤营养成分，达到改良土壤条件促成植物生长的目的。地表覆盖材料对土壤防止风蚀和水蚀是非常重要的。

常用的覆盖材料有干草和麦秆、液体地表覆盖材料、侵蚀被等。侵蚀被是由可完全降解的脱水植物纤维编织而成，这种侵蚀被将在 6～12 个月的时间内降解掉。侵蚀被的主要作用是阻止土壤流失、保护种子、加速种子萌发、迅速建立植被。

3. 边坡防护

1) 挂网客土喷播技术。其原理是将催芽后的植物种子、水、纤维覆盖物、黏合剂、保水剂、肥料等按一定的比例搅拌混合后，通过特制喷混系统喷播到挂有镀锌铁丝网（如格栅网等）的裸露坡面上，形成均匀的基质覆盖层。植被恢复后，发达的根系可通过基材深入到岩体的节理和裂隙中，能达到永久固坡和美化环境的双重目的。

2) 植生袋坡面植被恢复技术。采用内附种子层的土工材料袋，通过在袋内装入植物生长的土壤材料，在坡面或坡脚以不同方式码放，起到拦挡防护、防止土壤侵蚀，同时恢复植被作用的一项工程技术。该技术对坡面质地无限制性要求，尤其适宜于坡度大的坡面，是一种见效快且效果稳定的坡面植被恢复方式。

3) 三维网边坡植被恢复技术。其是在裸露坡面通过铺设三维网，结合播种或喷播进行边坡植被恢复的一项技术。在工程实践中，这一技术常与覆土播种、客土喷播、液力喷播等技术结合使用，能有效起到加固、附着的作用，保证植被恢复效果的持续稳定。

（四）排灌水系统建设

1. 灌水系统

（1）建蓄水池。为了充分利用天然降水浇灌植物，北方干旱地区可在矸石山上适当部位建小型蓄水池。蓄水池大小可视降雨量多少，被浇灌植物需水量的大小而定。

蓄水池也可利用储藏井下排出的"黑水"，建输水管道引水上山，既能蓄水，又可以检验水质 pH 等指标，适当处理使之符合农田水标准再用于浇灌。超出 pH 标准，酸性水加石灰中和，碱性加硫酸亚铁或弱酸中和。

蓄水池的位置一般应该设置在便于浇灌植物的地点。可将梯田上修建的截水沟和顺坡修建的排水沟与蓄水池相连，使坡体的排水流入蓄水池，用于后期绿化浇灌用水。

蓄水池一般为浆砌石结构，埋于地下时要在冻土层以下、并进行防渗处理。蓄水池最好建成地下封闭式，这样既达到冬季防冻也有利于安全。蓄水池还应附属建设沉砂池，防止泥沙淤积蓄水池底部。使截排水渠的雨洪先经过沉砂池，再由沉砂池流入蓄水池。沉砂池的泥沙需经常清除，以便于沉沙起到很好的效果。

（2）矸石山上浇灌水主管道、支管道布置要满足山体各部位均可浇到水，有条件地区可以安装喷灌、滴灌设施，以便于节约用水，遵循多次少量浇水原则，满足植物需要，降低地表温度、增加叶面湿度。

2. 排水系统

矸石山山体坡度大，而产生径流，不易存留降水。矸石质地松散，孔隙度大，含水量较少，连续的降雨天气可使大量雨水下渗到矸石的孔隙中，加大滑坡体的质量，使下滑距离增加，此时将会导致滑坡产生，为防止矸石山表面受到侵蚀，引起水土流失，矸石山整形的同时应设置完善的排水系统。通过完善的排水系统可将径流水和渗透水尽快排出，减小坡面侵蚀和降低滑坡的可能性。

1）排水系统布设形式。为防止矸石山表面覆土后受到侵蚀，产生水土流失，防止因雨水冲刷而引起矸石山体滑坡，矸石山还需建立完整的排水系统。矸石山常见的排水方式有梯田式和螺旋式两种。梯田式排水方式是将上部坡面与本台阶面的汇水汇入台阶面上的排水沟，再流向设在阶梯通道处的下山排水通道而汇入山脚排水沟，而螺旋式排水线路亦呈螺旋线状，可以看出越向山脚方向，汇水面积越大，排水负担越重，可以在矸石山底部多设一些下山排水通道。实现边坡与矸石场周边空间立体水的效果。

2）排水工程种类。排水工程按布设形式分为两类：明排和暗排。明排主要包括浆砌石水渠工程、干砌石水渠工程、混凝土水渠、铺设草皮水渠、编篱水渠、格宾网水渠、土袋水渠等。暗排主要包括管道式排水和涵洞式排水。

3）截排水工程。该工程既可将雨洪截留在矸石山上，也可防止水对土壤的冲刷径流，有效地防止了滑坡和泥石流。其主要包括矸石山外围排水沟、内部排水沟、草沟三级排水系统。流程为矸石山整理后，在各平台内侧建立抛物线形草沟，各台阶草沟与山上到山下内部浆砌石排水沟相连，汇水至外围排水沟，进入污水处理厂。根据水土保持原理，按照现场状况作业需要、区域降水流量等，计算出最大安全流速，从而确定沟面材料和沟断面面积、形状、大小等。规格为一般草沟在平台内侧，按地形调整至平顺曲线为草沟中心线，挖到设计深度、宽度后，将疏松表土覆盖其上，每隔 10～20cm 挖一横向直沟，用分株法种植匍匐性草类，覆土后踏实。排水沟与上山道路、台阶相配置。排水沟一般断面为梯形，挖掘时按设计断面及坡降整平，水沟两侧与地面密合，沟缘植草保护，保持流水顺畅。

（五）整体绿化

整体绿化为矿山矸石山生态恢复的关键技术之一。整体绿化主要在于选择适宜的植物种类，由于煤矸石山立地条件极端恶劣，所以耐干旱、耐高温、耐贫瘠、固氮、速生、高产的草本或灌木是首选种类，这类植物可以迅速生长，强有力地改变遭破坏的生态环境，为其他植物的迁移、定居创造条件。在种植过程中，根据煤矸石山的元素组成，辅一定的水肥，尤其是微生物肥，有利于植物的快速生长和立地条件的改善。在绿化时间上，有春整春种和秋整春种，后者有利于蓄水保墒，可以提高造林成活率。在种植方式上，要根据植物种类采用不同的种植方式：对落叶乔木、灌木采用少量的配土栽植，对常绿树种采用带土球移植，对草本植物采用蘸泥浆或拌土播种栽植。

（六）矸石山复垦工程建设标准

1. 复垦措施
（1）边坡

1）高陡边坡在进行景观恢复治理时，应与周边地形地貌相协调。对高度大于 4m 的松散边坡，宜采取削坡升级工程。

2）可采用浆砌石、干砌石工程或混凝土挡土工程，修建坡脚挡护工程稳定边坡。对于地形条件比较复杂的地区可以采取挂网客土喷播、植生袋坡面植被恢复等技术进行加固治理。

3）根据复垦方向、坡度、表层风化程度等，确定矸石山边坡的土壤重构方案。酸性矸石山应采取控酸和灭火措施，覆盖由碱性材料和土壤构成的惰性材料，并辅以碾压。

4) 依据停止排矸的时间长短确定植被复垦方向，复垦种植的初期应选择耐干旱、耐贫瘠、耐酸性、抗粉尘、抗酸气污染的"先锋植物"。复垦为林地时，应尽量配置成混交林；复垦为草地时，可采用客土喷播、生态袋等工艺进行恢复。

5) 构建完善的灌溉系统，合理布置山坡截水沟、急流槽、排水边沟等排水系统，防止坡面径流及坡面上方地表径流对坡面的冲刷。

（2）平台

1) 平整矸石山平台，结合具体情况，可整修为梯田式、螺旋式或微台阶式。

2) 依据矸石山的理化性质、土源情况确定土壤重构方案。土源充足、经适当整形后的平台可复垦为耕地，有污染的平台适宜复垦为林地或草地。酸性矸石山须采取控酸和防灭火措施，设置隔离层。复垦为耕地时，应通过培肥措施来提高土壤肥力状况。

3) 根据矸石山的复垦方向选择植物品种，对于覆土复垦的矸石山，局部换土后进行植被栽植；对于无土复垦矸石山，应采用带状整地或块状整地，进行适量的客土栽植。

4) 科学配置平台道路、排水系统，复垦为耕地时应进行灌溉工程的建设。

2. 建设标准

（1）地貌重塑工程

1) 矸石山边坡的坡度应小于自然安息角 36°。

2) 矸石山平台复垦为耕地时，坡度不宜超过 5°，田面高差应控制在 ±10cm 以内；复垦为园地、林地和草地时，坡度不宜超过 15°。

3) 矸石山复垦成耕地时，田块规格应满足《高标准农田建设通则》（GB/T30600—2014）和露天采矿场建设标准的有关要求。

（2）土壤重构工程

1) 对于已有厚度在 10cm 以上风化层、颗粒细、pH 适中的矸石山，可不覆土直接栽植植被。

2) 对于覆土种植的，复垦为耕地、园地时，有效土层厚度应在 50cm 以上，耕作层表土厚度不低于 25cm；复垦为林地和草地时，有效土层厚度应大于 30cm。

3) 酸性矸石山的控酸和灭火材料厚度应依据覆盖材料不同设置 20cm 以上的隔离层。在隔离层之上再覆盖厚度在 30cm 以上土壤，具体覆土厚度根据土壤特性和复垦方向要求确定。

4) 复垦土壤质量应满足《土地复垦质量控制标准》（TD/T1036—2013）的

要求。复垦为耕地时，覆盖土壤有机质含量应不小于 1%。pH 和电导率要求同非积水塌陷地。

（3）植被重建工程

1）复垦为林地的应满足《造林作业设计规程》（LY/T1607—2003）的要求。成活率应达到 80% 以上，定植密度应大于 4500 株/hm²，3 年以后郁闭度立地条件好的地区应达到 0.40，立地条件差的地区应达到 0.20。

2）复垦为草地的应满足《人工草地建设技术规程》（NY/T1342—2007）的要求。覆盖度要求同排土场。一般应达到 30%～40%，立地条件好的地区应达到 50%，立地条件差的地区应达到 20%。

3）农田防护林建设要求同非积水塌陷地的要求，受防护的农田面积占建设区面积的比例应不低于 80%。

（4）设施配套工程

1）灌溉水源水质应符合《农田灌溉水质标准》（GB5084—2005）的要求。

2）道路工程、电力工程、拦挡设施和截排水沟建设及复垦为耕地时的灌溉与排水工程应满足露天采矿场建设标准的要求。

四、挖损土地（露天采场、取土场）和工业场地复垦

（一）复垦工程与技术

露天采场、取土场等挖损土地的复垦主要取决于矿床赋存、地形条件、围岩、表土及当地的实际需要。

露天开采的、水平矿和缓斜矿的剥离物可堆弃在露天采场（采用内排工艺）内，复垦场地的坡度可与矿床底板坡度相近，以利于地表水的排除。在矿块开采前利用采运设备超前采集土壤，接着覆盖在内排场地上即可恢复原先的地形。然后按田园化要求修筑机耕道、灌溉水渠及营造防护林带。

开采矿体长的倾斜或急斜矿时，也可采用内排方法，将矿体分为若干小矿田，在其中寻出剥离系数最小的一块矿田进行强化开采，尽快将矿物采出以腾出空间，同时将剥离的表土暂时堆弃在该矿田周边上，然后再开采另一块矿田并将剥离物回填在已腾出空间的采空区上，再将其周边的表土覆盖上去并整平。复垦地用于种植大田作物时整平的坡度不应超过 1°，个别情况下为 2°～3°；用于植树造林时不超过 3°，个别情况下可达 5°。必要时可修筑成梯田。

对于倾斜或急斜的坡积矿床，用水力开采或随等高线开挖后，呈现裸露的石坡一般成"石林"状。这类地形的复垦就地取材修筑梯田，按等高线堆筑石墙，并尽量与"石林"联结，然后在墙内回填尾矿，尾矿可用泥浆泵吸取，经过管道回填到梯田。尾矿干涸后要保持 0.5% 以上的坡度，以满足复垦后排灌的要求，

再将平整后的地面铺土整平（覆盖土层厚度一般不少于 0.4m），供种植用。

对于地下水丰富的矿区，为恢复因采矿而破坏了的含水层，必须在采空区内先回填岩石再覆盖土壤层。为了便于农林业复垦，在露天采场适宜的位置上需设置防洪设施，以免洪水冲毁场地。

露天采场边帮和安全平台上可用植被保护。为有利于植被在边帮上生长，可用泥浆法处理，或在安全平台上种植藤本植物，以拢住岩石。平台（崖道）可视具体条件种植矮株的经济林与薪炭林树种。

深度较大的露天矿坑可改造成各种用途的水池。例如，工业和居民的供水池、养鱼和水禽池、水上运动池、文化娱乐设施和疗养地等。此时，要求矿坑四周围岩无毒无害且无大的破碎带，整体性强、渗水性小，或者是第四纪沉积层。不必采取大的堵漏、防渗等措施。

工业场地若地面坡度小、原土壤状况较好，可翻耕后直接用作农用地；若原土壤状况不好，可用剥离的表土或用距离较近的客土处理后进行耕种。

（二）挖损地复垦工程建设标准

1. 复垦措施

（1）边坡

1）露天开采形成的高陡边坡在进行景观恢复治理时，应与周边地形地貌相协调。对高度大于 4m 的松散边坡，宜采取削坡升级工程。

2）边坡复垦应首先清除不稳定岩土体，采用锚固、坡面喷砼和边坡塑造等工艺进行边坡抗滑加固治理；对易风化岩石或泥质岩层坡面，采用稳定边坡措施后，应采取锚喷工程支护等工艺，控制岩石变形，防止岩石风化。

3）根据复垦方向、坡度、岩土类型、表层风化程度等，确定露天采场边坡的土壤重构方案。土源缺乏时可将岩土混合物覆盖在表层。复垦为林地时，可采用穴植坑法进行栽植；复垦为草地时，可采用客土喷播、生态袋等工艺进行恢复。

4）根据土质情况和地区自然条件选择草本、灌木，结合土壤重构方案可采用网方法、格（子）方法和制成品等方法进行植被重建。

5）合理布置山坡截水沟、急流槽、排水边沟等排水系统，防止坡面径流及坡面上方地表径流对坡面的冲刷。

（2）平台

1）查明采场内崩塌、滑坡、断层、岩溶等不良地质条件的发育程度，在采取矿山地质环境保护与恢复治理的基础上开展平台土地复垦。

2）根据采场的规模、坡度、岩土类型、表层风化程度等，确定露天采场平台的土壤重构方案。土源丰富地区，应进行表土或客土覆盖；土源不足地区，可将采矿排弃的较细的碎屑物或选用当地易风化的第四纪坡积物进行覆盖。复垦为耕地的，可通过施有机肥、化肥及生物培肥等措施来提高土壤肥力状况。

3）根据露天采场岩土有毒有害成分的含量水平，确定隔离层设置的层厚、材质等，尽可能深度覆盖。

4）根据土质情况和利用方向来选择草本、灌木、乔木，并进行草、灌、乔的合理配置；水土资源条件较好的，可选择复垦为耕地。

5）科学配置平台道路、排水系统，复垦为耕地时，应进行灌溉工程的建设。

（3）底坑

1）对于深度较浅、不积水底坑，可通过削高填低、客土充填等方法进行复垦，具体复垦措施可参照平台执行。

2）对于深度较深、有积水底坑，通过防渗工程设施后可复垦为坑塘水面，作为周边复垦土地的灌溉水源。

2. 建设标准

（1）地貌重塑工程

1）每个掘进水平高差应控制在 5m 以内，坡面倾角应控制在 30°～45°。

2）露天采场平台复垦为耕地时，坡度不宜超过 5°，田面高差应控制在 ±10cm 以内；复垦为园地、林地和草地时，坡度不宜超过 15°。

3）复垦成耕地时田块规格应满足《高标准农田建设通则》（GB/T30600—2014）的要求，田面长度宜为 200～500m，宽度宜为 50～200m。

（2）土壤重构工程

1）露天采场在开挖之前应对表土实行单独采集和存放。应结合复垦方向、土壤肥力及理化性状合理确定表土剥离的厚度。对于原地表为耕地的，表土剥离厚度应不小于 30cm。若原地表土壤比较贫瘠或理化性状差，利用剥离物能构筑与原土壤相等甚至更高生产力的土壤，而且此替代物料数量充足时，可不对原表土进行单独剥离，而利用适当的剥离物料代替表土。

2）堆放场地应尽量避免水蚀、风蚀和各种人为损毁。堆存期不应超过 6 个月，也不应跨越雨季。堆存期较长时，应在土堆上播种 1 年生或多年生的草类。表土堆存高度不宜超过 5m，边坡不宜太陡，并采取临时围护措施，防止水土流失。

3）复垦为耕地和园地时，有效土层厚度应大于 50cm；复垦为林地和草地时，有效土层厚度应大于 30cm。对于高陡、硬质边坡可减少覆土厚度，土源缺乏时可只在种植坑内覆土。

4）复垦土壤质量应满足《土地复垦质量控制标准》（TD/T1036—2013）的要求。复垦为耕地时，覆盖土壤 pH 应控制在 5.5～8.5，电导率应不大于 2dS/m，砾石含量应不大于 5%，有机质含量应不小于 1%。

（3）植被重建工程

1）复垦为林地的应满足《造林作业设计规程》（LY/T1607—2003）的要求。成活率应达到80％以上，3年以后郁闭度应达到0.20～0.30。

2）复垦为草地的应满足《人工草地建设技术规程》（NY/T1342—2007）的要求。覆盖度立地条件好的地区应达到50％，立地条件差的地区应达到20％。

3）农田防护林建设要求同非积水塌陷地的要求。

（4）设施配套工程

1）充分利用矿区或原有水源，灌溉水源水质应符合《农田灌溉水质标准》（GB5084—2005）的要求。

2）复垦为耕地时，灌溉与排水工程应满足当地土地开发整理工程建设标准的要求，灌溉保证率应达到75％以上，干旱地区或水资源缺乏地区可适当降低标准。农田排水设计暴雨重现期宜采用5～10年一遇，暴雨从作物受淹起1～3d排至田面无积水。

3）道路工程建设应满足当地土地开发整理工程建设标准的要求，田间道路面宽宜为3～6m，生产路面宽度不宜超过3m。道路纵坡应根据地形条件合理确定，最大纵坡不应大于7％。

4）电力工程建设应满足《低压配电设计规范》（GB50054—2011）的要求。导线及绝缘子、电杆的技术要求和配电线路所采用的导线，应符合国家电线产品技术标准。电气输电线路高压为10kV，低压为380V。

5）拦挡设施和截排水沟建设满足《开发建设项目水土保持技术规范》（GB50433—2008）的要求。

（三）工业场地复垦工程建设标准

1. 复垦措施

1）生产前应将所占耕地的表土层取下收集和储存，并有防止储存期间流失的措施。

2）复垦前应清除地面建筑物、构筑物及其他相关设施，清除硬化地面并挖除地基部分设施。充分利用不含有害成分的废弃物作为充填物，填平补齐地面，平整土地，自然沉实。

3）复垦时，应依据工业场地土壤的性状确定覆土的必要性。土壤污染严重且不易处理时，应铺设隔离层。

4）根据工业场地的复垦方向来选择植物品种、配置模式和栽植技术。复垦为耕地时，应选择适应性强、抗逆性强的作物品种；复垦为林地时，应选择适宜的乡土树种和先锋树种；复垦为草地时，应选择抗旱、抗盐碱、抗贫瘠的优良草种。

5）完善灌排设施、道路设施等相关配套工程。应尽量充分利用原有的供水系统，包括充分利用原有矿区开采生产或是附近农林生产的水源、供水管线和动力系统。应因地制宜地修建涵洞、渡槽、倒虹吸等农田水利水工建筑物。

2. 建设标准

（1）地貌重塑工程

1）对清理后被压占的土地进行厚度为 30cm 深翻，平整并使之自然沉实。

2）复垦为耕地时，平整后地面坡度不宜大于 5°，复垦为林地、草地时，坡度不宜大于 25°。机械作业区坡度宜小于 20°。

3）复垦成耕地时田块规格应满足露天采矿场建设标准的要求。

（2）土壤重构工程

1）生产前剥离表土层厚度不应小于 20cm，一般堆高不应大于 2m。

2）原土层结构未被破坏时，不需重新覆土。土层结构已破坏时需重新覆土。表土覆盖厚度应根据当地土质情况、气候条件、种植种类以及土源情况确定。一般覆土厚度不应小于 50cm；原土壤有毒有害时，覆土厚度应为 150～200cm。复垦为耕地时，覆土厚度不应小于 50cm，耕作层不应小于 20cm；复垦为草地时，覆土厚度应为 20～50cm；复垦为林地时，覆土厚度应为 200～300cm。

3）覆土土壤 pH 范围以 5.5～8.5 为宜，含盐量不应大于 0.3%。覆土的质量应满足《土壤环境质量标准》（GB15618—2008）中Ⅲ类土壤标准的要求。

4）经过土壤改良，基质土壤环境质量应满足《土壤环境质量标准》（GB15618—2008）的要求。

5）土壤污染严重且不易处理时，应铺设隔离层，隔离层厚度一般应为 30～50cm。

（3）植被重建工程

1）复垦为林地的应满足《造林作业设计规程》（LY/T1607—2003）的要求。成活率应达到 85% 以上，定植密度应大于 3000 株/hm²，3 年以后郁闭度应达到 0.30～0.40。

2）复垦为草地的应满足《人工草地建设技术规程》（NY/T1342—2007）的要求。覆盖度应达到 40%～50%，立地条件好的地区应达到 60%，立地条件差的地区应达到 30%。

3）农田防护林建设应满足当地土地开发整理工程建设标准的要求，受防护的农田面积占建设区面积的比例应不低于 85%。

（4）设施配套工程

1）充分利用矿区原有的水源，灌溉水源水质应满足《农田灌溉水质标准》（GB5084—2005）的要求。

2）复垦为耕地时，灌排设施要求及道路工程、电力工程、水土保持工程建设可参照露天采矿场建设标准执行。

五、复垦模式与工程体系

(一) 复垦模式

1. 不同区域的土地复垦模式

受当地采矿模式、开采程度等的影响，必须结合当地实际情况，按照因地制宜的原则采取合理科学的复垦模式，才能缓解人多地少的矛盾，实现矿区经济、社会、生态环境的共同发展。各地常见的复垦模式如下。

(1) 农林牧综合的复垦模式

该模式是先对裂缝进行修复，然后采用生物措施，修复植被、恢复生态环境、减少水土流失。适合自然环境较为恶劣，夏季干旱少雨，冬季干燥、多风、寒冷，裂缝比较严重的北方地区。

(2) 生态农业复垦模式

该模式将恢复耕地作为复垦的首要目标，改良和熟化土壤，优化耕作条件，合理配置农作物，逐步融入畜牧业，增加农副产品的产量，建成工矿区的农副产品加工区，实现更高的经济目标。适合于自然资源条件好，农业产出率相对高的低山丘陵地区。

(3) 植被重建的生态林模式

该模式综合利用当前有效资源，结合矿区所处位置、自然环境条件，采用工程措施以煤矸石、采矿废弃物将裂缝填充，在此基础上实施退耕还林、还草工程，实现生态林复垦，建立防护林带，或发展生态农业、休闲产业、生态旅游业。适宜于因煤矿开采引发的土地裂缝多的山地丘陵开采区。

(4) 综合治理复垦模式

黄土丘陵地的开采区具有得天独厚的资源条件，当地农民对第一产业的依赖程度低，农村剩余劳动力比较少，经济实力相对雄厚，宜采用一步到位的综合治理复垦模式，即采用全方位的复垦规划将复垦后的所有土地进行统一的综合治理，有效配置土地资源，合理安排土地利用方式，将农业、畜牧业、林业相结合，建立大型生态农业区，在此基础上，兼顾社会环境，建立森林公园、生态农业观光区、农家乐等来发展旅游业，开发旅游价值，改善矿区生态环境。通过综合治理，以达到增地、增效、保水、保土、改善生态环境、实现矿区的经济、社会、生态效益的目的。

2. 不同地块的土地复垦模式

(1) 种植模式

塌陷区实施工程复垦措施后，依据生态位原理，将营养结构中的各营养单元，即生物成员配置在一定的平面位置上。例如，农林间作、农果间作、农药间作以及不同农作物间的间作套种,充分利用太阳能、水分和矿物质等营养元素,建立一个垂直空间上多层次、时间上多序列的产业结构,从而提高土地的使用率及产出效益,并获得较高的经济效益和生态效益。

(2)种养结合模式

在对矸石山实施工程复垦后,依据生态位原理,在垂直面内具有不同的生态条件,适合于不同的生物物种生存,兼顾种植、养殖方面,将生物成员配置在适当的垂直位置上。例如,在复垦的煤矿废弃地上种果树,在果树林内养鸡,鸡以果树上的虫类为食,鸡粪则为树下的土壤增加肥力和有机质,形成鸡灭虫、粪肥泥的良性生态循环。种养共存,相得益彰,增加效益。这两种模式是生态农业的体现,生态农业最大限度地循环利用大自然的资源,创建了节约型发展生产的模式,提高了农业生产的经济效益,减少了生存空间的污染,开辟了一条循环经济发展的道路。因此,应该加快生态农业的复垦研究,促进各生产要素的优化配置,优化国土空间开发格局,全面促进资源节约,加大自然生态系统和环境保护力度,实现物质、能量的多级分层利用,不断提高其循环转化效率和系统的生产力。煤矿废弃地农业复垦必须坚持走生态农业复垦的道路,最终实现经济、生态和社会综合效益最大化。

(二)复垦工程体系

根据不同损毁类型土地复垦工程建设工艺、建设程序等进行土地复垦工程体系构建。参照中华人民共和国国土资源部即将颁发的《矿区土地复垦工程建设标准》征求意见稿将土地复垦工程体系分为3个等级的工程项目。

土地复垦工程体系分土壤重构工程、植被重建工程、配套工程和监测与管护工程,4个一级项目;充填工程、土壤剥覆工程、平整工程、坡面工程、生物化学工程、清理工程、林草恢复工程、农田防护工程、水源工程、灌排工程、喷(微)灌工程、建筑物工程、疏排水工程、输电线路工程、道路工程、监测工程和管护工程17个二级项目和49个三级项目。土地复垦工程体系构成参见表3.3。

表 3.3　土地复垦工程技术体系

一级名称	二级名称	三级名称	说　明
土壤重构工程	充填工程		利用矿区固体废弃物、工业与生活垃圾等作为充填料回填低洼地、塌陷区以及裂缝等的过程
		地裂缝充填	利用矿区固体废弃物、工业与生活垃圾等作为充填料回填地表塌陷裂缝的过程,以保证土地利用的要求
		塌陷地充填	利用土壤和容易得到的矿区固体废弃物等来充填采矿沉陷地,恢复到设计地面高程来综合利用土地
		其他	除上述地裂缝充填、塌陷地充填之外的其他充填工程

一级名称	二级名称	三级名称	说　明
土壤重构工程	土壤剥覆工程		为充分保护及利用原有表土和建设复垦土地的表土层而采取的各种措施
		表土处置	建设露天采场、运输道路、废物堆弃场、居民区、工业建筑等时，对表土实行单独采集、存放和利用的过程
		客土	当复垦区内土层厚度和表土土壤质量不能满足植被恢复需要时，从区外运土填筑到回填部位的土方搬移活动
		其他	除上述表土处置、客土之外的其他土壤剥覆工程
	平整工程		复垦过程中为了满足土地利用需要对损毁土地进行平整的过程
		田面平整	按照一定的田块设计标准所进行的土方挖填活动
		田埂（坎）修筑	按照一定的田块设计标准所进行的埂坎修筑活动
		场地平整	将损毁土地改造成工程上所要求的设计平面
		其他	除上述田面平整、田埂（坎）修筑和场地平整之外的其他土壤剥覆工程
	坡面工程		为防治坡面水土流失，保护、改良和合理利用坡面水土资源而采取的工程措施
		梯田	在地面坡度相对较陡地区，依据地形和等高线所进行的阶梯状田块修筑工程。按照断面形式不同，梯田分水平梯田和坡地梯田
		护坡（削坡）	为防止边坡冲刷，在坡面上所做的各种铺砌和栽植工程
		其他	除上述梯田、护坡（削坡）之外的其他坡面工程
	生物化学工程		利用生物化学措施对复垦土地进行培肥改良和污染防治的过程
		土壤培肥	通过人为活动，创造构建良好的复垦地土，提高土壤肥力和生产力的过程
		污染防治	运用技术手段和措施，对具有潜在污染的复垦土地进行控制
		其他	除上述土壤培肥、污染防治之外的其他生物化学工程
	清理工程		复垦过程中对固体废弃物、建筑垃圾等进行清理的过程
植被重建工程	林草恢复工程		通过植树种草的方法对损毁土地进行植被恢复的过程
		种草（籽）	通过种草（籽）的方法对损毁土地进行植被恢复的过程
		植草	通过植草的方法对损毁土地进行植被恢复的过程
		种树（籽）	通过种树（籽）的方法对损毁土地进行植被恢复的过程
		植树	通过植树的方法对损毁土地进行植被恢复的过程
		其他	除上述种树（籽）、植树、种草（籽）、植草之外的其他植被恢复工程

续表

一级名称	二级名称	三级名称	说　明
植被重建工程	农田防护工程		用于农田防风、改善农田气候条件、防止水土流失、促进作物生长和提供休憩庇荫场所的农田植树种草等工程
		种树（籽）	在田块周围营造的以防治风沙和台风灾害、改善农作物生长条件为主要目的的种树（籽）造林工程
		种草（籽）	用于改善农田气候条件、防止水土流失所的农田种草工程
		其他	除上述种树（籽）、种草（籽）之外的其他农田防护工程
配套工程	水源工程		为农业灌溉所修建的地表水拦蓄水、河湖库引提水、地下取水等工程的总称
		塘堰（坝）	用于拦截和集蓄当地地表径流，蓄水量在 10 万 m³ 以下的挡水建筑物。包括堰、塘、坝
		农用井	在地面以下凿井，利用动力机械提取地下水的取水工程。包括大口井、管井和辐射井
		小型集雨设施	在坡面上修建的拦蓄地表径流、蓄水量小于 1000m³ 的蓄水池、水窖、水柜等蓄水建筑物
		其他	除上述塘堰（坝）、农用井和小型集雨设施之外的其他水源工程
	灌排工程		为调节农田水分状况及改变和调节地区水情，以消除水旱灾害，合理而科学地利用水资源而采用的灌溉排水措施
		明渠	在地表开挖和填筑的具有自由水流面的地上输水工程
		管道	在地面或地下修建的具有压力水面的输水工程
		明沟	在地表开挖或填筑的具有自由水面的地上排水工程
		暗渠（管）	在地表以下修筑的地下排水工程
	喷（微）灌工程		比管道输水更加节水的一种灌溉方式。包括喷灌、微灌
		喷灌	利用专门设备将水加压并通过喷头以喷洒方式进行灌水的工程措施
		微灌	利用专门设备将水加压并以微小水量喷洒、滴入方式进行灌水的工程措施。包括滴灌、微喷灌、渗灌等
	建筑物工程	倒虹吸	输水工程穿过其他水道、洼地、道路时以虹吸形式敷设于地面或地下的压力管道式输水建筑物
		渡槽	输水工程跨越山谷、洼地、河流、排水沟及交通道路时修建的桥式输水建筑物
		农桥	田间道路跨越河流、山谷、洼地等天然或人工障碍物而修建的过载建筑物
		跌水、陡坡	连接两段不同高程的渠道或排洪沟，使水流直接跌落形成阶梯式或陡槽式落差的输水建筑物
		水闸	修建在渠道或河道处控制水量和调节水位的控制建筑物，包括节制闸、进水闸、冲沙闸、退水闸、分水闸等
		涵洞	田间道路跨越渠道、排水沟时埋设在填土面以下的输水建筑物
		泵站	通过动力机械将水由低处送往高处的提水建筑物，又称抽水站、扬水站
		其他	除上述建筑物工程之外的其他建筑物工程

续表

一级名称	二级名称	三级名称	说　明
配套工程	疏排水工程		将开采沉陷积水区的复垦治理通过强排或自排的方式实现
		截流沟	在坡地上沿等高线开挖用于拦截坡面雨水径流，并将雨水径流导引到蓄水池的沟槽工程
		排洪沟	在坡面上修建的用以拦蓄、疏导坡地径流，并将雨水导入下游河道的沟槽工程
	输电线路工程	线路架设工程	通过金属导线将电能由某一处输送到目的地的工程
		配电设备安装	承担降压或用配电设备通过配电网络将电能进行重新分配的装置
	道路工程	田间道	连接田块与村庄，供农业机械、农用物资和农产品运输通行的道路
		生产路	项目区内连接田块与田块、田块与田间道，供人员通行和小型农机行走的道路
		其他道路	除上述田间道、生产路之外的其他道路工程
监测与管护工程	监测工程		对复垦的土地进行土地损毁和复垦效果等监测；对耕地、林地、草地和基础设施等进行管护
			监测土地损毁类型、面积、程度和土地总复垦率，增加耕地率、水保程度、生产力水平、植被覆盖度等指标
	管护工程		对复垦土地上的林草植被和相关设施进行管护

第二节　煤矿废弃地土壤改良

　　土壤是岩石圈表面的疏松表层，是陆生植物生活的基质。它提供了植物生活必需的营养和水分，是生态系统中物质与能量交换的重要场所。土壤作为农业的基本生产资料，是人类耕作的劳动对象，与社会经济紧密联系，其本质是肥力。土壤肥力是土壤为植物生长提供和协调营养条件和环境条件的能力。是土壤各种基本性质的综合表现，是土壤区别于成土母质和其他自然体的最本质的特征，也是土壤作为自然资源和农业生产资料的物质基础。土壤肥力是土壤物理、化学、生物化学和物理化学特性的综合表现，也是土壤不同于母质的本质特性。土壤肥力按成因可分为自然肥力和人为肥力。前者指在五大成土因素（气候、生物、母质、地形和年龄）影响下形成的肥力，主要存在于未开垦的自然土壤；后者指长期在人为的耕作、施肥、灌溉和其他各种农事活动影响下表现出的肥力，主要存在于耕作（农田）土壤。自然肥力是由土壤母质、气候、生物、地形等自然因素的作用下形成的土壤肥力，是土壤的物理、化学和生物特征的综合表现。它的形成和发展，取决于各种自然因素质量、数量及其组合适当与否。自然肥力是自然再生产过程的产物，是土地生产力的基础，它能自发地生长天然植被。人工肥力是指通过人类生产活动，如耕作、施肥、灌溉、土壤改良等人为因素作用下形成的土壤肥力。土壤肥力质量是土壤各方面性质的综合反映，体现了其在农业生产和科学研究中的重要地位。土壤肥力的高低直接影响着作物生长，影响着农业生产的结构、布局和效益等方面。

　　土壤改良是针对土壤的不良性状和障碍因素，采取相应的物理或化学措施，改善土壤性状，提高土壤肥力，增加作物产量，以及改善人类生存土壤环境的过程。土壤改良过程共分两个阶段：①保土阶段，采取工程或生物措施，使土壤流失量控制在容许的范围内。如果土壤流失量得不到控制，土壤改良也无法进行。对于耕作土壤，首先要进行农田基本建设。②改土阶段。其目的是增加土壤有机质和养分含量，改良土壤性状，提高土壤肥力。土壤改良技术主要包括土壤结构改良、盐碱地改良、酸化土壤改良、土壤科学耕作和治理土壤污染。

　　煤矿废弃地土粒组成、土壤有机质含量、土壤酸碱度、土壤结构、土壤养分（包括林木生长需要的氮、磷、钾、钙、镁等常量元素和铁、锰、锌等微量元素）含量及土壤有毒物质的成分和含量分析结果表明，受采矿活动的剧烈扰动影响的煤矿废弃地具有众多危害环境的极端理化性质，主要特点表现如下：①表土层破坏导致缺乏植物能够自然生根和伸展的介质，水分缺乏、营养物质不足、毒性物质含量过高。②极端贫瘠，N、P、K 及有机质含量极低，或是养分的不平衡。③存在限制植物生长的物质，如重金属含量过高、极端 pH 或盐碱化等。因此，只有进行煤矿废弃地土壤的结构调整与性质改良，才能提供植物生长需要的土壤层，满足植物生长需要；才能提高土壤有机质含量和土壤肥力，促进植物生长；才能调整土壤 pH，隔离重金属污染，避免对植物生长造成危害。

一、土壤改良途径

　　土壤改良的基本途径包括水利土壤改良、工程土壤改良、生物土壤改良、耕作土壤改良和化学土壤改良等。水利土壤改良，如建立农田排灌工程，调节地下水位，改善土壤水分状况，排除和防止沼泽地和盐碱化；工程土壤改良，如运用平整土地，兴修梯田，引洪漫淤等工程措施改良土壤条件；生物土壤改良，用各种生物途径种植绿肥、牧羊增加土壤有机质以提高土壤肥力或营造防护林等；耕作土壤改良，改进耕作方法，改良土壤条件；化学土壤改良，如施用化肥和各种土壤改良剂等提高土壤肥力，改善土壤结构等。

　　土壤改良剂，又称土壤调理剂，是指可用于改良土壤的物理、化学和生物性质，使其更适宜于植物生长，而不是主要提供植物养分的物料。例如，施石灰用来调整酸性土壤的 pH，施石膏用来抑制土壤中的 Na^+、HCO_3^{3-}、和 CO_3^{2-} 等离子，施用有益微生物来提高土壤生物活性等。但由于改良土壤结构的物料量大面广，所以习惯上人们把土壤结构改良剂与土壤改良剂等同起来。常见土壤改良剂有以下几种类型：①矿物类，主要有泥炭、褐煤、风化煤、石灰、石膏、蛭石、膨润土、沸石、珍珠岩和海泡石等；②天然和半合成水溶性高分子类，主要有秸秆类、多糖类物料、纤维素物料、木质素物料和树脂胶物质；③人工合成高分子化合物，主要有聚丙烯酸类、醋酸乙烯马来酸类和聚乙烯醇类；④有益微生物制剂类。

二、土壤改良措施

（一）覆土和客土改良

由于矸石山风化壳表层土壤结构差，主要为非活性孔隙，而束缚水孔隙或微孔隙较少甚至没有，导致矸石的含水量和持水量少。覆土和客土改良是对矸石地进行复垦改造的一种有效途径。通过基质改良可使矸石的有效养分增加，并具有一定的土壤结构。阜新地区非金属矿产丰富，可用品位低、无开发价值的非金属或粉煤灰作为矸石表层的改良剂，如沸石、蛭石、膨润土、高岭石等，利用它们具有质轻、多孔和具有较大比表面积的特点，改善土壤的物理性质，可以降低容重，增加孔隙度，调节固、液、气三相比例，从而有效减少表层的水分蒸发，保蓄水分，提高水分利用效率，提高植物对水分的有效利用程度。同时利用它们具有强吸附性和阳离子交换的能力，改善并增强土壤的肥力。

表土转换虽是破坏了植物，但土壤基本保持原样，土壤的营养条件及种子库保证了本土植物的迅速定居，无需更多的投入。表土转换工程的关键在于表土的剥离、保存和工程后表土的复原。在整个过程中，应尽力减少对土壤结构的破坏和养分的流失。目前西欧大多数国家都要求凡涉及露天开采的工程都采用这一技术，我国海南田独铁矿、云南昆阳磷矿也取得了很好的效果。作为一种变通的办法，也可以从别处取来表土覆盖遭破坏的区域，这已在较小的工程中广泛使用，不过代价昂贵，且获得合适的表土较为困难。

（二）灌溉施肥

灌溉在一定程度上可以缓解废弃地的酸性、盐度和重金属问题。美国科罗拉多州的实践表明，在植物定居之前，经过一番天然淋溶实属必要。油页岩在淋溶之前施加氮、磷、钾肥对植物生长不起作用，因为油页岩的盐害抑制植物生长，天然淋溶之后，绝大部分可溶性盐类随之消失，施加氮、磷、钾肥可取得效果。当废弃地的毒性被解除之后，施用化学肥料有助于建立和维持植被，综合施加氮、磷、钾肥要比单施某一种肥料好。速效的化学肥料在结构不良的废弃地上易于淋溶，收效不大，缓效肥料往往会取得更好的效果。在管理方便的情况下可以少量多次。

施用有机物质是矸石地基质改良的主要手段。这些有机物质主要包括池塘污泥、生活垃圾、作物秸秆、人畜粪便、堆制绿肥等，来源广泛，改良效果良好。主要作用在于：①有机物质是一种良好胶结剂，对废弃地颗粒性基质起胶结作用；②有机物质引入可改变矸石地表层颜色，增强对太阳吸收能力，改善热性质，有利于微生物活动和种子植物萌发。

（三）化学土壤改良

化学土壤改良就是采用化学结构改良剂来改造矸石地土壤。化学改良剂是由各种化工厂的废弃物形成的复杂的有机矿物化合物，其特点是不仅能形成预防表层土壤冲刷、不妨碍根系及幼草穿透的防护膜，而且能提供足够的酸性中和剂、氧化剂和一定的营养元素。同时，能防止日灼和水分蒸发。

（四）生物土壤改良

促进人工林生长和防止岩土风蚀的有效生物学措施是在人工林间种植豆科绿肥和引入具有固 N 能力的树种。澳大利亚通过对草场草类改善研究认为，在废弃地上种植豆科绿肥可以稳定废弃地表层，改善覆土的物理、化学和微生物性质，可控制水和风力侵蚀。因此，在矸石地植被复垦过程中，可以通过种植草木樨、苜蓿、牛角花、羽扇豆等豆科植物，促进矸石地土壤种氮素的积累，预防风对幼苗的吹蚀和日灼，促进养分积累、根系营养层内水分积累和再分配。

微生物肥料、菌根接种技术也已在复垦造林中进行试验和应用。原苏联在林业复垦实践中，进行了小范围的施用微生物肥料试验，已成功地应用了磷钾菌肥及复合肥技术。印度学者 Jha 用多聚丙烯酰胺根瘤菌接种豆科植物种子，进行撒播试验的成活率和生物量都比较高。

（五）重金属元素的处理

针对污染元素的性质采取相应措施防治或减少重金属元素的污染是进行矸石堆积地植被建设重要环节。通过覆土或多施有机肥料来降低汞的活性，也可施用硫酸铵肥料，使汞生成硫化汞而加以固定，从而减少汞的污染。通过客土、深翻，也可以通过施加石灰质矿物及磷酸钙等措施来降低土壤中铜的活性，从而减少矸石地土壤中铜的污染。通过深翻土壤或施加石灰来降低锌的活性，也可以通过施加磷肥，使锌与磷酸盐结合成难溶的磷酸三锌，从而降低矸石地土壤中锌的污染。还可以通过施入适量的改良剂，如石灰、石灰石、硅酸钙、磷肥等和调节土壤酸碱度来防治和降低矸石地土壤中的铬和铅的污染。

（六）污水、垃圾的处理

目前，世界上许多国家都在探索污水处理系统可替代技术，在水处理方面融入生态工程的概念。这种技术重新建构了自然处理过程，用湿地中的植物、土壤和微生物环境来处理废水。对于水资源的利用、净化技术主要有人造湿地构建技术、植物根际过滤技术等。垃圾一般作为表土的替代物用以覆盖矿业废弃地。因为它们养分含量较高，往往能取得良好的效果。覆盖层的厚度，视废弃地的状况和复垦目标而定。废弃地毒性较高或恢复成农业用地要求覆土厚实，至少 30cm以上，若只要获得草本植物的覆盖，10cm 左右的覆土也就足够了。若是废弃地重金属含量较高，则需在覆土前加一层低活性、粗颗粒物质作为隔离层，以防止重金属因毛细管作用向上迁移导致植被的退化。

（七）填土造田

我国的煤矿废弃地占地面积最大，复垦问题引人注目。鉴于煤矿废弃地多为采空区或塌陷区，而当地又有大量的粉煤灰固体废弃物，因此，在一些煤矿塌陷区利用粉煤灰作填充材料，其上覆以 30～40cm 的黄土，进行造林或种植农作物，结果表明，刺槐、柳树、泡桐、苦楝和火炬树等树种都可获得正常生长，尤以刺槐和柳树生长较快，其根系可以扎入粉煤灰中。粉煤灰覆田再辅以正常的水肥供应，一般农作物如小麦、玉米、花生、白菜等也能正常生长，作物中的微量元素和放射性元素含量均符合我国的食品卫生标准。尤其在缺少填充材料的塌陷区可采用"挖深补浅"的办法，这样可营造一部分耕地和一部分养殖水塘。

（八）微生物处理

利用生物固氮作用在重金属含量较低的废弃地进行土壤改良及植被重建显现出很大的作用和潜力。改良废弃地广泛引入的固氮植物有红三叶草、白三叶草、桤木、刺槐和相思等。

近年来，长喙田菁的茎瘤共生体系因其具有极高的固氮效益而备受关注。对于具较高重金属毒性的废弃地，必须用相应的工程措施（如掺入一定比例的污水、污泥等）以解除其毒性，保证植物结瘤固氮。菌根能够有效地利用基质中的磷，而且不受尾矿中富含金属的毒害，所以将其接种于相应的共生树种，可以较好地适应废弃地的生境，这对废弃地植物定居起着重要作用，达到一定的改良目的。

三、土壤改良方法

土壤有机质是植物生长发育和微生物生命的能源，在煤矿废弃地生态恢复中，土壤机质改良是首先需要解决的问题，也是核心问题。煤矿废弃地的基质改良材料和方法很多，但都是要实现改良土壤基质的物理结构，改良基质的养分结构和去除基质中的有毒有害物质3项基本目标。

　　国外废弃地土壤治理主要采用覆盖、物理处理和化学处理、添加营养物质、去除有害物质、添加物种等方法。而且这5种措施是因时、因地配合使用的，并在英国、美国、德国的矿山废弃地生态重建中已经取得了显著效果。

　　我国人多地少，人地矛盾十分突出，因此，我国矿区土地整治结束后，覆盖有一定厚度土层的平缓土地，最好是根据当地土地利用规划的要求恢复为农田。对于坡度较大的土地还可进一步修筑梯田，防止水土流失，提高土地生产力。但是，这些土地存在的主要问题是土壤肥力低，土壤结构不良，保水保墒能力差，然而只要采取有力的培肥措施和适当的农业耕作技术，还可以满足农业的要求。用于改良废弃地土壤的材料极其广泛，如表土、化学肥料、有机废弃物、绿肥、固氮植物及作物的秸秆等。改土耕作技术包括增肥改土、以土改土、种植改土、梯田改土、粗骨土改土、风沙土改土等等。土壤改良的方法可分为物理改良、化学改良和生物改良3种，其介绍如下。

（一）物理改良

1. 表土保护利用技术

　　常用的表土保护利用技术是指在地表扰动破坏前先把表层（30cm）及亚层（30~60cm）土壤取走，加以保存，尽量减少其结构的破坏和养分流失，以便工程结束后再把它们运回原处利用。西欧大多数国家已要求在露天矿山中采取此技术。卞正富等（1999）认为，通过条带式覆土或全面覆土，矸石酸性得到较好的控制，而穴植覆土不能有效控制。但是有些矿山废弃地根本没有土壤层，必须先在废弃地上盖土、改良，或当废弃地的有害物质含量很大，必须在废弃地上先铺一层隔离层（可以用压实的黏土或高密聚酯乙烯薄膜），以阻挡有毒物质通过毛细管作用向上迁移，然后再覆土。如果想在废弃地上种植农作物或果树，则需要加大覆土厚度，防止有毒有害物质进入农作物和果树中。

2. 客土覆盖

　　废弃地土层较薄时或是缺少种植土壤时，可直接采用异地熟土覆盖，直接固定地表土层，并对土壤理化特性进行改良，特别是引进氮素、微生物和植物种子，为矿区植被重建创造有利条件。客土作业中尽可能利用城市生活垃圾、污泥或其他项目的剥离表土，减少对其他区域土壤土层的破坏。

3. 施用有机改良物质

　　有机肥料不仅含有作物生长和发育所需要的各种营养元素，而且可以改良土壤物理性质。有机肥料种类很多，包括人类粪便、污水、污泥、有机堆肥、厩肥、沤肥、土杂肥、人工造肥、泥炭物质等。污水、污泥、泥炭、垃圾及动物粪便等富含氮、磷有机质，被广泛地应用于矿山废弃地基质改良。因为其富含养分且养分释放缓慢，可供植物长期利用。所含的大量有机物质，可作为阴阳离子的吸附剂，提高土壤的缓冲能力，降低土壤中盐分的浓度。还可以螯合或者络合部分重金属离子，缓解其毒性、提高基质持水保肥的能力，这种施用有机肥料的方法是使用固体废弃物来治理废弃地的土壤结构，既达到了废弃物利用，又收到了良好的环境和经济效益。城市污泥除含有丰富的氮、磷、钾和有机质外，还有较强的黏性、持水性和保水性，从而能够改良废弃地的理化性质、增加土壤肥力，并提高矿区废弃地微生物的活性。将城市污泥与白滤泥等碱性废弃物按一定比例混合，进行堆沤后再施用，效果会更好。植物秸秆还田也能改善基质的物理结构，有利于微生物生长，固定和保存氮素养分，促进基质中养分的转化。但是生活污泥还含有部分病原微生物和寄生虫卵以及微量重金属元素，通过各种传播途径，污染土壤、空气、水源，危害植物的生长，所以在使用中应合理控制生活污泥的使用年限和使用数量。只要控制适当，就不会造成土壤基质的再次污染。

增肥改土主要是增加有机肥料。矿区土壤有机质含量很低，增施有机肥有助于改良土壤结构及其理化性质，提高土壤保肥保水能力。特殊再塑土体由于土壤酸碱度不适和太贫瘠，必须把有机肥料的施用与化学改良剂、化肥等结合起来，因此施用时必须注意肥料的交叉作用，避免混施时造成肥效降低。

（二）化学改良

1. 土壤肥力

添加营养物质提高土壤肥力是土壤改良的有效途径和基本方法之一。肥料是植物生长的限制因子之一，煤矿废弃地一般缺乏氮、磷、钾，所以，三者配合使用一般能取得迅速而显著的效果。鉴于有些废弃地基质结构不良，速效的化学肥料极易被淋溶，只有少量、多次施用速效化肥或选用一些分解缓慢的长效肥料效果较好。在 pH 过高或过低，盐分或金属含量过高情况下，首先要进行土壤排毒，然后再施用化学肥料。对于重金属含量过高的废弃地可施用碳酸钙或硫酸钙来减轻金属毒性。如果废弃地处于酸性条件，可施用石灰等碱性物质中和，当废弃物的酸性较高或产酸持久时，则应少量多次施入石灰。硫黄、石膏和硫酸等则主要用于改善废弃物的碱性。另外，分子式为 $C_{10}H_{16}N_2O_8$，分子量为 292.2 的乙二胺四乙酸（通常叫做 EDTA）可使金属离子形成稳定络合物，降低重金属离子的毒性。

2. 重金属毒性

如果存在有毒元素，缺乏主要养分不过是次要因素。当溶液中的一种离子浓度提高时，则可观察到植物对其他离子吸收增多或减少，当一种离子抑制另一种离子的吸收时，则可认为两者之间产生拮抗作用。Ca^{2+} 就具有此作用，许多重金属离子的毒性就是由于 Ca^{2+} 的存在而趋于缓和。已经有实验证明，Ca^{2+} 存在显著降低植物对重金属的吸收，施加含 Ca^{2+} 化合物缓解重金属毒性，可以在废弃地中施加 $CaSO_4$ 或 $CaCO_3$ 等以解决 Ca^{2+} 含量低的问题。在种植植物前，对含酸、碱、盐分及金属含量过高的废弃地进行灌溉，在一定程度上可以缓解废弃地的酸碱性、盐度和金属的毒性，有利于植物定居。灌溉实际上是人为的淋溶过程。一般经过淋溶，当废弃地的毒害作用被解除后，应用全价的化学肥料或有机肥料来增加土壤肥力，有利于植物定居建植。

3. 极端 pH

由于多数矿业废弃地存在不同程度的酸化问题，有些废弃地具有酸性，致使金属离子浓度过高或酸性过高，不适应植物的生长，因此需要改善其酸性条件。可以施加硅酸钙、碳酸钙、熟石灰等市售农用石灰性物质以中和土壤的酸性条件，即可以中和酸性，还可以利用 Ca^{2+} 的拮抗作用来降低植物对重金属的吸收。当废弃地的酸性较高时，应少量多次施用碳酸氢盐与石灰，防止局部石灰过多而使土壤呈碱性。磷酸盐能有效地控制含硫矿物酸的形成，也可用于改良含酸废弃地。若 pH 过高，则可以投加 $FeSO_4$、硫黄、石膏和硫酸等物质来改善废弃地的环境。并且对富含碳酸钙及 pH 较高的废弃地，可利用适当的煤炭腐殖质酸物质进行改良，试用低热值的煤炭腐殖酸物质，仅仅靠干湿交替的土壤热化过程，就可以提高石灰性土壤中磷的供应水平，从而达到改良土壤的目的。

（三）生物改良

1. 植物改良

植物具有独特的功能，可与微生物协同作用，从而发挥更大的效能。主要包括利用植物固定或修复重金属污染物等。植物对土壤改良从原理上可以分为植物提取、植物发挥、植物过滤、植物钝化等类型。植物提取是目前研究最多并且最有发展前景的一种方法。已经发现 400 多种植物能超量富集重金属。

各种废弃地影响植物定居的因素复杂多变，各种改良物质有其独特的性质和作用，种植绿肥牧草和作物改土效果明显。牧草如草木樨、沙打旺、作物如大豆、绿豆、黑豆等。新垦土地准备辟作农田时，可先种几年绿肥作物，改良土壤，培肥养地，然后再种植大田作物。亦可实行轮作、间作、套种等多种形式。草轮作和草田带状轮作应用于矿区可取得较好效果。

（1）草田轮作

即在一个轮作周期内，适当安排种植一段时间牧草的种植改土措施。种植豆科牧草能够提供土壤大量的有机质和氮素，根系也能明显的改良土壤结构，牧草密度大，覆盖地表的防蚀作用强，比单独种植农作物的水土流失明显减少。草田轮作中牧草可为多年生或一年生，轮作制和轮作周期根据具体情况确定，一般连续种植 3~5 年农作物后轮作牧草 2~3 年，而后再种植农作物。

（2）草田带状间作

在坡长较长的缓坡地上，为了保持水土，减少冲刷，可以进行等高草田带状间作，即在坡地沿等高线方向，以适当间距（一般 10~20m）划分为若干等高条带，每隔 1~3 带农作物种植一带牧草，形成带状间作，牧草带能够拦截、吸收地面径流和拦泥挂淤，明显减少水土流失。

（3）粗骨土（或风沙土）

矿区新垦土地的覆盖土含有大量的粗沙物质和岩石碎屑，山区、丘陵区、风沙区覆盖土往往混有碎石屑、沙土，这些土壤保土保水保肥能力差，有效养分含量低，有机质含量极低，种植农作物产量低而不稳，必须通过增掺黏土、淤泥物质和草甸土等才能改善土壤结构；同时，还必须施大量有机肥料，翻耕时注意适宜深度；还要利用种植牧草和选择耐旱、耐瘠的作物种类合理种植，才能达到综合改良的目的。

（4）植被对矸石地土壤的影响

植被增加矸石地土壤养分含量，提高土壤肥力的作用。主要体现在以下方面：①不同植被覆盖率的矸石地土壤的养分含量基本上符合全国土壤养分五级标准（速效氮除外）。②随着植被覆盖率的增加，矸石地土壤中的全氮和有机质含量也不断增加，所以恢复植被可以提高矸石地的全氮和有机质含量。③因速效氮、速效磷、速效钾、全硫很容易被植物吸收，所以随着植被覆盖率的增加，矸石地土壤中的水解氮、速效磷、速效钾、全硫含量不断减少。④植被形成可以降低矸石地土壤的 pH，防止土壤盐渍化，且随着植被覆盖率的增加，土壤 pH 逐渐减小。

植被对矸石地土壤的作用效果见表 3.4 和表 3.5。

表 3.4 植被对矸石地土壤的作用效果

植被状况	pH	速效氮/(mg/kg)	速效磷/(mg/kg)	速效钾/(mg/kg)	有机质/(mg/kg)	电导率/(mS/cm)	备注
林地	7.03	48.515	1.757	144.287	149 350	77.77	
裸地	8.78	185.1	1.789	235.615	52 300	786.255	海州排土场第一台阶
增加	−1.75	−136.6	−0.032	−91.328	97 050	−708.485	
裸地	7.2	20.899	1.41	659.183	80 950	109.43	孙家湾矸石山阳坡上部
稀少	7.7	30.602	1.004	276.554	56 430	113.96	阳坡中部
良好	7.08	23.884	1.385	353.71	63 840	141.75	阳坡下部
增加	0.12	−2.985	0.025	305.473	17 110	−32.32	
较差	7.13	26.87	1.201	311.196	184 120	102.97	
较好	6.83	34.333	6.492	294.98	165 310	126.88	孙家湾矸石山阴坡下部
最好	7.28	17.167	1.061	335.602	199 510	100.82	
增加	0.15	−9.703	−0.141	24.406	15 390	−2.15	

续表

植被状况	pH	速效氮/(mg/kg)	速效磷/(mg/kg)	速效钾/(mg/kg)	有机质/(mg/kg)	电导率/(mS/cm)	备注
裸地	7.2	73.145	1.296	329.303	193 520	94.14	孙家湾矸石山阴坡上部
较好	6.83	141.065	10.45	319.069	164 740	202.06	阴坡中部
好	6.83	76.878	7.837	322.729	195 520	162.85	阴坡下部
增加	−0.37	−3.733	6.541	−6.574	2 000	68.71	

注: 1) 采样时间 2004 年 8 月 11～15 日, 分析测定时间为 2005 年 6 月 28 日。2) 采样深度为 0～40cm, 表中数据为 0～20cm 和 20～40cm 采集的 38 个样品有机质、速效氮、速效磷、速效钾、pH、全盐量分析结果的平均值, 其中全盐量是用电导率的大小来表示的。3) 水土比为 5∶1。

表 3.5　植被恢复对土壤养分含量的影响

地点	植被状况	pH	全氮/(mg/kg)	全钾/(mg/kg)	全硫/(mg/kg)	速氮/(mg/kg)	速磷/(mg/kg)	速钾/(mg/kg)	有机质/(mg/kg)
磨岭	裸地	2.93	1327	2361	3200	4.899	6.22	58.965	93 820
裴沟、超化、米村	良好	7.81	2653	7039	3500	5.599	10.46	77.82	5830
	增加	4.88	1326	4678	300	0.7	4.24	18.855	−87 990
济宁二号煤矿	天然，较好	8.53	1173	18 034	2300	11.197	4.84	576.654	72 400
兴隆庄	人工，好	7.67	2042	14 710	2300	6.498	12.08	588.341	59 230
	增加		−0.86	869	−3324	0	−4.699	7.24	11.687	−13 170

　　表 3.4 显示: ①排土场林地 (植被覆盖下) 土壤有机质含量有明显增加 (提高了 1.86 倍)。土壤 pH 由 8.78 降低为 7.03, 含盐量 (电导率) 减少了 90.1%。②植被覆盖好的矸石山阳坡 pH、速效磷、速效钾、有机质含量比无植被覆盖的裸地分别增加了 0.12、0.025mg/kg、305.473mg/kg、17 110mg/kg; 含盐量减少了 29.5%。良好植被覆盖下的矸石山 pH、速效钾、有机质含量分别比覆盖较差的阴坡增加了 0.15、24.406mg/kg、15 390mg/kg; 全盐量减少了 2.1%。③在同一垂直带上, 矸石山阴坡下部植被良好, 中部较好, 上部最差 (为裸地)。自上而下, 土壤的 pH、速效氮、速效钾分别减少了 0.37、3.733mg/kg 和 6.574mg/kg。而速效磷、有机质、全盐含量分别增加了 6.541mg/kg、2000mg/kg 和 73.0%。

　　表 3.5 表明: ①在同一地区 (河南郑煤集团) 植被良好的矸石地比裸露的矸石山土壤 pH 和土壤养分均有不同程度的提高。其中 pH、全氮、全钾、全硫、速效氮、速效磷、速效钾分别比裸地增高了 4.88、1326mg/kg、4678mg/kg、300mg/kg、0.7mg/kg、4.24mg/kg 和 18.855mg/kg, 但有机质含量降低了 87 990mg/kg, 其原因为在矸石山人工造林绿化中均缺乏配置草本植物, 仅栽了

些乔木植物。②济宁二号煤矿和兴隆庄矿矸石山均植被较好,但以合理配置的人工植被下的矸石山改土效果较好,兴隆庄与济宁二号煤矿矸石山相比,pH、全钾、速效氮、有机质分别降低了 0.86、3324mg/kg、4.699mg/kg 和 13 170mg/kg,而全氮、速效磷、速效钾分别增加了 869mg/kg、7.24mg/kg 和 11.687mg/kg。

将矸石地植被覆盖率80%以上、植被覆盖率50%以上、植被覆盖率20%以上和无植被覆盖 4 种类型,分别记作:Ⅰ类、Ⅱ类、Ⅲ类和Ⅳ类。其中,Ⅰ类主要包括超化煤矿和兴隆庄煤矿,Ⅱ类主要包括裴沟煤矿和米村煤矿,Ⅲ类主要包括三里洞煤矿和王家河煤矿,Ⅳ类主要包括济宁二号煤矿和桃园煤矿,不同类型矸石地土壤的调查与分析结果见表 3.6。

表 3.6 不同类型矸石地土壤的基本情况

矸石地类型	地点	停止排矸时间/年	表层风化程度	植被覆盖率/%	重要指示植物
Ⅰ	兴隆庄,超化	>12	好	>80	刺槐、榆树、苦楝、侧柏、构树等
Ⅱ	裴沟,米村	8~12	较好	>50	榆树、臭椿、苦楝、构树、侧柏等
Ⅲ	三里洞,王家河	5~8	一般	>20	刺槐、臭椿、沙棘、狗尾草、杠柳、黄蒿等
Ⅳ	济宁二号煤矿,桃园煤矿	2~5	较差	0	臭椿、狗尾草

2. 微生物改良技术

微生物修复是指利用微生物的生命代谢活动减少土壤环境中有毒有害物的浓度和使其安全无害化,从而使受污染的土壤环境能够部分或完全地恢复到原始状态的过程。微生物在增加植物的营养吸收、改进土壤结构、降低重金属毒性及对不良环境的抵抗等方面具有不可低估的作用。因此,微生物改良技术在植被恢复与重建中越来越受到重视。

微生物改良技术是利用微生物的接种优势,对复垦地区土壤进行综合治理与改良的一项生物技术措施。借助向新建植的植物接种微生物,在改善植物营养条件、促进植物生长发育的同时,利用植物根际微生物的生命活力,使失去微生物活性的复垦区土壤重新建立和恢复土壤微生物体系,增加土壤生物活性,加速复垦地土壤的基质改良,加速自然土壤向农业土壤的转化过程,使生土熟化,提高土壤肥力,从而缩短复垦周期。微生物复垦技术在国外复垦中有较快的发展,特别是微生物肥料已在复垦土壤培肥中得到工业化应用。微生物的接种可以考虑选择抗污染的细菌,许多细菌具有抗污染的特性,因此在污染区接种抗污染菌是一种去除污染物的有效方法。这些细菌有的能把污染物质作为自己的营养物质,或者把污染物质分解成无污染物质,或者是把高毒物质转化为低毒物质,如在铁污染的土壤中可以接种铁氧化菌,不仅效果较好,而且比传统的方法节约费用;在汞污染的河泥中，存在一些抗汞微生物，能把甲基汞还原成元素汞，降低了汞的毒害。还可以接种营养微生物：废弃地的植物营养物质非常贫瘠，接种能提供营养的微生物对废弃地的生态恢复无疑是有很大的促进作用。有的微生物不仅能去除污染物，而且还能为群落的其他个体提供有利的条件。研究表明，在铅锌矿尾砂库的生态恢复中，把根瘤菌接种到银合欢等豆科植物的根部，能促进根瘤的形成，进而促进地上部分的生长和植株健壮。在有钼污染的地区接种菌根不仅有利于植物对磷的吸收，而且还有利于对钼的吸收，降低钼的污染。

　　3. 土壤动物改良

　　土壤动物在改良土壤结构、增加土壤肥力和分解枯枝落叶层促进营养物质的循环等方面有着重要的作用。作为生态系统不可缺少的成分，土壤动物扮演着消费者和分解者的重要角色，因此，在废弃地生态恢复中若能引进一些有益的土壤动物，将能使重建的系统功能更加完善，加快生态恢复的进程。例如，蚯蚓是世界上最有益的土壤动物之一，蚯蚓在改良土壤结构和肥力方面有重要作用。在矿山生态恢复方面率先将蚯蚓引入到煤矿废弃地的土壤复垦中，不仅能改良废弃地的土壤理化性质，增加土壤的通气和保水能力，同时又富集其中的重金属，减少了重金属的污染，达到了矿山废弃地生态恢复持续利用的目的。

　　矿山废弃地的生态恢复是当今世界关注的重要问题之一，基质改良又是进行生态恢复的关键。经过近几十年的研究与实践，国内外在矿山废弃地的土壤基质改良方面的研究有了突破性的进展。但由于矿区废弃物构成的多样性、局部立地条件的差异性、地带性差异、恢复利用目标的不同，致使土壤基质改良更为复杂，存在着一些迫切解决的问题。

　　根据矿业废弃地土壤基质针对恢复利用的限制性因子划分为不同的类型，并在此基础上研究不同类型矿山废弃地的土壤基质改良适宜的方式方法，这是矿区废弃地复垦和生态恢复的发展方向。土壤改良方法的选用，应遵循因地制宜、就地取材的原则，结合以往的研究成果，借鉴国际矿区土地复垦和生态修复的成功经验，研究废弃土壤化演化的自然规律和机理。通过有效利用土壤、土壤母质和煤矸石、粉煤灰、矿渣、低品位矿石等煤矿废弃物进行土壤化发育机理研究，实现人工辅助的土壤化演化。

第三节　小　结

　　煤矿废弃地土地复垦是指采用工程、生物等措施，对在生产建设过程中因挖损、塌陷、压占造成破坏、废弃的土地和自然灾害造成破坏、废弃的土地进行整治，使其恢复到可供利用状态的活动。进行煤矿废弃地土地复垦对于增加土地的有效使用面积，恢复被破坏土地的生产力以及改善生态环境具有重要的意义。

　　土地复垦模式主要有农林牧综合复垦模式、生态农业复垦模式、植被重建的生态林模式与综合治理复垦模式4种。农林牧综合的复垦模式是先对裂缝进行修复，然后采用生物措施，修复植被、恢复生态环境、减少水土流失。适合自然环境较为恶劣，夏季干旱少雨，冬季干燥、多风、寒冷，裂缝比较严重的北方高山丘陵地区。生态农业复垦模式是将恢复耕地作为复垦的首要目标，改良和熟化土壤，优化耕作条件，合理配置农作物，逐步融入畜牧业，增加农副产品的产量，建成工矿区的农副产品加工区，实现更高的经济目标。适合于自然资源条件好，农业产出率相对高的低山丘陵地区。植被重建的生态林模式是采用工程措施用煤矸石、采矿废弃物将裂缝填充的基础上实施退耕还林、还草工程，实现生态林复垦。综合利用当前有效资源，结合矿区所处位置、自然环境条件建立防护林带，或发展生态农业、休闲产业、生态旅游业。适宜于因煤矿开采引发的土地裂缝多的山地丘陵开采区。综合治理复垦模式是采用全方位的复垦规划将复垦后的所有土地进行统一的综合治理，有效配置土地资源，合理安排土地利用方式，将农业、畜牧业、林业相结合，建立大型生态农业区，在此基础上，兼顾社会环境，建立森林公园、生态农业观光区、农家乐等来发展旅游业，开发旅游价值，改善矿区生态环境。通过综合治理，以达到增地、增效、保水、保土、改善生态环境、实现矿区的经济、社会、生态效益的目的。这种一步到位的综合治理复垦模式适合于资源条件好，农村剩余劳动力比较少，当地农民对第一产业的依赖程度低，经济实力相对雄厚的黄土丘陵地区。

　　煤矿废弃地土地垦复技术主要包括工程复垦技术和生物复垦技术。工程复垦技术主要以矿区的固体废渣作充填物料，将塌陷区填满推平覆土。它兼有掩埋矿区固体废弃物和复垦塌陷土地的双重效益，所以发展甚快。工程复垦技术按复垦形式可分为充填复垦和非充填复垦两类。其中，充填复垦技术是将土地复垦技术与生态工程技术结合起来，综合利用生物学、生态经济学、环境科学、农业技术以及系统工程学等理论，运用生态系统的物种共生和物质循环再生原理，对破坏土地所设计的多层次利用的工艺技术。该技术一般是利用土壤和容易得到的矿区固体废弃物，如煤矸石、坑口和电厂的粉煤灰、露天矿排放的剥离物、尾矿渣、垃圾、沙泥、湖泥、水库库泥和江河污泥等来充填煤炭开采所引起的地表破坏、变形、沉落等地面塌陷区的技术措施。根据所用充填材料不同充填复垦又分为煤矸石充填复垦、粉煤灰充填复垦、湖泥沙泥充填复垦等。非充填复垦根据复垦设备、积水情况及地貌特征又分为泥直接利用、浆泵复垦、拖式铲运机复垦、挖掘机复垦、土地平整、梯田式复垦、疏排复垦等。结合复垦土地的利用和土地破坏的形式、程度，常用的矿山工程复垦技术有：煤矸石充填复垦技术、粉煤灰充填复垦技术、淤泥充填复垦技术、挖深垫浅复垦技术、疏排法复垦技术、采矿与复垦相结合的技术、梯田法复垦技术、综合治理技术、土地平整技术、建筑复垦技术、露天矿复垦技术及塌陷水域的开发利用等。土地平整技术主要消除附加坡度、地表裂缝以及波浪状下沉等破坏特征土地利用的影响。适用于中低潜水位塌陷地的非充填复垦、高潜水位塌陷地充填法复垦、与疏排法配合用于高潜水位塌陷地非充填复垦、矿山固体废弃物堆放场的平整以及建筑复垦场地的平整等。梯田式复垦技术适用于地处丘陵山区的塌陷盆地或中低潜水位矿区开采沉陷后地表坡度较大的情况。疏排法复垦技术适用于地下开采沉陷引起地表积水而影响耕种的地区，是高潜水位矿区大范围恢复塌陷土地农业耕作的有效办法。生物复垦技术是指利用生物措施恢复土壤肥力和生物生产能力的技术措施。微生物复垦技术是利用微生物活化剂或微生物与有机物的混合剂，对复垦后的贫瘠土地进行熟化和改良，恢复土壤肥力和活性。然而，耕作技术（包括深耕以改进压实和土壤结构）、地表覆盖技术、施肥技术和生物改良技术是最常用、最重要的复垦地土壤改良措施。

土壤改良是针对土壤的不良性状和障碍因素，采取相应的物理或化学措施，改善土壤性状，提高土壤肥力，增加作物产量，以及改善人类生存的土壤环境的过程。也是运用土壤学、农业生物学、生态学等多种学科的理论与技术，排除或防治影响农作物生育和引起土壤退化等不利因素，改善土壤性状、提高土壤肥力，为农作物创造良好的土壤环境条件的一系列技术措施的统称。土壤改良可分为土壤化学改良和土壤物理改良两种类型。常用的化学改良剂有石灰、石膏、磷石膏、氯化钙、硫酸亚铁、腐殖酸钙等，视土壤的性质而择用。例如，对碱化土壤需施用石膏、磷石膏等以钙离子交换出土壤胶体表面的钠离子，降低土壤的pH。对酸性土壤，则需施用石灰性物质。化学改良必须结合水利、农业等措施，才能取得更好的效果。土壤物理改良是采取相应的农业、水利、生物等措施，改善土壤性状，提高土壤肥力的过程的统称。具体措施有：适时耕作，增施有机肥，改良贫瘠土壤；客土、漫沙、漫淤等，改良过砂过黏土壤；平整土地；设立灌、排渠系，排水洗盐、种稻洗盐等，改良盐碱土；植树种草，营造防护林，设立沙障、固定流沙，改良风沙土等。

为加强对矿区损毁土地复垦工程建设工作的指导，提高工程建设的科学性、合理性和经济性，推进土地复垦管理的制度化、规范化建设，中华人民共和国国土资源部根据《中华人民共和国土地管理法》、《土地复垦条例》及有关法律、法规、政策和技术标准，在新制定的中华人民共和国国土行业标准《矿区土地复垦工程建设标准》中对露天采场、排土（岩）场、塌陷地、尾矿库、矸石山、赤泥堆场、工业场地等矿区损毁类型土地复垦应遵循的技术要求和达到的建设标准都作了具体规定。

不同植被恢复模式对煤矿废弃地土壤物理性质和化学性质（土壤含水量、土壤容重、土壤总孔隙度、土壤pH、土壤电导率、土壤有机质、土壤速效氮、土壤速效磷和土壤速效钾含量等）均有显著影响。研究证明，植被恢复可以有效改善土壤的速效养分含量。且混交林模式对土壤速效养分有较大的改善作用。

　　应用指数和法与模糊综合评价法、地累积指数法与潜在生态危害指数法、生物富集系数等方法研究煤矿废弃地土壤肥力及土壤重金属污染特征具有重要的理论价值和实践意义。煤矸石废弃地土壤肥力特性调查结果及其分析表明：①从土壤单一肥力指标分析来看，陕西省铜川市三里洞、王家河和桃园煤矿矸石堆积地土壤各项肥力指标等级存在很大的差异，其肥力水平高低排序为有机质＝速效钾＞pH＞全氮＞全硫＝速效磷＞含水量＝全钾＞速效氮。土壤肥力隶属度评分值大小排序为：有机质（1.0）＝速效钾（1.0）＞全氮（0.632）＞pH（0.501）＞全硫（0.464）＞速效磷（0.403）＞全钾（0.363）＞含水量（0.129）＞速效氮（0.1）。②从指数和法和模糊综合评价法两种方法的综合评价结果来看，铜川矿区三里洞、王家河和桃园这3个煤矿矸石地土壤肥力均为3级，处于中等水平，排序为王家河矸石地＞三里洞矸石地＞桃园矸石地。所以，土壤水分、速效氮、全钾含量极度偏低，保水、保肥能力较差，重金属 Hg、Pb、Zn 对土壤的污染较为严重的陕西省铜川市三里洞、王家河、桃园这3个煤矿矸石废弃地，对植物的生长不利，应综合应用工程物理化学法、农业化学调控法、生物学修复法进行改造，并定期进行灌溉和追施速效氮肥及钾肥，以改善土壤结构与理化性质，提高其自我恢复能力。考虑到人力、物力、财力的投入以及不破坏生态环境、无副作用等方面，建议优先选择和利用生物学修复法，尤其是具有成本低、造成二次污染机会少、针对性强等优点的植物修复技术。

参 考 文 献

卞正富，张国良 . 1999. 矿山土复垦利用试验 . 中国环境科学，19（1）：81-84.

曾发治 . 2008. 神府矿区土地生态损害分析与修复 . 西安：西安科技大学硕士学位论文 .

樊文华，李慧峰，白中科，等 . 2010. 黄土区大型露天煤矿煤矸石自燃对复垦土壤质量的影响 . 农业工程学报，26（2）：319-324.

高雁鹏，石平，魏欣茹 . 2013. 工业废弃地的植物修复演替过程研究 . 北方园艺，（12）：78-81.

胡振琪 . 2006. 煤矸石山复垦 . 北京：煤炭工业出版社 .

黄凯 . 2014. 煤塌陷区土地复垦与重构土壤质量研究 . 中国建材科技，（2）：69-71，121.

霍锋 . 2006. 矸石废弃地土壤养分与有毒元素对植被恢复的影响 . 杨凌：西北农林科技大学硕士学位论文 .

黎炜，陈龙乾，周天建 . 2011. 张集矿区复垦土壤养分变化研究及评价 . 现代矿业，（2）：41-43.

李晋川，白中科，柴书杰，等 . 2009. 平朔露天煤矿土地复垦与生态重建技术研究 . 科技导报，27（17）：30-34.

李晓 . 2011. 潞安矿区土地复垦模式研究 . 能源环境保护，25（6）：41-43，57.

李秀妍 . 2011. 矸石山边坡稳定性分析及综合治理研究 . 煤 . 20（3）：44-45.

卢莎，张若萌，唐小玲，等 . 2011. 矿山排土场土壤改良与生态环境重建实验研究 . 金属矿山，（9）：137-140，148.

马力阳，朱江，周俊，等 . 2014. 煤矿塌陷区复垦土壤环境质量评价 . 安徽地质，24（1）：70-74.

马立强 . 2013. 采煤塌陷区复垦与再生利用研究：国内外研究进展与发展趋势 . 中国林业经济，（1）：
　　47-50.

孟广涛，方向京，柴勇，等 . 2011. 矿区植被恢复措施对土壤养分及物种多样性的影响 . 西北林学院学报，
　　6（3）：12-16.

全国土壤普查办公室 . 1979. 全国第二次土壤普查暂行技术规程 . 北京：农业出版社 .

茹思博，杨乐，钱文东，等 . 2009. 利用层次分析法和综合指数法评价新疆棉区土壤质量 . 河南农业科
　　学，（8）：63-66.

宋苏苏，黄林，陈勇 . 2011. 基于粗糙集的土壤肥力组合评价研究 . 农机化研究，（12）：10-13.

王德彩，常庆瑞，刘京，等 . 2008. 土壤空间数据库支持的陕西土壤肥力评价 . 西北农林科技大学学报
　　（自然科学版），36（11）：105-110.

王山杉 . 2013. 采煤塌陷区复垦技术研究 . 北方环境，29（5）：34-35.

吴历勇 . 2012. 煤矿区生态恢复理论与技术研究进展 . 矿产保护与利用，（4）：54-58.

杨京平 . 2002. 生态恢复工程技术 . 北京：化学工业出版社 .

喻红林，李晓青，邓楚雄，等 . 2012. 五峰山煤矿区复垦土地适宜性评价及复垦模式研究 . 农学学报，
　　2（6）：59-64.

张国良 . 1997. 矿区环境与土地复垦 . 北京：中国矿业出版社 .

张燕平，卞正富 . 2006. 煤矸石山复垦整形设计中的几个关键问题 . 能源环境保护，19（2）：43-45.

赵方莹，孙保平 . 2009. 矿山生态植被恢复技术 . 北京：中国林业出版社 .

左俊杰 . 2006. 三里洞煤矿矸石废弃地生态景观重建研究 . 杨凌：西北农林科技大学硕士学位论文.

Clark M W，Walsh S R，Smith J V. 2001. The distribution of heavy metal in anabandoned mining area：a
　　case study of Strauss Pit, the Drak mining area, Australia：implications for the environmental management
　　of mine sites. Environmental Geology，40（6）：655-666.

Liao M，Chen C L，Huang C Y. 2005. Effect of heavy metals on soil microbial activity in a reclaimed mining
　　wasteland of red soil area. Journal of Environmental Science，17（5）：832-837.

Venuti M，Mascaro I，Corsini F，et al. 1997. Mine waste dumps and heavy metal pollution in abandoned
　　mining district of Bocchenggiano（Southern Tuscany，Italy）. Environmental Geology，30（3/4）：
　　238-243.

第四章　煤矿废弃地污染治理

第一节　煤矿废弃地污染

煤矸石中的化学元素根据含量大小可分为常量元素（＞1.0％）和微量元素（＜1.0％）。而有害微量元素则是指含量小于 1.0％的有毒元素、致癌元素、腐蚀性元素、放射性元素以及其他对环境有害元素的总称。它包括下列 22 种元素：As、Cr、Pb、Hg、Cd、Se、Mn、Ni、Cu、Zn、F、Sb、Co、M、Cl、Be、V、Ba、Ti、Th、U、Ag（徐磊等，2002）。这些有害元素在矸石自然堆放过程中，在空气和水的综合作用下，由于自燃、被日晒雨淋、风化等作用发生一系列物理、化学和生物化学变化而逸出，进入大气、土壤、植物和水环境，严重污染大气、土壤和水体，有时会造成重大灾害。

一、煤矿废弃地污染源

煤矿废弃地主要污染源和污染物有水污染、大气污染、固体废弃物污染和噪声污染等。

（一）水污染

煤矿废弃地水污染源主要由煤矿井下水、生活污水、煤泥水和雨季煤炭、煤矸石淋滤下渗水构成（王俭，2010；李兰等，2011；汪龙琴等，2007）。其成分以酸性为主，并含有大量重金属及有毒、有害元素（如铜、铅、锌、砷、镉、六价铬、汞、氯化物）以及悬浮物等。

煤矿在开采过程中要排放大量的煤矿废水，排出的煤矿废水由于含有大量的悬浮物、铁、锰、酸性物质等，在与地表水的混合后，煤矿废水中可溶性的铁、锰物质被氧化沉淀析出，不但使整个地表水成为黄褐色，而且影响植物的正常生长。

煤矸石富含碱金属、硫化物及部分有机物。这些物质是构成无机盐污染的主要物质组成。煤矸石在长期风化过程中，部分低燃点的有机物会出现氧化自燃现象，破坏其中的矿物结构，含氮有机物转化为硝酸盐。在降水、融雪等环境中液体淋滤了煤矸石中的无机盐污染物，并流入地表，渗入土壤，通过毛细水进入浅层地表水中，对整体环境造成一定破坏。降雨量、矸石山所在位置、地层岩性及含水介质的渗透能力等对地下水污染都起到主导作用。

矸石山被大气降水淋溶、冲刷、浸泡后，使矸石中的粉尘成为水中悬浮物，有害物和可溶物被溶解，然后随水流入地表，渗入地下，污染水体和土壤。

煤矸石淋溶水对地表水的污染主要与地表水系分布、暴雨径流以及煤矸石的泥化程度等因素有关。富含碱金属、碱土金属或有毒有害元素等污染物的排土场和矸石山淋溶水流入地表水体后，会使得地表水水质污染。当煤矸石硫铁矿物含量很高时，淋溶水会使水体逐渐酸化，造成地表水体中鱼类和其他淡水生物的死亡，破坏水生生态环境；当淋溶液呈碱性时，会使水的含盐量增加提高水的硬度，对工业、农业、渔业和生活用水都会产生不良影响。新邱露天煤矿排土场的淋溶水偏碱性，无机盐类是其主要污染物。

煤矸石淋溶水对地下水的污染程度首先取决于排土场或矸石山的渗透能力，此外还取决于渗入的雨量、排土场或矸石山底部及其下游地层表土性质、岩性、岩层隔水或含水（渗透）性。新邱露天排土场的煤矸石和岩石中富含极易溶于水的钠和水溶性的锰等化学元素和无机盐类物质，含无机盐类的淋溶液向地表渗流和向地下含水层渗透，以粗砂、砾岩层和岩石风化层为主的含水层不会对淋溶液中的无机盐产生吸附或化学作用，对排土场附近于家沟地区的地下水造成了严重污染，致使地下水体带有咸涩味，尤其是锰、钠元素严重超标。

煤矿开采中的生产污水主要是煤泥水，主要污染物是其中的煤泥悬浮物和残留的絮凝剂等，特点是固体灰分高、粒度细，可以通过自沉降的方式使固液分离。选煤厂产生的生活污水，由于含有大量的细菌和有机污染物，未经处理不适宜用作选煤厂生产，将由矿井统一回收处理。众多废水未经达标处理就任意排放，甚至直接排入地表水体中，使土壤和地表水体受到污染，引起水体的富营养化，降低水体的使用功能。

（二）大气污染

我国煤炭资源丰富，随着煤炭开采行业的发展，煤矸石的产生量与日俱增。煤矿煤矸石的堆放占用大面积的土地资源，打破了区域内原有的生态格局。煤矸石在自然条件下，释放出气溶胶及一些有害气体，对空气造成一定污染。煤矸石运输产生的道路扬尘，煤炭和煤矸石卸料上堆时产生的扬尘，主、副井场地蒸汽锅炉产生的烟尘、SO_2，以及来自煤炭洗选、加工及原煤转载等生产环节和地面储运系统扬尘、道路运输扬尘等选煤厂煤尘、粉尘均为主要大气污染物（刘海晶，2004）。这些固体颗粒根据粒径大小可以分为两类：一类是粒径小于 $10\mu m$ 的可吸入颗粒，虽然其在总颗粒中的质量分数较小，但是其粒子总数量却高达 99%，这些颗粒漂浮在大气中，极易被人体吸收；另一类是粒径大于 $10\mu m$ 的颗粒，这些颗粒在风力的作用下飘向下风向，污染周围的大气（雷灵琰等，2003）。

1. 矸石自燃排出大量有毒元素

煤矸石因含大量可燃物质，当温度超过 250℃ 时就会发生低温氧化反应，导致有机物燃烧，使矸石自燃。矸石燃烧过程中，使复杂的矿物结构遭到破坏，碱金属和碱土金属会以简单盐类化合物的形式游离出来，硫化物转化为硫酸根，含氮有机物转化为硝酸盐等。同时，释放出大量 SO_2、CO_2、H_2S、CO 等有毒气体和一定数量的氮氧化物及苯并芘等有毒物质，从而对大气造成污染。据观测，自燃着火的矸石山附近，烟气袭人，SO_2 的浓度高达 2.2056mg/Nm^3[①]，超标30倍；周围居住区低空大气中 SO_2 的浓度达 0.26mg/Nm^3。同时，矸石自燃释放出 H_2S、CO、CO_2、烟气等有毒有害气体，蔓延于矿区空气中，冬季烟雾弥漫，气味难闻，周围地区人群的呼吸系统疾病发病率提高。

2. 矸石风化扬尘造成空气污染

矸石山风化后形成的细小颗粒，通过风的作用，形成扬尘进入大气、水体和土壤中。特别是一些老矸石山已存放多年，风化严重，矸石颗粒粉碎，稍有风吹便尘土飞扬。据有关测试资料，矸石山附近居民区低空大气中总悬浮颗粒浓度达 0.8mg/Nm^3，超标 1.7 倍。矿区中夏季主要污染物是总悬浮颗粒，污染负荷系数为 61%，冬季污染系数为 36.1%，超标严重，造成矿区空气环境质量较差。周围居民长期生活在这种不良的大气环境中，致使鼻咽炎、上呼吸道感染等发病率升高，严重影响身心健康。

（三）固体废弃物污染

煤矿废弃地固体废弃物主要是矸石及少量生活垃圾，占用大量的土地。其中，产生量约占原煤总产量的 15%～20%，已经积存 70 亿 t，占地面积约 70 km^2，而且排放量正以 1.5 亿 t/年的速度增长。选煤厂洗选矸石排放量预计为 97.3 万 t/年。由于我国煤矸石综合利用水平较低，尚不到煤矸石排放量的 15%，大部分未被利用的煤矸石采用沟谷倾倒式自然松散的方式堆放在矿井四周，不仅侵占大量土地，而且还会产生自燃或滑坡等地质灾害。另外，由于露天堆放的矸石较松散，渗透系数大，产生的淋溶水对周围水体及土壤环境可能产生极大污染。煤矸石等固体废弃物中含酸性、碱性、毒性、放射性或重金属成分，通过地表水体径流、大气飘尘污染周围的土地、水域和大气，其影响面将远远超过废弃物堆置场的地域和空间，需要花费大量人力、物力、财力经过很长时间才能恢复污染造成的影响，而且很难恢复到原有的水平。日常生活中产生的垃圾也含有较高的重金属（Cd、Cr、Pb、Zn 等）。这些生活垃圾在燃烧时产生焚烧飞灰沉降也会形成矿区土壤重金属的污染。未经处理而淹埋的垃圾在附近会进一步加剧土壤中的重金属污染。

---

① Nm^3 为体积单位，即标准立方米，标准化的表示为标准体积 V_n 为…m^3，或…m^3 (V_n)。

（四）噪声污染

在煤炭开采过程中，噪声的污染也是不可忽视的污染源之一。井矿开采煤矿噪声有井下噪声和地面噪声两种。井下噪声主要来自凿石、放炮、采煤、通风、运输、提升、排水等所用的机械设备，其主要有电动或风动凿岩机、空气压缩机、通风机、主副井提升设备等。地面的噪声源主要有压风机、抽风机、制氮机的排气、原煤运输及煤炭吐排系统等机械设备运转时发出的超标声音。露天开采矿主工业场地和风井场地的通用风机、压风机、引风机、锅炉鼓、水泵等运行生产以及煤矿煤炭转载运输和洗选加工过程中的各种设备一般都会有很大的噪音，有的噪声级可高达 127dB（A），最普通的噪声也在 90dB（A）以上，这个数值远远超越了 1979 年 8 月 31 日卫生部/国家劳动总局发布的《工业企业噪声卫生标准》（试行草案）所规定的卫生标准值 85dB（A）。选煤厂工业生产噪音是设备传动和物料在溜槽内滑动产生的。煤矿噪声具有强度大、声级高、连续时间长、频带宽等特点。长期暴露于高强噪声作业环境中，不仅会对矿工的听觉器官造成损伤，还会引发多种其他疾病；妨碍通信联络，容易发生工伤事故。

选煤厂部分设备的噪声声级见表 4.1。

表 4.1　选煤厂部分设备的噪声声级　　　　　单位：dB（A）

设备名称	离心机	筛分机	跳汰机	各种溜槽	破碎机	空压机	鼓风机	给料（煤）机
声级范围	94～115	94～113	110～140	80～105	86～100	80～120	87～127	78～103

二、煤矿废弃地土壤重金属污染

（一）同一矿区煤矿废弃地土壤重金属含量及分布特征

陕西铜川矿区三里洞、王家河和桃园煤矿矸石地土壤重金属含量与分布调查结果及分析见表 4.2。

表 4.2　土壤重金属含量及分布调查分析结果

样地	项目	重金属含量					
		As	Hg	Cu	Zn	Cr	Pb
三里洞	均值/（mg/kg）	11.57±1.15 a	0.23±0.03 a	40.82±3.91 a	402.76±140.47 a	114.74±0.5 ab	7.9±1.86 a
	范围/（mg/kg）	10.14～12.84	0.21～0.27	36.96～46.78	264.07～606.67	114.11～115.3	5.18～10.07
王家河	均值/（mg/kg）	10.72±4.85 a	0.33±0.15 a	40.74±2.64 a	111.99±3.12 b	108.67±8.69 b	123.34±34.07 b
	范围/（mg/kg）	4.73～17.54	0.14～0.51	37.48～44.57	109～117.36	99.34～122.3	86.94～167.96
桃园	均值/（mg/kg）	17.07±1.31 b	0.23±0.06 a	45.2±1.11 b	370.48±114.86 a	120.77±12.04 a	23.43±6.80 a
	范围/（mg/kg）	15.92～19.19	0.16～0.31	43.96～46.46	242.99～542.99	106.47～134.76	19.59～35.55

续表

样地	项目	重金属含量					
		As	Hg	Cu	Zn	Cr	Pb
总体	均值/ (mg/kg)	13.12±4.06	0.26±0.1	42.25±3.32	295.07±172.26	114.73±9.72	51.55±57.57
	范围/ (mg/kg)	4.73~19.19	0.14~0.51	36.96~46.78	109.5~606.67	99.34~134.76	5.18~167.96
	变异系 数/%	30.96	37.95	7.85	58.38	8.47	111.68
陕西土壤背景值/ (mg/kg)		11.1	0.030	21.4	69.4	62.5	21.4

注: 表中不同字母表示差异显著（$P < 0.05$）。

统计分析结果显示，三里洞煤矿矸石地 As 含量接近陕西土壤背景值，Hg、Cu、Zn、Cr 等元素含量均超过陕西土壤背景值，分别为背景值的 7.7 倍、1.9 倍、5.8 倍、1.8 倍；Pb 含量远远低于背景值，仅为背景值的 0.37。王家河煤矿矸石地除 As 含量稍低于背景值外，其余 Hg、Cu、Zn、Cr、Pb 5 种元素含量均超过背景值，分别为背景值的 10.8 倍、1.9 倍、1.6 倍、1.7 倍、5.8 倍。桃园煤矿矸石地 Pb 基本等于背景值，其余重金属分别为背景值的 1.5 倍、7.7 倍、2.1 倍、5.3 倍、1.9 倍。总体而言，各煤矿矸石地重金属含量平均值均超过背景值，其中 Zn 含量倍数最高，为 8.8 倍；As 倍数最低为 1.2 倍。此外，不同煤矿矸石地间同一重金属含量存在很大差异，如王家河的 Pb 含量为三里洞的15.6 倍，三里洞煤矿矸石地 Zn 含量为王家河的 3.6 倍；同一煤矿矸石地内不同采样点间的同一重金属含量差别较大，如王家河煤矿矸石地 Hg 含量最大相差达 3.7倍，三里洞煤矿矸石地 Zn 含量最大相差达 2.3 倍。表 4.2 显示，铜川矿区重金属含量空间分布不均匀程度为 Pb>Zn>Hg>As>Cu>Cr；其中 Pb、Zn、Hg、As 变异系数较大（>30%），说明其分布极不均匀；Cu、Cr 变异系数较小（<10%），其分布较为均匀。

（二）不同矿区煤矿废弃地土壤重金属污染情况

研究表明，煤矸石地土壤中不仅含有植物生长发育必需的大量矿质元素和一些微量元素，而且含有大量 As、Hg、Cu、Pb、Zn、Cr 等重金属元素。重金属含量过高不但会影响植物的各种代谢途径，抑制植物对营养元素的吸收及根系的生长，而且也加大了周边地区遭受重金属污染的潜在风险。土壤受重金属污染后会形成土壤结块，同时重金属在土壤-植物系统中迁移会直接影响植物的生理生化和生长发育，从而引发土壤生物和植被退化等一系列较为严重的环境问题。矸石地土壤中的微量元素大多是植物正常生长发育的必需元素，但是植物对其的需求量很少，如果土壤中含量过多，就会对植物造成伤害。例如，镉是危害植物生长的有毒元素。如果土壤中镉含量过高，植物叶片的叶绿素结构会遭到破坏，同时根系对水分和养分的吸收会减少，根系生长受到抑制，从而阻碍植物生长，甚至引起植物死亡。

不同矿区的煤矸石由于化学组成、环境的影响、排矸的年限以及风化程度不同，矸石地土壤中微量有毒元素也就存在一定程度的差异。对矸石地土壤重金属元素测定结果证明，不同矿区矸石地土壤中 As、Hg、Cu、Zn、Cr、Pb 的含量差异很大。方差分析和多重比较检验的结果均表明，各矸石地土壤的各重金属元素含量之间差异显著或极显著，其原因可能是各矿区矸石中各重金属元素含量上的差异以及各矿区矸石地上不同植物对矿质元素的吸收量不同所致，见表 4.3 和表 4.4。

表 4.3　不同矸石地土壤重金属元素测定结果及分析　单位：mg/kg

地点	As	Hg	Cu	Zn	Cr	Pb
超化	49.75Aa	0.22Dd	33.90Dd	182.57CDde	43.52Dd	29.06Bb
裴沟	5.08DEef	0.04Ff	40.52BCc	292.69Cc	65.47Cc	21.60Bb
米村	13.11BCc	0.27Cc	20.99Ee	203.50CDd	16.14Ee	23.65Bb
磨岭	46.27Aa	0.17Ee	34.81CDd	2.40Ef	48.58CDd	24.51Bb
兴隆庄	7.28CDEde	0.39Aa	47.13Aa	720.78Aa	92.72Bb	23.55Bb
济宁二号煤矿	1.90Ef	0.25CDcd	41.62ABbc	643.45Aa	91.91Bb	16.50Bb
三里洞	11.10Ccd	0.23CDd	43.15ABabc	636.00Aa	115.01Aa	7.63Bb
王家河	10.40CDcd	0.33Bb	41.07ABbc	110.31Dee	110.46Aa	142.07Aa
桃园	17.18Bb	0.23CDd	45.25ABab	413.05Bb	120.50Aa	20.24Bb

注：表中不同的大、小写字母表示处理间差异分别达 1% 和 5% 显著水平（Duncan 法）。

表 4.4　不同矿区矸石地土壤重金属元素测定结果及分析　单位：mg/kg

地点	As	Hg	Cu	Zn	Cr	Pb
新密矿区	33.1311Aa	0.2402Aa	32.7537Ab	185.6466Bb	43.8647Ac	26.2857Aa
兖州矿区	5.8456ABb	0.323Aa	45.074Aa	632.9989Aa	92.1184Ab	23.4597Aa
铜川矿区	12.6572Bb	0.2532Aa	43.4515Aa	375.4765ABab	111.653Aa	48.1687Aa

注：表中不同字母表示差异显著（$P < 0.05$）。

表 4.3 显示，研究地区煤矸石地土壤中 As、Hg、Cu、Zn、Cr 和 Pb 含量分别为 1.9 ~ 49.75mg/kg、0.04 ~ 0.39 mg/kg、20.1 ~ 45.25 mg/kg、110.31 ~ 643.45 mg/kg、16.14 ~ 120.50mg/kg 和 7.63 ~ 142.07mg/kg。但各煤矿矸石地土壤 As、Hg、Cu、Zn、Cr、Pb 元素含量存在着极显著的差异。表 4.4 显示了新密、兖州和铜川 3 个矿区煤矸石地土壤中各重金属元素特点。As：新密＞铜川＞兖州，且各矿区的矸石地土壤中的 As 含量存在极显著差异。Hg：兖州＞铜川＞新密，新密、兖州和铜川 3 个矿区的矸石地土壤中的 Hg 含量没有显著差异。Cu：兖州＞铜川＞新密，且各矿区矸石地土壤中的 Cu 含量存在显著差异，尤其是兖州矿区矸石地土壤中的 Cu 含量明显高于新密矿区和铜川矿区的含量。Zn：兖州＞铜川＞新密，且新密、兖州和铜川矿区的矸石地土壤中 Zn 的含量存

在极显著差异。Cr：铜川＞兖州＞新密，且各矿区的矸石地土壤中的 Cr 含量两两之间均存在极显著差异。Pb：铜川＞新密＞兖州，但各矿区的矸石地土壤中的 Pb 含量没有显著差异。总的来看，各矿区矸石地土壤中 Cr 元素含量差异极显著，Hg、Pb 元素含量均无明显差异。新密矿区和兖州矿区矸石地土壤 As 含量差异极显著，Cu 元素含量差异显著；新密矿区和铜川矿区矸石地土壤 As、Cu 的含量均差异显著；兖州矿区和铜川矿区矸石地土壤中 As 含量差异显著。造成这些差异的原因有三：一是由于产地的不同而导致各矸石地的矿物组成中有毒元素的含量明显不同；二是各矿区矸石地的排矸时间不同和气候因子与人为等影响造成风化程度不同；三是各矿区矸石地上植物的吸收能力不同。因此，对矸石地进行植被建设时，一定要针对各矸石地土壤中微量有毒元素的特点进行土壤改良，从而把各种微量有毒元素的含量控制在一定范围之内，取利避害以达到良好的植被建设效果。

（三）重金属元素对废弃地周边环境的影响

1. 矸石地周围土壤中重金属的主要来源

土壤中重金属的主要来源是成土母质，矿山开采的三废污染，大气中重金属的沉降，以及农药、化肥、地膜等。大气降水淋溶了煤矸石中的无机盐类等污染物质，随淋溶水直接进入地表水、地下水和土壤，对当地的环境造成极其严重的污染。

煤矸石淋溶水污染地表水体和地下水体后，会由于地表水和地下水径流和渗流作用而污染排土场和矸石山周围土壤，使地下水径流缓慢或滞流区土壤盐渍化，从而破坏地表植被，使农田作物减产。也会使煤矸石中的重金属元素进入植物体内并产生积累。土壤污染与地下水无机盐类污染密切相关，地下水污染越严重，土壤盐分积累量越高，土壤碱化趋势相应增加。这是因为在高水位的情况下，地下水中的盐分通过毛细管作用上升到地表，水分蒸发掉后，盐分残流在土壤表层而形成土壤盐渍化。

盐渍化土壤中的可溶性盐分含量因季节不同会有较大变化，一般春季为盐分聚积的最高期，而春季正值作物播种发芽和幼苗生长阶段，是作物对盐分最敏感和耐盐能力最低时期，作物受盐害后，缺苗断条保苗率低。土壤盐渍化还对作物的生长发育有强烈抑制作用。一般情况下，盐渍化土壤可使粮食作物减产 50%～60%，蔬菜减产 20%～30%。土壤盐渍化也会使地表绿色植被退化，生物生产力降低，影响区域生态。

2. 矸石堆及其周边土壤中重金属元素

重金属元素从煤、煤矸石及煤的灰渣中析出进入土壤环境后，在土壤环境中发生迁移转化，但由于土壤组成的复杂性和土壤物理化学性状的可变性，造成了重金属元素在土壤中的存在状态具复杂性和多样性。重金属元素在土壤环境中的迁移主要是在土壤环境中水的作用下发生，土壤环境中的含水性、水的性质、土壤中腐殖质的多少与性质、pH 的高低、胶体的电性等对元素的迁移距离和能力有控制作用。重金属元素在土壤中的迁移距离与重金属元素的含量成正比，与距污染源的距离成反比。矸石堆及其周边土壤中 Pb、As、Hg、Zn、Cu、Cr 这 6 种重金属元素测试及分析结果见表 4.5 和图 4.1、图 4.2。

表 4.5　矸石堆周边土壤中有害微量元素测试结果

距离/m	Pb/(mg/kg)	As/(mg/kg)	Cu/(mg/kg)	Zn/(mg/kg)	Hg/(mg/kg)	Cr/(mg/kg)
5	42.07	57	47.13	720.78	0.56	120.5
10	29.06	49.75	45.25	643.45	0.39	115.01
15	29.79	46.27	43.25	636	0.33	110.46
20	24.51	17.18	41.07	413.05	0.27	91.91
25	23.55	13.11	41.62	292.69	0.25	92.72
30	23.65	10.4	40.52	240	0.23	72.786
35	20.24	10.4	33.9	203.5	0.23	65.47
40	21.6	7.28	34.81	182.57	0.22	43.52
45	16.5	5.08	30.995	110.31	0.17	48.58
50	7.63	1.9	20.99	89.644	0.04	16.14

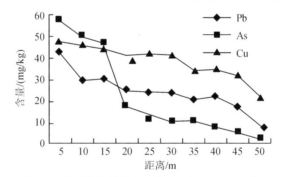

图 4.1　矸石堆及其周边土壤中 Pb、As、Cu 含量

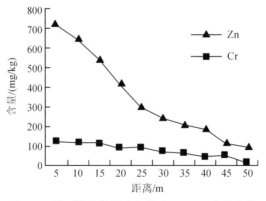

图 4.2　矸石堆及其周边土壤中 Zn、Cr 含量变化

表 4.5 和图 4.1、图 4.2 显示，随着距离矸石堆由近而远，土壤中微量元素的浓度明显降低。说明煤矸石长期在自然条件作用下发生淋溶，其中的重金属元素从煤矸石中析出，并在水的作用下渗透到煤矸石附近的土壤中。重金属元素进入土壤后，受水的动力条件、水的酸碱性、土壤渗透性等条件及吸附作用、氧化与还原作用、生物吸收与分解作用的影响，发生迁移和富集，并呈现距离重金属元素进入土壤源头越近（煤矸石堆边缘算起），其迁移、富集越大的规律性变化。同时，矸石山周围土壤中重金属元素含量高是其长期积累的结果，重金属元素主要来源于矸石风化或自燃灰尘以及矸石的溶出液。图 4.1 和图 4.2 的图形波状分布表明重金属元素的析出与降雨密切相关，并与雨量的大小及雨水的 pH 呈正相关关系。说明矸石堆周围土壤中过量的重金属元素主要来源于煤矸石的溶出液，同时煤矸石的风化、矸石自燃的灰尘都对土壤以及大气造成一定程度的危害。在自然的堆积过程中重金属元素主要以淋溶作用向周围环境迁移，其析出量随着 pH 的降低及时间的增长而呈明显的增大趋势。研究发现煤矸石周围土壤中重金属元素的含量远远高于土壤背景值，而且随着距离煤矸石堆由近而远，土壤中重金属元素的浓度明显降低。

一般来说，土壤中的重金属总量越高，潜在的环境危害就越大。但也有研究报道重金属元素在环境中的生物可利用性和毒性与它们的总量有时没有很好的相关关系，而是取决它们在环境中的存在形态。研究表明，生长在矸石堆积地周围的植物也受到不同程度的重金属元素污染。土壤中重金属元素在植物体内积累时，通过植物的根系吸收，并进入植物体内。重金属在作物中的分布规律一般是根＞茎＞叶＞籽实。当重金属元素在植物任一器官中的积累超过其容量（最大限度）时，植物的新陈代谢就会受到影响，严重时会导致植物体死亡。

（四）煤矿废弃地土壤重金属元素含量之间的相关性

土壤重金属来源存在多种途径，自然地质地理因素和矿产资源的开发是主要来源（黄金等，2013）。土壤中重金属含量与土壤性质的相关性，既受重金属元素本身性质的影响，也与元素重金属所处的环境及其来源有很大的关系（程芳等，2013）。重金属元素含量之间的相关性显著与否，与其来源是否相同有关；显著性越高，说明重金属来源可能相同，否则来源可能不止一个。对 15 个样点土壤中的 6 种重金属含量进行皮尔逊（Pearson）相关性检验，其相关系数见表 4.6。

表 4.6　土壤各重金属含量之间的相关系数

重金属元素	As	Hg	Cu	Zn	Cr	Pb
As	1	—	—	—	—	—
Hg	−0.034	1	—	—	—	—
Cu	0.333	−0.453	1	—	—	—
Zn	0.274	−0.210	0.391	1	—	—
Cr	0.473	0.380	0.162	0.599*	1	—
Pb	−0.194	0.586*	−0.340	−0.769**	−0.289	1

* 和 * * 分别指在 0.05 和 0.01 水平（双侧）上显著相关。

表 4.6 显示，Pb-Hg、Cr-Zn 之间分别在 0.05 水平上存在显著正相关，表明这些重金属具有相似的污染途径和来源，复合污染可能性较大；Pb-Zn 之间分别在 0.01 水平存在显著负相关，表明其来源不同可能性较大；其他重金属间的相关系数较小，表明其具有相同来源的可能性较小。

第二节　煤矸石地重金属污染评价

通过对铜川矿区三里洞、王家河、桃园煤矿在有植被覆盖矸石地和无植被覆盖矸石地上分别选取有代表性的地方设置采样点，进行标准化采样，即每个矿区各选取5个主样点采样；在每个主取样点以 20 m 对角线及其中心选定 5 个次级样点，挖取矸石地土壤剖面后按照土层深度 0～20cm 分别采取土样，并将多点采集的样品经充分混匀、风干、磨碎、过筛（100 目）后按表 4.7 所示方法测定土壤中的 As、Hg、Cu、Zn、Cr、Pb 这 6 种重金属元素含量。并采用 Microsoft Excel、IBM SPSS Statistics 20.0 软件、Yaahp 7.5 层次分析法软件等对所测得的数据进行统计处理，应用相关性检验、LSD 多重比较检验等方法 GraphPad Prism 5 软件分别对数据进行分析和绘制图表，取得以下研究结果。

表 4.7　土壤肥力指标与重金属含量测定方法

项目	测定方法	测定仪器设备	备注
As, Hg	原子荧光光度法（AFS）	AFS-120 型双道原子荧光光度计	
Cu, Zn, Cr, Pb	原子吸收分光光度法（AAS）	SOLAAR-M6 型原子吸收光谱仪	

铜川矿区废弃地各肥力指标得分高低排序为：有机质（1.0）＝速效钾（1.0）＞全氮（0.632）＞pH（0.501）＞全硫（0.464）＞速效磷（0.403）＞全钾（0.363）＞含水量（0.129）＞速效氮（0.1）；其中土壤有机质、速效钾含量丰富，能够为植物生长提供非常充足的养分；土壤水分、速效氮、全钾含量极低，成为影响土壤肥力、植物生长的主要限制因素。研究所在铜川矿区各煤矿矸石地土壤综合肥力均处于中等水平，排序为王家河＞三里洞＞桃园。

铜川矿区各矸石地土壤均受到重金属不同程度的污染，其中王家河、三里洞与桃园 3 个煤矿矸石地的 Hg、王家河煤矿矸石地的 Pb 以及三里洞煤矿矸石地与桃园煤矿矸石地的 Zn 元素污染最为严重，其含量分别达陕西土壤背景值的7.8倍、10.8 倍、7.7 倍、5.8 倍、5.8 倍、5.3 倍。重金属元素 Pb-Hg（$P<0.05$）、Cr-Zn（$P<0.05$）间呈显著正相关性，Pb-Zn（$P<0.01$）间呈显著负相关。研究所在铜川矿区矸石地土壤重金属来源既与煤矸石风化有关，也与当地土壤母质有关。

地累积指数法分析表明：研究所在铜川矿区矸石地各煤矿矸石地土壤重金属污染程度排序为王家河矸石地＞桃园矸石地＞三里洞矸石地；土壤重金属总体处于偏中污染程度，各重金属污染指数排序为：Hg（2.46）＞Zn（1.25）＞

Cu（0.39）>Cr（0.29）>Pb（-0.22）>As（-0.42）。潜在生态危害指数法分析表明：研究区各煤矿矸石地土壤重金属污染处于不同程度的生态危害水平，生态危害程度排序为王家河矸石地>桃园矸石地>三里洞矸石地；土壤重金属总体处于中等生态危害程度，各重金属危害指数排序为 Hg（350.4）>Pb（12.0）>As（11.8）>Cu（9.9）>Zn（4.3）>Cr（3.7）。

一、地质累积指数法评价

（一）评价方法

分别选择中国黄土母质土壤元素背景值和中国沉积页岩元素背景值（中国环境监测总站，1990）作为不同地区矿区矸石地土壤的地球化学背景值，应用地质累积指数的方法对矸石地土壤重金属元素的污染程度进行评价，即通过公式计算出矸石地的地质累积指数（I_{geo}），并对照污染分级标准评价矸石地的污染程度（滕彦国等，2002；尚英男等，2005）。

地质累积指数（geoaccumulation index）通常称为 Muller 指数，最早是由德国海德堡大学沉积物研究所 Muller 提出，并于 20 世纪 60 年代后期在欧洲发展和成熟起来。目前，它已广泛应用于各种沉积物及其他物质中重金属元素污染程度的定量评价工作中。地质累积指数法不仅考虑了成岩作用等自然地质过程造成的背景值的影响，而且也充分注意了人为活动对重金属污染的影响。它将自然成岩作用可能引起的背景值变动、人为污染、环境地球化学背景等因素考虑在内，能够反映重金属分布的自然变化特征和人为活动的综合影响。因此，该指数不仅能反映重金属元素分布的自然变化特征，而且可以判别人为活动对环境的影响，是区分人为活动影响的重要参数，越来越多地被用来评价土壤重金属污染（黄兴星等，2012）。地质累积指数具体公式表达如下：

$$I_{geo} = \log_2 \left[C_i / k B_i \right] \tag{4.1}$$

式中，C_i 为土壤中重金属 i 的实测含量平均值（mg/kg）；B_i 为 i 元素的地球化学背景值（mg/kg）；k 为修正岩石运动而引起的背景波动而设定的系数，一般取为 1.5。

依据地质累积指数值把土壤中重金属污染程度划分为 7 个等级，表示污染水平由无到严重污染，见表 4.8。

表 4.8 地质累积指数与重金属污染程度分级

I_{geo}	污染等级	污染水平
<0	0	无污染
0~1	1	轻度污染
1~2	2	偏中污染
2~3	3	中度污染
3~4	4	偏重污染
4~5	5	重度污染
>5	6	严重污染

（二）各重金属污染评价

以研究地区河南巩义磨岭，新密超化、裴沟、米村矸石山，山东兖州兴隆庄、济宁二号煤矿矸石山，陕西铜川三里洞、王家河、桃园矸石山表层土壤中的重要重金属污染元素的含量分析数据为基础，根据地质累积指数污染分级标准及求得的矸石地土壤中重金属元素的地质累积指数，得到各矸石地土壤中重金属元素的污染情况见表4.9。

表4.9　不同矸石地土壤重金属元素的 I_{geo} 及污染程度

样点	As		Hg		Cu		Zn		Cr		Pb	
	I_{geo}	级别	I_{geo}	级别	I_{geo}	级别	I_{geo}	级别	I_{geo}	级别	I_{geo}	级别
1	1.63	2	2.34	3	0.1	1	0.92	1	−1.02	0	−0.16	0
2	−1.66	0	−0.12	0	0.36	1	1.6	2	−0.43	0	−0.58	0
3	−0.29	0	2.63	3	−0.59	0	1.07	2	−2.45	0	−0.45	0
4	1.52	2	1.97	2	0.14	1	−5.33	0	−0.87	0	−0.4	0
5	−1.14	0	3.16	4	0.57	1	2.9	3	0.07	1	−0.46	0
6	−3.08	0	2.52	3	0.4	1	2.73	3	0.05	1	−0.97	0
7	−0.53	0	2.4	3	0.45	1	2.72	3	0.38	1	−2.09	0
8	−0.62	0	2.92	3	0.38	1	0.19	1	0.32	1	2.13	3
9	0.1	1	2.4	3	0.52	1	2.09	3	0.45	1	−0.68	0

注：1. 新密超化矸石山；2. 新密裴沟矸石山；3. 新密米村矸石山；4. 巩义磨岭矸石山；5. 兖州兴隆庄矸石山；6. 济宁二号煤矿矸石山；7. 铜川三里洞矸石山；8. 铜川王家河矸石山；9. 铜川桃园矸石山。

不同矸石地土壤重金属元素的地质累积指数分析结果（表4.9）表明，各矸石地表层土壤均有不同程度的污染，其中，以河南裴沟矸石山为最轻，铜川王家河矸石山为最重。从各种金属元素的污染程度来看，As的地质累积指数范围是：−3.08～1.63，污染级别为0～2级；除超化、磨岭和桃园矸石山依次为2、2、1级污染外，其他矸石山表层土壤无污染。Hg的地质累积指数范围是−0.12～3.16，污染级别为0～4级；除裴沟矸石山无污染外，其他矸石山表层土壤均达到中度或强度污染。Cu的地质累积指数范围是−0.59～0.57，污染级别为0～1级；除米村矸石山无污染外，其他矸石山表层土壤均为1级程度污染。Zn的地质累积指数范围是−5.33～2.9，污染级别为0～3级；除磨岭矸石山无污染外，其他矸石山表层土壤均达到1级以上污染。Cr的地质累积指数范围是−2.45～0.45，污染级别为0～1级；除超化、裴沟、米村和磨岭矸石山无污染外，其他矸石山表层土壤均为1级污染。Pb的地质累积指数范围是−2.09～2.13，污染级别为0～3级；除王家河矸石山为3级污染外，其他矸石山表层土壤均无污染。

选用中国沉积页岩元素背景值（中国环境监测总站，1990）作为铜川矿区矸石地土壤的地球化学背景值，计算陕西铜川矿区矸石地土壤中重金属元素的地质累积指数及地质累积指数污染分级标准后得到的铜川矿区矸石地重金属污染情况见表4.10。

表 4.10　铜川矸石地土壤重金属元素的 I_{geo} 及污染级别

样点	As		Hg		Cu		Zn		Cr		Pb	
	I_{geo}	级别	I_{geo}	级别	I_{geo}	级别	I_{geo}	级别	I_{geo}	级别	I_{geo}	级别
S1	−0.82	0	1.02	2	−0.12	0	1.09	2	0.0001	1	−1.97	0
S2	−0.95	0	1.26	2	0.12	1	2.29	3	0.002	1	−2.93	0
S3	−1.13	0	1.09	2	−0.22	0	1.64	2	−0.01	0	−2.3	0
S4	−1.04	0	1.13	2	−0.02	0	1.21	2	0.005	1	−2.13	0
S5	−0.79	0	1.4	2	−0.17	0	1.92	2	−0.007	0	−2.45	0
W1	−0.34	0	2.33	3	−0.2	0	−0.08	0	0.09	1	2.09	3
W2	−1.12	0	0.43	1	0.05	1	−0.16	0	−0.21	0	1.14	2
W3	−2.23	0	1.57	2	−0.08	0	−0.17	0	−0.11	0	1.61	2
W4	−1.44	0	2.05	3	−0.13	0	−0.18	0	−0.05	0	1.27	2
W5	−0.78	0	1.3	2	−0.05	0	−0.15	0	−0.14	0	1.89	2
T1	−0.48	0	1.59	2	0.11	1	2.13	3	0.23	1	−1.01	0
T2	−0.21	0	0.6	1	0.08	1	0.97	1	−0.11	0	−0.92	0
T1	−0.42	0	1.04	2	0.07	1	1.57	2	0.11	1	−0.97	0
T4	−0.35	0	1.49	2	0.04	1	1.7	2	0.16	1	−1.05	0
T5	−0.45	0	0.95	1	0.1	1	1.25	2	−0.06	0	−0.91	0

注：S 为三里洞矸石地；W 为王家河矸石地；T 为桃园矸石地。

表 4.10 中，As 的地质累积指数范围是 −2.23～−0.21，污染级别均为 0 级（即无污染）；Hg 的地质累积指数范围是 0.43～2.33，污染级别为 1～3 级，污染较严重的样点分布在王家河煤矿矸石地，三里洞煤矿矸石地为中度污染；Cu 的地质累积指数范围是 −0.22～0.12，污染级别为 0～1 级，桃园煤矿矸石地为轻度污染，三里洞煤矿矸石地和王家河煤矿矸石地以无污染为主，各有一个样点为轻度污染；Zn 的地质累积指数范围是 −0.18～2.29，污染级别为 0～3 级，其中王家河煤矿矸石地为无污染，三里洞煤矿矸石地和桃园煤矿矸石地以中度污染为主；Cr 的地质累积指数范围是 −0.14～0.23，污染级别为 0～1 级，其中王家河煤矿矸石地以无污染为主，三里洞煤矿矸石地和桃园煤矿矸石地均有不同程度的轻度污染；Pb 的地质累积指数范围是 −2.93～2.09，污染级别为 0～3 级，其中三里洞煤矿矸石地和桃园煤矿矸石地均为无污染，王家河煤矿矸石地以中度污染为主。铜川矿区矸石地土壤中 Hg、Zn、Pb 等元素污染较严重，Cu、Cr 次之，而 As 为无污染。从污染较严重的重金属元素分布矿区来看，污染较严重的 Hg 主要分布在王家河煤矿矸石地，三里洞煤矿矸石地次之；中度污染的 Zn 分布在三里洞煤矿矸石地和桃园煤矿矸石地；中度污染的 Pb 主要分布在王家河煤矿矸

石地。由此可见，陕西铜川矿区矸石地重金属元素的污染顺序是：王家河煤矿矸石地＞三里洞煤矿矸石地＞桃园煤矿矸石地。这一结果与以中国黄土母质土壤元素背景值为对照的结果具有一致性，说明两种方法都是适合的。综上所述，研究地区矸石堆积地土壤均有不同程度的重金属污染，其中，铜川王家河矸石山 Pb 污染为 3 级；超化矸石地和米村矸石地 As 的污染为 2 级；除裴沟矸石地外，其他矸石地 Hg 均达到中度或强度污染。

根据式（4.1），得到研究区土壤重金属地质累积指数评价结果（图 4.3）。研究区土壤 Hg 平均 I_{geo} 范围为 2.36～2.85，污染等级均为 3，处于偏中污染水平；Cu 与 Cr 范围分别为 0.34～0.49、0.21～0.37，污染等级均为 1，处于轻度污染水平。三里洞矸石地的 As 与 Pb、王家河矸石地的 As 以及桃园矸石地的 Pb，其 I_{geo} 均为负值，污染等级为 0，处于无污染水平。

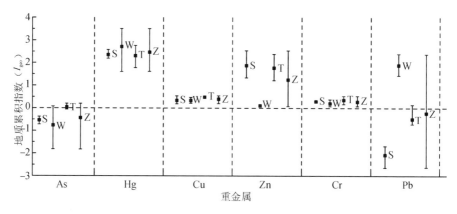

图 4.3　土壤重金属地累积指数法评价结果

S 为三里洞矸石地；W 为王家河矸石地；T 为桃园矸石地；Z 为研究区总体

值得特别注意的是，三里洞矸石地与桃园矸石地的 Zn 以及王家河矸石地的 Pb，其 I_{geo} 范围为 1.83～1.95，污染等级均为 2，处于偏中污染水平，也属于研究区域污染程度较高的重金属，需要采取措施加以控制。三里洞矸石地、王家河矸石地、桃园矸石地重金属污染程度分别为：Hg＞Zn＞Cu＞Cr＞As＞Pb、Hg＞Pb＞Cu＞Cr＞Zn＞As、Hg＞Zn＞Cu＞Cr＞As＞Pb。研究区总体重金属综合污染程度为：Hg（2.46）＞Zn（1.25）＞Cu（0.39）＞Cr（0.29）＞Pb（−0.22）＞As（−0.42）；其中 Hg 为中度污染，居于首位；Zn 次之，为偏中污染；Cu、Gr 为轻度污染；As、Pb 为无污染。

（三）土壤重金属污染综合评价

前述地质累积指数法只能得出某一种重金属的污染程度，而无法反映研究区的综合污染程度。为探究各种重金属的综合污染情况，一般采用重金属生物毒性赋权的方法（李飞等，2012），根据重金属危害程度的大小对其赋以生物毒性权重系数，进行综合分析评价。

重金属生物毒性赋权具有普适性的特点，对于不同的研究区域，采用统一的赋值标准会降低权重值的准确性。因此，为使权重值更为准确可靠，结合铜川矿区重金属分布及含量差异状况，采用熵权法（王明刚等，2012；陈建勇等，2011）对重金属污染权重系数进行修正。修正方法为取各重金属生物毒性权重系数归一化后得到的值 P_i 与熵权法所求得的各重金属熵权 Q_i 的平均值作为综合权重系数（易昊旻等，2013），如式（4.2）所示。

$$R_i = (P_i + Q_i) / 2 \tag{4.2}$$

结合徐争启等（2008）的研究结果，分别对各重金属生物毒性系数赋值。$\xi(As)=10$，$\xi(Hg)=40$，$\xi(Cu)=5$，$\xi(Zn)=1$，$\xi(Cr)=2$，$\xi(Pb)=5$。计算得到各重金属的毒性系数权重、熵权及综合权重见表 4.11。综合权重最大的是 Hg，高达 0.399，其他依次为 As>Pb>Cu>Cr>Zn。

表 4.11　各重金属的权重值

指标	As	Hg	Cu	Zn	Cr	Pb
毒性系数权重 P_i	0.159	0.635	0.079	0.016	0.032	0.079
熵权 Q_i	0.167	0.163	0.170	0.167	0.163	0.170
综合权重 R_i	0.163	0.399	0.124	0.091	0.097	0.125

根据表 4.11 确定的综合权重值，结合图 4.3 中所显示的重金属地质累积指数值 I_{geo}，经计算即可得到各矿区及各样点的综合地质累积指数，见图 4.4 与表 4.12。

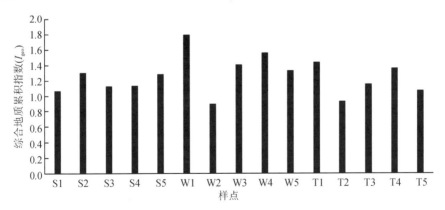

图 4.4　土壤重金属综合地累积指数

S 为三里洞；W 为王家河；T 为桃园

表 4.12　各煤矿矸石地土壤重金属污染综合评价结果

样地	综合地累积指数值	污染综合级别	综合污染水平
三里洞	1.184	2	偏中污染
王家河	1.393	2	偏中污染
桃园	1.187	2	偏中污染
总体	1.174	2	偏中污染

研究区各样点间土壤重金属污染综合地质累积指数值范围为 0.898～1.792；其中，三里洞矸石地各样点综合地质累积指数值在 1.066～1.301，差异极小；王家河矸石地各样点间差异极大，W1（1.792）是 W2（0.898）的 2.0 倍；桃园矸石地各样点取值范围为 0.929～1.439，差异较大。研究区 15 个样点中，W2和 T2 两个样点综合地质累积指数小于 1，其余各样点在 1～2。

研究区土壤重金属综合地质累积指数值范围为 1.184～1.393，综合污染等级均为 2 级，处于偏中污染水平；综合污染水平排序为：王家河矸石地＞桃园矸石地＞三里洞矸石地。王家河矸石地的污染程度最高，根据前述重金属元素地质累积指数评价结果可知，这与 Pb 和 Hg 两种元素的污染状况存在较大关系，图 4.3 中显示该矿中 Hg 和 Pb 的地质累积指数分别高达 2.85 和 1.95，远远高于三里洞矸石地和桃园矸石地；尤其是王家河矸石地的 Pb 指数为正值，而其他两矸石地均为负值。

二、潜在生态危害指数法评价

（一）评价方法

潜在生态危害指数（potential ecological risk index，RI）是由一套基于沉积学原理评价土壤或沉积物中重金属污染及生态危害的方法。该方法结合了环境化学、生物毒理学和生态学等方面的内容，并以定量的方法划分出重金属的潜在生态危害程度（马力阳等，2014；曾强，2014）；目前也广泛应用于评价土壤中重金属的生态风险水平。具体计算方法如下：

$$C_i = A_i / B_i \tag{4.3}$$

$$E_i = C_i \times T_i \tag{4.4}$$

$$RI = \sum E_i \tag{4.5}$$

式中，C_i 为重金属 i 的污染系数；A_i 为样品中重金属 i 的实测含量（mg/kg）；B_i 为重金属 i 的背景值（mg/kg）；T_i 为重金属 i 的毒性响应系数；E_i 为重金属 i 的潜在生态危害系数；RI 为土壤中多种重金属的综合生态危害指数。C_i、E_i、RI及危害水平分级见表 4.13。

表 4.13　重金属污染潜在生态危害指数与分级

C_i	E_i	RI	生态危害水平
$C_i<1$	$E_i<40$	RI<150	轻微生态危害
$1{\leqslant}C_i<3$	$40{\leqslant}E_i<80$	$150{\leqslant}$RI<300	中等生态危害
$3{\leqslant}C_i<6$	$80{\leqslant}E_i<160$	$300{\leqslant}$RI<600	强生态危害
$6{\leqslant}C_i<12$	$160{\leqslant}E_i<320$	$600{\leqslant}$RI<1200	很强生态危害
$C_i{\geqslant}12$	$E_i{\geqslant}320$	RI${\geqslant}$1200	极强生态危害

（二）各重金属污染评价

根据式（4.3）～式（4.5），得到各样点的重金属 E_i 和 RI 的评价结果，如图 4.5 所示。

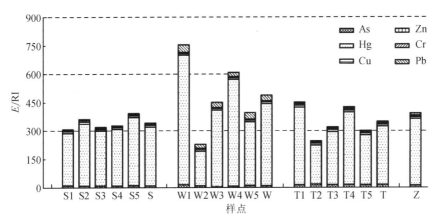

图 4.5　重金属 E_i 和 RI 的评价结果

S 为三里洞矸石山；W 为王家河矸石山；T 为桃园矸石山；Z 为研究区总体

铜川矿区各样点 As、Cu、Zn、Cr、Pb 这 5 种重金属的 E_i 值均小于 40，处于轻微生态危害水平；Hg 的 E_i 值在 183.2～683.8，达到很强或极强生态危害水平，污染极为严重。铜川矿区重金属的潜在生态危害水平排序为，三里洞矸石山：Hg（390.5）>As（10.4）>Cu（9.5）>Zn（5.8）>Cr（3.7）>Pb（1.8），王家河矸石山：Hg（433.8）>Pb（28.8）>As（9.7）>Cu（9.5）>Cr（3.5）>Zn（1.6）、桃园矸石山：Hg（308.0）>As（15.4）>Cu（10.6）>Pb（4.9）>Zn（5.3）>Cr（3.9）；研究区总体排序为 Hg（350.4）>Pb（12.0）>As（11.8）>Cu（9.9）>Zn（4.3）>Cr（3.7）。

（三）土壤重金属污染综合评价

应用熵权法和原始求和法对铜川矿区重金属危害进行分析与评价结果见表 4.14。

表 4.14 综合生态危害评价结果

样地	求和法综合生态危害		熵权法综合生态危害	
	RI	危害水平	RI′	危害水平′
三里洞	340.8	强生态危害	55.7*	中等生态危害
王家河	486.9	强生态危害	79.7	中等生态危害
桃园	348.6	强生态危害	57.0	中等生态危害
总体	392.1	强生态危害	64.1	中等生态危害

* 计算所用的权重值为表 4.11 中的熵权 Q_i。表 4.11 中 As、Hg、Cu、Zn、Cr、Pb 的熵权 Q_i 分别按: 0.167、0.163、0.170、0.167、0.163 和 0.170 计算。

求和法研究结果表明: 铜川区重金属综合生态危害指数均在 $300\sim600$, 均处于强生态危害水平, 排序为王家河矸石地＞桃园矸石地＞三里洞矸石地; 铜川矿区总体重金属生态危害指数为 392.1, 为强生态危害。熵权法计算, 相当于求算生态危害指数均值, 因此用表 4.13 中的 E_i 作为分级标准。熵权法研究结果表明: 铜川矿区各矸石地重金属综合生态危害指数均在 $40\sim80$, 排序为王家河矸石地＞桃园矸石地＞三里洞矸石地, 均处于中等生态危害水平; 研究区整体重金属生态危害指数为 64.1, 为中等生态危害。

铜川矿区重金属危害进行分析与评价后的结果（表 4.14）显示, 熵权法与求和法综合生态危害评价结果存在一定差异。但各矸石地生态危害程度排序具有一致性, 均为王家河矸石地＞桃园矸石地＞三里洞矸石地, 就评价方法而言, 权重法更为精确, 兼顾到各重金属分布及其含量的差异。

第三节 煤矿废弃地重金属污染治理

煤矿废弃地重金属污染治理, 要以防为主, 综合治理。第一, 控制重金属污染源。大力发展煤矿清洁生产, 全面采用环境保护的战略以降低煤炭生产过程中的产品对人类和环境的危害, 在挖掘、开采、运输的过程中减少废水、废气、废渣的排放, 对煤矸石进行基础存放, 并在其周围修建防渗建筑, 减少下雨等情况造成淋溶液深入土壤。第二, 进行植物修复。重金属污染土壤的植物修复技术是近年来发展起来的一项新兴的土壤污染治理技术。它是通过植物系统及其根际微生物移去、挥发或者稳定土壤环境中的重金属污染物, 或降低其毒性, 以达到清除污染的目的。第三, 使用农业工程措施消除土壤重金属污染。通过施用土壤改良剂、改变传统的耕作方式、换茬栽种植物、客土和换土等措施改变土壤中重金属对农业生产的危害。利用改良剂对土壤重金属的沉淀作用、吸附抑制作用, 降低重金属的扩散性和生物有效性。例如, 增施有机肥可以促进重金属的吸附、螯合、络合能力, 也能使重金属生成硫化物沉淀, 施石灰可以提高土壤 pH, 使重金属生成硅酸盐、碳酸盐、氢氧化物沉淀, 从而降低了重金属在土壤中的移动性。第四, 通过水洗法、电动化学法、热解析法和片洗法等工程技术措施消除重金属污染。水洗法是利用清水灌溉受污染农田，使重金属离子迁移至较深的土层中，减少表土中重金属的浓度，或者将含有重金属的水排出农田。电化学法指利用电流打破所有的 Cd、Cu、As、Pb 等金属-土壤键的方法，特别适用于去除透性不高、传导性不好的黏土中的重金属，但不适合沙性土壤。采用热解吸法可以将挥发性重金属 Hg 从土壤中解吸出来，当达到一定体积时回收利用。片洗法指用清水或含可提高重金属水溶性的某些化学试剂的水将重金属冲至根外层，再用含一定配位体或阴离子的化合物与重金属生成较稳定的金属络合物或沉淀，并回收利用。

一、水、大气、噪声污染防治

（一）水污染防治

选煤厂生产过程中的废水采用洗水闭路循环，煤泥厂内全部回收的工艺流程。应做到在设计上满足洗水不外排的要求。生产过程中产生的煤泥水全部进入浓缩机，并加絮凝剂进行沉淀浓缩处理。浓缩机底流由加压过滤机回收细粒煤泥，滤液回浓缩机进一步压缩处理后，作为循环水重复使用。厂房内的地板洗水和设备滴水等收集后，均经过除杂后进入煤泥浓缩机处理。厂区道路全部为水泥路面，可以加强对道路的养护，从而减少路面碎裂对水的污染。

（二）大气污染防治

选煤厂中的煤料量大且运转速度快，为了抑制扬尘，宜采用最经济有效的方法。通过喷雾洒水可以经济高效地降低煤堆的扬尘。在实际操作中需要根据煤堆的具体形状、风向、煤质等合理设置喷头的开关。储煤场的主要设备有取料机、堆料机和带式输送机。堆、取料机可以采用水沟式移动洒水系统进行湿式喷雾除尘。喷头和水泵安装在堆、取料机上，沿煤堆方向边运行边洒水。另外，在装卸时还要尽量降低装卸高度，以减小装卸扬尘量。经验表明，当堆料高度由 3m 降至 1m 时，下风向煤尘浓度可减少 74%。

（三）噪声污染防治

洗选车间内高音频设备较多，从工艺布置上，将高音频类设备集中布置在厂房底层，减少噪音向外扩散。在设备选型方面，要尽量选用低音频设备。对高音频设备采取降噪音措施，包括对矸石溜槽采用耐磨橡胶板或高分子板，对其他设备可以采用隔离或者装设吸音板的措施。

二、固体废弃物污染防治

土壤重金属污染的防治要采取综合措施，首先要控制和消除土壤的污染源，其次对已经污染的土壤采取治理措施，消除土壤中的重金属或控制其迁移转化，使其不能进入食物链或减少与人体直接接触机会。目前治理土壤重金属污染的方法主要是生物修复法。

生物修复是指利用生物的新陈代谢活动减少土壤中重金属的浓度或使其形态发生改变，从而使污染的土壤环境能够部分或完全恢复到原始状态的过程。生物修复的优点是效果好、投资省、费用低、易于管理与操作、不产生二次污染等。生物修复措施主要包括植物修复、微生物修复和动物修复等。植物修复措施是以植物忍耐和超量积累某种或某些化学元素理论为基础，一些重金属污染区存在着对重金属具耐性的植物，这些植物通过排斥或在局部使重金属富集，使重金属在植株根部细胞壁沉淀而"束缚"其跨膜吸收，或与某些蛋白质、有机酸结合生成不具生物活性的解毒形式，从而提高了对重金属伤害的忍耐度。利用植物及其共存微生物体系清除环境中的污染物是一门新兴起的环境应用技术。植物治理措施的关键是寻找合适的超积累或耐重金属植物，超积累植物可吸收积累大量的重金属，目前已发现 400 多种超积累植物，积累 Cr、Co、Ni、Cu、Pb 的含量一般在 0.1% 以上，积累 Mn、Zn 含量一般在 1% 以上。但植物修复措施也有局限性，如超积累植物通常生物量低，生长缓慢，效果不显著。微生物修复措施是利用土壤中的某些微生物对重金属具有吸收、沉淀、氧化和还原等作用，从而降低土壤中重金属的毒性。原核生物（细菌和放线菌）比真核生物（真菌）对重金属更敏感，利用此原理在土壤中培养富汞细菌，将这些细菌收集后，经蒸发、活性炭吸附等方法治理受汞污染的土壤。当前运用遗传、基因工程等生物技术，培育对重金属具有降毒能力的微生物，并运用于污染治理是土壤重金属污染研究中较活跃的领域之一。低等动物修复措施是指土壤中的某些低等动物（如蚯蚓类）能吸收土壤中的重金属，因而能在一定程度上降低污染土壤中重金属的含量。Shin 等（2007）运用蚯蚓毒理学原理与技术对韩国 3 个废弃的 As 矿及重金属矿区尾矿进行修复试验证明蚯蚓对 Zn 和 Cd 有良好的富集作用。由此可见，在重金属污染的土壤中放养蚯蚓，待其富集重金属后，采用电击、清水等方法驱出蚯蚓集中处理，对重金属污染土壤有一定的治理效果。

长期以来，我国煤矿尤其是国有重点大型煤矿，坚持做好矸石山灾害防范与治理工作，采取科学、有效的手段，对矸石山进行多种方式的治理，取得了不少成绩与经验。归纳起来主要有覆盖、填埋、绿化和综合利用，包括煤矸石发电、回收有用的矿物、生产建筑材料、造纸等。其中，以对煤矸石废弃地进行生态恢复是最经济和最有效的。

（一）减少井下排矸量

矸石不出井，不但可减少矸石占地，降低运输成本，而且可减小对环境的污染，具有较好的经济效益和社会效益。在巷道设计、施工工艺设计、矸石转运和井下充填等多个环节，要充分考虑矸石的井下处理，从源头上减少矸石的出井量，从而减少在地面堆积的数量，降低地面处理的工作量。

（二）煤矸石自燃的防治

煤矸石的主要成分是煤层顶板及煤层夹层的炭质泥岩或含碳泥岩，并含少量黄铁矿结构炭屑及炭块。由于黄铁矿含硫，在常温条件下，煤矸石与空气中的氧气具有良好的结合能力，当矸石得到充分的氧气供应后，将产生低温氧化反应，如氧气供应充分，则可保证低温氧化反应持续进行，如果低温氧化反应放出的热量不能及时消散于周围环境中，就会导致煤矸石局部升温，若煤矸石中有足够的可燃物，且能得到充分的氧气供应时，则环境温度升高，又会促使矸石的氧化反应加速。在达到临界温度点（80～90℃）后，氧化反应速度迅速提高，矸石很快由自热状态进入自燃状态，严重污染大气环境。矸石自燃的同时产生大量 CO、CO_2、H_2S 等有毒、有害气体，严重危害居民身体健康，甚至危及生命。对农业、畜牧业也带来严重的不良后果，使农作物枯萎或减产。同时，水的渗透也使地表水受到污染。

目前国内熄灭矸石自燃的途径一般有清除燃料、降温、隔氧等，采用的方法主要有：注浆封闭法、表面密封压实法、灌水法、直接挖出冷却法、低温惰性气体法、灌浆密闭泡沫灭火法、燃烧法等。在坚持以防为主、标本兼治、科学治理的原则下，可因地制宜地采取治理方法。

注浆封闭法是通过降温与隔氧两方面的共同作用来达到灭火的目的，通过在火区和自燃区布置一系列钻孔，最后将不燃物（黄土或粉煤灰等）和石灰配成的泥浆灌入火区和自燃区，以阻断空气进路，火区冷却后将火区和自燃区全部填满浆料。

表面密封压实法是在自燃矸石山表面铺土压实，以隔绝空气进路，使自燃矸石山内部空气耗尽后熄灭。

灌水法为常用方法，水是灭火工程中最常用的灭火介质，水在高温下形成水蒸气吸热降温效果显著，并且水蒸气能够阻止空气接近可燃物。

直接挖出冷却法是直接挖除着火矸石和热矸石，冷却后回填或重新堆积。这种方法简单而成功率高，在现场用得最多。

低温惰性气体法是在矸石山火区或自燃区注入液氮和固体二氧化碳，不仅能快速降低温度，而且在相变过程中体积增加 500 倍，形成冷高压波，从注入点迅速扩散至全区，把低密度热烟气排挤上升到地表，隔绝空气，从而达到灭火、降温的双重目的。

灌浆密闭泡沫灭火法把灌浆和泡沫结合起来，先用灌浆把火区隔离，再向火区注入泡沫灭火剂，加速消灭明火，缩短灭火时间。泡沫灭火剂在矸石空隙中流动，表面形成的膜可以保持很长时间。

燃烧法是在受控条件下让矸石燃烧，燃烧产物经净化后从烟囱排出，燃烧热量加以利用，具体方法为在矸石山内钻水平通道，矸石山表面铺土压实，由钻孔有控制地向内供应空气，点燃矸石，用抽出机将烟气抽出并加以净化，烟气热量被利用后，最终从烟囱排出。

（三）覆盖

采用黄土或污泥覆盖整个矸石山。通过覆盖，一方面减少矸石的透气性（供氧量），另一方面可防止煤矸石自燃后的漫延扩大；同时又能为造林、造田、美化环境创造基础条件。毕有才等（2014）认为，使用氧化铝厂排弃的赤泥代替黄土用于治理矸山，既能防治矸石的自燃、酸化，同时又可延长赤泥库的使用年限，在技术上可行，经济上合理。现将赤泥覆盖矸山原理、方法及优越性简介如下。

1. 赤泥覆盖矸山的原理

1）用氧化铝所产赤泥（尾矿）代替部分黄土和熟石灰乳进行。用土层覆盖，赤泥注浆处理及分层开挖，用赤泥分层碾压后，顶层黄土覆盖的办法进行。

2）消除有害气体。煤矸石中除含有大量的碳、硅、铝、铁、钙等微量元素外，还含有各种痕量的重金属元素。引起矸石自燃的因素很多，研究结果表明：硫铁矿结核体是引起矸石自燃的决定因素，水和氧气是矸石自燃的必要条件，碳元素是矸石自燃的物质基础。其反应机理如下。

在供氧充足的条件下，硫铁矿与氧可发生如下反应：

$$4FeS_2 + 11O_2 \longrightarrow 2Fe_2O_3 + 8SO_2 \longrightarrow 2SO_2 + O_2 + 6SO_3 \qquad (4.6)$$

在供氧不足的条件下，硫铁矿在氧化过程中，析出硫黄而不含 SO_2 气体。

$$4FeS_2 + 3O_2 \longrightarrow 2Fe_2O_3 + 8S \qquad (4.7)$$

生成的 SO_3 与水作用可形成硫酸，硫酸在形成过程中，会放出大量的热，从而促进矸石自燃。

赤泥固相中的氢氧化钠和氢氧化钙等成分可与 SO_2、H_2S 气体发生化学反应。

$$2NaOH + SO_2 \longrightarrow Na_2SO_3 + H_2O \qquad (4.8)$$

$$Ca(OH)_2 + SO_2 \longrightarrow CaSO_3 + H_2O \qquad (4.9)$$

$$2NaOH + H_2SO_4 \longrightarrow Na_2SO_4 + 2H_2O \qquad (4.10)$$

同时氧化铝压滤赤泥含有 35% 的附液，由于附液中含有碱（全碱浓度小于5g/L），也可以吸收 SO_2、H_2S 等气体，这样避免了对生态环境的污染。

3）防火、灭火原理。赤泥的颗粒细度小于 0.25mm，达到 100%，细度在

0.25～0.075mm 只占到 6%，最大干密度 1.48g/cm³，压滤赤泥含水率约在35%。可见，赤泥的颗粒较细，压实后的赤泥密实严紧，同时由于赤泥含有水分，不会发生干裂，覆盖在矸石上能够很好地促使矸石与空气的隔绝，从而达到了防火、灭火的效果。

2. 覆盖赤泥比覆盖黄土的优越性

赤泥中的碱性成分能够消除矸石自燃的 SO_2、H_2S 等有害气体，避免环境的污染，而黄土不具备此项功能；赤泥的颗粒细度远远小于黄土，黄土颗粒粒径小于 2mm 不超过 25%，而赤泥颗粒粒径小于 0.25mm 的达到 100%，因此压实后赤泥密实度要大于黄土，同时赤泥中还有水分，能够更好地避免空气与矸石的隔绝，从而达到了防火、灭火的效果。

3. 赤泥覆盖矸山的方法

(1) 赤泥注浆灭火

在坡顶有明火或温度较高的部位，采用赤泥覆盖，分层厚度 0.5m，赤泥碾压总厚度 0.3m，赤泥压实度大于 90%，以达到吸附 SO_2 的目的。在其上覆盖黄土后，进行碾压施工，使用钻机钻孔，深度 5.0m，间排距 3.0～3.5m，在成孔后，要进行孔内测温，对温度有异常的钻孔适当加深。灭火用的材料采用赤泥，液固比 0.7～0.8，注浆方式采用压力注浆或敞口灌注。

(2) 赤泥分层覆盖矸山

在矸山顶处平面挖开表层覆盖的黄土和距顶层 5m 高的矸石，使用压滤赤泥进行分层碾压、覆盖，分层厚度 0.5m，赤泥碾压覆盖总厚度 0.3m，赤泥压实度大于 90%。

赤泥压实完毕后，在矸山表层覆土 0.5m 并进行夯实，夯实系数大于 0.7。

矸山的边坡使用赤泥和黄土分别覆盖，覆盖厚度均为 0.5m，坡面按高宽比=1：2 进行整平、夯实，夯实系数大于 0.85。在平台上覆盖 1m 厚黄土，夯实系数大于 0.7。

排水系统。在平台上用围堰进行分割，使雨水保持在土壤里；在坡面竖向及马道均设排水沟以排除坡面雨水；在坡顶、坡底设截洪沟。根据地形因地制宜把雨水排向沟内，从而形成完整的排水系统。

(四) 填埋

填埋可分为常规填埋法和卫生填埋法。常规填埋法是将煤矸石直接填入塌陷区而形成的塘、湖、沟或低洼地区，对场地和废弃物不作任何处理。其工艺简单，成本低廉，但是会造成环境的二次污染，并成为具有较大威胁的污染源。卫生填埋是世界上最常用的固体废料处理技术，它是在科学选址的基础上，采用必要的场地防护手段和合理的填埋结构，以最大限度地减缓和消除固体废料对环境的污染。经过对煤矸石的卫生填埋，既能有效地控制淋溶水的扩散，减小对地下水的污染，又可在其顶部防渗层植树种草，进行土地复垦，恢复生态环境。

（五）绿化

植被绿化方法主要是采取环山、等高、台阶式整地、黄土覆盖等措施，人为改善植物的生长环境，或根据待复垦场地的条件，选择各种抗限制因子的植被，如刺槐、沙棘、爬墙虎、刺梅等，营造水土保持林和景观林。矸石山经过绿化后，能防止其大范围的水土流失和燃烧，从而有效遏制对环境的污染，抑制了扬尘，减少了淋溶水，改善了大气环境与水环境，改善了景观，美化了矿区环境。

三、重金属污染土壤的植物治理修复

重金属污染土壤的植物修复技术是以植物忍耐和超量积累某种或某些重金属元素理论为基础，通过植物系统及其根际微生物移去、挥发或者稳定土壤环境中的重金属污染物，或降低其毒性，以达到清除污染的目的。

（一）植物治理修复重金属污染土壤的原理

植物修复是利用植物吸收、降解、挥发、根滤、稳定等作用机理，达到去除土壤、水体中污染物，或使污染物固定以减轻其危害性，或使污染物转化为毒性较低化学形态的现场治理技术。植物修复对于重金属污染土壤的治理修复具有重要意义。

1. 植物对重金属的积累和区域化

超富集植物是指对重金属吸收量超过一般植物 100 倍以上的植物。一般认为超积累植物的耐性与富集机理是由植物本身不同的生理机制所控制。耐性是指植物体内具有某些特定的生理机制，使植物能生存于高含量的重金属环境中而不受损害，此时植物体内具有较高浓度的重金属。超积累植物的耐性与重金属在植物细胞中分布的区域化相关，即重金属存在于细胞壁和液泡中，从而降低其毒性。而超积累植物超量吸收富集重金属元素与其根部细胞具有与重金属元素较多的结合位点有关。

超积累植物对重金属的耐性受植物的生态学特性、遗传学特性等因素所决定，不同种类植物对重金属污染的忍耐性不同；同种植物的不同种群由于其分布和生长环境的差异，再加上长期受不同环境条件的影响，也会表现出不同的忍耐性。植物对重金属的耐性是植物体内的生理作用机制，是基因突变产生的基因型，因而是具有遗传性的。

Tomsett 和 Thurman（1988）曾把植物对重金属的耐性机理概括为图 4.6 所示。区域化分布是指植物体将有毒元素转运和贮存在某些特定的细胞或细胞的特定部位中，以减轻其毒害。它包括细胞和亚细胞水平的区域化。在组织和细胞水平，重金属在超积累植物叶片中都存在区域化分布。在组织水平上，重金属主要分布在表皮细胞、亚表皮细胞和表皮毛中；在细胞水平上，重金属主要分布在质外体和液泡中。此外，植物细胞壁的金属沉淀作用可能是一些植物耐重金属的原因，它能阻止重金属离子进入细胞原生质，而使其免受伤害，但不是所有的耐性植物都表现为重金属在细胞壁物质上的特定积累（杨志敏等，1999）。

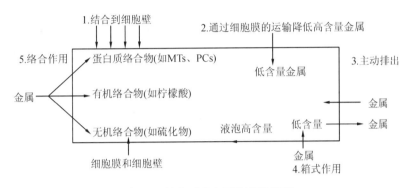

图 4.6　植物对重金属的耐性机理

2. 植物对重金属的络合作用

植物在重金属胁迫下会产生一些新的蛋白以形成对逆境抗性机制，这些蛋白在植物体内起着络合作用。目前研究较多的是包含巯基的金属硫蛋白（Metallothionensis，MTs）、植物螯合肽（Phytochelations，PCs）和谷胱甘肽（Glutathionee，GSH）。植物 MTs 通过半胱氨酸蛋白酶（Cys）上的巯基与细胞内游离重金属离子相结合，形成金属硫醇盐复合物，降低细胞内可扩散的金属离子浓度，从而起到解毒作用。此外，植物 MTs 还可能在金属离子的吸收和维持体内平衡中起调节作用（龙新宪等，2003）。PCs 是植物体内一类重要的非蛋白质形态富半胱氨酸的寡肽。它是通过巯基与金属离子螯合形成无毒化合物，减少细胞内游离的重金属离子，以减轻重金属对植物的毒害作用。此外，PCs 的另一作用是保护对重金属敏感的酶活性（安志装等，2001）。但也有报道认为植物重金属耐性与 PCs 无关，而是由于酶系统对重金属的避性及区域化不同造成的（彭少麟等，2004）。谷胱甘肽（GSH）含巯基，具有很强的氧化还原特性，可有效地清除活性氧及自由基，因此 GSH 在植物抗逆境胁迫中起重要作用。在重金属胁迫条件下，重金属离子激活植物螯合素的合成，消除了 GSH 的反馈抑制作用，由 GSH 合成酶催化的反应也成为限速步骤，此时如果加强 gsh2（编码 GSH 合成酶）的表达，则既可增加植物螯合素的合成又能避免 GSH 的耗竭，从而缓解重金属胁迫（Assuncaa et al.，2001）。

3. 植物对重金属的运输与转移

植物对重金属的转化即通过植物体内新陈代谢产物或根际微生物分泌化合物

的作用，将环境中挥发性污染物吸收到植物体内后再将其降解或转化为毒性较小的挥发态物质，释放到大气中。该方法不需收获和处理含污染物的植物，适用于疏水性适中的污染物，但易造成大气污染。重金属由根系进入木质部至少需要3个过程。分别是：进入根细胞，由根细胞运输到中柱，装载到木质部。在内皮层由于凯氏带的存在，使得共质体运输在重金属进入木质部的过程中起着主导作用。对 Zn、Ni、Cd、Cu 超积累植物的研究证实，有机酸、蛋白质、多肽、氨基酸和酚类在超积累植物对重金属的运输、储存中起重要作用，它们可以促进重金属在体内的运输（包括跨根细胞质膜运输、木质部长距离运输、叶细胞质膜和液泡膜运输），将根系吸收的重金属转运到植物的地上部分，以金属复合物形态存在于木质部汁液中、表皮细胞或叶肉细胞汁液中、液泡内或附着在细胞壁上，从而使植物尤其是超积累植物吸收、积累和贮存重金属成为可能，并在一定程度上起到体内解毒的作用（董社琴等，2004）。

4. 植物对重金属的吸收与固定

植物吸收金属离子均是从根系开始，但土壤中可为植物直接利用的金属形态（主要为可溶态）非常低，这就要求植物自身产生一些活化机制来活化土壤中的重金属。超积累植物对根际土壤重金属的活化可能通过以下几个方面来实现（陈一萍，2008）：①植物根系分泌质子酸化根际环境，促进重金属溶解；②植物根系分泌特殊有机物，促进土壤重金属溶解；③植物根系分泌金属螯合分子螯合和溶解与土壤结合的重金属；④在根细胞质膜上的专一性金属还原酶作用下，土壤中高价金属离子还原，从而溶解性增加。

植物固定是植物利用其自身的机械稳定和沉淀作用来固定土壤中重金属的方式，可以降低重金属毒性并防止其进入水体和食物链，从而降低对环境的污染。该方法并没有将环境中的重金属离子去除，只是暂时将其固定，使其对环境中的其他植物不产生毒害作用。

5. 植物对重金属的提取与过滤

植物萃取技术又叫植物提取技术，是植物修复的主要途径。也是目前研究最多且最有发展前景的一种去除环境污染物的方法。它是指将特定的植物（超累积植物）种植在重金属污染的土壤或水体中，植物（特别是地上部）吸收、富集土壤或水体中的重金属元素后，将土壤或水体中的重金属转运到植物的地上部，再通过收获植物将重金属移走以降低土壤或水体中的重金属含量，达到治理土壤重金属污染的目的。植物萃取要求该植物具有生物量大、生长快、抗病虫害能力强和适应性广的特点，并具备对多种重金属有较强的富集能力。广义的植物萃取技术又分为持续植物萃取和诱导植物萃取。持续植物萃取指利用超积累植物来吸收土壤重金属并降低其含量的方法。而诱导植物萃取是指利用螯合剂来促进普通植物吸收土壤重金属的方法。通常所说的植物萃取技术是指持续植物萃取。适合于植物萃取的理想植物称为超累积植物。目前常用植物包括各种野生的超积累植物及某些高产的农作物，如芸苔属植物（印度芥菜等）、油菜、杨树、苎麻等主要用于去除污染土壤中的重金属，如铅、镉等。

植物过滤是植物通过根系吸附作用，从污染地特别是水体中吸收、浓缩和沉淀重金属污染物。它是水体、浅水湖和湿地系统进行植物修复的重要方式。选用的植物以水生植物为主。

6. 植物对重金属的挥发

植物对重金属的挥发是指通过植物的吸收，促进某些重金属转移为可挥发的形态（气态），挥发出土壤和植物表面，达到治理土壤重金属污染目的的过程。例如、硒、砷、汞通过甲基化可挥发。有人研究了利用植物挥发技术去除污染土壤中的重金属汞，即将细菌体内的汞还原酶基因转入拟南芥植株，使植株的耐汞能力大大提高。通过植株的还原作用使汞从土壤中挥发，从而减轻土壤汞污染。

7. 植物对重金属的固化

植物固化技术指通过植物根系的吸收、沉淀或还原作用，使金属污染物惰性化，转变为低毒性形态，从而固定于根系和根际土壤中。在这一过程中，土壤中的重金属含量并不减少，只是形态发生变化。适用于固化污染土壤的理想植物，应是一种能忍耐高含量污染物、根系发达的多年生常绿植物。这些植物通过根系吸收、沉淀或还原作用可使污染物惰性化。例如，有些植物通过分泌磷酸盐与铅结合成难溶的磷酸铅，使铅固化，从而降低铅的毒性。六价铬具有较高的毒性，而三价铬非常难溶，基本没有毒性。有些植物能使六价铬转变为三价铬，使其固化。当然，植物枝条部位的污染物含量低更好，因为这样可以减少收割植物枝条等器官并将其作为有害废弃物处理的必要性。植物固化技术对废弃场地重金属污染物和放射性核素污染物固定尤为重要，原地固定这两类污染物是上策，可显著降低风险性，减少异地污染。

总之，超积累植物对重金属的胁迫有多方面的防卫机制，通常是几种机制同时发挥作用，不能用单一的耐性机理来解释植物对重金属的耐性。而且对于不同的超积累植物，起主导作用的机制可能不同。与化学修复、物理和工程修复等土壤治理技术相比，植物修复重金属污染土壤的特点如下：①植物修复具有投资和维护成本低、操作简便的特点。技术费用仅为其他治理技术的1/3，且管理维护方法简便，易于大面积推广。②植物修复不造成二次污染，且易于后处理。植物修复是一种"绿色"治理技术，通过植物回收利用土壤中的重金属，避免产生二次污染或污染转移，可以达到将污染物永久去除的目标。例如，与客土法相比，处理厚度为20cm的1hm²镉污染表土，需清理出150t污染土壤，而用植物修复技术，焚烧富镉的植物仅剩20～30t。所以用植物修复技术更适应环境保护的要求。③植物修复有明显的经济效益及社会效益。对于超富集植物体收获后灰化，灰分中含重金属（Zn、Cu、Ni 或 Co）10%～40%的植物，可采用金属冶炼回收的方法，具有一定的经济效益。同时可恢复土地使用功能（主要为耕地），生产绿色食品，改善居民生活环境等。④植物修复可同时处理受污染的土壤和地下水。但是植物修复也有其缺点，如修复时间长，需要数年甚至几十年。

（二）植物对土壤重金属元素的富集

1. 优势植物对重金属元素的富集

根据对陕西铜川矿区三里洞煤矿废弃地、王家河煤矿废弃地、桃园煤矿废弃地的研究，不同植物对不同的重金属（As、Hg、Cu、Zn、Cr、Pb）元素具有不同的吸收特性，优势植物体内重金属含量以及对重金属的富集能力均存在较大的差异。供试的优势植物综合富集系数均比较小，排序为：荠菜（1.248）＞刺槐（1.007）＞侧柏（0.953）＞楝树（0.910）＞臭椿（0.872）＞白榆（0.772）＞狗尾草（0.628），其中侧柏对 As、臭椿对 Cu、刺槐对 Zn、狗尾草对 Cr、荠菜对 Pb 的富集能力最强，较其他植物优势显著。尤其是，荠菜、刺槐具有较高的综合富集系数，且对 Pb、Zn 的富集能力较强，可以作为研究区植被与土壤恢复的首选植物。

（1）优势植物体内重金属元素含量

铜川矿区三里洞煤矿矸石地、王家河煤矿矸石地、桃园煤矿矸石地优势植物及其重金属含量测定结果见表 4.15。从表中可见，同一矿区内同一种重金属元素在不同植物体内含量存在很大差异，如 Zn 元素在荠菜中含量为 88.620 mg/kg，而在臭椿中含量仅为13.173 mg/kg，二者相差达 6.73 倍。此外，同一植物体内不同元素间其含量也存在较大差异，如狗尾草中 Zn 元素含量为 30.818 mg/kg，而 As 元素含量仅为0.708 mg/kg，二者相差 43.53 倍。总体而言，供试的六种优势植物，其体内均以 Zn 元素含量为最高，范围为 13.173～88.620 mg/kg，As 元素含量为最低，范围为 0.273～6.340 mg/kg。

表 4.15　铜川煤矿矸石地优势植物重金属含量

编号	植物种类	重金属含量/（mg/kg）					
		As	Hg	Cu	Zn	Cr	Pb
1	臭椿（*Ailanthus altissima*）	0.273*	—	11.660	13.173	6.501	3.730
2	狗尾草（*Setaria viridis*）	0.708	—	5.044	30.818	23.668	1.263
3	荠菜（*Capsella bursa−pastoris*）	1.175	—	9.064	88.620	22.176	4.037
4	刺槐（*Robinia pseudoacacia*）	4.507	—	5.010	31.592	13.555	6.969
5	侧柏（*Platycladus orientalis*）	6.340	—	2.929	16.182	8.078	8.898
6	白榆（*Ulmus pumila*）	1.544	—	5.291	34.592	10.202	9.098
7	楝树（*Melia azedarach*）	2.524	—	7.561	71.502	18.276	5.888

* 为 5 个样点的平均值。

注：1)"—"为未检出。2) 括号内为植物的拉丁学名。

（2）优势植物重金属富集特征

植物与土壤之间重金属含量是直接相关的，为进一步反映植物对重金属的富集能力，需要探讨分析其富集特征。现就生物富集系数和综合富集系数对植物重金属富集特征进行研究的结果介绍如下。

生物富集系数指植物体内某种重金属元素的含量与土壤中同种重金属含量的比值，它是衡量植物对重金属元素富集能力大小的一个重要指标；富集系数越大，说明其富集能力越强。综合富集系数是植物体对各种重金属元素富集系数之和（栾以玲等，2008）。具体计算公式如下所示：

$$D_i = T_i / W_i \tag{4.11}$$

$$D = \sum D_i \tag{4.12}$$

式中，D_i 表示生物富集系数；T_i 表示植物体内某重金属元素含量（mg/kg）；W_i 表示植物生长环境（土壤）中某重金属元素含量（mg/kg）。

铜川矿区三里洞矸石地、王家河矸石地和桃园矸石地土壤中几种重金属元素含量调查结果见表 4.16。

表 4.16　植物生长环境重金属含量

样地	重金属含量/（mg/kg）						植物编号
	As	Hg	Cu	Zn	Cr	Pb	
三里洞	11.57	0.23	40.82	402.75	114.74	7.90	1、2、3
王家河	10.72	0.33	40.74	111.99	108.67	123.33	4、5
桃园	17.07	0.23	45.20	370.47	120.76	23.43	6、7

根据式（4.11）和式（4.12）及表 4.15 和表 4.16 得到臭椿等 7 种优势植物对重金属生物富集系数见图 4.7。

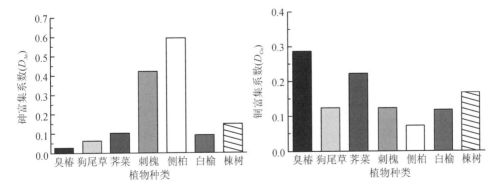

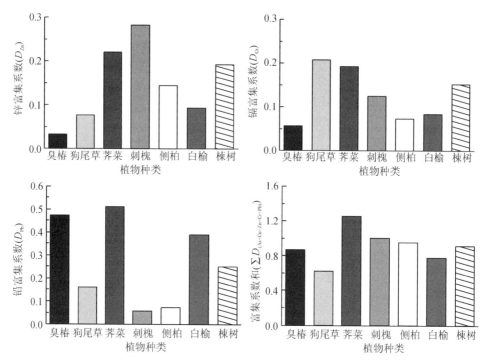

图 4.7　优势植物重金属的生物富集系数

图 4.7 显示，优势植物对 As、Cu、Zn、Cr、Pb 这 5 种重金属的生物富集系数范围分别为 $0.025\sim0.591$、$0.072\sim0.286$、$0.033\sim0.282$、$0.057\sim0.206$、$0.057\sim0.512$。不同植物对同一重金属元素的富集能力不同，差异非常明显，如刺槐对 As 的富集系数是臭椿的 16.8 倍、荠菜对 Pb 的富集系数是刺槐的 9.0 倍、刺槐对 Zn 的富集系数是臭椿的 8.5 倍。同一植物对 5 种重金属元素的富集能力也存在一定的差异，其生物富集系数大小排序分别如下，臭椿：Pb＞Cu＞Cr＞Zn＞As，狗尾草：Cr＞Pb＞Cu＞Zn＞As，荠菜：Pb＞Cu＞Zn＞Cr＞As，刺槐：As＞Zn＞Cr＞Cu＞Pb，侧柏：As＞Zn＞Cr＞Cu＝Pb，白榆：Pb＞Cu＞Zn＞As＞Cr，楝树：Pb＞Zn＞Cu＞Cr＞As。其中，刺槐和侧柏对重金属富集具有相同的特征，臭椿、荠菜、白榆和楝树对重金属富集具有基本相似的特征。供试的 7 种优势植物对重金属元素的综合富集能力基本相同，差异不大，其综合富集系数大小排序为荠菜（1.248）＞刺槐（1.007）＞侧柏（0.953）＞楝树（0.910）＞臭椿（0.872）＞白榆（0.772）＞狗尾草（0.628）。不同植物对不同重金属具有不同的富集能力，如侧柏对 As 的富集能力最强，臭椿对 Pb 的富集能力最强，刺槐对 As 的富集能力最强，狗尾草对 Cr 的富集能力最强，荠菜对 Pb 的富集能力最强。

综上分析，概述如下：①植物对离子的吸收具有选择性，其对重金属的吸收富集表现出差异性。铜川矿区矸石地内同一种重金属元素在不同植物体内含量存在很大差异，同一植物体内不同重金属元素间其含量也存在较大的差异。供试的 7 种优势植物体内 Zn 元素含量最高，范围为 13.173~88.620 mg/kg，As 元素含量最低，范围为 0.273~6.340 mg/kg。②铜川矿区矸石地内供试优势植物对重金属的富集能力较弱，其综合富集系数范围为 0.628~1.248；其对单一重金属的富集系数也均小于 1，铜川矿区矸石地内不存在超富集植物。植物对重金属的富集量受到温度、光照、土壤 pH、氮磷、有机质、根际微生物、植物的生长阶段等多种内在及外在因素的综合影响。酸碱度对植物的生长和植物对重金属的吸附均有较大的影响，一般而言，pH 降低，土壤溶液的电导值增大、离子强度增大，植物对重金属元素的吸收能力增强；此外，养分元素会对土壤理化性质和根际环境产生影响，从而间接影响植物的生长和植物对重金属的吸收；所在的铜川矿区土壤 pH 偏碱性、全钾与速效氮含量偏低，可能是造成植物富集能力较低的因素之一。加之，土壤中重金属的积累会对植物产生毒性作用，从而抑制叶绿素生长、破坏蛋白质生长、导致生物量减少等，最终通过影响植物生长而间接影响植物对重金属的富集。③所在的铜川矿区测试的 7 种优势植物对重金属元素的富集能力存在差异，其大小排序为荠菜（1.248）＞刺槐（1.007）＞侧柏（0.953）＞楝树（0.910）＞臭椿（0.872）＞白榆（0.772）＞狗尾草（0.628）。其中，侧柏对 As、臭椿对 Pb、刺槐对 As、狗尾草对 Cr、荠菜对 Pb 的富集能力最强。因供试的 7 种优势植物中未检测出 Hg 元素的含量，无法考量对 Hg 的富集情况，在一定程度上会影响植物的筛选；研究区土壤 Pb、Hg、Zn 这 3 种重金属污染较为严重，需要加以考虑。④荠菜、刺槐具有相对较高的综合富集系数，且对 Pb、Zn 的富集能力较强，加之其具有较广的生态适应性，因此可以作为铜川矿区矸石废弃地生态恢复的首选植物。

2. 不同植被覆盖度下矸石地重金属元素特征

土壤中的铜、锌、铬等元素都是植物正常生长发育所不可缺少的微量元素。但是植物对它们的需求量很少，若含量过高就会使植物中毒，从而影响植物正常的生长发育。砷、汞、铅等元素不是植物生长发育的必需元素。其中，少量低浓度的砷不仅能使土壤中不可给态的磷转化为易吸收的磷，而且能够促进土壤微生物的活动。而土壤中的砷、汞、铅含量过高都对植物的生长、代谢等有显著不良影响。因此，土壤中砷、汞、铅等元素的大量积累将会对植物的正常生长发育产生严重危害。植被恢复对土壤重金属元素含量的影响见表 4.17。

表 4.17 显示：①磨岭矸石山与裴沟、超化、米村矸石山相比，前者较后者As、Hg、Cu、Zn、Cr、Pb 及其 6 种元素总量分别高出 41.19mg/kg、0.13mg/kg、13.82mg/kg、0.57mg/kg、32.44mg/kg、2.91mg/kg 和 91.06mg/kg，表明有植被覆盖的矸石山（裴沟、超化、米村）比裸露矸石山（磨岭）土壤中重金属有

毒元素含量有显著降低。②绿化 20 年的兴隆庄矸石山与济宁二号煤矿矸石山相比，As、Hg、Cu、Zn、Cr、Pb 及其 6 种元素总含量分别高出 5.38mg/kg、0.14mg/kg、5.51mg/kg、77.33mg/kg、0.81mg/kg、7.05mg/kg 和 96.22mg/kg。可见，配置合理的人工植被比天然植被下的矸石地土壤中重金属含量明显为低。

表 4.17　植被恢复对土壤重金属元素含量的影响　　单位：mg/kg

地点	植被状况	As	Hg	Cu	Zn	Cr	Pb	总量
磨岭	裸地	46.27	0.17	34.81	2.4	48.58	24.51	156.74
裴沟、超化、米村	良好	5.08	0.04	20.99	1.83	16.14	21.6	65.68
	增加	41.19	0.13	13.82	0.57	32.44	2.91	91.06
兴隆庄	人工，良好	7.28	0.39	47.13	720.78	92.72	23.55	891.85
济宁二号煤矿	天然，较好	1.9	0.25	41.62	643.45	91.91	16.5	795.63
	增加	5.38	0.14	5.51	77.33	0.81	7.05	96.22

不同植被覆盖度下（即不同类型矸石地）土壤重金属元素含量测试结果及分析见表 4.18。

表 4.18　　不同类型矸石地土壤重金属元素含量　　单位：mg/kg

矸石地类型	As	Hg	Cu	Zn	Cr	Pb
Ⅰ	10.3029	0.1454	35.0462	144.3321	52.8107	15.2798
Ⅱ	16.3376	0.2743	36.7182	263.7987	91.7760	21.1265
Ⅲ	24.5250	0.3782	42.8041	317.6473	107.7035	28.3129
Ⅳ	40.5088	0.5073	45.9000	458.7132	116.9797	36.1272
中国土壤元素背景值	11.2	0.065	22.6	74.2	61.0	26.0

注：Ⅰ类，植被覆盖率≥80%；Ⅱ类，植被覆盖率≥50%；Ⅲ类，植被覆盖率≥20%；Ⅳ类，无植被覆盖。

不同植被覆盖度下矸石地重金属元素分析结果（表 4.18）显示：①4 类矸石地土壤中 As、Hg、Cu、Zn、Cr、Pb 的含量大小顺序均为：Ⅰ类＜Ⅱ类＜Ⅲ类＜Ⅳ类。②除Ⅱ类矸石地土壤中 Pb 的含量和Ⅰ类矸石地土壤中 As、Cr、Pb 的含量低于中国土壤元素背景值外，4 类矸石地土壤的 As、Hg、Cu、Zn、Cr、Pb 含量均明显高于中国土壤元素背景值。③Ⅰ类矸石地土壤中 As、Hg、Cu、Zn、Cr、Pb 的含量分别比Ⅳ类矸石地减少 30.2059mg/kg、0.3619mg/kg、10.8538mg/kg、314.3811mg/kg、64.1690mg/kg、20.8474mg/kg；Ⅱ类矸石地土壤中 As、Hg、Cu、Zn、Cr、Pb 的含量分别比Ⅳ类矸石地减少 24.1712mg/kg、0.2330mg/kg、9.1818mg/kg、194.9145mg/kg、64.1690mg/kg、15.0007mg/kg；Ⅲ类矸石地土壤中 As、Hg、Cu、Zn、Cr、Pb 的含量分别比Ⅳ类矸石地减少 15.9838mg/kg、0.1291mg/kg、3.0959mg/kg、141.0659mg/kg、9.2762mg/kg、7.8143mg/kg。

证明：植被能明显降低矸石地有毒元素含量，具有净化土壤的作用。由于植物可以吸收固定重金属元素，所以有植被的矸石地土壤中 As、Hg、Cu、Zn、Cr、Pb 的含量均低于无植被的矸石地，且随着植被覆盖率的增大，矸石地土壤中 As、Hg、Cu、Zn、Cr、Pb 的含量逐渐减少。当植被覆盖率达 80% 以上时，矸石地土壤中的 As、Cr、Pb 的含量均低于中国土壤元素背景值。

不同植被覆盖度下矸石地土壤中重金属元素的测定及分析结果（表 4.19）显示，除铜外，各类型矸石地土壤中重金属元素含量之间存在极显著差异。4 种不同植被覆盖率的矸石地中，任意两者之间砷和汞含量都有极显著的差异。铜含量没有显著的差异。锌含量除Ⅱ类和Ⅲ类矸石地土壤中之间有显著差别外，其余任意两类矸石地土壤中的锌含量之间都有着极显著的差别。铬含量除Ⅲ类和Ⅳ类矸石地土壤中的之间没有显著差异外，其他任意两类矸石地土壤中的铬含量之间都有极显著的差异。铅含量除Ⅰ类和Ⅱ类矸石地土壤中的之间有显著差异外，其他任意两类矸石地土壤中的铅含量之间都有极显著的差异。这可能是由于各元素的贮存状态不同以及不同的植被恢复程度下，各类矸石地上的植物对各元素吸收能力不同的缘故。

表 4.19　不同类型矸石地土壤重金属元素含量测定结果及分析单位：mg/kg

矸石地类型	As	Hg	Cu	Zn	Cr	Pb
Ⅰ	10.3029Dd	0.1454Dd	35.0462	144.3321Cd	52.8107Dd	15.2798Cd
Ⅱ	16.3376Cc	0.2743Cc	36.7182	263.7987Bc	91.7760Cc	21.1265Cc
Ⅲ	24.5250Bb	0.3782Bb	42.8041	317.6473Bb	107.7035Bb	28.3129Bb
Ⅳ	40.5088Aa	0.5073Aa	45.9000	458.7132Aa	116.9797Aa	36.1272Aa

注：1）矸石地类型Ⅰ，植被覆盖率≥80%；矸石地类型Ⅱ，植被覆盖率≥50%；矸石地类型Ⅲ，植被覆盖率≥20%；矸石地类型Ⅳ，无植被覆盖。

2）表中不同的大小写字母表示处理间差异分别达 1% 和 5% 显著水平。

3. 同一植物在不同矿区吸收重金属元素的特征

相同树龄和长势的刺槐、侧柏、白榆、楝树、臭椿吸收重金属元素（As、Hg、Cu、Zn、Cr、Pb）情况调查结果显示，相同年龄的同一种植物，由于所处矿区的不同，其吸收重金属元素的量表现出明显的差异，见表 4.20 和图 4.8～图 4.12。根据在新密、兖州和铜川 3 个矿区进行的研究，相同植物在不同矿区吸收各重金属元素含量的大小顺序是：①As、Cu、Zn：新密＞铜川＞兖州。②Cu：新密＞铜川＞兖州。③Zn：新密＞铜川＞兖州。④Cr：铜川＞兖州矿＞新密。⑤Pb：铜川＞新密＞兖州。

表 4.20　同一植物在不同矿区吸收重金属元素量　　　单位：mg/kg

地点	元素	刺槐（*Robinia pseudoacacia*）	侧柏（*Platycladus orientalis*）	白榆（*Ulmus pumila*）	楝树（*Melia azedarach*）	臭椿（*Ailanthus altissima*）
新密	As	9.9313	14.1347	3.3704	4.5145	7.1866
	Cu	13.985	6.3115	10.494	11.1221	15.36
	Zn	54.3045	46.1488	54.3761	134.4447	57.2171
	Cr	2.9427	3.5686	7.3441	7.4321	3.0858
	Pb	3.6659	5.5484	4.5082	4.5828	3.7575
兖州	As	0.195	0.1903	0.2219	0.2593	0.1273
	Cu	4.841	2.8892	4.9547	7.1211	9.9975
	Zn	26.6612	10.4449	19.7246	29.2962	9.0813
	Cr	12.0858	5.8957	8.8845	14.5823	4.2653
	Pb	2.0353	2.9288	1.1556	4.119	1.3004
铜川	As	4.5072	6.3399	1.5441	2.5243	0.2762
	Cu	5.0102	2.9291	5.2907	7.5613	11.3447
	Zn	31.5923	16.1816	34.5918	71.5022	13.2387
	Cr	13.5554	8.078	10.2016	18.2763	6.5329
	Pb	6.9688	8.8983	9.0975	5.8878	7.6102

注：表中数据为 5 个样品测定结果的平均值。

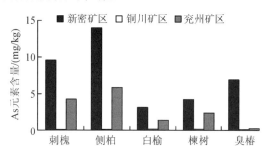

图 4.8　同一植物在不同矿区吸收 As 元素对比

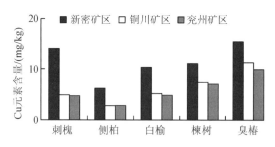

图 4.9　同一植物在不同矿区吸收 Cu 元素对比

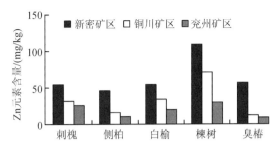

图 4.10　同一植物在不同矿区吸收 Zn 元素对比

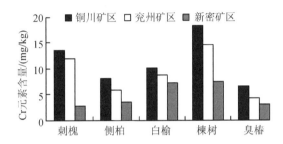

图 4.11　同一植物在不同矿区吸收 Cr 元素对比

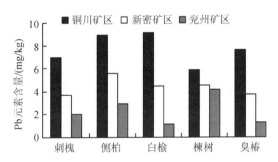

图 4.12　同一植物在不同矿区吸收 Pb 元素对比

对于相同树龄的同一种植物来说，其吸收重金属元素的量与植物所生长矿区矸石地中的元素含量多少有关，一般来说，矿区废弃地土壤中所含元素含量越高，植物的吸收量越大，但并不成正比关系，如刺槐吸收 Pb 元素的情况就是如此，参见图 4.13。而 Cu、Zn 却反之，这说明植物吸收量大小还与元素在矸石中的贮存状态有关，如刺槐吸收 Cu 元素的情况，参见图 4.14。因此，由于各矿区矸石地中元素含量的差异以及元素在矸石中赋存状态的不同，相同树龄的同一种植物在不同矿区吸收有毒元素的数量表现出明显的差异。

4. 不同种类植物在同一矿区吸收重金属元素的特征

植物吸收有毒元素的能力，因植物种类不同而异。在同一矿区的相同立地条件下，不同种类植物吸收有毒元素的能力是有一定差异的。对供试 5 种植物吸收重金属能力的测定结果表明，植物吸收 As 元素的能力大小顺序是：侧柏＞刺槐＞

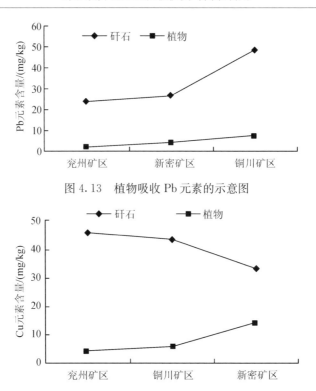

图 4.13　植物吸收 Pb 元素的示意图

图 4.14　植物吸收 Cu 元素的示意图

臭椿＞楝树＞白榆；植物吸收 Cu 元素的能力大小顺序是：刺槐＞臭椿＞楝树＞
白榆＞侧柏；植物吸收 Zn 元素的能力大小顺序是：楝树＞臭椿＞白榆＞刺槐＞
侧柏；植物吸收 Cr 元素的能力大小顺序是：楝树＞白榆＞侧柏＞臭椿＞刺槐；
植物吸收 Pb 元素的能力大小顺序是：侧柏＞楝树＞白榆＞臭椿＞刺槐。不同种
类植物在同一矿区吸收有毒元素的分析结果见表 4.21 和图 4.15，不同种类植物
在同一矿区吸收 Zn 元素量的测定结果见图 4.16。

表 4.21　不同种类植物在同一矿区吸收重金属元素结果分析　　　单位：mg/kg

树种	As	Cu	Zn	Cr	Pb
刺槐	9.9313Bb	13.985Aa	54.3045Bb	2.9427Bc	3.6659Cc
侧柏	14.1347Aa	6.3115Cc	46.1488Cc	3.5686Bb	5.5484Aa
白榆	3.3704De	10.494Bb	54.3761Bb	7.3441Aa	4.5082Bb
楝树	4.5145Dd	11.1221Bb	109.3693Aa	7.4321Aa	4.5828Bb
臭椿	7.1866Cc	11.8438ABb	57.2171Bb	3.0858Bc	3.7575Cc

注：表中不同大、小写字母表示各树种之间差异分别达 1% 和 5% 显著水平（Duncan 法）。

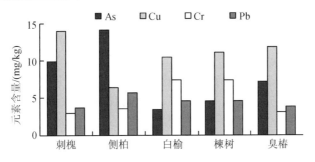

图 4.15　不同植物吸收有毒元素对比

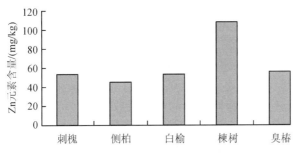

图 4.16　不同植物吸收 Zn 元素对比

方差分析和 Duncan 多重比较结果显示，除棟树和白榆在吸收 As 元素量上存在显著差异外，供试 5 种植物任意两者之间在吸收 As 元素量上均存在极显著差异。刺槐除与臭椿在吸收 Cu 元素量上存在显著差异外，它与棟树、白榆、侧柏在吸收 Cu 元素量上均存在极显著差异；臭椿、棟树、白榆三者中任意两者之间在吸收 Cu 元素量上均无明显差异，而三者均与侧柏在吸收 Cu 元素量上存在极显著差异。除臭椿、白榆和刺槐三者任意两者之间在吸收 Zn 元素量上无明显差异外，测试的 5 种植物任意两者之间均存在极显著差异。除棟树和白榆、臭椿和刺槐在吸收 Cr 元素量上无明显差异外，棟树或白榆与侧柏、臭椿、刺槐三者任意一个在吸收 Cr 元素量上均存在极显著差异，侧柏与臭椿、刺槐在吸收 Cr 元素量上均存在显著差异。除刺槐和臭椿、棟树和白榆在吸收 Pb 元素量上无明显差异外，测试的 5 种植物任意两者之间在吸收 Pb 元素量上均存在极显著的差异（侧柏和棟树之间为显著差异）。

由此可见，供试的 5 种植物均具有较强的吸收有毒元素的能力，同时表现出一定的差异。但总体来看，棟树和侧柏吸收能力最强，其次是刺槐，再次是臭椿和白榆，虽然同一植物在不同生长发育期对不同元素的吸收能力是不同的，但具有基本相同的吸收趋势。

5. 同一植物在矸石地和本底土壤上吸收重金属元素的特征

研究证明：①生长在矸石地土壤上的刺槐比在本底土壤上生长的相同年龄的

刺槐吸收了更多的重金属元素。其中，As 元素高出了 9.0266mg/kg，Cu 元素高出了 5.5661mg/kg，Zn 元素高出了 30.6908mg/kg，Cr 元素高出了 0.9809mg/kg，Pb 元素高出了 0.6784mg/kg。②生长在矸石地土壤上的侧柏比在当地本底土壤上生长的相同树龄的侧柏吸收了更多的重金属元素。其中，As 元素高出了 13.1231mg/kg，Cu 元素高出了 2.3354mg/kg，Zn 元素高出了 23.6619mg/kg，Cr 元素高出了 0.3782mg/kg，Pb 元素高出了 1.4105mg/kg。③生长在矸石地土壤上的楝树比在当地本底土壤上生长的相同树龄的楝树吸收了更多的重金属元素。其中，As 元素高出了 4.0194mg/kg，Cu 元素高出了 4.4113mg/kg，Zn 元素高出了 61.8068mg/kg，Cr 元素高出了 0.9524mg/kg，Pb 元素高出了 1.1683mg/kg。④生长在矸石地土壤上的臭椿比在当地本底土壤上生长的相同树龄的臭椿吸收了更多的重金属元素。其中，As 元素高出了 6.7477mg/kg，Cu 元素高出了 4.6599mg/kg，Zn 元素高出了 50.0332mg/kg，Cr 元素高出了 0.2073mg/kg，Pb 元素高出了 0.9501mg/kg。⑤生长在矸石地土壤上的榆树比在当地本底土壤上生长的相同树龄的榆树吸收了更多的重金属元素。其中，As 元素高出了 3.1125mg/kg，Cu 元素高出了 4.1759mg/kg，Zn 元素高出了 30.3813mg/kg，Cr 元素高出了 0.9934mg/kg，Pb 元素高出了 1.1589mg/kg，见表 4.22 和图 4.17～图 4.21。

表 4.22　几种植物在矸石地和本底土壤吸收重金属元素情况　　单位：mg/kg

树种	样点	As	Cu	Zn	Cr	Pb
刺槐 R. pseudoacacia	矸石地	9.931	13.985	54.305	2.943	3.666
	本底土	0.905	8.419	23.615	1.962	2.988
	差值	9.027	5.566	30.690	0.981	0.678
侧柏 P. orientalis	矸石地	14.135	6.312	46.149	3.569	5.548
	本底土	1.012	3.976	22.487	3.190	4.138
	差值	13.123	2.335	23.662	0.378	1.411
楝树 M. azedarach	矸石地	4.515	11.122	109.369	7.432	4.583
	本底土	0.495	6.711	47.563	6.480	3.415
	差值	4.019	4.411	61.807	0.952	1.168
臭椿 A. altissima	矸石地	7.187	11.844	57.217	3.086	3.758
	本底土	0.439	7.184	19.549	2.879	2.807
	差值	6.748	4.660	37.668	0.207	0.950
白榆 U. pumila	矸石地	3.370	10.494	54.376	7.344	4.508
	本底土	0.258	6.318	23.995	6.351	3.349
	差值	3.113	4.176	30.381	0.993	1.159

注：本底土壤为新密矿区一般荒地土壤。

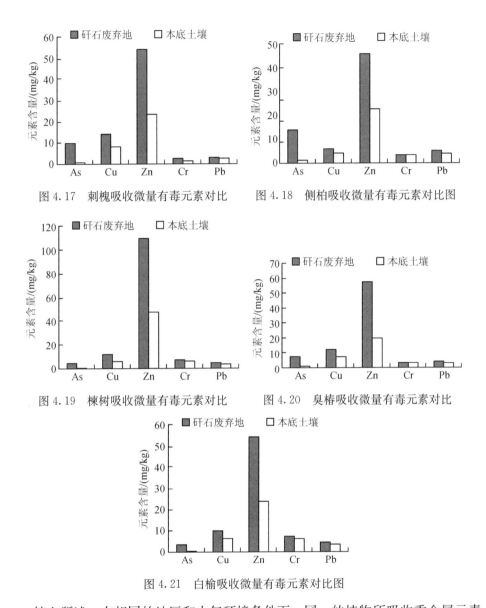

图 4.17 刺槐吸收微量有毒元素对比 图 4.18 侧柏吸收微量有毒元素对比图

图 4.19 楝树吸收微量有毒元素对比 图 4.20 臭椿吸收微量有毒元素对比

图 4.21 白榆吸收微量有毒元素对比图

　　综上所述,在相同的地区和大气环境条件下,同一的植物所吸收重金属元素的能力随土壤基质的不同而表现出的差异是明显的。对刺槐、侧柏、楝树、臭椿和白榆 5 种供试植物的测定结果显示,在矸石地上生长的植物比在当地本底土壤上生长的相同植物吸收了更多的重金属元素。这主要是由于作为矸石地主要基质的矸石中含有比本底土壤更多的这些重金属元素和矸石地周围上空近地层空气中的粉尘(以矸石粉末为主)所含的部分重金属元素通过植物滞尘作用被吸收到植物体内的缘故。因此,在矸石地上进行植被建设,可以起到净化矿区近地层空气环境和土壤环境的作用。

第四节　植被恢复对煤矿废弃地土壤的影响

辽宁阜新矿区高德矸石山、孙家湾矸石山、海州排土场、新邱排土场等排矸年限为5～10年，植被恢复期为3年的煤矸石废弃地的白榆林（*Ulmus pumila*）、白榆＋紫穗槐＋刺槐混交林（*Ulmus pumila＋Amorpha fruticosa＋Robinia pseudoacacia*）、白榆＋刺槐＋菊芋混交林（*Ulmus pumila＋Robinia pseudoacacia＋Helianthus tuberosus*）、菊芋林（*Helianthus tuberosus*）、沙棘＋紫穗槐混交林（*Hippophae rhamnoides＋Amorpha fruticosa*）和白榆＋紫穗槐混交林（*Ulmus pumila＋Amorpha fruticosa*）6种不同植被恢复模式下土壤特性的研究表明，植被恢复具有明显改良废弃地土壤性质的作用，且不同植被恢复模式对土壤养分质量的改善效果不同。

一、土壤理化性质

（一）物理性质

以阜新矿区为例，不同植被恢复模式下煤矿废弃地土壤含水量、土壤容重和土壤总孔隙度等特征介绍如下。

1. 不同植被恢复模式对土壤含水量的影响

土壤水分是指保持在土壤孔隙中的水分，主要来源为降水、灌溉和地下水等，是土壤的重要组成部分，它通过运输土壤中的各种物质从而直接影响土壤养分的分布和利用程度。土壤含水量对植物生长有着重要的意义，不仅影响根系的生长及发展方向，也影响根系对土壤养分的吸收，直接影响植被的生长。同时地表植被的覆盖与栽植也影响土壤水分的含量与分布状况，因此对不同植被恢复模式土壤含水量的调查分析，对了解和比较植被恢复模式对土壤状况所起的作用具有十分重要的意义。

不同植被恢复模式下不同土壤深度的含水量变化情况调查结果分析见表4.23。6种植被恢复模式的土壤上、下两层含水量均远高于荒草地和裸地，0～20cm层次土壤含水量均低于20～40cm土壤含水量，这可能是由于浅层次上层土壤受到蒸发作用的影响较大和植物吸收利用水分较多的缘故。在供试的6种模式中，沙棘＋紫穗槐混交林植被恢复模式的上、下两层土壤含水量均为最高，说明该植被恢复模式提高土壤含水量能力较强。

表 4.23　不同植被恢复模式土壤含水量变化

序号	土层深度 0～20cm			土层深度 20～40cm		
	含水量/%	变幅/%	变异系数/%	含水量/%	变幅/%	变异系数/%
Ⅰ	10.52±1.79	8.94～12.46	17.02	11.40±0.65	10.94～12.14	5.70
Ⅱ	10.13±1.46	8.73～11.64	14.41	10.93±0.86	10.00～11.69	7.87
Ⅲ	8.21±0.83	7.36～9.02	10.11	10.24±1.68	9.16～12.18	16.41
Ⅳ	11.09±1.08	9.85～11.87	9.74	12.58±0.59	12.07～13.22	4.69
Ⅴ	11.94±0.44	11.55～12.41	3.69	14.15±0.32	13.91～14.51	2.26
Ⅵ	10.13±0.37	9.76～10.50	3.65	11.62±0.22	11.40～11.83	1.89
Ⅶ	1.91±0.47	1.42～2.36	24.61	4.43±0.57	3.79～4.86	12.87

注：Ⅰ白榆纯林；Ⅱ白榆＋紫穗槐＋刺槐混交林；Ⅲ白榆＋刺槐＋菊芋混交林；Ⅳ菊芋纯林；Ⅴ沙棘＋紫穗槐混交林；Ⅵ白榆＋紫穗槐混交林；Ⅶ荒草裸地。

（1）10～20cm 土壤含水量

表 4.23 显示，在 10～20cm 土壤中，供试 6 种恢复模式下土壤水分状况为沙棘＋紫穗槐＞菊芋＞白榆＞白榆＋紫穗槐＋刺槐＝白榆＋紫穗槐＞白榆＋刺槐＋菊芋＞荒草裸地，土壤含水量依次为 11.94%、11.09%、10.52%、10.13%、10.13%、8.21% 和 1.91%。其中，含水量最高的为沙棘＋紫穗槐混交林，最低的为白榆＋刺槐＋菊芋混交林。方差分析结果表明，6 种植被恢复模式和荒草裸地土壤含水量差异都达到了极显著水平，见表 4.24。多重比较结果表明，荒草裸地土壤含水量与供试 6 种植被恢复模式土壤含水量都存在极显著差异；白榆＋刺槐＋菊芋混交林与菊芋纯林和沙棘＋紫穗槐混交林模式分别存在极显著差异，与白榆纯林、白榆＋紫穗槐＋刺槐混交林和白榆＋紫穗槐混交林模式分别存在显著差异；其他植被恢复模式间差异不显著。而白榆＋刺槐＋菊芋混交林土壤含水量最低，所以除此模式土壤含水量较低外，其他恢复模式土壤含水量差别不大，对提高土壤含水量的能力较相近，见表 4.25。

表 4.24　不同植被恢复模式 0～20cm 土壤含水量方差分析表

误差来源	平方和	自由度	均方	F 值	显著性
组间	205.749	6	34.291	31.032	0.000
组内	15.470	14	1.105	—	—
总数	221.219	20	—	—	—

表 4.25　不同植被恢复模式 0～20cm 土壤含水量多重比较结果

显著性	Ⅰ	Ⅱ	Ⅲ	Ⅳ	Ⅴ	Ⅵ
Ⅰ	—	—	—	—	—	—
Ⅱ	0.654	—	—	—	—	—
Ⅲ	0.017*	0.042*	—			

续表

显著性	I	II	III	IV	V	VI
IV	0.520	0.282	0.005**	—	—	—
V	0.120	0.053	0.001**	0.337	—	—
VI	0.657	0.997	0.042*	0.284	0.053	—
VII	0.000**	0.000**	0.000**	0.000**	0.000**	0.000**

* 表示差异显著（P＜0.05），** 表示差异极显著（P＜0.01）。I白榆纯林；II白榆＋紫穗槐＋刺槐混交林；III白榆＋刺槐＋菊芋混交林；IV菊芋纯林；V沙棘＋紫穗槐混交林；VI白榆＋紫穗槐混交林；VII荒草裸地。

（2）20～40cm 土壤含水量

据测定，20～40cm 土壤中，供试 6 种植被恢复模式上土壤含水状况为：沙棘＋紫穗槐＞菊芋＞白榆＋紫穗槐＞白榆＞白榆＋紫穗槐＋刺槐＞白榆＋刺槐＋菊芋＞荒草裸地，土壤含水量依次为 14.15％、12.58％、11.62％、11.40％、10.93％、10.24％和 4.43％。其中，土壤含水量最高的为沙棘＋紫穗槐混交林模式，最低的为白榆＋刺槐＋菊芋混交林模式，与 0～20cm 土层一致，见表 4.23。

20～40cm 土层中土壤含水量调查结果的方差分析显示，6 种植被恢复模式和荒草裸地土壤 20～40cm 土层中土壤含水量的差异均达到了极显著水平，见表 4.26。荒草裸地土壤含水量与 6 种植被恢复模式都存在极显著差异；沙棘＋紫穗槐混交林土壤含水量与白榆纯林、白榆＋紫穗槐＋刺槐混交林、白榆＋紫穗槐＋菊芋混交林和白榆＋紫穗槐混交林模式土壤含水量分别存在极显著差异；菊芋纯林含水量和白榆＋刺槐＋菊芋混交林模式土壤含水量存在极显著差异，和白榆＋紫穗槐＋刺槐混交林、沙棘＋紫穗槐混交林模式土壤含水量存在显著差异，而沙棘＋紫穗槐混交林土壤含水量最高，说明沙棘＋紫穗槐混交林对土壤水分的改善作用高于其他植被恢复模式，具有较强的蓄水保水能力，可有效提高土壤含水量，见表 4.27。

表 4.26 不同植被恢复模式 20～40cm 土壤含水量方差分析表

误差来源	平方和	自由度	均方	F 值	显著性 Sig.
组间	168.902	6	28.150	41.077	0.000
组内	9.594	14	0.685	—	—
总数	178.496	20	—	—	—

表 4.27 不同植被恢复模式 20～40cm 土壤含水量多重比较结果

显著性	I	II	III	IV	V	VI
I	—	—	—	—	—	—
II	0.495	—	—	—	—	—
III	0.107	0.325	—	—	—	—
IV	0.104	0.029*	0.004**	—	—	—

续表

显著性	I	II	III	IV	V	VI
V	0.001**	0.000**	0.000**	0.035*	—	—
VI	0.757	0.327	0.061	0.176	0.002**	—
VII	0.000**	0.000**	0.000**	0.000**	0.000**	0.000**

*表示差异显著（$P<0.05$），**表示差异极显著（$P<0.01$）。I白榆纯林；II白榆＋紫穗槐＋刺槐混交林；III白榆＋刺槐＋菊芋混交林；IV菊芋纯林；V沙棘＋紫穗槐混交林；VI白榆＋紫穗槐混交林；VII荒草裸地。

综上分析，供试 6 种植被恢复模式下的土壤含水率均远远高于对照荒草裸地，且模式之间的土壤含水量差异较显著。而 0～20cm 和 20～40cm 上下两层的土壤含水量大小顺序有略微差别，0～20cm 含水量大小顺序为沙棘＋紫穗槐＞菊芋＞白榆＞白榆＋紫穗槐＋刺槐＝白榆＋紫穗槐＞白榆＋刺槐＋菊芋＞荒草裸地；20～40cm 含水量大小顺序为：沙棘＋紫穗槐＞菊芋＞白榆＋紫穗槐＞白榆＞白榆＋紫穗槐＋刺槐＞白榆＋刺槐＋菊芋＞荒草裸地。各恢复模式 0～20cm 土层含水量均小于 20～40cm 土层含水量。

上述 6 种植被恢复模式中土壤含水量最高的为沙棘＋紫穗槐混交林模式，说明沙棘＋紫穗槐混交林模式土壤疏松多孔，通透性能和蓄水保水能力较强，这可能是由于沙棘根系发达、紫穗槐根部有根疣，它们均能有效保持土壤疏松、防止水土流失。菊芋是宿根性草本植物，根系特别发达，每株大约有上百根根系，每条根可达 0.5～2m，深深扎入土中，且繁殖速度超快，年增殖速度可达 20 倍，能以极快的速度覆盖地表，因此菊芋纯林的土壤含水量也较高。上层土壤水分少于下层土壤，可能是由于蒸发作用使得上层土壤水分蒸发较多，且植被的生长所需水分首先取自上层土壤中。

2. 不同植被恢复模式对土壤容重与土壤总孔隙度的影响

（1）土壤容重

土壤容重指单位容积自然土壤的干重，单位通常用 g/cm³，它是表示土壤颗粒排列松紧程度等土壤质量的一个重要指标，能够反映土壤的孔隙密度和松紧程度等状况（Logsdon and Karlen，2004）。容重小的土壤疏松多孔，结构良好；反之则土壤孔性较差，土壤板结紧实。

土壤容重一般在 1.0～1.8 g/cm³，与有机质含量呈负相关关系。它不仅对衡量土壤肥力有重要的意义，同时对土壤持水能力、透气性、溶质迁移和入渗特征等也有重要影响（陈立新，2004）。

一般情况下，土壤容重越小，说明植被恢复对土壤的作用越大，植被恢复的越好（李雪蕾，2006）。供试 6 种植被恢复模式下土壤容重的测定结果见表 4.28。表中信息显示，6 种植被恢复模式均可以降低土壤容重，改善土壤通透度。其中，对照（荒草裸地）的土壤容重最大，其 $0\sim20cm$ 和 $20\sim40cm$ 土层的容重分别为 $1.31\ g/cm^3$ 和 $1.37\ g/cm^3$；6 种植被恢复模式以沙棘＋紫穗槐混交林和白榆＋紫穗槐＋刺槐混交林恢复模式土壤容重最小，其 $0\sim20cm$ 和 $20\sim40cm$ 土层容重分别为 $1.02\ g/cm^3$、$1.06\ g/cm^3$ 和 $1.00\ g/cm^3$、$1.08\ g/cm^3$，土壤密实程度较小，土壤蓬松且结构良好；其次是白榆＋刺槐＋菊芋混交林和白榆＋紫穗槐混交林，两者容重较相近；植被恢复效果最差的是菊芋纯林恢复模式，$0\sim20cm$ 和 $20\sim40cm$ 土壤容重分别为 $1.21\ g/cm^3$ 和 $1.25\ g/cm^3$。

表 4.28　　不同植被恢复模式下的土壤容重与土壤总孔隙度测定结果

序号	土壤层次 /cm	土壤容重/（g/cm³）			总孔隙度/%		
		平均值	变幅	变异系数/%	平均值	变幅	变异系数/%
Ⅰ	0～20	1.13±0.07	1.06～1.20	6.19	57.23±2.65	54.72～60.00	4.63
	20～40	1.10±0.07	1.05～1.18	6.36	58.37±2.57	55.47～60.38	4.40
Ⅱ	0～20	1.00±0.06	0.95～1.06	6.00	62.39±2.15	60.00～64.15	3.45
	20～40	1.08±0.11	0.96～1.16	10.19	59.25±3.99	56.23～63.77	6.73
Ⅲ	0～20	1.05±0.06	0.98～1.10	5.71	60.50±2.31	58.49～63.02	3.82
	20～40	1.10±0.09	1.01～1.18	8.18	58.37±3.26	55.47～61.89	5.59
Ⅳ	0～20	1.21±0.03	1.17～1.23	2.48	54.46±1.22	53.58～55.85	2.24
	20～40	1.25±0.02	1.24～1.27	1.60	52.71±0.58	52.08～53.21	1.10
Ⅴ	0～20	1.02±0.08	0.93～1.09	7.84	61.64±3.05	58.87～64.91	4.95
	20～40	1.06±0.06	1.00～1.11	5.66	60.12±2.08	58.11～62.26	3.46
Ⅵ	0～20	1.05±0.09	0.94～1.12	8.57	60.51±3.57	57.74～64.53	5.90
	20～40	1.12±0.06	1.00～1.18	5.36	57.86±2.28	55.47～60.00	3.94
Ⅶ	0～20	1.31±0.04	1.27～1.35	3.05	50.57±1.51	49.06～52.08	2.99
	20～40	1.37±0.05	1.32～1.41	3.65	48.18±1.78	46.79～50.19	3.69

注：Ⅰ白榆纯林；Ⅱ白榆＋紫穗槐＋刺槐混交林；Ⅲ白榆＋刺槐＋菊芋混交林；Ⅳ菊芋纯林；Ⅴ沙棘＋紫穗槐混交林；Ⅵ白榆＋紫穗槐混交林；Ⅶ荒草裸地。

　　不同植被恢复模式对土壤容重影响的差异显著性分析结果表明，除白榆纯林恢复模式 $0\sim20cm$ 土层容重大于 $20\sim40cm$ 土层外，其余植被恢复模式均为 $0\sim20cm$ 土层容重小于 $20\sim40cm$ 土层，这可能是由于土层表面较多的枯落物腐化成腐殖质使土壤容重减小，见图 4.22 （$P<0.05$）。

　　6 种植被恢复模式土壤容重与荒草裸地对照均差异显著，说明它们都可以改善土壤容重，但不同恢复模式同一土层的土壤容重有显著差异。在 $0\sim20cm$ 土层内，土壤容重大小顺序为荒草裸地＞菊芋＞白榆＞白榆＋紫穗槐＝白榆＋刺槐＋菊芋＞沙棘＋紫穗槐＞白榆＋紫穗槐＋刺槐，土壤容重的均值依次为 $1.31g/cm^3$、$1.21g/cm^3$、$1.13g/cm^3$、$1.05g/cm^3$、$1.05g/cm^3$、$1.02g/cm^3$ 和 $1.00\ g/cm^3$；在 $20\sim40cm$ 土层内，土壤容重大小顺序为荒草裸地＞菊芋＞白榆＋紫穗槐＞白榆＝白榆＋刺槐＋菊芋＞白榆＋紫穗槐＋刺槐＞沙棘＋紫穗槐，土壤容重的均值依次为 1.37 g/cm³、1.25 g/cm³、1.12 g/cm³、1.10 g/cm³、1.10 g/cm³、1.08 g/cm³ 和 1.06 g/cm³。在上下两层土壤中，荒草裸地和菊芋纯林恢复模式土壤容重均为最大，且与其他模式差异显著，而其余各模式之间均无显著差异。菊芋纯林恢复模式下土壤容重只减少了 7.6％和 8.6％，说明其对土壤容重的作用最小。白榆＋紫穗槐＋刺槐混交林和沙棘＋紫穗槐混交林两种植被恢复模式对降低土壤容重所起的作用较大，能有效改善土壤结构。

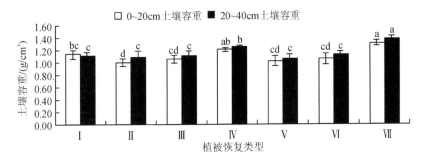

图 4.22　不同植被类型的土壤容重比较

1）Ⅰ白榆纯林；Ⅱ白榆＋紫穗槐＋刺槐混交林；Ⅲ白榆＋刺槐＋菊芋混交林；Ⅳ菊芋纯林；
Ⅴ沙棘＋紫穗槐混交林；Ⅵ白榆＋紫穗槐混交林；Ⅶ荒草裸地

2）不同字母表示两者有差异性，相同字母表示没差异性。后文图中的类似字母也表示相同含义

（2）土壤总孔隙度

土壤孔隙度即为土壤中孔隙占土壤总体积的百分比，通常由土壤矿物质和腐殖质含量决定。土壤容重越小，则孔隙度越大，两者呈负相关性（杨金玲等，2006）。土壤总孔隙度是反映土壤通气性能的重要指标，一般认为土壤孔隙度大小为 50％左右时，土壤的通透性和持水性较好，更利于植被生长（田大伦等，2005）。因此，研究土壤孔隙度的变化对衡量土壤理化性质有重要的意义。

从供试 6 种植被恢复模式的土壤总孔隙度的测试结果（表 4.28）可见，对照样地（自然裸地）的土壤孔隙度最小，其 0～20cm 和 20～40cm 土层总孔隙度分别为 50.57％和 48.18％；6 种植被恢复模式中以沙棘＋紫穗槐混交林和白榆＋紫穗槐＋刺槐混交林恢复模式土壤孔隙度最大，其 0～20cm 和 20～40cm 土层孔隙度分别为 61.64％、60.12％和 62.39％、59.25％，土壤通透性最强；效果最差的是菊芋纯林恢复模式，其 0～20cm 和 20～40cm 土层孔隙度为 54.46％和52.71％。6 种供试植被恢复模式土壤孔隙度均大于荒草裸地，说明植被恢复对土壤孔隙度均有作用。

从不同植被恢复模式对土壤孔隙度影响的差异显著性分析结果看，除白榆纯林恢复模式外，其余植被恢复模式和荒草裸地均为 0～20cm 土层孔隙度大于

20～40cm土层孔隙度，孔隙度均随着土层深度的增加呈降低趋势。不同植被恢复模式同土层土壤孔隙度差异显著。0～20cm 土层中，土壤孔隙度大小顺序为白榆＋紫穗槐＋刺槐＞沙棘＋紫穗槐＞白榆＋紫穗槐＞白榆＋刺槐＋菊芋＞白榆＞菊芋＞荒草裸地，土壤总孔隙度均值依次为 62.39%、61.64%、60.51%、60.50%、57.23%、54.46%和50.57%，其中白榆＋紫穗槐＋刺槐混交林、沙棘＋紫穗槐混交林、白榆＋紫穗槐混交林和白榆＋刺槐＋菊芋混交林之间无显著差异，白榆纯林、菊芋纯林和荒草裸地无显著差异，其余各植被恢复模式间差异显著；20～40cm 土层中，土壤孔隙度大小顺序为沙棘＋紫穗槐＞白榆＋紫穗槐＋刺槐＞白榆＋刺槐＋菊芋＝白榆＞白榆＋紫穗槐＞菊芋＞荒草裸地，土壤总孔隙度均值依次为 60.12%、59.25%、58.37%、58.37%、57.86%、52.71%和48.18%，其中沙棘＋紫穗槐混交林、白榆＋紫穗槐＋刺槐混交林、白榆＋刺槐＋菊芋混交林和白榆纯林之间土壤孔隙度无显著差异，其余各植被恢复模式间差异显著。沙棘＋紫穗槐混交林和白榆＋紫穗槐＋刺槐混交林两种植被恢复模式下土壤疏松，结构良好，通透性较好，积极效果较明显，如图 4.23 所示（$P<0.05$）。

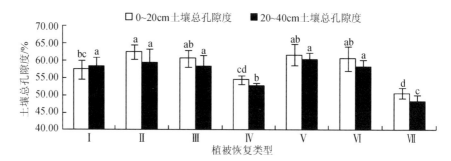

图 4.23　不同植被类型的土壤总孔隙度比较

Ⅰ白榆纯林；Ⅱ白榆＋紫穗槐＋刺槐混交林；Ⅲ白榆＋刺槐＋菊芋混交林；Ⅳ菊芋纯林；Ⅴ沙棘＋紫穗槐混交林；Ⅵ白榆＋紫穗槐混交林；Ⅶ荒草裸地

　　综上所述，供试植被恢复模式下土壤容重高低顺序为在 0～20cm 土层范围内，荒草裸地＞菊芋＞白榆＞白榆＋紫穗槐＝白榆＋刺槐＋菊芋＞沙棘＋紫穗槐＞白榆＋紫穗槐＋刺槐；在 20～40cm 土层范围内，荒草裸地＞菊芋＞白榆＋紫穗槐＞白榆＝白榆＋刺槐＋菊芋＞白榆＋紫穗槐＋刺槐＞沙棘＋紫穗槐。菊芋纯林模式土壤容重显著高于其他模式，而其他模式之间差异不显著。除白榆纯林模式外，大部分为上层土壤容重小于下层土壤容重。不同植被恢复模式土壤总孔隙度顺序大小与土壤容重大小顺序正好相反。而且，供试 6 种植被恢复模式的土壤容重均小于荒草裸地，说明植被恢复模式对改善土壤容重的作用效果很明显。土壤容重过大，会造成土壤板结，妨碍植被根系的正常发展，阻碍植被吸收土壤中的养分，植被能有效地降低土壤容重，其中灌木降低土壤容重的的作用最大，沙棘属于落叶灌木，因此沙棘＋紫穗槐混交林恢复模式的土壤容重较小，有利于植被根系的发展。腐殖质对土壤容重有影响，一般来说腐殖质多的土壤容重较小，土壤表层枯枝落叶层较厚，腐殖质含量丰富，导致研究地区 0～20cm 土层土壤容重小于 20～40cm 土层的土壤容重。而总孔隙度则与土壤容重成负相关性。

（二）化学性质

阜新矿区不同植被恢复模式下土壤 pH、土壤电导率等特征如下。

1. 不同植被恢复模式对土壤 pH 的影响

适宜的植被恢复模式能有效降低碱性土壤的 pH，但不同植被恢复模式降低 pH 的效果不同，除了沙棘＋紫穗槐混交林和白榆＋紫穗槐混交林两种植被恢复模式 0～20cm 土层 pH 大于 20～40cm 外，其他植被恢复模式土壤 pH 均为上层小于下层。自然裸地的土壤 pH 最大，其 0～20cm 和 20～40cm 土层 pH 分别为 7.65 和 8.25，偏碱性。6 种植被恢复模式中 0～20cm 土层内，土壤 pH 大小顺序为荒草裸地（对照）＞沙棘＋紫穗槐＞白榆＞白榆＋紫穗槐＞白榆＋紫穗槐＋刺槐＞白榆＋刺槐＋菊芋＞菊芋，相应土壤 pH 依次为 7.65、7.23、6.98、6.78、6.42、6.38 和 6.16。pH 最小的为菊芋纯林恢复模式，最大的为沙棘＋紫穗槐混交林恢复模式，比对照分别降低了 1.49 和 0.42；20～40cm 土层内，土壤 pH 大小顺序为：荒草裸地＞白榆＋紫穗槐＋刺槐＞白榆＞白榆＋紫穗槐＝菊芋＞白榆＋紫穗槐＋菊芋＞沙棘＋紫穗槐，相应土壤 pH 依次为 8.25、7.58、7.33、6.67、6.67、6.60 和 6.53。pH 最小的为沙棘＋紫穗槐混交林恢复模式，最大的为白榆＋紫穗槐＋刺槐混交林恢复模式，分别比对照裸地降低了 1.72 和 0.67。说明植被恢复后土壤 pH 接近中性，适宜于大多数中性植物生长，见表 4.29。

表 4.29　不同植被恢复模式土壤 pH

序号	土层深度 0～20cm			土层深度 20～40cm		
	pH	变幅	变异系/%	pH	变幅	变异系数/%
I	6.98±0.10	6.90～7.10	1.43	7.33±0.10	7.25～7.45	1.36
II	6.42±0.03	6.40～6.45	0.47	7.58±0.03	7.55～7.60	0.40
III	6.38±0.07	6.30～6.43	1.10	6.60±0.13	6.50～6.75	1.97
IV	6.16±0.23	5.90～6.35	3.73	6.67±0.71	6.05～7.45	10.64
V	7.23±0.03	7.20～7.25	0.41	6.53±0.08	6.45～6.60	1.23
VI	6.78±0.08	6.70～6.85	1.18	6.67±0.08	6.60～6.75	1.20
VII	7.65±0.03	7.63～7.68	0.39	8.25±0.30	7.95～8.55	3.64

注：I 白榆纯林；II 白榆＋紫穗槐＋刺槐混交林；III 白榆＋刺槐＋菊芋混交林；IV 菊芋纯林；V 沙棘＋紫穗槐混交林；VI 白榆＋紫穗槐混交林；VII 荒草裸地。

　　阜新矿区各植被恢复模式对土壤 pH 影响的差异显著性分析结果显示：在土层深度为 0～20cm，白榆＋紫穗槐＋刺槐混交林和白榆＋刺槐＋菊芋混交林恢复模式之间差异不显著，其他各模式间土壤 pH 差异较显著；在 20～40cm，白榆＋刺槐＋菊芋混交林、菊芋林、沙棘＋紫穗槐混交林和白榆＋紫穗槐混交林模式，白榆林和白榆＋紫穗槐＋刺槐混交林模式土壤 pH 差异分别不显著，其余之间土壤 pH 有显著性差异。各植被恢复模式与荒草裸地（对照）之间的土壤 pH 均表现出显著性差异，对土壤 pH 有显著影响，降低了土壤 pH，说明植被恢复后土壤越来越适合大多数中性植物的生长，如图 4.24 所示（P＜0.05）。

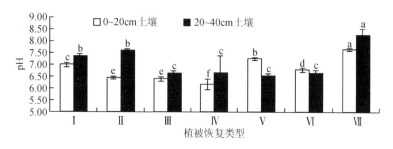

图 4.24　不同植被类型的土壤 pH 比较

Ⅰ 白榆纯林；Ⅱ 白榆＋紫穗槐＋刺槐混交林；Ⅲ 白榆＋刺槐＋菊芋混交林；Ⅳ 菊芋纯林；
Ⅴ 沙棘＋紫穗槐混交林；Ⅵ 白榆＋紫穗槐混交林；Ⅶ 荒草裸地

2. 不同植被恢复模式对土壤电导率的影响

　　通常在一定范围内，土壤含盐量越多，电导率就越大，两者成正相关关系（郭彩华，2006；张建旗等，2009）。因此，在进行土壤的理化性质研究中普遍直接用电导率表示土壤含盐量。

　　研究表明，当土壤电导率大于植物生育临界值 $500\mu S/cm$，会对植物生长造成障碍。一般情况下，对照样地（荒草裸地）的土壤电导率最大，0～20cm 和 20～40cm 深度的土壤电导率分别为 $630.28\mu S/cm$ 和 $862.74\mu S/cm$，均大于 $500\mu S/cm$，见表 4.30。实地调查证明由矸石废弃地形成的荒草裸地出现土壤板结、返盐，不利于植物生长发育。供试植被恢复模式中 0～20cm 土层土壤电导率大小顺序为：荒草裸地（$630.28\mu S/cm$）＞菊芋（$130.28\mu S/cm$）＞白榆＋紫穗槐（$125.00\mu S/cm$）＞白榆（$113.16\mu S/cm$）＞沙棘＋紫穗槐（$112.87\mu S/cm$）＞白榆＋刺槐＋菊芋（$91.05\mu S/cm$）＞白榆＋紫穗槐＋刺槐（$75.11\mu S/cm$），土壤电导率分别比对照样地降低了 79.33％、80.17％、82.05％、82.09％、85.55％和 88.08％；20～40cm 土层土壤电导率大小顺序为荒草裸地（$862.74\mu S/cm$）＞菊芋（$256.51\mu S/cm$）＞白榆＋紫穗槐（$184.95\mu S/cm$）＞沙棘＋紫穗槐（$139.73\mu S/cm$）＞白榆（$130.25\mu S/cm$）＞白榆＋刺槐＋菊芋（$115.60\mu S/cm$）＞白榆＋紫穗槐＋刺槐（$91.19\mu S/cm$），土壤电导率分别比对照地降低了 70.27％、

78.56％、83.80％、84.90％、86.60％和89.43％。可见，植被恢复模式对土壤电导率影响较大，能有效降低土壤含盐量。

表4.30 不同植被恢复模式下土壤电导率

序号	土层深度 0~20cm			土层深度 20~40cm		
	电导率/（μS/cm）	变幅/（μS/cm）	变异系/％	电导率/（μS/cm）	变幅/（μS/cm）	变异系/％
I	113.16±4.01	109.86~117.62	3.54	130.25±31.35	106.84~165.87	24.07
II	75.11±12.07	62.90~87.03	16.07	91.19±10.84	79.70~101.24	11.89
III	91.05±23.08	64.62~107.28	25.35	115.60±9.99	106.41~126.23	8.64
IV	130.28±22.53	109.43~154.17	17.29	256.51±51.46	216.27~314.50	20.06
V	112.87±31.78	87.86~148.63	28.16	139.73±21.77	114.60~152.94	15.58
VI	125.00±28.22	92.83~145.62	22.58	184.95±19.62	167.06~205.93	10.61
VII	630.28±109.19	547.15~753.94	17.32	862.74±141.69	765.83~1025.36	16.42

注：I 白榆纯林；II 白榆＋紫穗槐＋刺槐混交林；III 白榆＋刺槐＋菊芋混交林；IV 菊芋纯林；V 沙棘＋紫穗槐混交林；VI 白榆＋紫穗槐混交林；VII 荒草裸地。

植被恢复模式对土壤电导率影响的差异显著性分析（$P<0.05$）结果显示，不同植被恢复模式下 0~20cm 土层的土壤电导率均小于 20~40cm 土层的土壤电导率。在 0~20cm 土层中 6 种植被恢复模式的土壤电导率无显著差异；20~40cm 土层下，菊芋纯林恢复模式与白榆＋紫穗槐混交林恢复模式土壤电导率的无显著差异，与其他 4 种植被恢复模式土壤电导率均差异显著，其余各植被恢复模式土壤电导率无显著差异。而且，6 种植被恢复模式在 0~20cm 和 20~40cm 上下两层的土壤电导率均与荒草裸地的土壤电导率差异显著，表明植被恢复模式可以显著降低土壤电导率。如图 4.25 所示。

综上分析，6 种植被恢复模式中 0~20cm 土层土壤电导率大小顺序为荒草裸地＞菊芋＞白榆＋紫穗槐＞白榆＞沙棘＋紫穗槐＞白榆＋刺槐＋菊芋＞白榆＋紫

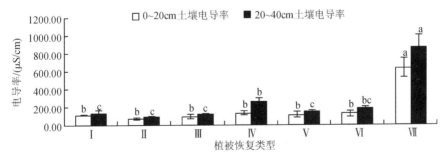

图 4.25 不同植被类型的土壤电导率大小比较

I 白榆纯林；II 白榆＋紫穗槐＋刺槐混交林；III 白榆＋刺槐＋菊芋混交林；IV 菊芋纯林；
V 沙棘＋紫穗槐混交林；VI 白榆＋紫穗槐混交林；VII 荒草裸地

穗槐＋刺槐；20～40cm 土层土壤电导率大小顺序为荒草裸地＞菊芋＞白榆＋紫
穗槐＞沙棘＋紫穗槐＞白榆＞白榆＋刺槐＞菊芋＞白榆＋紫穗槐＋刺槐，除白榆
纯林和沙棘＋紫穗槐混交林模式顺序颠倒外，其他植物恢复模式的土壤电导率大
小顺序与 0～20cm 土层的情况基本一致。所有植物恢复模式中 0～20cm 土层土
壤电导率均小于 20～40cm 土层的土壤电导率。除荒草裸地与 6 种植被恢复模式
的土壤电导率差异显著，其他模式的土壤电导率之间大部分都差异不显著。土壤
电导率与土壤含盐量成正相关关系，一般用电导率来表示含盐量。6 种植被恢复
模式大幅度降低了土壤电导率，对降低土壤含盐量所起作用较大。有研究表明，
适宜于植被生长的土壤电导率范围为 350～1000μS/cm，低于 350μS/cm 则影响
土壤对植物养分的供应，高于 1200μS/cm 则会发生植物盐害。由与受多种因素
影响，测得的供试植被恢复模式土壤电导率值普遍偏低，但与实际调查结果并不
矛盾。

二、土壤养分状况

（一）不同植被恢复模式下的土壤有机质

一般情况下土壤有机质是土壤肥力高低的一个重要指标。它不仅能使土壤疏
松、改善土壤物理性质，保持土壤肥力。而且还是土壤中植物矿质营养和有机营
养物质如 N、P 的主要来源，在某种程度上土壤有机质的含量多少可以说明土壤
的肥沃程度。植被恢复能够明显提高土壤有机质含量，增强土壤肥力。

从有机质含量分析结果来看，各植被恢复模式的土壤有机质含量均较荒草裸
地有显著提高，其上层均高于下层。在 0～20cm 土层，土壤有机质含量顺序为沙
棘＋紫穗槐（3.23%）＞白榆＋紫穗槐＋刺槐（2.12%）＞白榆＋刺槐＋菊芋
（1.86%）＞白榆＋紫穗槐（1.51%）＞白榆（1.12%）＞菊芋（0.95%）＞荒
草裸地（0.62%），其中沙棘＋紫穗槐混交林模式的土壤有机质含量最高为
3.23%，比对照裸地提高了 4.21 倍，菊芋纯林恢复模式的土壤有机质含量最低
为 0.95%，比对照样地提高了 0.53 倍；在 20～40cm 土层，土壤有机质含量顺
序与 0～20cm 基本相同，为沙棘＋紫穗槐（1.32%）＞白榆＋刺槐＋菊芋
（1.15%）＞白榆＋紫穗槐＋刺槐（0.84%）＞白榆＋紫穗槐（0.78%）＞白榆
（0.66%）＞菊芋（0.56%）＞荒草裸地（0.23%），沙棘＋紫穗槐混交林的土壤
有机质仍然高于其他模式，比对照（荒草裸地）提高了 4.74 倍，有机质含量最
低的菊芋纯林比对照（荒草裸地）提高了 1.43 倍。说明各植被恢复模式能有效
提高土壤的有机质含量，增加土壤养分，见表 4.31。

表4.31 不同植被恢复模式下土壤有机质含量

植被模式	土层深度 0~20cm			土层深度 20~40cm		
	有机质/%	变幅/%	变异系数%	有机质/%	变幅/%	变异系数/%
I	1.12±0.08	1.06~1.21	7.14	0.66±0.24	0.41~0.88	36.36
II	2.12±0.30	1.81~2.41	14.15	0.84±0.26	0.58~1.09	30.95
III	1.86±0.06	1.79~1.91	3.23	1.15±0.30	0.94~1.49	26.09
IV	0.95±0.13	0.80~1.06	13.68	0.56±0.18	0.38~0.74	32.14
V	3.23±0.46	2.72~3.63	14.24	1.32±0.15	1.16~1.46	11.36
VI	1.51±0.22	1.28~1.72	14.57	0.78±0.06	0.72~0.83	7.69
VII	0.62±0.04	0.57~0.65	6.45	0.23±0.08	0.133~0.288	34.78

注：I 白榆纯林；II 白榆＋紫穗槐＋刺槐混交林；III 白榆＋刺槐＋菊芋混交林；IV 菊芋纯林；V 沙棘＋紫穗槐混交林；VI 白榆＋紫穗槐混交林；VII 荒草裸地。

各植被恢复模式的土壤有机质含量的差异显著性分析结果（$P<0.05$）表明，在 0~20cm 土层，沙棘＋紫穗槐混交林模式与其他各模式均有显著性差异，荒草裸地除了与菊芋纯林模式无显著性差异外，与其他各模式均有显著性差异。在 20~40cm 土层，沙棘＋紫穗槐混交林与白榆＋刺槐＋菊芋混交林模式土壤有机质含量无显著差异，与其他各模式均有显著性差异；白榆纯林、白榆＋紫穗槐＋刺槐混交林、白榆＋紫穗槐混交林和菊芋纯林 4 种植被恢复模式无显著性差异；除了菊芋纯林模式与对照无显著差异外，其他各模式均显著高于对照裸地。说明菊芋纯林模式对提高土壤有机质含量的效果并不明显，如图 4.26 所示。

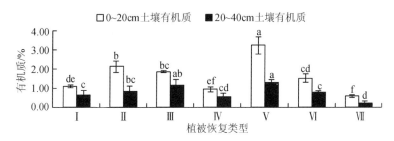

图 4.26 不同植被类型的土壤有机质含量比较
I 白榆纯林；II 白榆＋紫穗槐＋刺槐混交林；III 白榆＋刺槐＋菊芋混交林；IV 菊芋纯林；
V 沙棘＋紫穗槐混交林；VI 白榆＋紫穗槐混交林；VII 荒草裸地

一般来说，几乎所有土壤有机质含量均随土层加深而减小。在 0~20cm 土层，各植被恢复模式土壤有机质含量顺序为：沙棘＋紫穗槐＞白榆＋紫穗槐＋刺槐＞白榆＋刺槐＋菊芋＞白榆＋紫穗槐＞白榆＞菊芋＞荒草裸地；而 20~40cm 土层中，仅有白榆＋紫穗槐＋刺槐混交林和白榆＋刺槐＋菊芋混交林土壤机质含量大小排序不同，其他植被恢复模式的土壤有机质大小排序同 0~20cm 土层。

各模式土壤有机质含量大都有显著差异，除菊芋纯林与荒草裸地土壤有机质含量无显著差异外，其他 5 种植被恢复模式土壤有机质含量均显著大于荒草裸地。在供试模式中，土壤有机质含量最高的为沙棘＋紫穗槐混交林模式，比荒草裸地提高了 4.35 倍。有研究（任晓旭等，2010）报道沙棘根系生长旺盛使得有机质增加，该恢复模式下沙棘数量较大，生长速度快，所以导致该模式下的土壤有机质含量较高。土壤表层有机质来源丰富，随着土壤深度增加，有机质来源越来越少，有机质含量降低。

（二）不同植被恢复模式下的土壤速效氮

土壤速效氮是指能被植物吸收利用的氮。从土壤速效氮检测结果来看，供试植被恢复模式的土壤速效氮值含量上层均高于下层。在 0～20cm 土层，6 种供试植被恢复模式的土壤速效氮含量排序为沙棘＋紫穗槐（54.30 mg/kg）＞白榆＋刺槐＋菊芋（47.12 mg/kg）＞白榆＋紫穗槐＋刺槐（45.95 mg/kg）＞白榆＋紫穗槐（40.34 mg/kg）＞白榆（28.31 mg/kg）＞菊芋（24.31 mg/kg）＞荒草裸地（16.64 mg/kg），其中沙棘＋紫穗槐混交林地速效氮含量最高，是荒草裸地的 3.26 倍；在 20～40cm 土层，土壤速效氮含量排序为白榆＋紫穗槐＋刺槐（39.99 mg/kg）＞沙棘＋紫穗槐（33.74 mg/kg）＞白榆＋紫穗槐（27.94 mg/kg）＞白榆＋刺槐＋菊芋（25.02 mg/kg）＞白榆（14.93 mg/kg）＞菊芋（13.16 mg/kg）＞荒草裸地（10.40 mg/kg），白榆＋紫穗槐＋刺槐混交林地土壤速效氮含量为荒草裸地土壤速效氮含量的 3.85 倍。供试植被恢复模式下 0～20cm 和 20～40cm 上下两层土壤速效氮含量最低的均为菊芋纯林模式，分别仅为荒草裸地土壤速效氮含量的 1.46 倍和 1.27 倍，见表 4.32。

表 4.32　不同植被恢复模式下土壤速效氮含量

| 植被模式 | 土层深度 0～20cm | | | 土层深度 20～40cm | | |
	速效氮/(mg/kg)	变幅/(mg/kg)	变异系数/%	速效氮/(mg/kg)	变幅/(mg/kg)	变异系数/%
I	28.31±1.57	26.71～29.86	5.55	14.93±3.95	11.94～19.41	26.46
II	45.95±5.27	40.30～50.75	11.47	39.99±5.64	35.35～46.28	14.10
III	47.12±2.40	44.78～49.58	5.09	25.02±1.29	23.88～26.42	5.16
IV	24.31±2.49	21.59～26.47	10.24	13.16±1.69	11.57～14.93	12.84
V	54.30±1.11	53.59～55.58	2.04	33.74±4.67	28.28～36.87	13.84
VI	40.34±1.35	38.81～41.36	3.35	27.94±2.26	25.38～29.63	8.09
VII	16.64±3.78	13.65～20.88	2.27	10.40±1.62	8.64～11.81	15.58

注：Ⅰ白榆纯林；Ⅱ白榆＋紫穗槐＋刺槐混交林；Ⅲ白榆＋刺槐＋菊芋混交林；Ⅳ菊芋纯林；Ⅴ沙棘＋紫穗槐混交林；Ⅵ白榆＋紫穗槐混交林；Ⅶ荒草裸地。

不同植被恢复模式的土壤速效氮含量差异的显著性分析结果（$P<0.05$）表

明，0～20cm 土层中，除白榆纯林和菊芋纯林模式的土壤速效氮含量之间以及白榆＋紫穗槐＋刺槐混交林和白榆＋刺槐＋菊芋混交林模式的土壤速效氮含量之间无显著差异外，其余各植被恢复模式两两之间差异显著；20～40cm 土层中，白榆＋紫穗槐混交林模式分别和白榆＋刺槐＋菊芋混交林模式、沙棘＋紫穗槐混交林模式的土壤速效氮含量无显著差异，白榆纯林、菊芋纯林两种植被恢复模式的土壤速效氮含量和对照荒草裸地土壤速效氮含量之间没有显著差异，说明白榆纯林和菊芋纯林两种植被恢复模式对土壤速效氮的改善效果较差。在深度为 0～20cm 和 20～40cm 上、下土层中，沙棘＋紫穗槐混交林地土壤速效氮含量均较高，这是因为沙棘和紫穗槐根系上均着生着根瘤菌，有很强的固氮能力，如图 4.27 所示。

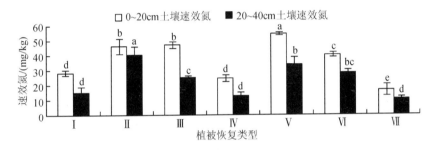

图 4.27　不同植被类型的土壤速效氮含量比较

Ⅰ白榆纯林；Ⅱ白榆＋紫穗槐＋刺槐混交林；Ⅲ白榆＋刺槐＋菊芋混交林；Ⅳ菊芋纯林；
Ⅴ沙棘＋紫穗槐混交林；Ⅵ白榆＋紫穗槐混交林；Ⅶ荒草裸地

（三）不同植被恢复模式下的土壤速效磷

从检测结果来看，荒草裸地上、下两层土壤速效磷含量分别为 0.92mg/kg 和 0.75mg/kg，6 种供试植被恢复模式土壤速效磷含量均高于荒草裸地。0～20cm 土层速效磷含量由大到小排序为白榆＋紫穗槐（3.72mg/kg）＝白榆＋刺槐＋菊芋（3.72 mg/kg）＞沙棘＋紫穗槐（2.49 mg/kg）＞白榆＋紫穗槐＋刺槐（2.01 mg/kg）＞白榆（1.50 mg/kg）＞菊芋（1.02 mg/kg）＞荒草裸地（0.92 mg/kg），6 种供试植被恢复模式比荒草裸地土壤速效磷含量分别提高了 3.04 倍、3.04 倍、1.71 倍、1.18 倍、0.63 倍和 0.11 倍；20～40cm 土层土壤速效磷含量由大到小排序为白榆＋紫穗槐（3.08 mg/kg）＞白榆＋刺槐＋菊芋（2.42 mg/kg）＞白榆＋紫穗槐＋刺槐（1.53 mg/kg）＞沙棘＋紫穗槐（1.33 mg/kg）＞白榆（1.23 mg/kg）＞菊芋（0.86 mg/kg）＞荒草裸地（0.75 mg/kg），6 种植被恢复模式比荒草裸地土壤速效磷含量分别提高了 3.11 倍、2.23 倍、1.04 倍、0.77 倍、0.64 倍和 0.15 倍。白榆＋紫穗槐混交林模式对改善土壤速效磷含量的作用较强，见表 4.33。

表 4.33　不同植被恢复模式下土壤速效磷含量

植被模式	土层深度 0～20cm			土层深度 20～40cm		
	速效磷 / (mg/kg)	变幅 / (mg/kg)	变异系数/%	速效磷 / (mg/kg)	变幅 / (mg/kg)	变异系数/%
Ⅰ	1.50±0.08	1.51～1.58	5.33	1.23±0.16	1.09～1.40	13.01
Ⅱ	2.01±0.23	1.86～2.28	11.44	1.53±0.07	1.46～1.60	4.58
Ⅲ	3.72±0.54	3.12～4.17	14.52	2.42±0.32	2.05～2.66	13.22
Ⅳ	1.02±0.13	0.88～1.15	12.75	0.86±0.08	0.81～0.96	9.30
Ⅴ	2.49±0.17	2.36～2.67	6.83	1.33±0.06	1.27～1.40	4.51
Ⅵ	3.72±0.42	3.26～4.09	11.29	3.08±0.14	2.94～3.22	4.55
Ⅶ	0.92±0.18	0.81～1.13	19.57	0.75±0.08	0.66～0.80	10.67

注：Ⅰ白榆纯林；Ⅱ白榆＋紫穗槐＋刺槐混交林；Ⅲ白榆＋刺槐＋菊芋混交林；Ⅳ菊芋纯林；Ⅴ沙棘＋紫穗槐混交林；Ⅵ白榆＋紫穗槐混交林；Ⅶ荒草裸地。

　　各植被恢复模式下的土壤速效磷含量差异显著性分析结果（P＜0.05）表明，土层深度为 0～20cm 处的土壤速效磷含量明显高于土层深度为 20～40cm 处的土壤速效磷的含量。在 0～20cm 土层，白榆＋刺槐＋菊芋混交林模式和白榆＋紫穗槐混交林模式下土壤速效磷含量显著高于其他植被恢复模式的土壤速效磷含量，但两者的土壤速效磷含量之间无显著差异，其余恢复模式的土壤速效磷含量按大小顺序两两之间无显著差异；在 20～40cm 土层，白榆＋紫穗槐混交林模式的土壤速效磷含量显著高于其他植被恢复模式的土壤速效磷含量，沙棘＋紫穗槐混交林和白榆＋紫穗槐＋刺槐混交林、沙棘＋紫穗槐混交林和白榆纯林植被恢复模式的土壤速效磷含量间分别没有显著差异。上下两层中，菊芋纯林和荒草裸地的土壤速效磷含量均无显著差异，则说明菊芋纯林模式改善的土壤速效磷含量效果不明显，如图 4.28 所示。

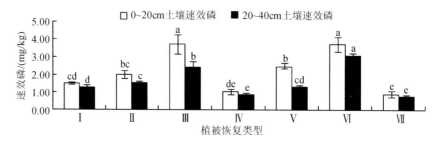

图 4.28　不同植被类型的土壤速效磷含量比较

Ⅰ白榆纯林；Ⅱ白榆＋紫穗槐＋刺槐混交林；Ⅲ白榆＋刺槐＋菊芋混交林；Ⅳ菊芋纯林；
Ⅴ沙棘＋紫穗槐混交林；Ⅵ白榆＋紫穗槐混交林；Ⅶ荒草裸地

（四）不同植被恢复模式下的土壤速效钾

　　从检测结果来看，土壤速效钾含量随土层深度增加而下降。荒草裸地土壤速效钾含量最低，深度为 0～20cm 和 20～40cm 的上、下两层土壤的速效钾含量分别为 111.10mg/kg 和 54.96mg/kg。在 0～20cm 土层内 6 种供试植被恢复模式的土壤速效钾含量由大到小排序为白榆＋刺槐＋菊芋（624.02mg/kg）＞菊芋（606.41mg/kg）＞白榆＋紫穗槐（438.65mg/kg）＞白榆（434.79mg/kg）＞白榆＋紫穗槐＋刺槐（187.12 mg/kg）＞沙棘＋紫穗槐（123.79mg/kg），土壤速效钾含量依次为荒草裸地土壤速效钾含量的 5.62 倍、5.46 倍、3.95 倍、3.91 倍、1.68 倍和 1.11 倍；在 20～40cm 土层内 6 种供试植被恢复模式土壤速效钾含量由大到小排序为白榆＋刺槐＋菊芋（579.02mg/kg）＞菊芋（472.33mg/kg）＞白榆（260.01mg/kg）＞白榆＋紫穗槐（187.84mg/kg）＞白榆＋紫穗槐＋刺槐（105.81mg/kg）＞沙棘＋紫穗槐（68.96mg/kg），土壤速效钾含量依次为荒草裸地土壤速效钾含量的 10.54 倍、8.59 倍、4.73 倍、3.42 倍、1.93 倍和 1.25 倍。在 0～20cm 和 20～40cm 上、下两层中，土壤速效钾含量最高的均为白榆＋刺槐＋菊芋混交林和菊芋林两种恢复模式，土壤速效钾含量最低的均为沙棘＋紫穗槐混交林，见表 4.34。

表 4.34　不同植被恢复模式下土壤速效钾含量

植被模式	土层深度 0～20cm			土层深度 20～40cm		
	速效钾/（mg/kg）	变幅/（mg/kg）	变异系数/%	速效钾/（mg/kg）	变幅/（mg/kg）	变异系数/%
I	434.79±23.48	415.12～460.78	5.40	260.01±25.94	243.49～289.90	9.98
II	187.12±10.69	175.78～197.02	5.71	105.81±7.02	98.75～112.80	6.63
III	624.02±24.72	596.20～643.44	3.96	579.02±13.02	565.34～591.27	2.25
IV	606.41±32.76	581.17～643.44	5.40	472.33±19.81	451.34～490.70	4.19
V	123.79±6.45	116.69～129.29	5.21	68.96±10.68	57.68～78.91	15.49
VI	438.65±20.79	416.43～457.63	4.74	187.84±18.98	167.91～205.70	10.10
VII	111.10±10.16	100.20～120.30	9.14	54.96±1.89	52.94～56.66	3.44

注：I 白榆纯林；II 白榆＋紫穗槐＋刺槐混交林；III 白榆＋刺槐＋菊芋混交林；IV 菊芋纯林；V 沙棘＋紫穗槐混交林；VI 白榆＋紫穗槐混交林；VII 荒草裸地。

各植被恢复模式的土壤速效钾含量差异显著性分析结果（$P < 0.05$）表明：白榆＋刺槐＋菊芋混交林模式和菊芋纯林模式的土壤速效钾含量在 0～20cm 土层中两者之间没有显著差异，在 20～40cm 土层中两者差异显著；白榆纯林和沙棘＋紫穗槐混交林的土壤速效钾含量在 0～20cm 土层中差异显著；在 20～40cm 土层各植被恢复模式的土壤速效钾含量均有显著差异。其中沙棘＋紫穗槐混交林和荒草裸地的土壤速效钾含量在深度为 0～20cm 和 20～40cm 上、下两层土壤中均无显著差异，说明沙棘＋紫穗槐混交林模式对改善土壤速效钾所起作用较小，

这可能因为速效钾能被植被吸收利用，植被吸收了大量的速效钾所致，如图 4.29 所示。

（五）不同植被恢复模式下的土壤养分综合特征

如前所述，供试植被恢复模式土壤速效氮含量在 0～20cm 土层由大到小排序为沙棘＋紫穗槐＞白榆＋刺槐＋菊芋＞白榆＋紫穗槐＋刺槐＞白榆＋紫穗槐＞白榆＞菊芋＞荒草裸地，20～40cm 土层排序为白榆＋紫穗槐＋刺槐＞沙棘＋紫穗槐＞白榆＋紫穗槐＞白榆＋刺槐＋菊芋＞白榆＞菊芋＞荒草裸地；土层速效磷

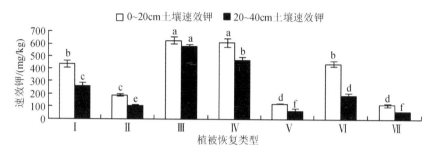

图 4.29　不同植被类型各土壤速效钾含量比较

Ⅰ白榆纯林；Ⅱ白榆＋紫穗槐＋刺槐混交林；Ⅲ白榆＋刺槐＋菊芋混交林；Ⅳ菊芋纯林；
Ⅴ沙棘＋紫穗槐混交林；Ⅵ白榆＋紫穗槐混交林；Ⅶ荒草裸地

含量在 0～20cm 土层由大到小排序为白榆＋紫穗槐＝白榆＋刺槐＋菊芋＞沙棘＋紫穗槐＞白榆＋紫穗槐＋刺槐＞白榆＞菊芋＞荒草裸地，20～40cm 土层由大到小排序为白榆＋紫穗槐＞白榆＋刺槐＋菊芋＞白榆＋紫穗槐＋刺槐＞沙棘＋紫穗槐＞白榆＞菊芋＞荒草裸地；土壤速效钾含量 0～20cm 土层由大到小排序为白榆＋刺槐＋菊芋＞菊芋＞白榆＋紫穗槐＞白榆＞白榆＋紫穗槐＋刺槐＞沙棘＋紫穗槐，在 20～40cm 土层由大到小排序为白榆＋刺槐＋菊芋＞菊芋＞白榆＞白榆＋紫穗槐＞白榆＋紫穗槐＋刺槐＞沙棘＋紫穗槐。不同植被恢复模式对土壤速效养分含量的影响均有差异，6 种供试恢复模式和对照荒草裸地土壤速效养分含量两两之间有些差异显著，有些不显著。且 6 种植被恢复模式土壤速效养分含量均高于荒草裸地，说明这些模式均可以有效改善土壤的速效养分含量。供试各植被恢复模式下 3 种速效养分含量均为 0～20cm 土层高于 20～40cm 土层。沙棘和豆科植物紫穗槐根系上均着生着根瘤菌，有很强的固氮作用，所以沙棘＋紫穗槐混交林恢复模式土壤速效氮含量最高，并显著高于其他模式。但是沙棘＋紫穗槐混交林模式的土壤速效钾含量则最低，可能是由于速效钾大量被植被所吸收的缘故。白榆纯林和菊芋纯林的土壤速效氮和速效磷含量都为最低，说明纯林模式对土壤速效养分的改善作用较小，植被恢复时尽量选用混交林。

（六）不同植被覆盖度下的土壤养分综合特征

不同植被覆盖度下的矸石地土壤养分状况测试结果见表 4.35，分析结果见表 4.36。

表 4.35　不同类型矸石地土壤养分对比表

矸石地类型	全氮 /%	速效氮 /(mg/kg)	速效磷 /(mg/kg)	速效钾 /(mg/kg)	有机质 /%	全硫 /%	pH
I	0.1825	4.135	2.01	161.40	8.89	0.25	7.38
II	0.1306	6.277	2.86	169.89	8.00	0.29	7.57
III	0.1116	8.324	3.33	178.32	5.97	0.36	7.68
IV	0.0745	12.491	4.08	185.08	4.25	0.38	7.76
全国养分五级标准	0.05～0.075	3～6	3～5	30～50	1.50	0.03～1.1[a]	6.7[b]

注：a 为一般土壤含硫量；b 为《中国土壤元素背景值》。表中各值均为 6 份样品的平均值。

表 4.36　不同类型矸石地土壤养分状况分析

矸石地类型	全氮/%	速效氮 /(mg/kg)	速效磷 /(mg/kg)	速效钾 /(mg/kg)	有机质/%	全硫/%	pH
I	0.1825Aa	4.135Dd	2.01Cc	161.40Cc	8.89Aa	0.25Bb	7.38
II	0.1306Bb	6.277Cc	2.86Bb	169.89BCbc	8.00Aa	0.29ABb	7.57
III	0.1116Bb	8.324Bb	3.33Bb	178.32ABab	5.97ABab	0.36Aa	7.68
IV	0.0745Cc	12.491Aa	4.08Aa	185.08Aa	4.25Bb	0.38Aa	7.76

注：表中不同大、小写字母表示各类型废弃地之间差异分别达 1% 和 5% 显著水平（Duncan 法）

表 4.35 显示：①4 种类型矸石地土壤的全氮含量均达到全国土壤养分五级标准的要求，且前 3 类的全氮含量均高于第 4 类，四类矸石地土壤全氮含量大小顺序为 I 类＞II 类＞III 类＞IV 类。其中 I 类比 IV 类高出 145.0%，II 类比 IV 类高出 75.3%，III 类比 IV 类高出 49.8%。②4 种类型矸石地土壤的有机质含量明显高于全国土壤养分五级标准的要求。其含量大小顺序为 I 类＞II 类＞III 类＞IV 类，其中，I 类和 II 类分别比 IV 类高出 4.64%、3.75%。③4 种类型矸石地土壤均属弱碱性，其 pH 均高于中国土壤元素背景值，pH 大小顺序为：IV 类＞III 类＞II 类＞I 类。④4 种类型矸石地土壤中的速效氮、速效磷和速效钾的含量大小顺序均为 IV 类＞III 类＞II 类＞I 类。其中，速效钾和 III 类、IV 类的速效磷含量均符合全国土壤养分五级标准的要求，而速效氮和 I 类、II 类的速效磷含量均未达到全国土壤养分五级标准。I 类的速效氮、速效磷和速效钾含量分别比 IV 类的低 83.560mg/kg、2.07mg/kg、23.68mg/kg；II 类的速效氮、速效磷和速效钾含量分别比 IV 类的低 62.140mg/kg、1.22mg/kg、15.19mg/kg；III 类的速效氮、速效磷和速效钾含量分别比 IV 类的低 41.670mg/kg、0.75mg/kg 和 6.76mg/kg。

⑤4 种类型矸石地土壤符合一般土壤的含硫量范围，其含量大小顺序为：Ⅳ类＞Ⅲ类＞Ⅱ类＞Ⅰ类。

　　表 4.36 显示，不同类型矸石地土壤的全氮、速效氮、速效磷、速效钾、全硫、有机质含量之间存在极显著的差异。Duncan 多重比较分析结果显示：全氮含量除Ⅱ类和Ⅲ类矸石地土壤之间无显著差异外，其余任意两类之间都存在极显著的差异。这主要是由于不同的植被覆盖度下，动植物、微生物等的活动能力不同而导致有机质的分解能力及植物固氮能力不同造成的。土壤速效氮含量在任意两类矸石地之间都存在着极显著的差异。这主要是由于不同的植被覆盖度下，植被对矸石地土壤中的水解氮的吸收程度不同以及各类矸石地土壤中全氮含量的不同造成的。速效磷含量除Ⅱ类和Ⅲ类矸石地之间无显著差别外，其余任意两类矸石地之间都存在极显著差异。这主要是由于不同植被覆盖度下，植被对其余任意两类矸石地中速效磷的吸收量不同以及各类矸石地土壤全磷的含量不同造成的。速效钾含量在Ⅰ类和Ⅱ类、Ⅱ类和Ⅲ类、Ⅲ类和Ⅳ类矸石地之间无显著差别，而Ⅰ类和Ⅲ类、Ⅰ类和Ⅳ类、Ⅱ类和ⅠⅤ类矸石地之间均存在极显著差别。这主要是由于矸石地的植被覆盖度不同，植被对废弃地中速效钾的吸收量不同以及废弃地土壤中全钾的含量不同造成的。全硫含量在Ⅰ类和Ⅲ类、Ⅰ类和Ⅳ类矸石地土壤之间均存在极显著差异，Ⅱ类和Ⅲ类、Ⅱ类和Ⅳ类矸石地土壤全硫含量之间存在显著差异，而Ⅰ类和Ⅱ类、Ⅲ类和Ⅳ类矸石地土壤中全硫含量之间无显著差异。这主要是由于不同植被覆盖度下，植物对各类矸石地土壤中全硫的总体吸收量不同造成的。有机质含量除Ⅰ类和Ⅳ类、Ⅱ类和Ⅳ类矸石地之间存在极显著差异外，其余任意两类矸石地之间均无显著差异。这主要是由于不同的植被覆盖度下，动植物以及各种土壤微生物的活动能力不同，从而对各类矸石地土壤有机质积累、分解作用不同造成的。但是，不同类型矸石地土壤的 pH 之间无明显的差别。

　　综上所述：植被具有增加矸石地土壤养分和降低土壤有毒元素的双重作用。①不同植被覆盖度下的矸石地土壤的养分含量均符合全国土壤养分五级标准的要求（速效氮除外），且随着植被覆盖度的增加，土壤中的全氮和有机质含量不断增加，而速效氮、速效磷、速效钾、全硫含量和 pH 逐渐减小。②矸石地土壤中 As、Hg、Cu、Zn、Cr、Pb 的含量与植被覆盖度成反比例关系。植被覆盖下的矸石地土壤中，As、Hg、Cu、Zn、Cr、Pb 的含量均低于裸露矸石地土壤中的含量。③同一种植物吸收有毒元素的能力与矸石地中的有毒元素含量、有毒元素在矸石中的贮存状态、植物生长发育阶段等因素有关。一般来说，矸石地土壤中所含元素含量越高，植物的吸收量就越大。不同种类植物吸收 As、Cu、Zn、Cr、Pb 等有毒元素的能力不同。从对供试的刺槐、臭椿、白榆、楝树和侧柏的 5 个树种来看，以楝树和侧柏吸收能力最强，其次是刺槐，再次是臭椿和白榆。

④不同产地矸石地土壤中养分含量存在差异。新密矿区、兖州矿区和铜川矿区的矸石地土壤中速效氮、速效磷、速效钾、有机质和全硫含量分别为 4.156mg/kg、7.578mg/kg、106.52mg/kg；6.5914mg/kg、7.2871mg/kg、3.0514mg/kg；68.3200mg/kg、568.9900mg/kg、487.1500mg/kg；11.28%、6.29%、5.33%；0.30%、0.25%、0.37%。各研究矿区矸石地土壤中速效氮、速效磷、速效钾、有机质、pH、全硫的含量由大到小排序为：铜川＞兖州＞新密、兖州＞新密＞铜川、兖州＞铜川＞新密、新密＞兖州＞铜川、兖州＞铜川＞新密、铜川＞新密＞兖州。其中，新密和兖州矿区的矸石地土壤速效钾含量存在极显著差异；新密和铜川矿区的矸石地土壤全硫含量有显著差异，特别是在速效氮、速效钾含量上存在极显著差异；兖州和铜川矿区的矸石地土壤全硫含量存在极显著的差异。

⑤不同植被恢复度下矸石地土壤的养分存在差异。不同植被恢复度下矸石地土壤的养分含量基本上符合全国土壤养分五级标准的要求（速效氮除外），且随着植被覆盖度的增加，矸石地土壤中的全氮和有机质含量不断增加，而速效氮、速效磷、速效钾、全硫含量和 pH 逐渐减小，所以恢复植被可以提高矸石地土壤的全氮和有机质含量，防治土壤盐渍化。其中，植被覆盖度 80% 和 50% 的矸石地在全氮、速效氮和速效磷含量上存在极显著差异；植被覆盖度 80% 和 20% 的矸石地在全氮、速效氮、速效磷、速效钾和全硫的含量上存在极显著差异；植被覆盖度 80% 和无植被覆盖的矸石地在全氮、速效氮、速效磷、速效钾、全硫和有机质的含量上均存在极显著差别。植被覆盖度 50% 和 20% 的矸石地在速效氮和全硫含量上分别存在极显著和显著差异；植被覆盖度 50% 和无植被覆盖的矸石地在全硫含量上存在显著差别外，在全氮、速效氮、速效磷、速效钾和有机质含量上均存在极显著差异；植被覆盖度 20% 和无植被覆盖的矸石地在全氮、速效氮和速效磷的含量上存在极显著差异。造成不同植被覆盖下矸石废弃地土壤营养成分不同的主要原因是植被覆盖度不同导致的废弃地动物、土壤微生物活动能力不同和植被对土壤养分的吸收量不同。

第五节　小　　结

煤矿废弃地的主要污染源和污染物为水污染、大气污染、固体废弃物污染、噪声污染等。

应用指数和法与模糊综合评价、地质累积指数与潜在生态危害指数法及生物富集系数等方法，对铜川矿区三里洞、王家河、桃园煤矿矸石地土壤肥力、重金属（As、Hg、Cu、Zn、Cr、Pb）污染及优势植物重金属富集特征等研究，结果表明：新密矿区超化、裴沟、米村和磨岭矸石山，兖州矿区兴隆庄和济宁二号煤矿矸石山，铜川矿区三里洞、王家河和桃园矸石山表层土壤中 As、Hg、Cu、

Zn、Cr 和 Pb 含量分别为 1.9～49.75mg/kg、0.04～0.39 mg/kg、20.1～45.25 mg/kg、110.31～643.45 mg/kg、16.14～120.50mg/kg 和 7.63～142.07mg/kg。尤其是 Hg、Zn、Pb 等元素污染较为严重，分别达陕西土壤背景值 8.8 倍、4.3 倍、5.8 倍，其他重金属含量也均超过陕西土壤背景值。运用地质累积指数法分析表明：铜川矿区三里洞、王家河、桃园矸石地土壤重金属总体污染指数排序为：Hg（2.46）＞Zn（1.25）＞Cu（0.39）＞Cr（0.29）＞Pb（-0.22）＞As（-0.42）。铜川矿区整体处于偏中污染程度，其严重程度排序为王家河＞桃园＞三里洞。潜在生态危害指数法分析表明：研究所在的铜川矿区 3 个煤矸石地土壤均处于不同程度的生态危害水平，危害程度排序为王家河＞桃园＞三里洞；煤矸石地土壤重金属总体生态危害程度排序为：Hg（350.4）＞Pb（12.0）＞As（11.8）＞Cu（9.9）＞Zn（4.3）＞Cr（3.7）。重金属含量相关性分析表明，重金属 Pb-Hg（$P<0.05$）、Cr-Zn（$P<0.05$）间有显著正相关性，说明其可能存在复合污染；Pb-Zn（$P<0.01$）间呈显著负相关，以及其他元素之间相关性较弱，说明研究区土壤重金属来源不仅与煤矿开采所产生的煤矸石利用有关，也与当地土壤母质存在一定的关系；其来源途径不一，是多方面的。

植被具有增加矸石地土壤养分和降低土壤有毒元素的双重作用，其特点如下。①除速效氮外，不同植被覆盖度下的矸石地土壤的养分含量均符合全国土壤养分五级标准的要求，且随着植被覆盖度的增加，土壤中的全氮和有机质含量不断增加，而速效氮、速效磷、速效钾、全硫含量和 pH 逐渐减小。②矸石地土壤中 As、Hg、Cu、Zn、Cr、Pb 的含量与植被覆盖度成反比例关系。植被覆盖下的矸石地土壤中，As、Hg、Cu、Zn、Cr、Pb 的含量均低于裸露矸石地的含量。③不同种类植物吸收 As、Cu、Zn、Cr、Pb 等有毒元素的能力不同。从供试材料来看，楝树和侧柏吸收能力最强，其次是刺槐，再次是臭椿和白榆。铜川三里洞、王家河、桃园煤矿矸石地优势植物对重金属的富集能力存在很大差异，其综合富集系数从大到小排序为荠菜（1.248）＞刺槐（1.007）＞侧柏（0.953）＞楝树（0.910）＞臭椿（0.872）＞白榆（0.772）＞狗尾草（0.628）。荠菜、刺槐具有较高的综合富集系数，建议作为铜川矿区植被恢复的首选植物。

植被恢复模式对煤矿废弃地土壤物理化性质和土壤肥力有显著影响。对沙棘＋紫穗槐、白榆＋刺槐＋菊芋、白榆＋紫穗槐＋刺槐、白榆＋紫穗槐、白榆＋菊芋 6 种模式的 0～20cm 和 20～40cm 土层中的土壤含水量、土壤容重、土壤总孔隙度、土壤 pH、土壤电导率、土壤有机质、土壤速效氮、土壤速效磷和土壤速效钾含量研究结果说明，不同植被恢复模式对土壤速效养分含量的影响不同；不同植被恢复模式均可以有效改善土壤的速效养分含量；各植被恢复模式下速效氮、速效磷、速效钾含量均为 0～20cm 土层高于 20～40cm 土层；有固氮作用植物的植被恢复模式下土壤速效氮含量最高；纯林模式对土壤速效养分的改善作用较小。因此，植被恢复时宜选用具有固氮能力的植物，并采用混交林模式。

　　煤矿废弃地重金属污染治理，要以防为主，综合治理。首先，控制重金属污染源。大力发展煤矿清洁生产，全面采用环境保护的战略以降低煤炭生产过程中的产品对人类和环境的危害，在挖掘、开采、运输的过程中减少废水、废气、废渣的排放，对煤矸石进行基础存放，并在其周围修建防渗建筑，减少下雨等情况造成淋溶液深入土壤。其次，进行植物修复。植物修复技术是利用植物吸收、降解、挥发、根滤、稳定等作用机理，通过植物系统及其根际微生物移去、挥发或者稳定土壤环境中的重金属污染物，或降低其毒性，达到去除土壤、水体中污染物，或使污染物固定以减轻其危害性，或使污染物转化为毒性较低化学形态的现场治理技术。第三，使用农业工程措施消除土壤重金属污染。通过施用土壤改良剂、改变传统的耕作方式、换茬栽种植物、客土和换土等措施改变土壤中重金属对农业生产的危害。利用改良剂对土壤重金属的沉淀作用、吸附抑制作用，降低重金属的扩散性和生物有效性。例如，增施有机肥可以促进重金属的吸附、螯合、络合能力，也能使重金属生成硫化物沉淀，施石灰可以提高土壤 pH，使重金属生成硅酸盐、碳酸盐、氢氧化物沉淀，从而降低了重金属在土壤中的移动性。第四，通过水洗法、电动化学法、热解析法和片洗法等工程技术措施消除重金属污染。针对陕西省铜川矿区三里洞、王家河、桃园煤矿矸石废弃地土壤水分、速效氮、全钾含量极度偏低，保水、保肥能力较差，重金属 Hg、Pb、Zn 污染较为严重的情况，建议在煤矿矸石地生态恢复中综合应用工程物理化学法、农业化学调控法、生物学修复法对受污染土壤进行修复，并定期灌溉、施用速效氮肥及钾肥，改善土壤结构与理化性质，提高其自我恢复能力。

　　人工植被建设是恢复煤矸石山生态环境的必要手段和有效途径。矸石废弃地生态恢复应遵循因地制宜、适地适树的基本原则，结合区域气候特征，根据废弃地的立地条件及土壤状况，从改善土壤结构、提高土壤肥力出发，选择一些豆科类植物作为先锋植物，达到种地养地的目的；随着土壤肥力的提高，依据生物共生原则，逐步增植一些耐旱、耐瘠薄、抗污染性较强的多年生宿根草本、灌木、乔木，如榆树、侧柏、桧柏、刺槐、紫穗槐、沙棘、毛白杨、丝棉木、皂荚、白蜡、李、桃、丁香、黄杨、臭椿、夹竹桃、杠柳、柠条、黄刺玫、苜蓿、沙打旺、草木樨等。因地制宜地采用林业用地平台植被配置模式，如纯刺槐林、纯新疆杨林、油松×沙棘混交林、纯油松林、纯沙棘林；农耕用地平台植被配置模式，如林网杨树×网间豆科牧草、林网刺槐×网间药用植物（甘草）；斜坡林木植被配置模式，如沙棘、柠条×豆科、禾本科草；油松×沙棘×豆科、禾本科牧草；防风林带配置模式，如杨树×杨树、杨树×沙棘混交林等高效配置模式。

参 考 文 献

安志装，王校常，严蔚东，等 .2001. 植物螯合肽及其在重金属胁迫下的适应机制 . 植物生理学通讯，

37 (5)：463-467.

毕有才，徐浩 . 2014. 浅谈阳泉赤泥覆盖矿山治理措施 . 甘肃冶金，36 (2)：118-120.

蔡美芳，党志，文震 . 2004. 矿区周围土壤中重金属危害性评估研究 . 生态学报，13 (1)：6-8.

陈建勇，张江山，郑育毅 . 2011. 基于熵权的物元分析法在土壤重金属污染评价中的应用 . 安全与环境工程，18 (5)：57-60.

陈立新，杨承栋 . 2004. 落叶松人工林土壤磷形态、磷酸酶活性演变与林木生长关系的研究 . 林业科学，40 (3)：11-18.

陈一萍 . 2008. 重金属超积累植物的研究进展 . 环境科学与管理，33 (3)：20-24.

程芳，程金平，桑恒春，等 . 2013. 大金山岛土壤重金属污染评价及相关性分析 . 环境科学，34 (3)：1062-1066.

崔龙鹏，白建峰，史永红，等 . 2004. 采矿活动对煤矿区土壤中重金属污染研究 . 土壤学报，41 (6)：898-904.

董社琴，李冰雯，周健 . 2004. 超积累植物对土壤中重金属元素吸收机理的探讨 . 太原科技，(1)：64-66.

樊景森，孟志强，李彦恒，等 . 2011. 某矿区煤矸石山重金属潜在生态危害性研究 . 工业安全与环保，37 (6)：11-12, 15.

郭彩华 . 2006. 土壤溶液常规分析中离子含量和电导率之间的关系 . 科技情报开发与经济，16 (14)：153-154.

郝玉娇，朱启红 . 2010. 植物富集重金属的影响因素研究 . 重庆文理学院学报（自然科学版），29 (4)：45-47.

黄金，廖照江，杨磊 . 2013. 恩施菜地土壤重金属污染的生态风险评价和来源分析 . 广东农业科学，40 (3)：142-146.

黄兴星，朱先芳，唐磊，等 . 2012. 北京市密云水库上游金铁矿区土壤重金属污染特征及对比研究 . 环境科学学报，32 (6)：1520-1528.

雷灵琰，赵跃民，张雁秋 . 2003. 选煤厂环境污染及其防治 . 能源环境保护，17 (5)：37-39.

李飞，黄瑾辉，曾光明，等 . 2012. 基于三角模糊数和重金属化学形态的土壤重金属污染综合评价模型 . 环境科学学报，32 (2)：432-439.

李兰，祖文凯 . 2011. 黔西青龙煤矿区地下水特征及保护研究 . 现代农业科技，(20)：299-300.

李雪蕾，王丽，郭静，等 . 2006. 鲁中水土保持生态修复区种子植物区系特征 . 中国水土保持科学，4 (4)：82-87.

刘海晶 . 2004. 白庄矿区生态修复规划研究 . 济南：山东科技大学硕士学位论文 .

龙新宪，杨肖娥，叶正钱 . 2003. 超积累植物的金属配位体及其在植物修复中的应用 . 植物生理学通讯，39 (1)：71-77.

栾以玲，姜志林，吴永刚 . 2008. 霞山矿区植物对重金属元素富集能力的探讨 . 南京林业大学学报（自然科学版），32 (6)：69-72.

欧阳赛兰，王金喜，凌佩 . 2013. 九龙矿矸石山周围土壤环境的评价 . 能源环境保护，27 (2)：54-56.

彭少麟，杜卫兵，李志安 . 2004. 不同生态型植物对重金属的积累及耐性研究进展 . 吉首大学学报（自然科学版），25 (4)：19-26.

冉建平 . 2014. 煤矸石对煤矿矿区的环境影响及其防治对策 . 粉煤灰，(4)：24-26.

任晓旭，蔡体久，王笑峰 . 2010. 不同植被恢复模式对矿区废弃地土壤养分的影响 . 北京林业大学学报，(4)：151-154.

尚英男，倪师军，张成江，等 . 2005. 成都市河流表层沉积物重金属污染及潜在生态风险评价 . 生态环境，14 (6)：827-829.

宋苏苏.2011.土壤肥力评价方法研究.杨凌:西北农林科技大学硕士学位论文.

滕彦国,庹先国,倪师军,等.2002.应用地质累积指数评价沉积物中重金属污染:选择地球化学背景的影响.环境科学与技术,25（2）:9.

田大伦,陈书军.2005.樟树人工林土壤水文-物理性质特征分析.中南林学院学报,25（2）:1-6.

汪龙琴,张明清,周锡德,等.2007.煤矿水污染及防治技术.洁净煤技术,13（1）:82.

王俭.2010.贵州典型煤矿区废水和矸石污染特征及生物毒性效应.贵阳:贵州大学硕士学位论文.

王明刚,朱寿国,许华.2012.土壤重金属污染的熵权模糊综合评价.计算机工程与应用,48（14）:220-225.

王笑峰,蔡体久,张思冲,等.2009.不同类型工矿废弃地基质肥力与重金属污染特征及其评价.水土保持学报,23（2）:157-218.

王旭琴,李立军.2014.煤矿区周边土壤重金属污染研究进展.环境与发展,12（3）:49-51.

魏忠义,韩周,王秋兵.2009.煤矸石风化物不同粒级中重金属镉含量及其形态变化.生态环境学报,18（5）:1761-1763.

吴汉福,田玲,吴有刚,等.2012.煤矸石山周围土壤重金属污染及生态风险评价.工业安全与环保,38（8）:37-40.

吴琼.2010.煤矸石对周边土壤环境的影响研究.西安:西安科技大学硕士学位论文.

谢代兴,孟小军,唐建生,等.2013.煤矿废水对岩溶区水源及土壤污染、危害与评价.中国农学通报,29（32）:296-302.

徐磊,张华,桑树勋.2002.煤矸石中微量元素的地球化学行为.煤田地质与勘探,30（4）:1-3.

徐争启,倪师军,庹先国,等.2008.潜在生态危害指数法评价中重金属毒性系数计算.环境科学与技术,31（2）:112-115.

杨金玲,张甘霖,赵玉国等.2006.城市土壤压实对土壤水分特征的影响——以南京市为例.土壤学报,43（1）:33-38.

杨志敏,郑绍建,胡霭堂.1999.植物体内磷与重金属元素锌、镉交互作用的研究进展.植物营养与肥料学报,5（4）:366-376.

易昊旻,周生路,吴绍华,等.2013.基于正态模糊数的区域土壤重金属污染综合评价.环境科学学报,33（4）:1127-1134.

张建旗,张继娜,杨虎德,等.2009.兰州地区土壤电导率与盐分含量关系研究.甘肃林业科技,（2）:24-27,33.

张治国,姚多喜,郑永红,等.2010.煤矿塌陷复垦区6种菊科植物土壤重金属污染修复潜力研究.煤炭学报,35（10）:1742-1747.

赵韵美,樊金拴,苏锐,等.2014.阜新矿区不同植被恢复模式下煤矿废弃地土壤养分特征.西北农业学报,23（8）:210-216.

郑彬,许丽,王开云,等.2009.阜新矿区煤矸石风化物全量养分研究.内蒙古农业大学学报,30（3）:107-111.

郑高超,王举龙,张卿.2012.察哈素选煤厂节能减排措施.洁净煤技术,18（6）:99-101.

中国环境监测总站.1990.中国土壤元素背景值.北京:中国环境科学出版社.

朱玉高.2014.陕北煤矿区农田土壤重金属污染现状及修复研究.洁净煤技术,20（5）:105-108.

朱忠华.2014.关于大气降尘中重金属污染源解析的相关研究.科技创新导报,（3）:7,9

Assuncaa A G L, Martins P D, Folter R, et al. 2001. Elevated expression of metal transporter genes in three accessions of the metal hyperaccumulator Thlaspi cae rulescens. Plant Cell and Environment, 24: 217-226.

Benvenuti M, Mascaro I, Corsini F, et al. 1997. Mine waste dumps and heavy metal pollution in abandoned mining district of Bocchenggiano (Southern Tuscany, Italy) . Environmental Geology, 30 (3/4): 238-243.

Logsdon S D, Karlen D L. 2004. Bulk density as a soil quality indicator during conversion to no-tillage. Soil Tillage Res. , 78: 143-149.

Machender G, Dhakate R, Prasanna L, at al. 2011. Assessment of heavy metal contamination in soils around Balanagar industrial area, Hyderabad, India. Environmental Earth Sciences, 63 (5): 945-953.

Shin K H, Kim J Y , Kim K W. 2007. Earthworm toxicity test for the moni-toring arsenic and heavy metal containing mine tailings. Environmental Engineering Science, 24: 67-72.

Teixeira E C, Ortiz L S, Alves M F C C, et al. 2001. Distribution of selected heavy metals in fluvial sediments of the coal mining region Baixo Jacui, R S, Brazil. Environmental Geology, 41 (1-2): 145-154.

Tomsett A B, Thurman D A. 1988. Molecular biology of metal tolerance of plants. Plant Cell and Environ, (11): 383-394.

第五章 煤矿废弃地植被建设与管理

第一节 植物种类选择

在植被恢复与重建过程中，植物的选择十分重要。尤其是要优先考虑那些在矿业废弃地上自然定居的植物能适应极端条件，具有很强的忍耐性和可塑性，与栽培植物组成多层次的植物群落，可以形成多结构的生态系统的植物。只有因时因地选择适宜的植物种，才能迅速定植，并具有长期的利用价值。豆科牧草中的沙打旺、草木樨、紫花苜蓿、杂花苜蓿、小冠花、胡枝子等植物被广泛用于矿业废弃地的植被人工恢复。乔木中杨树、油松、杜松、云杉、侧柏、槐等不仅是改善废弃地状况的优良树种，也是绿化、美化环境的主要树种。利用乡土植物来恢复植被群落十分积极而有效的途径。

一、植物种类选择的原则

根据已有的研究，适宜矸石废弃地复垦的植物应具有如下特点：抗逆性强、适应能力强、耐干旱、耐高温灼热、耐瘠薄、耐盐碱、抗污染、抗毒害、速生、根系发达以及改土作用强等。由于豆科植物具有特殊的固氮作用，能较快地适应和改良严酷的立地条件，被认为是矸石废弃地复垦的先锋植物种。例如，刺槐、合欢、锦鸡儿、胡枝子、紫花苜蓿、草木樨（*Melilotus suaveolens*）、沙打旺（*Astragalus adsurgens*）等已被广泛应用。其他植物种如杨树、白榆、火炬树、楝树、臭椿、油松、杜松（*Juniperus rigida*）、侧柏、沙棘等，也被用于矸石废弃地复垦。Dutta 和 Agrawal（2001）则从养分平衡的角度选择树种，认为阿拉伯胶树（*Acacia senegal*）、木麻黄和桉树类树种，树叶积累与分解速度适中，易使废弃地保持养分循环平衡。周凤艳等（2011）对辽西北北沙地不同植被类型下土壤容重、土壤养分、水分含量进行了研究。结果表明：辽西北沙地8种典型植被类型土壤容重大小依次为荒草地＞油松纯林＞弃耕地＞樟子松林＞山杏林＞榆树疏林＞松杨混交林＞杨树纯林。沙地经过人工固定后土壤的养分含量发生了变化，土壤有机质含量和全氮含量有不同程度的提高。综合国内外相关研究结果，在植被恢复与重建过程中，植物的选择应遵循以下原则：①有较强的适应能力。要求对干旱、潮湿、贫瘠、酸害、毒害、热害等不良立地条件有较强的忍耐能力，同时对粉尘污染、烧伤、冻害、风害等不良大气因子有一定的抵抗能力。

②有固氮作用。③播种栽植容易，成活率高。④生长快、产量高、经济价值大。⑤有较高的培肥土壤、稳定土壤、控制侵蚀、减少污染的改善态环境的能力。⑥适宜考虑矿山自然环境、地理位置和气候条件。

二、植物种类选择的标准

煤矿废弃地植被恢复与重建过程中一般应选择符合以下条件的植物种类。①生长快、产量高、适应性强、抗逆性好、耐瘠薄；②固氮种类；③乡土植物或当地物种或先锋物种；④生态、经济价值高的植物种类选择的具体标准如下。

（一）富集系数大于0.5

富集系数，也称吸收系数，是指植物中某元素含量与土壤中该元素含量之比，富集系数表征土壤-植物体系中元素迁移的难易程度，是反映植物将重金属吸收转移到体内能力大小的评价指标。然而有研究表明，植物生物量与重金属富集量之间存在着某种平衡关系，即重金属的高富集量是以低生物量为代价的，反之亦然。因此，将富集系数临界值定为0.5，可以保证筛选到的植物有一定的生物量，便于推广。

（二）转移系数大于0.5

转移系数是指地上部元素的含量与地下部同种元素含量的比值，用来评价植物将重金属从地下向地上运输和富集的能力。转移系数越大，则重金属从根系向地上部器官转运的能力越强。转移系数大于0.5，说明植物能把大部分的重金属迁移到地上部，有利于重金属的回收利用。

（三）对重金属有较强的耐性

根系耐性指数是指植物各处理的根系长度与对照的根系长度的比值，是反映植物体对重金属耐性大小的一个非常重要的指标。从表象来看，即植物生长良好，地上部生物量未减少，且未出现失绿症状和根系发黑现象。因为重金属与植物作用时，首先是根接触重金属，对重金属进行吸收或排斥，同时根细胞壁中存在大量的交换位点，能将重金属离子交换吸收或固定，从而促进或阻止重金属离子进一步向地上部分运输。

（四）生长快，适应性强，地上部生物量大

限制超积累植物广泛应用的最主要原因，就是其生物量较小，而很多草本植物不仅对重金属有一定的吸收能力，而且具有适应力强、生长速度快、再生性强、地上部产量高等优点。因此，选用草本植物修复重金属污染的土壤，可在草本植物刈

割几茬之后，逐步"抽提"基质中的重金属，达到彻底修复重金属污染的目的。

（五）不易进入食物链

有一些吸收重金属强的植物，具有毒性或动物不食性，在修复重金属污染的土壤时，适量多栽种这些植物，可以避免重金属进入食物链，以免危害人体健康。

实际工作中，很难找出一种同时满足上述要求的植物，必须结合实际情况，把某些条件作为选择植物的主要依据。尤其是调查矿区未受破坏的自然环境中生长的植被和受破坏的自然环境或当地堆放多年的废石堆上的天然植被，可为植物选择提供宝贵线索。

三、适宜的植物种类

按照上述植物材料选择原则，可供选择的植物主要有以下种类。

（一）乔木

侧柏、油松、刺槐、元宝枫、五角枫、臭椿、龙爪槐、杨树、泡桐、黄栌、红花槐、火炬、丁香、海棠、苹果、山桃、碧桃、山楂、板栗、仁用杏、桑树、银杏等。

（二）灌木

沙棘、柠条、紫穗槐、紫叶小檗、连翘、黄连木、榆叶梅、珍珠梅、金银花、小叶黄杨等。

（三）草本

豆科草木樨、三叶草、沙打旺、紫花苜蓿、禾本科早熟禾、紫羊毛、翦股颖、黄花菜、马栾等。

鹤岗矿区针对本地的条件，选择了兴安落叶松、樟子松、垂柳、小黑杨、家榆5种当地的乡土树种作为复垦树种筛选对象，结合缓苗率、成活率、生长量、单株发育是否正常、能否定居成林等因素，最后选择樟子松和落叶松作为该地区矸石山复垦的主要树种。抚顺矿区在露天矿排土场上种植了葡萄、山楂等果树，栽种了大豆、花生等经济作物和辣椒、西红柿、黄瓜等蔬菜品种。杭州煤炭环保所在开滦范各庄矿排往塌陷坑的酸性矸石场上进行的复垦种植试验，结果证明，是复垦初期"种乔木不如种灌木，种高秆植物不如种矮秆植物，种蔬菜不如种豆"。山西农业大学在阳泉等矿区的矸石山上试种的11科18种树木花卉和十余种牧草，均生长良好。

从辽宁阜新地区矸石山自然生长的植被调查结果来看，蒺藜、猪毛菜、雀瓢分布较多，其次为大蓟、苦买菜、野谷草、黄蒿、小叶鬼针草等，在风化多年的矸石山上还有木樨、艾蒿等，故选择耐干旱、抗瘠薄、抗高温、丛生快长的植物种类，尤其是多年生禾草及伴生乔、灌木种类与豆科植物生态功能强，经济价值高，发展前景好。另外，在植被的种植顺序上，应在种植当年立夏前，先由草本植物形成一定蔽荫，以改善局部小环境，保护其他灌木、乔木幼苗的生长。

纵观国内外学者对植物材料选择的研究，中国东北地区矸石废弃地生态恢复较适宜的树种有小叶杨、旱柳、大黄柳、家榆、小黑杨、垂柳、皂角等；华北地区矸石废弃地生态恢复较适宜的物种有臭椿、法桐、柳、柏树、银杏、丁香、苹果、山楂、桃等；西北地区矸石废弃地生态恢复较适宜的树种有家榆、榆叶梅、桃叶卫茅、小叶丁香、银杏、臭椿等；华中、华东地区矸石废弃地生态恢复较适宜的树种有马尾松、加拿大杨、泡桐、旱柳、毛白杨、火炬树、臭椿、白榆等；华南地区矸石废弃地生态恢复较适宜的树种有圆柏、藏柏、华东松、栎树、圣诞树、黑荆、蓝桉等。

根据大量的调查研究，初步筛选出 58 种适于煤矸石废弃地人工植被建造的植物材料，其中乔木 10 种（杨树、臭椿、刺槐、侧柏、榆树、楝树、山杏、酸枣、银柳、法国冬青），灌木 6 种（沙棘、杠柳、黄刺玫、紫穗槐、小叶锦鸡儿、尖叶胡枝子），草本 42 种（禾本科 9 种，菊科 11 种，藜科、唇形科、蒺藜科等其他科 22 种），见表 5.1。

表 5.1　　抗污染植物筛选结果

类别	科名	植物名称	可修复重金属	富集系数	转移系数	重金属耐性	备注
乔木	杨柳科	杨树 Populus tomentosa	Cu	>0.5	>1	强	生物量大，积累的污染物不会在短期内释放到环境中
	苦木科	臭椿 Ailanthus altissima	Pb、Cu、Zn	较高	较高	强	
	蔷薇科	山杏 Prunus armniaca L	Pb、Mn	>0.5	>0.5	强	
	冬青科	法国冬青 Ilex purpurea	Cd	较高	>1	强	
	蝶形花科	刺槐 Robinia pseudoacacia	Cr、Cu、As	>1	>1	强	
	柏科	侧柏 Platycladus orientalis	As、Pb、Cr	>1	>1	强	
	榆树科	榆树 Ulmus pumila	Cr、Pb、Zn	>1	>1	强	
	楝科	楝树 Melia azedarach	Zn、Cr、Pb、Cu	>1	>1	强	
	杨柳科	银柳 Salix argyracea	Zn	>0.5	>1	强	
	鼠李科	酸枣 Ziziphus jujuba var. spinosa	Pb、Mn	>0.5	>0.5	强	
灌木	胡颓子科	沙棘 Hippophae rhamnoides	Mn、Cu、Zn、Cr、Pb、Cd	>0.5	>1	强	
	萝藦科	杠柳 Periploca sepium	Cr、Pb、Zn	>1	>1	强	
		紫穗槐 Amorpha fruticosa	Pb	较高	较高	强	
	豆科	小叶锦鸡儿 Caragana microphylia	Pb	较高	较高	较强	
		尖叶胡枝子 Lespedeza juncea	Pb	较高	较高	较强	
	蔷薇科	黄刺玫 Rosa xanthina	Pb	较高	较高	强	

续表

类别	科名	植物名称	可修复重金属	富集系数	转移系数	重金属耐性	备注
草本	禾本科	百喜草 Paspalum natatum	Cd	地上 0.96	0.4	强	生长繁殖快、分布广、根系发达，能适应各种土壤环境
		杂交狼尾草 Pennisetum americanum	Cd	地上 2.46	1.19	强	
		香根草 Vetiveria zizanioiaes	Pb、Zn	>0.5	0.4	强	
		五节芒 Miscanthus floridulus	Pb	较高	207.9	强	
		芨芨草 Achnatherum splendens	Cn	>0.5	>0.5	强	
		求米草 Oplismenus undulatifolius	Mn	>0.5	>0.5	强	
		马唐 Digitaria sanguinalis	Mn	>0.5	>0.5	强	
		丛生隐子草 Cleistogenes caespitosa	Pb	较高	较高	较强	
		糙隐子草 Cleistogenes squarrosa	Pb	较高	较高	较强	
	菊科	白苞蒿 Artemisia lactiflora	Cd、Pb	>3	0.9	强	对 Cd、Pb、Cu、Zn 复合污染有较强的耐性 地上部含量达到超累积植物的临界含量标准 生物量大、适应性强，花形美丽，花色鲜艳
		蒲公英 Taraxacum mongolicum	Cd、Pb、Cu、Zn	>1	>1	强	
		小白酒花 Conyza canadensis	Cd	>1	>1	强	
		野菊花 Dendranthema indicum	Pb、Zn、Cu	均较高	>1	强	
		苍耳 Xanthium sibiricum	Pb、Mn	>0.5	>0.5	强	
		羽叶鬼针草 Bidens maximovicziana	Pb	>1	>1	强	分布广，抗逆性强，易于生长
		一年蓬 Erigeron annuus	Cn	>0.5	>1	强	
		小飞蓬 Comnyza canadensis	Cn	>0.5	>1	强	
		续断菊 Sonchus asper	Pb、Zn	>1	>1	强	
		三叶鬼针草 Bidens pilosa	Cd	>1	>1	强	Cd 的超富集植物
		黄蒿 Artemisia scoparia	Pb、Zn	较高	较高	强	
	凤尾蕨科	蜈蚣草 pteris vittata	As	>1	>1	强	As 的超富集植物
		大叶井口边草 Pteris cretica	As	>1	>1	强	As 的超富集植物
	藜科	土荆芥 Chenopodium ambrosioides	Pb	>7	>1	强	分布广，常成批生长，自成群体
		角果藜 Cerato carpus	Cu	较高	较高	强	
		猪毛菜 Salsola collina	Cu、Zn	较高	较高	强	

续表

类别	科名	植物名称	可修复重金属	富集系数	转移系数	重金属耐性	备注
草本	唇形科	白苏 *Perilla frutescen*	Zn	7.8	1	强	分布广，常成批生长，自成群体
		裂叶荆芥 *Schizonepeta tenuifolia*	Pb	>0.5	>1	强	
		益母草 *Leonurus heterophyllus*	Pb、Zn	较高	较高	强	
	紫堇科	岩生紫堇 *Coridalis pterygopetal*	Zn、Cd	较高	较高	强	
		宝山堇菜 *Viola baoshaensis*	Cd	>1	>1	强	Cd 的超富集植物 Pb、Zn、Cd 多种重金属富集植物
	十字花科	圆锥南芥 *Arabis paniculata*	Pb、Zn、Cd	>1	>1	强	
		荠菜 *Capsellabursa pastoris*	Cu	>0.5	>0.5	强	
	蓼科	酸模 *Rumex acetosa*	Pb	>1	>1	强	分布广，易于生长
	茜草科	耳草 *Hedyotis auricularia*	Mn	>0.5	1.68	强	
	茄科	龙葵 *Solanum nigrum*	Cd、Pb、Cu、Zn	>1	>1	强	对 Cd、Pb、Cu、Zn 复合污染有较强的耐性
	莎草科	莎草 *Cyperus microiria*	Pb	较高	1.255	强	繁殖蔓延迅速，匍匐根茎长
	景天科	东南景天 *Sedum alfredii*	Zn	>1	>1	强	Zn 的超富集植物
	蔷薇科	柔毛委陵菜 *Potentilla griffithii*	Zn	>1	>1	强	Zn 的超富集植物
	商陆科	商陆 *Phytolacca acinosa*	Cd、Mn	>3	>1	强	对 Mn 的转移系数高达 13.7
	马莲科	马蔺 *Iris lactea* var. *chinensis*	Cd	>1	>1	强	Cd 的超富集植物
	荨麻科	荨麻 *Urtica fissa*	Zn	14.7	1.004	强	生命旺盛，生长迅速，对土壤要求不严
	蒺藜科	蒺藜 *Tribulus terrestris*	Pb、Zn	较高	较高	强	

实践证明，在众多可修复重金属污染的植物中，木本植物（包括乔木和灌木植物）生长迅速，生物量大，富集重金属污染物的能力最强大，但积累的污染物不会在短期内释放到环境中。在草本植物中，禾本科和菊科占了很大比例，且这两类植物分布较广、抗逆性强、生物量大，可作为修复重金属的先锋植物。此外，一些植物可以同时修复多种重金属污染，如野菊花、白苞蒿、钻形紫苑、商陆等，可对这些植物进行培育、驯化，达到大面积推广。还有些植物有毒，动物不食，因而不易使重金属进入食物链，如土荆芥可应用到重金属污染废弃地的修复中去。

第二节 植被配置模式

植被配置模式是植被恢复的基本内容之一。根据不同类型矿区和废弃地所在立地类型、土壤条件、土壤改造工程及经济投入、市场需求等进行技术经济综合分析评价，确定不同复垦模式或几种绿化模式组合的基本要求具有重要的意义。不同的植被配置模式对生态环境条件有不同的基本要求。用材林，包括工业、农业用材林、矿柱林等，以生产矿柱材为主要营林目的，要求立地条件较好，土壤肥力较高。特用经济林，包括调料香料林、工业原料林、药材林等，要求生态环境好、无污染土壤、无铅、汞、氟等有毒物质。果品经济林，包括干果林和水果林，以生产干鲜水果为目的，产品直接供人们食用，对土壤、水质及大气等条件要求更严。环境保护林，包括水土保持林、风景林等，以保护环境、防治生态恶化为目的。混种模式，包括林农混种、林药混种、林草混种等多种以林为骨干的模式。林网模式，在矿区，乔、灌、草优化配置成林网，既生产木材又发挥生态环境效益。

一、排土场植被配置模式

（一）平台植被配置模式

1. 林业用地植被配置模式

适于排土场各级平台，对美化矿区环境、防止粉尘污染和防风固沙等起重要作用。主要树种可选刺槐、侧柏、臭椿、杨树、沙棘、紫穗槐等防护用材林树种；草本植物可选沙打旺、苜蓿、草木樨，按一定比例混播。配置模式为：纯刺槐林、纯新疆杨林、油松×沙棘混交林、纯油松林、纯沙棘林。

2. 农耕用地植被配置模式

适于排土场的最终平台，土地利用方向为育苗基地和高产农作物区。树种可以刺槐、杨树、沙棘、柠条为主，豆科牧草以草木樨、沙打旺、苜蓿为主。配置模式为林网杨树×网间豆科牧草、林网刺槐×网间药用植物、最终耕地平台规划农田林网永久性植被。

（二）斜坡林木植被配置模式

根据斜坡水土流失规律，林木植被沿等高线布置，一般在坡体中上部栽植以紫穗槐、沙棘、柠条为主的灌木与豆科、禾本科牧草混播的灌草结构，中下部以乔木、灌木为主的乔灌草混交林结构。配置模式有沙棘、柠条×豆科、禾本科牧草；油松×沙棘×豆科、禾本科牧草。

（三）防护林带配置模式

根据各地区主要风向，一般为西北风，因此在排土场最终平台的西侧及底部周边设防风林带，种植宽度 20m，主要栽植杨树、沙棘。配置模式为杨树×杨树、杨树×沙棘混交林。

生态结构稳定性与功能协调性原理是露天煤矿土地复垦的理论依据，按照生态结构稳定性与功能协调性原理，首先遵循生物相生相养原则，结合区域气候特征，根据排土场的立地条件及土壤状况，从改善土壤结构、提高土壤肥力出发，选择一些豆科类植物作为先锋植物，达到种地养地的目的；随着土壤肥力的提高，依据生物共生原则，逐步增植一些抗耐性较强的灌木、乔木，逐步形成草、灌、乔立体景观，从而加强了整个生态系统的结构稳定性与功能协调性。

二、矸石山植被配置模式

一般说来，煤矸石上自然定居的先锋植物多为广布性的、耐贫瘠的物种，这些植物适应性极强，如狗牙根、野艾蒿、马唐、白茅、芦苇及水蓼以及豆科杂草等，但在局部营养条件较好的区域，植物的生长较好，如植株较高、植被盖度较大、叶色较深、根系发达等。

煤矸石废弃地具有一些典型的物理性质，包括：以大小不一的石块为主、结构不良、干旱、透气性强、保水保肥能力差、昼夜温差大，有时具有较强的机械移动性等。煤矸石不同部分的物理性质的差异对于植物的定居和生长及植物聚群的形成具有一定的影响。

煤矸石体积大小及其稳定性对于植物的自然定居、生长及聚群的形成产生极大的影响。在石块较大和稳定性较差的情况下，由于极度干燥、温度变化大和机械移动，植物种子难以萌发，即使萌发也由于干旱缺水、温差大、石块蒸烫及机械摧残等，使得幼苗难成活，所以在废弃地的大矸石块堆积处，除了局部石块较小、稳定性强的小平台处有植物小斑块外，几乎无植物定居生长。

随着弃置堆放时间的增加，在风化作用下，煤矸石的石块变小、变碎，石块间的空隙逐渐被风化产物填塞，表层逐渐变细，从而增加持水持肥能力，表面温度变化幅度趋于缓和，对植物生长有利。但是强烈的风化所形成的细小颗粒，加之煤矸石山具有一定的坡度，又使得表层的移动性增加，表现为易发生水蚀、风蚀，在表面形成冲蚀沟，引起已生长植物的根系暴露，造成植物死亡，同时对于种子萌发和幼苗生长也极为不利。因此在强度风化、坡度较陡的煤矿石山上自然生长的植物种类和个体数量都较少。

　　煤矸石山的坡度、坡向与植物定居、生长也有一定关系。坡度较小处，自然定居植物种类较多、生长较好、植被盖度大，如在孙家湾西矸石山的阴坡、高德排土场，植被盖度可达 80% 以上，形成了以紫穗槐、榆、狗牙根、马唐、地肤为优势种、伴生野莴苣、野艾蒿、苍耳、小藜、狗尾草等种类。坡度的增加，一方面会降低表面的稳定性，另一方面还会引起煤矸石山的上部和下部的表层煤矸石的含水量差异。由于煤矸石持水力差、透水性强，往往坡的下部较上部潮湿，定居的种类较上部多，生长较上部好，植物成片生长、植被盖度大，多为一些中生甚至沼生植物，如毛连菜、芦苇以及莎草属的一些种类等；而在坡的上、中部，自然生长的植物种类少，一般为耐旱、耐贫瘠种类，且生长稀疏、长势较差。在煤矸石山的中、上部的局部平坦的小平台处，形成一些由单种植物形成的斑块，如马唐斑块、野艾蒿斑块、小飞蓬斑块、狗牙根斑块、地肤斑块等，植被斑块面积取决于小平台面积，多为 $1\sim3m^2$。对于阳坡来说，由于蒸发强度大，表现得更为干旱、温度变化更大，因而种类少、植被盖度小。

　　试验结果表明，矸石地土壤结构性差，植物必需的养分元素（尤其是氮、磷）缺乏，同时重金属含量又较高，大多数超过中国土壤元素背景值，因此很不利于植物生长和其他生物活动，恢复难度较大。为此，在分析矸石地土壤养分和有毒元素的基础上，结合矸石地重金属元素的污染状况，针对矸石地的特点选择了不同的植被恢复模式，目的是为了使矸石地在最短时间内恢复植被，以改善矿区生态环境，减少污染，并起到改良土壤的作用。

　　就阜新矸石山而言，为了使矸石山迅速封育，以减少对矿区大气、水体污染和周围环境、土地的污染，并具有改良矸石山土壤的作用，针对矸石山类型可选择以下几种不同的植被恢复模式。Ⅰ类矸石山，由于自然环境相对较差，停止排矸年限较短，不适宜林木生长，只能生长一些旱生草本植物，针对这一特点，复垦方向应以保护原有自然定居植物为主，如猪毛菜、苋菜、野谷草等。Ⅱ类、Ⅲ类矸石山，应以保护和人工栽植相结合的方法进行复垦。人工栽植以菊芋为主。保护也以自然定居植物为主，主要是蒺藜、猪毛菜、鸡爪草、萝摩、野谷草等草本植物。Ⅳ类矸石山，自然环境条件较好，已接近一般山地。以刺槐为例，Ⅳ类矸石山的刺槐平均胸径为 3.24cm，平均树高为 3.22m，同一般山地差异不显著，说明Ⅳ类矸石山林木生长效果已接近一般山地，所以该类型矸石山采取乔、灌、草相结合的方法进行植被恢复。乔木采用榆树、刺槐，灌木用紫穗槐，草本以天然的黄蒿、鸡爪草、野谷草等为主。

王家河和三里洞煤矿的矸石地，自然条件相对较好，已有少数先锋植物定居，但有重金属元素污染，应采取乔、灌、草相结合的植被恢复模式，兼顾土壤改良。其中，乔木采用刺槐、臭椿、苦楝等，灌木采用沙棘、杠柳、胡枝子等，草本选用苜蓿、狗尾草、黄蒿等。桃园煤矿的矸石地，生境较差，并有一定程度的重金属元素污染，复垦方向应以引入先锋草本植物和土壤改良为主，植物以紫花苜蓿、黄蒿、狗尾草、蒲公英等为主，待土壤改良程度适宜乔灌植物生长时，逐渐引入先锋木本植物。

第三节　植被抗旱建植

煤矿废弃地植被建植主要有播种和植苗两种方式。播种主要适用于灌草植物品种及刺槐、臭椿等一些发芽迅速的乔木树种，植苗适用于大多数乔木和常绿针叶树。现将其关键技术简介如下。

一、整地

（一）整地

无论是煤矿地下开采形成的矿井矸石堆（山）、还是井下矸石充填塌陷坑、或者是露天矿排土场在进行植被恢复前，均需对场地采取整地措施。整地措施包括场地平整、覆盖表土、对酸性矸石的中和、提前挖穴等。根据矸石风化程度和种植植物的品种不同，矸石表面覆盖方式又分为无覆盖、薄覆盖和厚覆盖3种。一般来说，矸石风化壳达10cm左右，可采取无覆盖方式植树造林。鹤岗矿务局即采用此法成功地进行了矸石山林业复垦。当风化壳在5~10cm，其中60%左右为5mm以下碎屑颗粒，10%以上为小于0.25mm的颗粒时，可直接播种豆科与禾科牧草，或采用薄覆盖（覆土2~3cm）方式复垦种植。对不风化或风化度很低的矸石地，必须覆盖厚度为30~50cm的土。

煤矿废弃地植被恢复的整地方式可分为全面整地和局部整地。煤矿废弃地植被恢复整地常与客土、土壤改良等作业相结合。全面整地尤其是全面客土改良整地效果好，但投资大，成本高。局部整地又分为带式整地和点式整地。带式整地是条状整理废弃地，在带上作为重点改良种植区域，坡面可以采用全面播层客土或是点式客土。带式客土整地是煤矿废弃地重要的整地方法。在山地带状整地时，带的方向应沿等高线保持水平，长度应根据地形情况而定。点式整地多用于地形较为破碎或坡面较陡的情况下，在需要种植的点位进行整地。点式整地面积主要依据坡面水土流失的大小、植被、土壤条件等确定。煤矿废弃地应用的点式整地方法有：穴状、块状、鱼鳞坑、"回"字形漏斗坑、反双坡或波浪状等。块状地的形状有长方形、正方形、圆形、半圆形等。

　　常见的几种局部整地规格如下。①水平带状：带面与坡面基本持平，带宽0.5～3.0m不等，保留带可宽于或等于整理部分的宽度。②带状：带面与坡面基本持平，带宽0.6～1.0m或3～5m，带间距等于或大于带面宽度。③鱼鳞坑整地：为形似半月形的坑穴，规格有大小2种，即大鱼鳞坑长0.8～1.5m，宽0.6～1.0m；小鱼鳞坑长0.7m，宽0.8m。围埂高0.2～0.3m。④块状（方形）或穴状（圆形）整地坑：深0.3～0.4m或直径0.3～0.5m。间距按树种的株行距而定。穴面在山坡与坡面平行；在平地与地面平行。⑤"回"字形漏斗坑整地：按3～4m边长块状扩埂整地，深度视地形和土质确定，最终形成底部为1m³见方的漏斗坑。煤矿废弃地造林整地技术规格如下。①整地深度因植被不同而异，一般情况草本植物为15cm，小灌木为30cm，大灌木为45cm，小乔木为60cm，大乔木为100cm。②整地宽度：以反坡梯田为例，在坡度分别为20°、30°、40°时，其整地宽度依次为1.5m、1.0m、0.8m。③整地长度：一般随地形破碎长度、裸岩和坡度不同而不同。在有条件的情况下应尽量长些。

（二）做床

　　当矿山剥离物被回填、平整、表土又覆盖和平整以后才可以种植，但种植必须在苗床上进行。苗床准备是关系复垦成败的关键。土壤必须能提供植物生长、发育所必需的温度、养分、屏障和空间，这就要求土壤具备植物生长所需的最优的物理、化学和生物环境，使植物能在土壤中吃得饱（指养分供应充分）、喝得足（指水分供应充分）、住得好（指土壤空气流通、温度适宜），而且站得稳（指根系能伸展得开，机械支撑实固）。而复垦土壤往往存在结构性较差、有时压实严重、速效养分缺乏、极易侵蚀、生物数量少等缺点，因此苗床的准备是必需的措施，这就是要对复垦土壤进行物理、生物和化学的改良，其中耕作技术（包括深耕以改进压实和土壤结构）、地表覆盖技术、施肥技术和生物改良技术是最常用、最重要的苗床准备措施。

（三）施肥

　　煤矸石山风化壳表层土壤结构差，主要为非活性孔隙，而束缚水孔隙或微孔隙较少甚至没有，导致矸石的含水量和持水量少。因此，通过基质改良可使矸石的有效养分增加，并具有一定的土壤结构。氮是植被生长的重要元素，矸石山表层中氮的含量极低，不利于植被生长。因此通过表层施肥，即在植被生长的初期施一定的氮肥，能够提高植被的成活率和促进植被快速生长。阜新地区非金属矿产丰富，可用品位低、无开发价值的非金属或粉煤灰作为矸石表层的改良剂，如沸石、蛭石、膨润土、高岭石等，利用它们具有质轻、多孔和具有较大比表面积的特点，改善土壤的物理性质，可以降低容重，增加孔隙度，调节固、液、气三相比，从而有效减少表层的水分蒸发，保蓄水分，提高水分利用效率，提高植物对水分的有效利用程度。同时利用它们具有强吸附性和阳离子交换的能力，改善并增强土壤的肥力。

德国褐煤矿废弃地造林前，用几种不同的改良措施，改善土壤微生物活性。①施垃圾堆肥 3600 g/m²；②施有机肥 200 g/m²；③施树皮堆肥 3600 g/m²；④施枯叶堆肥 3600 g/m²，均能达到不同程度地提高造林成活率的效果。美国在沙漠及废弃矿地用原产于北美东南部的短叶松，通过实生苗接种豆马勃根瘤菌，在立地条件差的废弃矿、荒原、沙漠造林，成活率可提高 4 倍，并能抗旱、抗病和抗反常气候变化。原苏联在露天煤矿采场的强毒土堆（其毒性因素主要是硫化物，pH2.8）造林，施用石灰和肥料等降低了土壤酸度，促进了林木生长。印度 15%的废弃矿地选择用适当树种与合理的造林技术，避免了造林失败。他们主要通过施石膏、有机肥和排水相结合，改良盐碱。树种主要采用麻黄和银合欢等，造林获得极大成功。英国采用表面覆盖法成功地处理了锌冶炼厂废弃物，种植耐锌牧草，扎根深度可达 30cm。

二、播种育苗

（一）种子的获取

植物品种的选择受到社会、经济、气候等诸多因素的影响。选择植物品种主要应考虑以下几个方面的因素：第一，法律的要求。我国土地复垦工作也明确要求复垦者应在复垦前递交复垦计划，一旦计划批准，复垦土地的利用方向就明确了，植物品种的选择就应按照批准的土地用途去选择。第二，复垦场地的适宜性。植物品种的选择应适宜于特定复垦场的客观条件，一定要在认真分析复垦场的土壤、气候和地貌的情况下选择适宜的植物品种。第三，当地品种和引种。使用当地品种和引入外地优良品种用于复垦土地的植被恢复都是允许的。一般情况下，由于当地品种能较好地适应当地的自然条件，因而常常被优先考虑。但是，由于复垦土地是一个全新的人造土地，土壤条件遭到极大的改变，因此，有些复垦土地对当地品种也并非适宜。另外，由于当地品种数量和质量总是有限的，故外地优良品种的引入是必需的。通常，品种的选择应遵循以下原则：①适宜当地土壤、气候和地貌等自然条件；②符合复垦土地的利用方向；③生命力和竞争力强；④能快速、稳定地定居并形成地表植被；⑤成本低、效益高。第四，植物生态。生态因素也影响植物品种的选择，用于复垦土地的植物品种能与其他植物和动物相竞争，对动物可口性不同的植物将会导致不同的放牧形式和最终植物群落的变化。一些植物与土壤微生物关系密切，也有一些植物与其他植物有抗性。具有相同生态位的植物在时间和空间会互相竞争，都不会完全占领整个复垦场地。而有些能互相补充的植物如浅根与深根、暖季和冷季、灌木和禾本科植物，都是能有效且能完全绿化整个复垦场地的品种。因此，植物品种的选择应该考虑植物的生态属性，从而选择出多物种、适宜多个季节需要、充分利用土壤空间各层养分、竞争力强、互补性强、适口性强的植物品种。

无论是商业种苗、还是私人收集的种子，关键问题是要求种子质量好、纯净，切忌假种和混有杂草种子以及有病虫害和严重损伤的种子。因此，要求购种或采种时，一定要认真检查，必要时应进行种子发芽率和成活率测试。

（二）种子消毒

为预防针叶树育苗发生猝倒病等病害，在播种前一般应用药剂浸种或拌种。常用消毒药剂如下。

1）高锰酸钾。将种子在 $0.3\%\sim0.5\%$ 的高锰酸钾溶液中浸泡 $1\sim2h$，捞出后用清水冲洗。

2）硫酸铜。用 $0.3\%\sim1\%$ 的硫酸铜溶液浸种 $4\sim6h$，捞出后用清水冲洗。

3）福尔马林。播种前 $1\sim2d$ 将种子在 0.15% 的福尔马林溶液中浸泡 $15\sim30min$，捞出后密闭 $2h$ 后再用清水冲洗，阴干播种。

4）硫酸亚铁。用 $0.5\%\sim1\%$ 的硫酸亚铁溶液浸种 $2h$，捞出阴干后播种。

（三）种子处理及催芽

不易发芽的种子必须进行物理或化学催芽处理。常用的处理方法有以下几种，可根据不同树种等灵活选用。

1）水浸催芽。就是将种子浸泡在水中。浸种的水温和时间根据种皮厚薄和种粒大小而定。浸种时水应淹过种子约 $3cm$，浸种期间每天要换水 $1\sim2$ 次，但要注意：浸种的水温指的是开始时的温度，而不是始终保持这个温度。水浸催芽又可分为：冷水浸种（适于处理种粒较小的种子）、温水浸种（水温 $30\sim40℃$，适用于种皮较厚的种子）、高温浸种（水温 $70\sim90℃$，适用于种皮坚硬、质密、透水性差的种子）。

2）化学处理。适用于种皮具有蜡质、油质的种子。例如，漆树等不易发芽的种子，可用 60% 的硫酸浸种 $30min$。凡用硫酸浸过的种子，须用清水漂洗数次，并加以浸泡再播种。

3）机械搓伤。适用于种皮坚硬质密的种子。例如，紫穗槐等可用碾子压伤其果皮。

4）层积沙藏。适用于大部分针叶树和部分阔叶树种子。例如，樟子松在播种前先将种子清洗干净，用3％的硫酸亚铁溶液浸种30min或0.3％的高锰酸钾溶液浸种1～2h。捞出后漂洗干净，用清水浸泡24h，然后将种子与湿河沙按1∶1的体积比混匀，放置在阴凉的地方进行层积。层积温度不可超过15℃，隔3～5d翻动1次并洒水保持层积湿度。一般层积7～10d即可用于播种。

（四）播种技术

1. 播种时间

播种育苗时间应根据气候条件和不同树种种子的生理特性来确定。一般为春播，休眠期长或带硬壳的种子（如桃、杏等）宜秋播，易丧失发芽力的种子（如榆树、杨、柳等）宜随采随播，但不能晚于八月中旬。适于春播的树种，要适时早播，当土壤5cm深处的地温稳定在10℃，即可播种。对晚霜敏感的树种应适当晚播。秋（冬）播种要在土壤结冻前播完。

2. 播种方法

分为撒播、条播和点播3种。

1）撒播。多用于杨、柳、榆、桦等小粒种子。为使种子分布均匀，将种子与适量的细沙或细土混合均匀后同时播下。播种前灌足底水，撒播种子后立即覆土，轻轻镇压。为防止土壤板结，覆土内可掺一些细沙。

2）条播。条播即按一定行距开沟播种，把种子均匀地撒在沟内。条播要根据树种、作业方式和留苗密度确定播幅和行距。云杉、油松、樟子松、落叶松、白桦等中小粒种子条播时，播种行的方向以南北向为好，一般行距为10～25cm，沟深为5～8cm，播种后立即覆土2～3cm。

3）点播。大粒或名贵种子如核桃应采用点播，按一定株、行距将种子点播在苗床上，有条件的可采用容器育苗。

3. 播种量

播种量的确定，主要根据树种的生物学特性、种子品质（净度、发芽率、千粒重）、苗圃地土壤、气候、技术条件和预计产苗量来计算。

4. 播种后的覆土厚度

1）覆土厚度要根据种粒大小、发芽类型、育苗地土壤质地、播种季节和覆土材料来确定，覆土厚度为种子横径的2～3倍。小粒种子播后加以镇压，可不覆土或筛上微薄细沙，以不见种子为度，为防止风干，应采取覆草或覆塑料薄膜等措施；中粒种子一般覆土2～3cm；大粒种子覆土4～6cm。

2）子叶出土的树种覆土要薄，子叶不出土的树种覆土要厚；土壤黏重的圃地覆土要薄，土壤水分差的圃地覆土要厚；发芽出土快的覆土要薄，发芽出土缓慢的覆土要厚；春季播覆土要薄，秋（冬）播覆土要厚。

3）播种要尽量使用播种机具，达到均匀适度。播种后要保持苗床湿润，防止板结，有条件的可在苗床覆盖 5cm 以上的森林土（拌 5％的细河沙），或在播种沟内覆一层森林土，均匀播种后再用一层森林土覆盖。厚度 2～3cm 为宜。

一般而言，小颗粒种子比大颗粒种子播种时要接近地表。大多数的种子播种深度为 0.6～0.8cm。种子的覆盖在干旱、半干旱地区非常重要，因为，如果未发芽的种子未加以覆盖，鸟兽有可能将种子吃掉，同时种子也容易被雨水冲走。播种率取决于土壤生产力、有效水分和播种技术、种子品种和期望的植物群落条件，播种率太低会使杂草种乘虚而入，也不利于土壤稳定，播种太多不仅浪费而且影响植物的生长。种子的净成活率也是播种率确定的重要依据，由于豆科类植物接种根（瘤）菌后，能促进植被的建立和生长，因此，豆科种子在播种前 48h 应进行接种菌苗。

播种技术主要包括播种量、播种时间和播种方式的确定。播种量取决于单位面积希望生长的株数、单位重量平均种子的粒数、种子的纯度、发芽率、播种方式等。为提高劳动效率，保证发芽率和使草种尽快发芽，国外采用水力喷洒法复垦矸石排放场，效果较好，其具体做法是将草种与城市污水和生物肥料混合，借助喷洒机械播种。在矿区复垦土地中，常常用沟播和喷播两种技术。喷播又分为地面喷播、空中喷播和水力喷播。沟播是将种子放入土壤的沟槽中并覆盖上一定量的土。沟播使用种量最小，种子也能较好的分布，播种深度能够控制且种子能够很好地覆盖。沟播的设备也极其普通，还可以在播种时将肥料和除草剂一起施入土中。但沟播比喷播更有局限性，因为它要求种床的准备工作必须完成并形成一个疏松的地表和沟槽。陡坡不能使用沟播，也不能播种太小的种子或有芒、胚、翼瓣的种子。种子尺寸、形状的变化将引起播种的不均匀分布。沟播常需将种子置于土壤沟槽的底部，否则幼苗很难成活。通常沟播比喷播耗费多，但如果种子成本高，将使用沟播而不用喷播。在大多数情况下喷播是便宜、迅速的播种方法。不宜种植区域可以用飞机、直升机或水力播种机喷播。任何混合种子都可以被播种，肥料也可以同时施用。地表喷播是最普通的喷播方式，往往可以用手持式或拖拉机牵引式的播种设备，甚至也可用手将种子直接播撒在地表，然后用一个机械设备如牵引链机将种子用土壤覆盖。空中喷播较少用于复垦土地。水力喷播将种子以液态或泥浆态喷到地表，肥料、除草剂、地表覆材可同时喷施。水力喷播相对昂贵且需较多的水，常主要用于陡坡、高低不平的地表或其他难于播种的土地，播种后，可以通过喷洒地表覆材来覆盖种子。

（五）播种苗管理

1. 出苗前的管理

为防止土壤板结，杂草生长，保持土壤墒情，防止鸟类啄食种子，播种后用覆盖物覆盖。但要注意保持苗床湿润，以利于种子发芽。水可以直接喷洒在覆盖物上，渗透即可，忌苗床积水。直至种苗出土后可根据土壤墒情适时灌溉。

2. 出苗后的管理

当幼苗大部分出土后，有覆盖的育苗地，应在傍晚或阴天及时分批撤除覆盖物，但要遮阴，以降低地表土壤温度和减弱光照强度。一般到气温降低，幼苗已基本停止生长并有一定的抵抗能力时拆除遮阴网，以利于幼苗积累有机物质，提高木质化程度，安全越过寒冷的冬季。

3. 防病保苗

针叶树幼苗的苗期病害主要为立枯病，有多种病源菌致病。其发病快，主要有烂种型、猝倒型、根腐型，将直接影响种子育苗的成败。防治原则为：以防为主，防重于治，采用综合防治技术措施，严把种子、土壤、幼苗消毒等防病环节。幼苗一出土，即应开始进行幼苗防病消毒工作，即喷洒多菌灵溶液，多菌灵溶液浓度为 $0.1\%\sim0.2\%$，用量为 $0.5kg/m^2$，每隔 $15\sim20d$ 喷洒 1 次，并可视病害发生程度适当延长或缩短喷药周期。

4. 灌溉

灌溉要掌握适时、适量的原则，灌溉应尽量在早晨或傍晚进行。土壤墒情不好的育苗地块，在播种前要灌足底水。对覆土薄的小粒种子，宜小水勤浇，保持土壤湿润。幼苗生长初期，根系分布浅，要适当控制浇水，以利于提高地温，促进根系生长。如果遇到降雨，针叶树小苗被泥土沾污，应及时用清水冲洗干净。速生期苗木生长迅速，需水量大，必须及时浇水，浇匀浇透，土壤浸湿深度要达到主根分布深度。生长后期，为了防止徒长，使苗木充分木质化，确保幼苗安全越冬，可减少浇水次数。在入冬土壤封冻前进行 1 次冬灌。

5. 施肥、除草、间苗

根据幼苗生长发育情况及时追肥，生长旺季每 $10\sim15d$ 施肥 1 次，还可酌情进行根外施肥。5 月和 6 月施肥应以氮肥和磷肥为主，促进苗木高生长，7 月施肥以钾肥为主，促进苗木木质化。按照"除早、除小、除了"的原则，及时对幼苗进行松土、除草。在苗木过密的地方要进行间苗，间苗的原则：早间苗、晚定苗，一般间苗 $2\sim3$ 次。

6. 苗木的越冬防寒

为使苗木免遭冻害，可在 10 月底或 11 月上旬大水灌 1 次，既可防冻，又可为来年苗木的生长提供水分。对于易遭冻害的幼苗，可在秋季幼苗进入休眠期后进行埋土，埋土厚度以盖过幼苗顶端 5cm 为宜，来年 3 月底～4 月初幼苗萌动前再撤去覆土，使幼苗免遭冻害。冬季在极端最低气温情况下可采取熏烟的方法，即在无风的清晨或傍晚缓慢燃烧柴草放出烟雾笼罩在苗圃地上空达到防冻的作用。2 年生苗木培育与 1 年生幼苗相比，2 年生苗易于管理，病害少，苗木保存率高。只要水肥充足，一般都能生长良好。

三、栽植

（一）栽植技术

1. 幼苗栽植原则

有些植物是用幼苗进行栽植而非直接播种。通常幼苗栽植取决于植物品种、栽植时间、土壤类型和场地竞争性。根（茎）类品种常常可以用任何栽植技术；一些灌木截干栽植最好；一些植物需要带土球移植；栽植幼小的乔、灌木还必须使其与场地内其他物种竞争性最小；栽植方法应与栽植品种相匹配。

2. 种苗准备

造林所用的种苗都必须采用一级种苗。为了提高成活率，起苗时主根必须达到要求深度，并保持根系完整。苗木一旦出圃后，要随运随栽，栽剩苗木，一律及时假植。为防苗根干燥、碰伤、苗木失水，运送时必须用铁皮运苗箱、聚乙烯袋或草袋加以包装，并定时洒水，防止袋内发热。针叶树苗栽植时，可用生根粉或根宝浸根，以促进生根成活。灌草所用种子必须饱满、无病害、大小均一、发芽率高。

3. 幼苗栽植技术

人工栽植和机械栽植是最主要的两种幼苗栽植方法。人工栽植是在复垦场地用人工挖好坑，并用人工置苗和培土，它要求幼苗在坑中位置应放好，不要呈 J 型或 L 型，同时要压实植物根茎周围的土。而机械栽植是用机械设备运苗、挖苗、植苗和培土，它几乎可以栽植所有类型的苗木。人工栽植人力消耗大，且其栽植质量取决于栽植者的能力和态度；而机械栽植往往更快，有时更经济。在国外，机械栽植多，而在国内，人工栽植仍是最主要的方法。

栽植时可采取提前挖坑、客土栽植的方法，一般可提前一年或半年挖坑，促进坑内矸石风化，将坑外的碎石、石粉填入坑内，将坑内未风化的矸石捡出，利于蓄水保墒，提高缓苗率和成苗率。客土栽植可采取苗木带土球的栽植方法，这样可缓和根系对新环境中不良因子的影响，从而提高成活率并使苗木健壮生长。栽植时苗木要垂直放置于植树穴中央，分层回填土，先把肥沃湿土填于根际四周，填至坑深一半时，踏实，再填余土，做到分层踏实。灌足水，待水分充分渗入土壤后，再覆上干土，厚度约为 5cm。植苗造林也可以选用混交方式，如油松×侧柏块状、品字形混交搭配；油松×刺槐带状混交；杨树×刺槐行状混交；泡桐×苜蓿带状混交。

在废弃矿区造林技术方法方面，国内外有很多经验可以借鉴。山西阳泉矿务局，在矸石山造林时，根据当地降雨量的特点，采取盆栽培养树苗以及雨季栽植方法，要求带土球栽植，栽植时每坑加黄土。更好的是采用秋季挖坑，春季栽植的方法，加速了树坑内部矸石的风化，有利于树木成活。还可采用泥浆蘸根栽植，确保成活率。一般 1m 高的树苗，树坑约为 40cm×40cm×40cm，坑内填黄土，栽后灌水，覆盖树盘，成活率很高。

（二）栽植时间

无论大小苗木针、阔叶苗木均应以春季造林为主，具体时间以苗芽膨胀前为主，总的要求是开始造林期宜早不宜迟，必须充分准备，集中劳力适时栽植。在错过春季造林的情况下，雨、秋季造林应作为辅助造林季节，但必须因地制宜进行。秋季栽植大苗必须考虑水分条件，雨季栽植针叶树必须在透雨后进行。辽宁抚顺矿务局依据矸石山风化表层为碎矸石，透水性强、蒸发量大、蓄水性能差、不易保墒的特点，采取以下造林方法：①春整春造。春季造林时整地与植苗同时进行，造林时间宜早不宜迟，一般在 3 月下旬栽植，能刨动坑即可进行。坑穴直径 35cm，造林密度比一般山地造林密度稍大一些，以 4400～6600 株/hm² 为宜，促进林木提早郁闭，一次成林。②秋整春造。造林前 1 年秋季提前整地，翌年造林，整地规格：穴径 75cm，穴深 60cm，整地时清除尚未风化矸石块，造林方法基本与春整春造林相似。③直播造林。每穴 10～20 粒种子，覆土 3～5cm。④客土造林。每穴换土 3 锹，整地方式采用穴状整地，穴径 40cm，穴深 35cm。造林后连续抚育 3 年，促进了林木的成活率及林分保存率。

（三）补植

苗木成活后或种子出土后，如果局部的苗木稀少，达不到设计的要求应及时进行补植。补植时间以春季和当年秋季为宜，秋季造林应于次年秋季检查成活率。凡成活率在 90%～95% 以上者视为合格，不达指标者需补植。补植采用原造林苗木或略大于原造林苗规格的苗木按原造林树种株行距进行。

（四）集流节水型植被建植

煤矿废弃地生态环境质量差，植被恢复困难，因此，进行生态植被恢复必须以集流节水和抗旱保墒为中心，综合运用爆破工程、容器种苗、集水整地、滴水灌溉、覆盖保墒、保水剂（固体水、保水剂、抗蒸腾剂、抗旱剂、种子复合包衣剂、土壤结构改良剂、土面保墒剂、旱地龙等）、生根粉等集流节水抗旱造林技术措施。

1. 保护苗木技术

（1）套袋造林技术

将农用塑膜加工改制成适当尺寸的塑膜袋。苗木栽植后，将塑膜袋套在苗干上，顶部封严，下部埋入土中踩实。待苗木成活后，陆续去掉塑膜套袋。套袋技术的应用，可以降低苗木在栽植初期的蒸腾耗水，提高造林成活率。

（2）蜡封造林技术

即栽前对苗干进行蜡封。具体方法是保持温度80℃上下加热融化石蜡，将整理过的苗干在石蜡中速蘸，时间不超过1s，然后栽植。为蘸蜡方便，对萌芽力强的树种可先截干留桩适当高度再蘸蜡。此方法既可以防止苗木风干失水，又会减少前期病虫害，一般可提高成活率20%～40%。

（3）冷藏苗木造林技术

将由于干旱而不能栽植的大量苗木暂时冷藏（1～4℃），控制其发芽抽梢，利用低温延长苗木休眠期，待降雨后再进行大面积栽植。苗木经过冷藏，可延长造林时间，形成反季节造林。利用冷冻储藏方法只限于造林季节内干旱无雨时采用。这种用冷冻贮藏苗木进行错季造林的方法成为在大旱之年干旱半干旱石质山地实现优质、高效抗旱造林的新途径。

2. 保水抗旱技术

（1）爆破整地造林技术

爆破造林是用炸药在造林地上炸出一定规格的深坑，然后填入客土，种植上苗木的一种造林方法。爆破造林能够扩大松土范围、改善土壤物理性质和化学性质、增强土壤蓄水、保土能力、减少水土流失、减轻劳动强度、提高工效、加快造林速度，从而提高造林成活率，能在短时间内使荒山荒地尽快绿化起来。大面积进行爆破造林虽有较大的局限性，但在位置重要的景点处，旅游线两侧及名胜古迹周围，游人较多、景观重要处的荒山荒地应用，仍不失为一种较好的造林方法。

（2）集水造林技术

集水造林就是在干旱半干旱地区以林木生长的最佳水量平衡为基础，通过合理的人工调控措施，在时间和空间上对有限的降水资源进行再分配，在干旱的环境中为树种的成活与生长创造适宜的环境，并促使该地区较为丰富的光、热、气资源的生产潜力充分发挥出来，从而使林木的生长接近当地生态条件下最大的生产力。尽管目前在干旱半干旱地区采用径流集水造林技术存在着较多的局限，但是，随着科学技术的发展，这一技术措施必将获得进一步的提高并日趋完善。

（3）苗木全封闭造林技术

苗木全封闭造林技术是从农业（容器育秧，移栽后覆盖瓶、塑料等）的启发和技术引申中逐步形成的。具体来说，就是在培育、选择具有高活力苗木的基础上，采用苗木叶、芽保护剂（HL系列抗蒸腾剂、HC抗蒸腾剂、透气塑料、光分解塑料形成的膜、袋等）、苗木根系保护剂（海藻胶体、高吸水材料形成的胶体液、保苗剂、护根粉等）等新材料、新技术，使整株苗木在造林后完全成活前处于较好的微环境中。其表现为苗木地上部分与外界相对隔离，抑制叶、芽的活动，减少水分、养分的散失；根系处于有较适宜水分、养分供应的微域环境，保持根系的高活力。整株苗木始终处于良好生理平衡之中，直至苗木成活，药剂的保护作用才缓慢失去，进而促进幼树快速生长。该技术为干旱地区造林和生长期苗木移栽提供了一种新的技术选择。

（4）容器育苗造林技术

在干旱半干旱石质山地困难立地常规造林不易成活的地区，可以采用容器苗造林，效果良好。容器苗与裸根苗相比，由于其根系在起苗、运输和栽植时很少有机械损伤和风吹日晒。而且由于根系带有原来的土壤，减少了缓苗过程。因此，容器苗造林的成活率高于常规植苗造林。容器苗因容器内是营养土，土壤中的营养极其丰富，比裸根苗具备了良好的生育条件，有利于幼苗生长发育，为石质山地造林成活后幼林生长和提早郁闭成林创造了良好的生存条件；容器苗适应春、夏、秋3季造林，因此又为加速矸石山和排土场造林绿化速度创造了有利条件；容器苗造林的成本与常规植苗造林相比较高，但其成活率高、郁闭早、成林快、成效显著，减少了常规造林反复性造林的缺陷，其综合效益要高于常规植苗造林。

（5）菌根菌育苗造林技术

菌根就是高等植物的根系受特殊土壤真菌的侵染而形成的互惠共生体系。菌根形成后可以极大地扩大宿主植物根系对水分及矿质营养的吸收；增强植物的抗逆性；提高植物对土传病害的抗性，尤其在干旱、贫瘠的恶劣环境中菌根作用的发挥更加显著。相关资料证明，在干旱区、荒山荒地等地区，一般都需要有相应的菌根才能建立起植被或实现造林。目前在林业生产中应用菌根土的，使一些干旱、立地条件较差的造林困难地区，造林获得成功。

（6）坐水返渗造林技术

坐水返渗法是将树苗（裸根苗）根系直接接触到湿土上，靠根系下面湿土返渗的水分滋润苗木根系周围土壤，从而保持有效的水分供给，提高苗木成活率。具体操作程序是挖坑、回填、浇水、植树、封土。需要注意的是浇水与植树间隔时间要短。水渗完后，马上植树，保证树苗根系能坐在保含水分的土壤上。与传统植树方法相比，坐水返渗法树坑内土体上虚下实，蓄水量足，透气性好，非常有利根系恢复生长。

（7）地表覆盖造林技术

1）秸秆及地膜覆盖造林技术。适宜的水分、温度、养分有利于根系的生长、吸收、转化、积累和越冬。秸秆与地膜覆盖可以避免晚霜或春寒、春旱、大风等寒流的侵袭造成的冻害，同时也提高了地温，促进了土壤中微生物的活动，有机质的分解和养分的释放。从而有利于根系的生长、吸收及营养物质的合成和转化，保证苗木的成活和生长；而且可以保持和充分利用地表蒸发的水分，提供了苗木成活后生长所需的水分，防止苗木因干旱造成生理缺水而死亡。秸秆及地膜覆盖，大大提高了造林成活率、越冬率和保存率，是提高干旱脆弱立地条件下造林成效的有效途径之一，对保水增温、促进幼苗的迅速生长、尽快恢复植被、防止水土流失、改善生态环境等方面，发挥着重要的作用。

2）压砂保墒造林技术。压砂就是把鹅卵以下的小石头，以 5～10cm 厚铺盖在新栽的小树周围，不仅起到保温保湿、减小地表蒸发、蓄水保墒的作用，而且就地取材、经济耐用。从土壤学角度看，山地多年不耕，土壤结构简单，孔隙粗直，即使下点雨浇些水，蒸发加上流失，水分很快就消失了。从植物学角度看，树木生长并不需要很多水分，关键是根部土壤要经常保持湿润。这种方法不破坏植被，不受地形限制，不受水源约束，可以以最少的投入，换得可观的效益。

3. 节水抗旱技术

（1）滴灌造林技术

处于城市近郊有水源且需要绿化的风景旅游区或名胜古迹区的干旱半干旱石质山地困难立地。因自然地势陡峭，立地条件恶劣，坡度大、土壤贫瘠，导致树木生长发育不良，树木成活率低。

滴灌较常规灌溉造林具有诸多优点，如节水、减少整地费用、排盐、提高造林成活率等。滴灌的基本原理是将水加压、过滤，必要时连同可溶性化肥、农药一起通过管道输送至滴头，以水滴（渗流、小股射流等）形式给树木根系供应水分和养分。由于滴灌仅局部湿润土体，而树木行间保持干燥，又几乎无输水损失，能把株间蒸发、深层渗漏和地表径流降低到最低限度。因此滴灌造林可以根据不同季节、不同土壤墒情及时供水。高质量的供水最终将促进植物生长发育，利于树木成活率的提高和环境景观的改善。

（2）保水剂造林技术

吸水剂技术。吸水剂是一种吸水能力极强的高分子树脂材料，它可以吸收自重几十倍至几千倍的水量。吸水剂最早是由美国农业部北部研究中心于 20 世纪 70 年代初首先开发出来的，称之为高吸水剂（也称高吸水性树脂、吸水胶、保水剂、抗旱宝等）。由于其独特的吸水性能受到广泛关注。我国对高吸水剂的研制和生产应用起步较晚，系统的应用研究则从 80 年代初开始，之后发展较快，并取得阶段性成果。它具有高吸水性、保水性、缓释性、反复吸释性、供水性、选择性、可降解性等特性，可以提高土壤的最大持水量，增强土壤的贮水和保水性能，减少土壤水分耗散，延长和提高向植物供水的时间和能力，在干旱半干旱地区煤矿废弃地植被建设生产中有着广阔的应用前景。

吸水剂种类。聚丙烯酰胺产品。形态为白色颗粒晶体状，主要成分为丙烯酰胺（65％～66％）、丙烯酸钾（23％～24％）、水（8％～10％）和交联剂

（0.5%～1%）。产品特点是吸水倍数高（100～200 倍），吸水速度快，用于造林蓄水保墒，其寿命为 4 年左右。美国、日本、法国、德国等发达国家生产的吸水剂产品其基本成分主要是聚丙烯酰胺。

聚丙烯酸盐。包括聚丙烯酸钠、聚丙烯酸钾、聚丙烯酸铵等。以聚丙烯酸钠为例，其成分组成为聚丙烯酸钠（88%）、水（8%～10%）和交联剂（0.5%～1%）。产品形态大多呈白色晶体状，产品特点是吸水倍数高（130～140 倍），吸水速度快，但保水寿命为 2 年左右。目前国内生产的吸水剂大多属聚丙烯酸盐类。

淀粉接枝丙烯酸盐。产品形态呈白色或淡黄色颗粒晶体状，主要成分为淀粉（18%～27%）、丙烯酸盐（62%～71%）、水（10%）和交联剂（0.5%～1%）。产品特点是吸水倍数高（150～160 倍），吸水速度快，但保水寿命为 1 年左右，低于聚丙烯酰胺和聚丙烯酸盐。

吸水剂使用方法。种子包衣播种育苗或播种造林。将种子浸入吸水剂溶液中，使种子表面形成一层薄的含水层，以提高发芽率，缩短发芽时间，提高苗木的成活率和生长；或用一定比例的吸水剂进行拌种，然后用于造林。

水凝胶蘸根造林。按一定比例将吸水剂稀释成凝胶，然后浸入苗根使凝胶均匀黏附在根系表面，形成防止水分蒸发保护层。水凝胶蘸根保苗措施，其有效性取决于控制苗木的失水进程。

混剂泥土包裹苗根造林。按一定比例，将吸水剂与土壤混合，用水调成稠泥，然后用稠泥包苗根进行植苗造林。拌土使用既可直接拌，也可复配林木所需的营养成分和药剂。依据林木类型、降雨量及土质情况来确定用量。北京林业大学经过多年试验后提出，在北方 400mm 降水黄土地区，以 1∶10 的干重比拌土最经济有效。为避免保水剂在阳光下过早分解，混有保水剂的土层必须至少覆盖厚 5cm 的土。为尽可能让其发挥作用，保水剂必须在林木有效根须周围。首次使用时一定要浇足水。拌入后 1～2 周要充分浇水 2～3 次。如果是雨季，1～2 次即可。为节约用水和让保水剂更好的吸水，建议分次浇水，每次间隔 10～20min。尽可能使用地表水，少用或不用井水，否则会影响吸水倍率。如果有条件，也可让保水剂吸足水后再拌土，只要土壤含水量超过 10%，可不浇水。吸水时间需 2h。

直施植穴造林。在栽苗时将一定量的吸水剂与土壤拌匀填入植穴苗根周围进行造林的方法。

吸水剂使用量。一般情况下，每穴施入量以占施入范围（植树穴）干土重量的 1% 为最佳。施入量过大，不但成本高，而且雨季会造成土壤贮水过高，引起土壤通气不畅而导致林木根系腐烂。

拌种或包衣需要保水剂不多。拌种即将粉末保水剂凝胶与种子、营养成分和其他辅助材料混合后喷播。圆粒种子无论大小均可采用含保水剂5%～10%的种衣剂包衣，包衣厚度依种子大小而定，可与飞播造林相结合。

蘸根。保水剂以水重的0.1%比例放入盛水容器中，水中可溶入一定比例的促根剂，充分搅拌和吸水约20min后使用，裸根苗浸泡30s后取出。最好再用塑料膜包扎。1kg保水剂可处理2000株幼苗。

（3）固体水种植技术

固体水种植技术是20世纪90年代末国际上最新研制成功的一项先进抗旱造林新技术。固体水，又称干水，是一种用高新技术将普通水固化，使水的物理性质发生巨大变化，变成不流动、不挥发、0℃不结冰、100℃不融化的固态物质。这种固态物质具有生物降解性能，可用作植物的长效水源。在生物降解作用下能够缓慢释放出水分，被植物吸收利用。固体降解后，无残留，不污染土壤。适于在远离水源、气候干燥、土壤保水性差的荒山中植树造林使用。尤其是在严重缺水的干旱半干旱地区及季节性干旱地区，应用固体水并配合其他集水蓄水保墒技术，既可以保证长时间地供给植物水分，维持植物的正常生长，又可以减少水分的无效蒸发及渗漏，达到节约用水、水分高效利用的目的。

固体水用不同规格容器包装，其供水量可为每日5g、10g、20g不等，可根据不同树种适当选择；有效期可为30d、60d、90d或更长，可按旱期不同适当进行选择。

将树苗直立于浇好底水的树坑内，打开固体水的一端，将裸露部分紧挨树根部，呈45°角或大于45°。填土后浇足水。固体水顶端可露出地面，也可完全埋没。回填土时勿将固体水从容器中积压出来。

根据苗龄、树种、气候等选择固体水的用量及规格，不同规格的树种的供水量不同。

（4）ABT生根粉、根宝等制剂技术

ABT生根粉是中国林科院研制成功的高效、广谱、复合型生长调节剂，可加速植物代谢，增加呼吸强度，提高酶的活性，加速细胞分裂，促进植物体内氮、磷、钾的吸收与转化，对促进林木、果树的扦插生根和苗木受伤根系的恢复，提高苗木移栽成活率、农作物及蔬菜的产量，改进产品的品质等具有显著的作用。

根宝是山西农业大学研制开发的一种营养型植物生长促进剂。

ABT生根粉、根宝2种制剂所含的多种营养物质和刺激生根的物质能够直接渗入根系，使苗木尽快长出新根，恢复吸收功能。从而提高造林成活率，在煤业废弃地造林中取得了良好的效果。

ABT生根粉的种类。目前，ABT生根粉共有10种型号。1～3号主要用于树木花卉等木本植物繁殖育苗和移栽；4号、5号主要用于农作物、蔬菜；6～10号为水溶性新剂型产品，6号、7号主要用于扦插育苗、造林，8号主要用于农作物和蔬菜，10 号用于烟草和药用植物。林业上常用的型号及适用的树种如下。

1 号 ABT 生根粉，用于难生根及珍贵植物的扦插育苗，如河北杨、云杉、圆柏、雪松、沙棘、枣树、月季等。

2 号 ABT 生根粉，主要用于一般植物的扦插育苗，如泡桐、刺槐、杨树、柳树、国槐、柽柳等。

3 号 ABT 生根粉，用于苗木移栽和造林，可促进受伤根系恢复，提高定植成活率，如花椒、苹果、梨、桃及落叶松、侧柏、油松、刺槐、国槐、臭椿、白榆等。

ABT 生根粉的使用方法。插条一般选择生长健壮树木上的一年生枝条，采条时间在当年 11 月中下旬，插穗基径 1cm 左右，长度 15～20cm（容器内扦插可适当减短），插口剪成马耳形，上端留有饱满芽。每 100 根一捆，及时埋入深 60～80cm 的湿沙里沙藏至翌年 3 月，取出后将插穗基部 2～4 cm 处置于 ABT 生根粉溶液中，浸泡 3～6h 后，随即扦插。

ABT 生根粉的溶液配制。先将 1gABT 生根粉（1～5 号）在非金属容器中用 95% 的酒精 0.5 kg 溶解后，加入 0.5 kg 清水，配成 0.1% 的原液，使用时再根据所需浓度稀释。具体操作参见表 5.2。

表 5.2　ABT 生根粉使用浓度及配制方法

所需浓度/（mg/L）	加水量/kg	稀释倍数
200	4	5
100	9	10
50	19	20
25	39	40
20	49	50
10	99	100
5	199	200

ABT 生根粉的使用量。ABT 生根粉使用浓度一般因植物种类及插条成熟程度而异。浓度高，处理时间相对较短；浓度低，处理时间较长。通常针叶树如柏类的使用浓度要相对较高，阔叶树相对较低；木质化枝条使用浓度比嫩枝高，插穗育苗比种子育苗高。一般使用浓度的范围：浸泡插条 0.01%～0.025%，浸泡苗木根系 0.005%～0.01%，浸种 0.0005%～0.005%。柽柳、杨树等可用 0.01%溶液浸泡处理。

（5）化学药剂技术

用于处理苗木来减少植物体内的水分蒸发，增强苗木的抗旱能力，提高造林成活率的化学药剂主要包括有机酸类：苹果酸、柠檬酸、脯氨酸、反烯丁二酸等；无机化学药剂：磷酸二氢钾、氯化钾等；蒸腾抑制剂：抑蒸剂、叶面抑蒸保温剂和京 2B，还有橡胶乳剂、十六烷醇（鲸、蜡醇）等。

第四节 抚育管理

抚育管理是提高造林成活率、保存率、促进幼树生长、促进树冠及早郁闭的一项重要措施。幼林抚育的中心内容是施肥、浇水、松土、除草和防治病虫害等。但由于矸石地土壤条件的特殊性，幼林抚育措施应与一般林地有所不同。即造林结束后立即采用培土、扶正、踏实等保墒抚育措施，以提高幼林成活率。每年春季进行，连续 3 年即可。另外，幼林期内矸石地上的天然植被应予以保留，以利用其遮挡裸露地表，有效地控制水分蒸发，有助于人工幼林的生长。

一、施肥

施肥是复垦造林过程中，改善植物营养状况和增加矸石地土壤肥力的措施。风化矸石由于缺乏微生物和腐殖质，没有经过生物富集作用，所以肥力状况不良。因此，利用矸石复垦种植必须采用有效的施肥与管理措施。一般来说，施肥应考虑以下问题：①土壤养分的有效性。②所种植物对养分的要求。③肥料对土壤性质的影响。④施肥成本。⑤是否需要年年施肥。⑥水利条件。因此，应根据各矸石地的特点、植物的生物学特性等，适当地施用各种有机肥料。但是，在植物所需的各种营养元素中，氮素是矸石地土壤中最为贫乏的元素之一，这是由于矸石地土壤中缺乏微生物，不能使含氮化合物转化为植物可利用的形态，所以，施用氮肥是一项有效的"起步"措施。结合种植可以是土壤有机质含量不断提高，从而增加土壤微生物数量，使养分循环得以进行。种植豆科植物是提高土壤氮素水平和肥力水平最有效的生物措施。

二、浇水灌溉

水是影响矸石地植被生长的关键因素，灌溉是复垦造林时和林木生长过程中人为补充矸石地土壤水分的措施。在植被的生长初期适时浇水，对提高造林成活率、保存率等具有重要意义，而且可以洗盐压碱，改良土壤。因此，适时对矸石地幼林进行灌溉是确保复垦造林效果的重要措施之一。一般来说，乔木树种栽植时要浇水 1~2 次，有条件的随后 2 年各浇水 1 次。

三、松土除草

造林后连年抚育，第一年松土除草 2 次，可在 5~8 月进行，以后每年穴内松土除草 1 次，抚育时注意培修地埂，蓄水保墒。在造林后 3 年内一般要求每年扩穴除草 1 次。

四、病虫害防治

病虫害防治是林木能否正常生长发育的关键。因此，应及时清除病虫害树木及衰弱树木，以改善林内的卫生状况及生长条件，针对不同树种、不同病虫害采取及时有效的防治措施，以促进林木健康、快速生长，从而有效地提高矸石地的植被复垦效果。

五、封山育林

植被建植是半干旱地区煤矸石地植被复垦的中心任务。对不同类型的煤矿废弃地应因地制宜适时采取不同的抚育管理技术措施。例如，针对海州露天矿Ⅰ类矸石山和Ⅱ类矸石山可采用人工播草与封山育林（草）相结合的方式。人工播草方式采用混播方式，即将草种混合播种。封育措施采用死封，防止一切人畜危害。

第五节　不同类型废弃地植被建设

一、露天采场植被建植

露天开采时，因剥离并搬走了煤层上的覆盖层，地表植被和土层被完全破坏，并在采掘场地形成地面坑洼、岩石裸露的景观，或成为水坑，因此露天开采是破坏土地最直接的形式，它对土地资源的破坏是毁灭性的。露天采空区由于地表自然景观与生态环境遭到了彻底的破坏，自然恢复过程相对缓慢，因此是进行植被恢复和生态重建的重点。

露天采矿场生态恢复与重建包括采空区的生态恢复与重建和露采场边坡的生态恢复与重建。

（一）露天矿采场、采空区

1. 面临的问题

1）缺乏土壤。许多露天开采场包括以前从事工业的地区，其土壤已被弃置或污染。所有这些地方都可能缺乏土壤资源。

2）不适宜的土壤或不利的覆盖层特性。例如，陕西和内蒙古交界的神府东胜地区，大多数露天开采矿区，过去曾是滩地或河床，开矿时被剥离的只有沙子和石头。这些物质本身很贫瘠，土壤结构差，满足不了植物生长对土壤的基本要求。

2. 植被恢复技术措施

因为露天煤矿区在树木生长和林业建设方面存在这样和那样繁杂的问题，这就对场地的恢复和养护提出了更高的标准。成土材料的选择、适当的土壤迁移、翻耕、树种的选择和造林的养护都是特别重要的。

（1）成土材料的选择

露天开采的场地，因为要从平均 10m 左右的深度挖煤，所以要分为几层进行覆盖，因此，有必要选择合适的成土材料作为覆盖材料。

（2）土壤迁移

任何场地在开采前均有土壤覆盖，在采煤开始之前，最重要的是对土壤资源进行调查，确定现有土壤的数量和种类。在回填时最适宜使用松散堆放技术。

（3）翻耕

如果土壤或成土材料必须使用箱式挖掘机迁移，或者被车辆和误操作造成了破坏，那么，必须要通过翻耕来缓解和压实后才能种植。

（4）树种选择

树种选择很大程度上取决于场地上是否有适宜的土壤；树木也可以种在已有的成土材料上，但需要在其适宜的范围内选择树种。具体选择原则与指标等见本章第一节。

（5）造林

在露天场地，最好栽植小规格树苗，同时要尽量选择一些具有固氮功能的植物种。国外研究表明，在露天煤矿废弃地上施污水淤泥后，针叶林反应良好。污水淤泥含一定数量有用的氮磷肥，从各个方面而言都是一种理想的肥料。淤泥能提供煤矿区废弃地最短缺的营养；同时还可以促进地面植被的生长，有助于防止侵蚀，促进土壤形成，改善废弃地的面貌。

3. 农林利用生态重建模式

在较平缓或非积水的露天采空区采用农林利用为主的生态重建模式的工程措施是将露天采空区充填、覆土、整平，然后进行农林种植。根据充填物质的不同，可将其分为剥离物充填、泥浆运输充填和人造土层充填 3 种重建类型。

（1）剥离物充填

剥离物充填即内排土，就是将剥离物充填在采空区，整理成可为农林利用的土地。其方法是在开采前将矿层表面所覆盖的土层和岩石剥离分别存放，采掘结束后将剥离物填入采空区并平整，再在其上覆盖表土进行农林种植。这种用剥离物充填采空区的方法充分利用了土地资源，适用性广；取消了外排土场，减少了土地的征用，减轻了环境的影响；缩短了剥离土方的运距，省去了重复搬运的工作，减少了二次土方量，使表土剥离后能及时覆盖，有利于保持土壤肥力，节省生态重建的费用，缩短生态重建的周期。

矿层的覆盖层一般既有土壤又有岩石，表层土壤是经过长时间自然过程形成的，对植物的生长起着关键的作用，因此表土应尽量保存好。在剥离时，将表土与底土和岩石分层剥离。表土的采集厚度视具体条件而定，对自然土壤可采集到灰化层（心土层），农业土壤可以采集到犁底层。为了有利于土壤肥力的保存，采集土壤的时间宜在温暖、干燥的季节进行。

剥离物充填时，岩石底土在下，表土在上，分层进行。剥离岩土回填采空区的堆放方式根据采空区条件及与生产结合的可能性确定，可以采用与矿床底板相近的坡度堆放，也可修筑成梯田。

土壤中的空气和水分是影响土壤肥力的主要因素，因此在铺盖表土层时应尽量减少机械车辆的运输次数。可先远后近，车辆尽量在一条道上运行，以使土壤结构的破坏程度减到最小。另外，切忌雨季剥离、铺盖表土，以便保持土壤结构，避免土壤板结。

（2）泥浆运输充填

泥浆运输充填就是将尾矿泥通过管道送至采空区，尾矿泥经沉淀后，干涸、平整后铺上一层表土（厚度<0.5 m）便可成为农林用地。用尾矿泥充填采空区，要求尾矿无有害物质。

泥浆是由黏土细粒矿岩加水制成的。泥浆充填前，先将采空区划成若干小块，在地块四周堆砌高度为 1.2 m 以上土堤，由管道运来的泥浆分阶段潜入地块内，先灌入 0.5m 厚的泥浆。根据气候情况，每阶段间隔 2～8 个月，以便下部地区的积水排干后，沉积的泥浆蒸发成黄土，然后再次灌浆。

灌浆的疏干时间和周期取决于其中黏粒与细粒矿岩的比例，黏土与细粒的比例越高，则疏干越难。为了加快疏干速度，需要采取一些措施。常用的措施有①在泥浆堆体作业区四周挖沟，沟深 60～80cm，犁沟滤水使堆体干缩下沉，历时 10～15d，或3～5个月至 1 年时间，堆体干涸，表面形成裂缝。②池心部多淤泥、水涡，该部位可以采取由外围推入干粗沙或沿管道运输水砂，增加固料比，挤出多余的水分，这项作业需要 1.5～2 年。③黏土比例很大（与其他固料比为 1:1 或 2:1）的堆体，如磷灰岩的尾矿，洗煤石或泥炭土堆体，则须从根本上改善堆置方法、工艺和堆体形式，同时提高排浆浓度（含固料 30%～60%），或采用加砂的办法。

疏干后平整，铺上一层表土（厚度<0.5 m），便成为可为农林利用的土地。

利用泥浆运输充填采空区，对运输距离较远的采空区充填非常适用，所造土地空隙好，有利于植物生长；同时用此方法造地既经济又快捷，大范围造地用这种方法更适用。

（3）人造土层充填

有的矿区几乎没有土壤，这时可将岩石破碎后覆盖一层"造林沙砾层"，也可在人造土层中掺入垃圾、污泥。"造林沙砾层"中的粒级比例可视当地条件

（如岩石的硬度、掺入量）而定。此外，人工土还可以由泥煤、锯末、粉碎麦秆、树叶、粪肥等组成。人造土层应分层配制，按上轻下重的原则放置，大岩石在下，黏土、污泥等在上。

杂料、杂土（包括垃圾）采用城镇生活垃圾时，为了防止污染，保证原地的土壤和水质的安全、卫生，用于造土的垃圾应符合城镇垃圾农用控制标准。

（二）露天采矿场边坡

目前，国内露天采矿场边坡生态恢复主要是天然植被的自然恢复，也有个别的矿山进行了人工植被的建设。在露天采矿场边坡上进行人工植被建设，需要进行边坡处理。边坡处理就是通过各类工程措施将较陡的边坡变成缓坡或改成阶梯状，以防止边坡岩石土体运动，保证边坡稳定，有利于人工和机械操作，有利于截留种子，促进植被恢复。

边坡固定工程。它主要包括：挡墙、抗滑桩、削坡和反压填土、排水工程、护坡工程、滑动带加固工程、植物固坡工程等。

1. 挡墙工程

挡墙是用来支撑边坡以保持土体稳定性的一种建筑物，广泛应用于道路边坡、采场边坡、排土场边坡。挡墙一般按所在地区、位置、构造和用途等划分为不同的类型。①按挡墙所在地区可分为一般地区挡墙、浸水地区挡墙、地震区挡墙、陡坡滑动带挡墙；②按挡墙所在位置可分为路堑挡墙、护岸挡墙、采场边坡挡墙等；③按构造可分为重型挡墙和轻型挡墙，前者如重力式挡墙、衡重式挡墙、填腹式挡墙；后者如扶壁式挡墙、柱板式挡墙、锚杆挡墙、垛式挡墙等；④按受力状态和用途可分为护坡墙、普通挡墙和抗滑挡墙。

挡墙设计一般应满足在设计荷载作用下，稳定、坚固、耐久的要求。挡墙类型及其布置位置，要做到经济合理和技术合理，使用各种材料宜就地取材，必要时采用预制。一般来说，保护边坡表面免受风化冲刷，防止边坡崩解、塌落，挡墙不受侧应力，砌护高度可以很高，常用片石或挂网喷浆构筑或其他文档式挡墙，矿山采场边坡，为保护遇水膨胀的矿物，常采用挂网。若专门用于防止松散和松裂土岩倾倒、坍塌和小型滑坡时可采用浆砌石重力式直背墙和仰斜墙等砌石结构的重力挡墙。

各类挡墙都有自己特殊的结构设计计算要求，可参照有关规范和专著。

2. 抗滑桩加固工程

抗滑桩是穿过滑坡体深入于滑床的桩柱，用于支挡滑体的滑动力，起稳定边坡的作用。抗滑桩从埋入情况分类有全埋式和半埋式（悬臂桩门）；从布置形式分类，有密排桩和互相分离的单排及多排桩。抗滑桩适用于浅层及中层滑坡的前缘，当采用重力式支挡式挡墙时，工程量大，不经济，或施工开挖滑坡前缘时，易引起滑坡体剧烈滑动的工区。抗滑桩对于非塑滑坡十分有效，特别是两种岩层间夹有薄层塑性滑动层，效果最为明显；抗滑桩对于塑性滑坡，效果不好，尤其是呈塑流状滑坡体，不宜使用。抗滑桩断面应根据作用在桩背上的下滑力大小、施工要求、土石性质和水文条件等来确定，通常采用 1.5m×2.0m 及 2.0m×3.0m 两种截面。例如，海州露天煤矿采场边坡都用过钻孔抗滑桩。

3. 削坡和反压填土工程

削坡主要用于防止中小规模的土质滑坡和岩质斜坡崩塌。削坡可减缓坡度，减小滑坡体体积，从而减小下滑力。滑坡体可以分为主滑部分和阻滑部分。主滑部分一般是滑坡体的后部，它产生下滑力；阻滑部分即滑坡体前端的支撑部分，它产生抗滑阻力。所以削坡的对象是主滑部分，如果对阻滑部分进行削坡反而有利于滑坡。当高而陡的岩质斜坡受节理缝隙切割，比较破碎，有可能崩塌坠石时，可剥除危岩、削缓坡顶部。当斜坡高度较大时，削坡常分级留出平台，台阶高度参照介绍滑体稳定极限高度图解法来确定。

反压填土是在滑坡体前面的阻滑部分堆土加载，以增加抗滑力。填土可筑成抗滑土堤，土要分层夯实，外露坡面应干砌片石或种植草皮，堤内侧要修渗沟，土堤和老土间修隔渗层，填土时不能堵住原来的地下水出口，要先做好地下水引排工程。

4. 护坡工程

护坡工程是为了保护边坡、防止风化、碎石崩落、崩塌、浅层小滑坡等，而在坡面上采取的各种加固工程，它比削坡节省投工、速度快，常见的护坡工程有植物护坡、勾缝、抹面、捶面、喷浆、喷锚、干砌片石、混凝土砌块、浆砌石、抛石等。

此外，还有一些其他护坡工程，如混凝土护坡（适于坡度小于 1∶1）、钢筋混凝土护坡（适于坡度 1∶0.5～1∶1）和格状框条护坡等。其中，格状框条护坡即用预制构件在现场拼装或现场直接浇制混凝土和钢筋混凝土，修成大型格网状砌块式建筑物，格内可进行植被防护的方法，在特殊情况下也可采用。

5. 滑动带加固措施

即采用机械的或物理化学的方法，提高滑动带强度，防止沿软弱夹层的滑坡。加固方法有普通灌浆法、化学灌浆法、石灰加固法和焙烧法等。

普通灌浆法采用由水泥、黏土等普通材料制成的浆液，用机械方法灌浆。为较好地充填固结滑动带，对出露的软弱滑动带，可以撬挖掏空，并用高压气水冲洗清除，也可钻孔至滑动面，在孔内用炸药爆破，以增大滑动带和滑床岩主体的裂隙度，然后填入混凝土，或借助一定的压力把浆液灌入裂缝。这种方法既可以增大坡体的抗滑能力，又可防渗阻水。

化学灌浆法采用各种高分子化学材料配制成浆液，借助一定的压力把浆液灌入钻孔。浆液充满裂隙后不仅可增加滑动带强度，还可以防渗阻水。化学灌浆法比较省工，目前常采用的化学灌浆材料有水玻璃、铬木素、丙凝、氰凝、尿醛树醋、丙强等。

石灰加固法是根据阳离子的扩散效应，由溶液中的阳离子交换出土体中的阳离子而使土体稳定。具体方法是在滑坡地区均匀布置一些钻孔，钻孔要达到滑动面下一定深度，将孔内水抽干，加入生石灰小块达到滑动带以上，填实后加水，然后用土填满钻孔。

焙烧法是利用导洞焙烧滑坡前滑动带的沙黏土，使之形成地下"挡墙"，从而防止滑坡。沙黏土用煤焙烧后可增加抗剪强度和抗水性，另外，地下水也可自被烧土的裂隙流人导洞而排出。导洞开挖在滑动面下 0.5～1m 处，导洞的平面布置最好呈曲线或折线，以使焙烧土体呈拱形。

6. 落石防护工程

为防止悬崖和陡坡上的危石对坡下的交通设施、房屋建筑及人身安全产生伤害，常采用防落石棚、挡墙加拦石栅、囊式栅栏、利用树木的落石网和金属网覆盖等工程防止落石。

防治各种块体运动，固定边坡，首先要判明块体运动的类型和影响边坡不稳定的主导因素，才能综合防治，达到预期效果。否则，治理不仅不能固坡，反而会促进边坡破坏。例如，大型滑坡在滑动前，滑坡体前部往往出现岩土松弛滑塌，如果当作崩塌而进行削坡，削去部分抗滑体，减了抗滑力，反而促进了滑坡发育，但如果把崩塌当作滑坡，只在坡脚修挡墙，而墙上的坡体仍继续崩塌。因此，边坡固定要综合分析、判明原因，才能选择适宜措施，并设计施工。

二、排土场植被建植

露天煤矿在开采过程中，将煤层以上的土层和岩层全部作为剥离物弃去，产生了新的人工堆垫土-排土场。排土场按排土场位置区分为内部排土场和外部排土场。按运输排土方法可分为汽车-推土机、铁路-电铲（排土犁、推土机、前装机、铲运机等），带式输送机-推土机，以及水力运输排土等。按排土场地形条件和排土堆置顺序又可分为山坡形和平原形排土场、单台阶堆置、水平分层覆盖式堆置、倾斜分层压坡脚式堆置等类型，见表5.3。

排土场生态恢复与重建的时间根据排土堆置工艺不同，分两种情况：在排土堆置的同时进行生态重建，或一些实行内排土的矿土作业，待结束一个台阶或一个单独排土场后，便可以进行生态重建。

由于排土场边坡不稳定，平台中岩石多，土壤较少，不适宜直接种植，一般首先需要在排土场边坡得到稳定、水土流失得到控制、排土场安全得到保障后，再进行土壤改良，建立腐殖质含量较多的肥沃土壤层，然后才可以在排土场平台及边坡上进行植物种植。

表 5.3　排土场分类特征

分类标准	排土场分类	排土方法和堆置顺序
按排土场位置区分	内部排土场	排土场设置在已采完的采空区
	外部排土场	排土场设置在采场境界以外
按堆置顺序区分	单台阶排土	单台阶一次排土高度较大，由近向远堆置
	多台阶覆盖式	由下而上倾斜分层覆盖，留有安全平台
	多台阶压坡脚式	由上而下倾斜分层，逐层降低标高，反压坡脚
按排土机械运输方式区分	铁路运输排土场	按转排物料的机械类型区分：排土型排土、电铲排土、推土机排土、前装机排土、铲运机排土、索斗铲排土等
	汽车运输排土场	按岩土物料的排弃方式区分：边缘式-汽车直接向排土场边缘卸载，或距边沿 3～5m 卸载，由推土机排弃和平场场地式-汽车在排土平台上顺序卸载，堆置完一个分层后再用推土机平整场地
	带式输送机-排土机排土场	采用带式排土机排弃，按排土方式和排土台阶的形成可分：上排和下排；扇形排和矩形排土
	水力运输排土场	采用水力运输、铁路运输和轮胎式车辆运输岩土到排土场，再用水力排弃
	无运输排土场	采用推土机、前装机、机械铲、索斗铲和排土桥等直接将剥离岩土排卸到采空区或排土场；工艺简单，效率高，成本低。多数适用于内部排土场

（一）水土保持工程措施

对排土场边坡进行必要的水土保持措施，以保证排土场的稳定性。排土场边坡的稳定化处理包括放坡、拉阶段、设石挡和回水沟、表面覆盖（种植或化学处理）。排土场边坡的稳定措施见表5.4。

表 5.4　排土场边坡的稳定措施

边坡状态	边坡倾角	必要的防护措施
平缓	4°～5°	营造水土保持林，灌木，种草
缓坡	6°～10°	建造防水的石挡和回水沟，种草皮（多年生草），绿化
斜坡	11°～20°	绿化，拉阶段，设石挡和回水沟
陡坡	20°～40°	拉阶段，设石挡，雨水道，整平，草地成片铺装，化学加固，格网式整平种草

鱼鳞坑、水平阶、反坡梯田等其他的常规工程技术在较陡坡面施工较为困难，而且往往存在隐患。目前，推广土石混排坡面，加大表层土量，覆土后立即种植。对于一些高陡的边坡需要减缓坡度使高陡边坡形成多台阶缓边坡，以利于耕作。根据立地条件，为防止坡面沟蚀、泻溜、坡面泥石流等，从坡顶到坡角分别配置牧草带、草灌乔混交带、密灌木带生物防护体系，如图 5.1 所示。

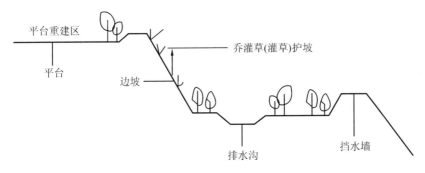

图 5.1　排土场边坡生物防护体系

（二）土壤改良

目前采用的排土场表面土壤改良方法有以下两种。

1. 覆盖土壤层

在排土场结束作业后，即覆盖土壤，因地制宜就近运输覆土造田，有条件的矿山最好将剥离的表土进行分运分堆，以便做后期覆土用。覆土的厚度以矿山条件及底层岩土性质和可利用程度而定，一般覆盖土层厚度 0.1～0.6m，既可以植树种草，也可以用于农业耕种。有了垦殖层（肥沃层）之后就不难选择合适的植物品种。但是在重建初期不宜深耕，以免把贫瘠的岩石翻上来。在排土场平台生态重建中，还可采用其他的覆盖物质，如草木灰、泥炭、可利用的污水和洗选场的废料等。

如果在重建初期实行坑栽，可先在岩石中挖坑培土施肥，然后再栽植。种植后第一年应加强田间管理（水肥），使植物成活生根。

2. 生物土壤改良

在排土场平台上不覆盖土层，采用直接种植绿肥植物，利用微生物活化剂、施有机肥以及用化学法中和酸碱性的土壤，以达到改良土壤的作用。例如，广泛分布于矿区的第四纪砂质黏土和黄土中氮、磷缺乏，但具有团粒结构，含有大量的钾，具有良好的溶水性、透水性，无需施肥便可种植绿肥植物。绿肥作物根系发达，主根入土深度达 2～3m，根部具有根瘤菌，根系腐烂后还对土壤有胶结和团聚作用，有助于改善土壤结构和肥力。此外，绿肥植物耐酸碱、抗逆性好，生命力强，能在贫瘠的土层上达到高产。目前矿区采用的绿肥作物主要有草木樨、紫花苜蓿、三叶草等。

种植多年生的草本植物可以加速腐殖质层的形成，如在砂岩排土场种植草本植物，4～5 年后便可形成 5～10cm 的腐殖质层。

微生物法是利用菌肥或微生物活化剂改善土壤和作物的生长营养条件，它能迅速熟化土壤、固定空气中的氮素、促进作物对养分的吸收、分泌激素刺激作物的根系发育、抑制有害微生物的活动等。国外利用生物治理、改良土壤的方法还有生物活性剂、微生物和蚯蚓等形成肥沃土壤层。

此外，还可以采用合理的轮作倒茬和耕作改土，加快土壤熟化和增加土壤的肥力。例如，豆科作物与粮棉作物轮作、绿肥作物与农作物轮作、施有机肥等。据有关资料显示，采用豆科植物与禾本科植物轮作，有较好的改良效果。

（三）植被恢复技术

露天煤矿排土场的生态重建一般指采用穴植和播种的方法在平台和边坡上建植植被。穴植法又分带土球栽植、客土造林、春整春种、秋整春种等几种栽植方法。带土球栽植即实生苗带着原来的生植土种植；客土造林即每穴中都换成适于植物生存的土壤后种植树种；春整春种即春季造林时整地与植苗同时进行，造林时间宜早不宜迟；秋整春种是指造林前一年秋季提前整地，翌年春季造林。

排土场边坡植物的种植方法还有水力播种、铺设草皮等。水力播种即在水力播种机的储箱内装满草籽，加肥料和水混合搅拌后喷洒在边坡上。水力播种的草籽质量低，容易遭受水蚀、风蚀使尚未扎根的草籽被搬运到边坡的下部。为了克服播种质量差，且容易受风、水侵蚀的影响，可在混合料中拌入锯末。水力播种适用于坡度较陡、不利于人工操作的边坡。水力播种施工简单，容易机械化操作，但在国内应用不多。铺设草皮即在边坡上覆盖类似地毯一样的草皮。这两种方法在原苏联得到广泛使用。

目前，排土场植物的配置模式有草、草-灌、草-灌-乔几种。例如，安太堡露天煤矿、准格尔露天煤矿在平台上种植经济作物，在边坡上进行立体化搭配，上坡草、中坡草灌、下坡灌乔。

根据排土场条件的差异，我国露天矿排土场生态重建类型可分为以下 3 种。

（1）含基岩和坚硬岩石较多的排土场的生态重建

这类排土场需要覆盖垦殖土才适宜于种植农作物和林草。在缺乏土源时，可以利用矿区内的废弃物如岩屑、尾矿、炉渣、粉煤灰、污泥、垃圾等作充填物料，充填后种植抗逆性强的先锋树种。

（2）含有地表土及风化岩石排土场的生态重建

这类排土场经过平整后可以直接进行植物种植。我国金属矿山多位于山地丘陵地带，含表土较少，又难以采集到覆盖土壤，但可以充分利用岩石中的肥效，平整后直接种植抗逆性强的、速生的林草种类，并在种植初期加强管理，一般可达到理想的效果。

（3）表土覆盖较厚的矿区排土场的生态重建

直接取土覆盖排土场，用于农林种植。表土覆盖的厚度视重建目标而定，用于农业时，一般覆土厚度为 0.5m 以上，用于林业时，覆土 0.3m 以上，用于牧业时覆土厚度为 0.2m 以上。平台可以种植林草，也可以在加强培肥的前提下种植农作物，边坡进行林草护坡。

安太堡露天煤矿根据黄土高原区黄土资源丰富的特点（黄土在其剥离物排土场中占 40％），采用不保留表土而直接在排土场上覆盖深层黄土，通过合理的培肥和熟化措施，使黄土的生产力在短期内接近原表土肥力（表 5.5）；因地势营造平台、梯田、斜坡地；在排土末期采用堆状地面的排土工艺，避免因地表压实而造成大量地表径流，从而诱发滑坡、坡面泥石流的发生。自 1987 年以来，先后引进 60 余种植物，筛选出 34 种植物，其中草类 6 种，有沙打旺、红豆草、紫花苜蓿、白花草木樨、黄花草木樨、无芒雀麦；灌木 8 种，如沙棘、枸杞、柠条锦鸡儿等；乔木 20 种，如油松、樟子松、刺槐、新疆杨、合作杨、小黑杨、旱柳等。平台种植作物有土豆、谷子、莜麦、玉米、胡麻等，单产与当地农田相似。边坡不覆土、客土种植改变传统的以草为主的模式，进行草、灌、乔立体化配置，形成上坡草，中坡灌，下坡灌乔的格局。

表 5.5　种植牧草 4 年排土场黄土母质的改良效果

土地类型	有机质/(g/kg)	全氮/(g/kg)	速效磷/(mg/kg)	细菌/(个/g土)	真菌/(个/g土)	放线菌/(个/g土)
废弃地	3.2	0.26	3.93	0.45×10^3	4×10^2	—
重建地	6.4~7.2	0.28~0.54	5.24~11.75	1.05×10^7	3.43×10^2	3.49×10^2
原耕地	6.0~10.0	0.50~0.75	3~10	—	—	—

地处黄土丘陵区的赤峰元宝山矿区，直接在堆状排土场上采用移土盆栽和实地引种的方法，筛选出抗逆性强、耐贫瘠的牧草沙打旺及改良土壤效果好的草木樨。在起伏不平的上排土段建立乔、灌、草林网草地；在含腐殖质和有机质较高的下排土段，营造速生杨，密度为 3 m×4m，林间种沙打旺，形成林网草地。现已取得显著的效益，土壤养分状况改善，植被盖度提高，牧草产量为天然草地的数倍，见表 5.6。

表 5.6　不同排土段人工草地的产量变化

废弃地类型	草地类型	1990 年 盖度/%	单产/(t/hm²)	1991 年 盖度/%	单产/(t/hm²)	1992 年 盖度/%	单产/(t/hm²)
上层排土段	草木樨＋沙打旺人工草地	90	3.66	95	3.78	85	5.79
下层排土段	沙打旺人工草地	—	—	85	5.63	95	12.20
自然恢复	三芒草＋隐子草＋1 年生杂草	23	0.48	34	0.83	45	1.12

三、矸石山植被建植

煤矸石聚煤盆地煤层沉积过程的产物，是成煤物质与其他物质相结合而成的可燃性矿石。从狭义上讲，将煤炭开采带出来的碳质泥岩、碳质砂岩称为煤矸石。从广义上讲，煤矸石是煤矿建井和生产过程中排出来的一种混杂岩体，它包括煤矿在井巷掘进时排出的矸石、露天煤矿开采时剥离的矸石和洗选加工过程中排出的矸石。煤矸石在颗粒构成上，粒度大至数 10 cm 粒径的块石，小至黏粒乃至胶粒；在物质成分上，软、硬岩混杂，残留一定量的煤，富含有机组分和易挥发的可燃硫分等，其灰分一般为 60%～90%。煤矸石中常见的矿物成分有石英、长石、黏土矿物、白云岩及石灰石等碳酸盐类矿物、黄铁矿等，其相对含量与煤系地层的沉积环境、岩层组合及岩性等因素有关。煤矸石是无机质和少量有机质的混合物。其化学成分主要是 SiO_2、Al_2O_3 和 C，其次是 Fe_2O_3、CaO、MgO、Na_2O、K_2O、SO_3、P_2O_5、N 和 H 等。此外，还常含有少量 Ti、V、Co 和 Ca 等金属元素和微量的重金属元素，其中 SiO_2 和 Al_2O_3 占有相当高的比例。

裸露矸石的特点是水性差、空隙大、土质稳定性差、在降水时容易水流失、植物难以生长、并且在短期内难以自行风化。大量煤矸石的长期堆放，不仅压占土地，而且外观丑陋，粉尘大，严重破坏生态环境，影响矿区及周边群众的生产和生活。

（一）矸石山理化性质与肥力状况

1. 机械组成

煤矸石可在短期内风化，但残积的风化层仅 10cm 左右，只有在坡角或淤积处才比较厚。矸石山的坡面一般表面 10cm 左右为灰黑色颗粒状的风化层，下层为未风化的矸石块，而且局部变异很大。风化层的机械组成包括石、砾、沙、粉沙及更细的粒级。一般沙及细沙（<1mm）占 10% 左右。如堆积时间长，岩性为泥质的可达到 20%～40%。一般只要沙以下的颗粒占 10%，植物就可生长。风化层下部为未风化矸石，也有些细颗粒（基本上不是风化产生的），而且石、砾含量变异很大。自燃后的矸石山，风化层是半燃烧的矸石块。

煤矸石的矿物组成复杂，但主要属于沉积岩。煤矸石中常见的矿物有：铝土类矿物、碳酸盐类矿物、铝土矿、黄铁矿、石英、云母、长石、炭质和植物化石，其中黏土类矿物主要有高岭石类、水云母类、蒙脱石类、绿泥石类，高岭石类和水云母类最为普遍。钙质碳酸盐类矿物主要是方解石和白云石。铝土矿包括硬水铝石、一水软铝矿和三水铝矿。黄铁矿易氧化成硫酸盐并放出热量。石英在煤矸石中以多种形态存在，有 α 石英、燧石、蛋白石、硅化炭粒、玉髓等。

煤矸石的化学成分是由无机质和少量有机质组成的混合物。无机质中主要包括矿物质和水。构成矿物质成分的元素多达数十种，一般以硅铝为主要成分。

SiO_2 和 Al_2O_3 的平均含量一般分别为 $40\%\sim60\%$ 和 $15\%\sim30\%$，砂岩矸石的 SiO_2 含量可高达 70%，铝质岩矸石的 Al_2O_3 可达 40% 以上。另外，含有数量不等的 Fe_2O_3、CaO、MgO、SO_3、K_2O、Na_2O、P_2O_5 等无机物以及微量的稀有金属，如钛、钒、钴等。所含碱金属中，一般 K 的含量大于 Na。

矸石中的有机质主要包括 C、H、O、N、S 等，它随含煤量的增高而增高。C 是有机质组成中的重要成分，也是燃烧时产生热量的最重要的元素。H 也是有机质中的重要元素，燃烧时产生的热量约为 C 的 4.2 倍。矸石中的 S 分为有机硫和无机硫两部分。前者是成煤植物带来的硫，分布均匀，较难分离出；后者主要以硫化物（FeS_2）或硫酸盐（$CaSO_4 \cdot 2H_2O$、$FeSO_4 \cdot 4H_2O$）的形式存在。

2. 水分状况

矸石风化物比土壤颗粒粗得多，水分运行有其特殊的规律，易渗透，不易蒸发。矸石中的泥岩类成分水浸后崩解、粉碎，并随水淋移，形成一托水层，使下渗的水分不会很快渗入深层，故矸石山浅层含有一定的重力水可供植物利用。

在长期干旱季节，矸石山浅层提供植物利用的水分不比黄土少，有时多于黄土。矸石风化物和黄土的水分状况比较见表5.7。

表5.7 矸石山风化物和黄土的水分特性

项目	黄土	矸石风化物
萎蔫系数/%	4.5	3.6
田间持水量/%	20.4	10.4
有效水容纳量/%	15.9	6.8
蒸发量之比	1.32	1.0
渗透速度之比	0.44	1.0
容重/（g/cm³）	1.4	1.7
孔隙度/%	47.2	26.1

据山西农业大学研究，矸石堆风化层的含水量与颗粒度有关，粒度越细，含水量越高。风化层下部粒度与含水量相关性较差。山西农业大学对阳泉矿区矸石风化物与黄土的水分特性的对比测定结果见表5.8。

表5.8 矸石风化物与黄土的水分特性对比

项目	最大吸湿水/%	萎蔫系数/%	田间持水量/%	有效水容纳量/%	容重/（g/cm³）	孔隙度/%
黄土	3.5	4.5	20.4	15.9	1.4	47.2
矸石风化土	2.4	3.6	10.4	6.8	1.7	26.1

矸石风化物有效水容纳量比黄土低 9.1%，是因为矸石风化物田间持水量低所致。但矸石风化物上所种的植物耐旱程度优于黄土，原因是矸石风化物毛管孔隙少蒸发仅使表层（2～3cm）干燥，而下层水分不易蒸发。

3. 酸碱度

矸石风化后 pH 为 7 左右，呈中性。但酸碱性随风化程度、自燃产生的 SO_2、H_2S 等（可使 pH 减小）、灌溉和降水（可使酸度减小）等因素的变化而变化。

新的矸石山风化物的 pH 为 7 左右。但矸石风化物的 pH 会受到风化程度以及矸石山自燃状况的影响。矸石自燃产生的 SO_2、H_2S 等常会使风化层局部变酸，严重时 pH 为 5 左右，尤其是下半部分矸石，局部可达 3.5。植物生长与风化物酸度有密切关系。在山西矸石山上生长的植物多在微酸性到中性处，酸性到强酸性的风化层多不生长植物，因此生态重建比较困难。

4. 肥力状况

矸石可在短期内风化，风化壳可达 10cm 厚。矸石堆的剖面一般是：地表 10cm 左右为灰黑色颗粒状的风化壳，下层为未风化的矸石块，而且局部变异大。据对鹤岗矿区的调查，矸石从地下开采排到地面以后受到风吹、日晒、雨淋和矸石自燃及菌解作用，经过 7~8 年的时间，风化成土，初步具备植物生长的条件。矸石风化物的一般土壤学特征包括风化物的机械组成和风化物的肥力状况两方面内容。

风化物的机械组成。包括石、砾、砂、粉砂及更细的粒级。一般砂及细砂（粒径 1mm 以下的颗粒）占 10% 左右，堆积年长或岩相为泥质的矸石风化物可达 20%~40%。

风化物的肥力状况。从对煤矸石与一般土壤中营养元素和有毒元素的对比研究发现，风化矸石的营养元素与有毒元素含量随岩石的沉积年代、沉积环境、成因及地区的不同也存在着差异，但都具有植物生长所需要的多种营养元素（表 5.9），而所含速效养分一般较贫乏（表 5.10）。矸石所含污染元素和黄土相似，此类元素不易为水所浸提，所以也不会污染植物。

表 5.9　煤矸石与土壤中营养元素、有毒元素的对比

土类	大量元素/%			微量元素/(mg/L)				有毒元素/(mg/L)				
	N	P	K	Fe	B	Cu	Zn	As	Cr	Pb	Hg	Cd
矸石	0.21	0.054	0.83	159	53.8	53.6	39.1	2.6	6.28	20.3	0.52	3.1
土壤	0.0144	0.1246	0.2265	3.263	0.25	24.83	111.76	6.0	100	10	—	0.06

表 5.10　矸石风化物和黄土营养含量

项目	黄土（母质）	矸石风化物
全氮/%	0.028	0.24
全磷/%	0.05	0.05
全钾/%	1.8	1.5
有效氮/（mg/100g）	5.9	14.0
有效磷/（mg/kg）	3.6	2.7
有效钾/（mg/kg）	85.2	48.2
代换量/（me/100g）	12.15	8.16

5. 地表温度

煤矸石风化物为灰黑色，比浅色的黄土地增温快，一般在下午可比黄土高4℃左右。因此，在夏季高温时，矸石山地表温度可达40～50℃，会使植物幼苗烧死。所以，矸石及矸石风化层通气、透水性能好，有一定的保水能力，但地表高温、养分贫瘠，特别是自燃后的矸石强酸高盐，给植被恢复带来了极大的困难。

6. 理化特性

(1) 易风化特性

煤矸石风化为在其上面覆土种植或直接种植创造了条件。煤矸石的风化程度取决于其所处的环境条件、矸石矿物与化学组成成分、堆积方式等，在矸石上复垦种植也可加速矸石的风化过程。

矸石是顺着裂缝沿炭化层开始风化的，在此过程中，干燥和温润是最重要的因素。潮湿的煤矸石在冷热交替的环境下会加速风化。当煤矸石暴露在地表时，将首先发生物理风化。物理风化主要是由光照、气温变化及水解作用引起的。在发生物理风化的同时也有化学风化发生，化学风化开始是由大气、水引起，后来产生的酸碱盐又加速了化学风化的程度。一般说来，煤矸石的风化开始以物理风化为主，后来主要是化学风化。经过物理风化和化学风化的矸石，其粒度、颜色、酸碱性、物理力学特性（容重、孔隙率、渗透性等）都会发生不同程度的变化。

(2) 自燃特性

煤矸石堆积日久易引起自燃。煤矸石的自燃机理是：在煤矸石内含有硫铁矿是其自燃的主要因素；煤矸石内含有水分和接触氧气是其自燃的必要条件；煤矸石堆内含有大量的碳元素等可燃物质是矸石自燃的物质基础。煤矸石自燃，上述条件缺一不可。

根据煤矸石的发火机理，人们已提出了各种矸石山灭火方法，如挖掘熄灭法、表面密封法、注浆法、燃烧控制法，这些方法的基本原理是：降温、清除燃料和断绝氧气，考虑到复垦的需要，注浆法灭火不宜选用石灰乳，可用泥浆替代。

对于不同矿物组成或化学组成的矸石，还具有一些特殊的性质。例如，黏土岩矸石遇水膨胀特性，风化、自燃后呈酸性矸石的腐蚀特性等，在矸石复垦、利用时，都需进行专门的考虑。

风化矸石吸热性主要取决于其颜色、湿度和地面有无覆盖物的状况。散热性主要与其所含水分的蒸发、大气相对湿度、太阳辐射等有关。水分越多，大气相对湿度越低，蒸发越强烈，散热越快，降温越快。

(二) 酸化煤矸石山的治理技术

煤矸石中普遍含硫（主要以黄铁矿（FeS_2）形成赋存）量高，露天堆放与空气和水接触后易于发生氧化反应，使 pH 降低。酸性不仅限制植物生长，而且能提高重金属离子的溶解度，从而提高其毒性。因此，煤矸石山的酸化现象严重损害其立地条件，影响植被恢复，而且酸性物质通过水和空气等进行扩散，也严重影响周围生态环境，破坏植物生长基质。

目前，治理酸化煤矸石山的方法主要有覆盖法、中和法和植被法，然而，最好方法是避免用黄铁矿废弃料作为最后覆盖的填筑材料。黄铁矿废弃物应通过有规划的取样，随机在实验室确定其潜在酸度，也就是黄铁矿废弃物产生酸的能力的测定。有许多方法可以确定废弃物中黄铁矿的含量，其中一种常用的方法是依据与硝酸部分氧化来断定。甚至少量的黄铁矿（0.5％）也会造成酸化问题，废弃物中黄铁矿的含量超过0.5％，无论在哪里都应拒绝使用。

采用包括设置障碍物将黄铁矿与氧和水隔绝，或使用本身需氧的材料，如污水中的淤泥等多种方法也可以处理黄铁矿氧化造成的酸化效应，其中，最普通的也是最适用的方法是使用石灰与酸进行中和，这种方法的关键在于确定所需要石灰的数量，要全面考虑进行中和时树木根部区域预期深度内所需要的石灰量。例如，对于一堆黄铁矿含量为1％、厚度为15cm的废弃物，每公顷需要40t的石灰来中和黄铁矿潜在的酸度。如果希望树木根扎到100cm深度，黄铁矿含量仍为1％，这意味着每公顷需要石灰250t以上，仅仅计算中和表面酸性的石灰的数量是不够的。另外，每公顷施石灰超过100t将会导致废弃堆中钙、镁比例不平衡，会影响磷的吸收。

（三）整地处理、改良及加速煤矸石风化技术

矸石山一般堆成山状，为了利于种植，需要对矸石山进行整地。矸石山整地的方式主要有穴坑整地和梯田整地。穴坑整地是按一定的种植密度，定点挖穴，穴的规格一般为穴径50cm，穴深25～30 cm，这样有利于蓄水保墒，提高缓苗率和成活率。梯田整地可分为水平梯田整地和倾斜梯田整地。因倾斜梯田耐侵蚀且蓄水保墒能力强，所以多采用倾斜梯田整地方式。

矸石山坡面一般有细沟、浅沟侵蚀，但如果有外部的集水，就会产生严重的沟蚀，甚至塌方、滑坡。因此，要采取水保措施，同时要考虑是否要降低坡度。

目前加速煤矸石风化的技术措施主要有以下几种：①改变矸石所处的环境。例如，使矸石经常处于干湿交替状态等。②无覆土细菌生物法快速复垦。此法实质是播撒一种含高百分比有机质的混合物质，如褐煤、秸秆和普通氮、磷、钾肥的混合物，用来增加矸石中微生物的数量，加速矸石的腐蚀分解过程。③对矸石作表面处理。例如，用城市污泥、河泥、垃圾等对矸石表面进行处理，从而加速微生物的繁衍，加速风化过程。④种植豆科、禾本科牧草。根据在阳泉露天铝矿的试验，种植3年牧草，使土壤有机质累积量迅速提高，使土壤微生物的数量增加了成千上万倍。土壤其他理化特性随之变好（林大仪，2002）。

（四）覆土技术

在种植植物之前，根据矸石山表面风化程度的高低，应采取适当的覆土措施。按覆盖黄土的厚度不同，覆盖措施可分为不覆土直接种植、薄覆盖、厚覆盖几种类型。对风化程度好的矸石山，有 10cm 厚的风化层，中沙粒以下的细粒（包括沙砾）占总颗粒的 10％～20％，大石块不多，未风化的面积不大或仅在坡的下部，这种情况可以提供植物生存所需的立地条件，所以可直接种植。对于风化程度稍好，表现为矸石山表面酸度过大，含盐量高，表层温度过高时，需要覆盖薄层土 2～5cm 后，才能进行种植。对于没风化或风化程度极低的矸石山，即矸石山表面全为不易风化的白矸，大块的岩石不能保肥、保水，必须覆盖 50cm 以上才能种植。

常见覆土与不覆土整地形式如图 5.2 和图 5.3 所示。图 5.3（c）中的隔离层

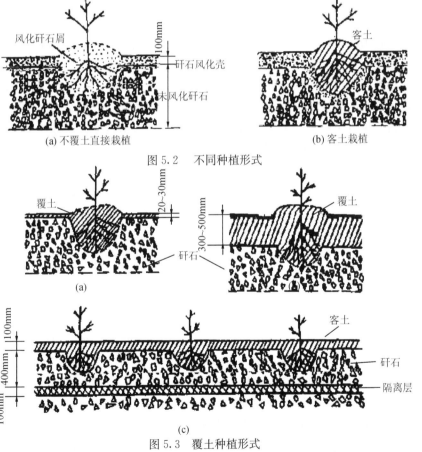

(a) 不覆土直接栽植　　　　　　　　(b) 客土栽植

图 5.2　不同种植形式

(a)

(c)

图 5.3　覆土种植形式

（a）薄覆盖；（b）厚覆盖；（c）覆盖加隔离层

可根据需要设置,用黏土、碱性物料或其他物料均可。如果为防止漏水,可用黏土作为隔水层,起保水保肥的作用;若为防止酸害,可用碱性物料作为隔离层。

　　覆土与不覆土种植方法的选择取决于技术和经济两方面的因素。一般认为:在土源丰富、覆土费用不高的情况下,以覆土种植较好。据淮北、阳泉、开滦等地的试验,作物产量随覆土厚度的增加而增加,且存在一个最佳覆土厚度问题,因为覆土厚度增加至一定值,再增加覆土厚度,作物产量不再增加或增加缓慢,而覆土费用是随覆土厚度增加而增加的。

　　覆土与不覆土相比,虽然覆土费用较高,但种植管理要容易得多,施肥量可适当少些。故切不可忽视种植后的施肥与管理,因为施肥与管理不当,会导致种植后土壤条件恶化,因而影响复垦的长期效果。据赵景逵、周树理、张春霞等的研究,重金属的富集程度一定程度上取决于植物种类,与土壤厚度没有密切关系。

(五) 植被建植与管理技术

　　煤矸石山的植被恢复技术是提高矸石山复垦绿化、植被恢复效率的关键。植被恢复和生态重建应坚持两个原则:①循序渐进的原则。由于在矸石地上恢复植被受多种因素制约,所以必须分阶段、分步骤、有目的地进行。②工程措施与生物措施相结合的原则。必须借助人工整地、覆土等工程手段和利用微生物、固氮植物改良土壤等生物手段来加快植被恢复进程,确保植被建设取得效果。

　　1. 矸石山植物种类的选择

　　矸石山生态重建的主要途径是植树种草,以绿化为重建方向,极少情况下用于农业,这是因为矸石的保水、保肥性能差。所以,矸石山植被建设的根本目是改善矿区的环境,辅之以经济效益。用于农业生产时,首先要对酸性的矸石山进行中和处理,再全场覆土 50cm 以上。实践证明,应根据矸石山立地条件及当地的自然条件,选择耐干旱、耐贫瘠、萌发强、生长快的林草种类,并尽量选择乡土树种。

　　2. 播种栽植技术

　　播种对复垦种植牧草尤为重要,播种技术主要包括播种量、播种时间和播种方式的确定。播种量取决于单位面积希望发生的牧草植物株数、单位重量平均种子的粒数、种子的纯度、发芽率、播种方式等。播种时间要根据当地的气候条件和植物的生物学特性来确定。常规的播种方法有条播、点播和撒播。为提高劳动效率,保证发芽率和草种尽快发芽,国外采用水力喷洒法复垦矸石排放场,效果很好,其具体做法是将草种与城市污水辅以生物肥料混合,借助喷洒机械播种。

　　栽植技术对复垦造林尤为重要。树苗栽植时可采取提前挖坑、客土栽植的方法。一般可提前一年或半年挖坑,促进坑内矸石风化,将坑外的碎石、石粉填入坑内，将坑内的未风化矸石捡出，利于蓄水保墒，提高植株成活率。客土栽植可采取苗木带土球定植的方式，可缓和根系对新环境中不良因子的影响，从而提高成活率并使苗木健壮生长。

在栽培时间上，有春整春种和秋整春种两种。实践证明，秋整春种利于保墒蓄水，可提高造林的成活率，是行之有效的方法。鹤岗矿区矸石山植被少、解冻早和地温回升快，栽植时间以比当地山地造林时间提前 20～25d 为宜。

在种植方式上，针对不同的植物种，采用不同的种植方式。对落叶乔、灌木采用少量的配土栽植，对常绿树种采用带土球移植；对花草等草本植物采用蘸泥浆或拌土撒播。有些落叶乔、灌木如火炬树、刺槐等，在种植前还可采用短截、强剪或截干的措施促使其生长。

3. 管理技术

风化矸石由于缺乏微生物和腐殖质，没有经过生物富积过程，所以肥力状况不良，因此利用矸石复垦种植必须采取有效的施肥和种植管理措施。

一般说来，施肥应考虑复垦土壤养分的有效性、所种植物对养分的要求、肥料对土壤性质的影响、施肥成本、是否需要连年施肥、水利条件等因素。

在植物所需的各种营养元素中，氮素是矸石中最为贫乏的元素之一。这是由于矸石缺乏微生物，不能使含氮化合物转化为植物可利用的形态，所以施用氮肥是一项有效的"起步"措施。结合种植可以使土壤有机质含量不断提高，从而增加土壤微生物的数量，使养分循环得以进行。一般认为，种植豆科植物是提高土壤氮素水平和肥力水平的最有效的生物措施。

除施肥外，种植管理技术还包括灌溉、定期定位观察、覆盖保苗等措施。对造林来说，还应经常扶正、培土、踏实。

（六）矸石山植被恢复效果

实践证明矸石山生态重建，只要措施得当，可以取得满意的效果。例如，开滦矿务局范各庄南排矸场生态重建时，对占矸石场 71.87% 的矸石进行中和，方法是在矸石场上撒 CaO 和 $CaCO_3$ 并翻耕，然后全面覆土。覆土厚度：种植农作物时大于 50cm，植树时大于 30cm，种草时大于 10cm。种植的刺槐、臭椿、火炬树、铁扫帚、苏丹草等树木和牧草生长良好，大豆、西红柿单产与当地农田基本持平。

神府大柳塔煤矿边排矸边重建，将矸石场平整后，覆盖 15cm 的红泥以防矸石自燃，然后再覆沙层 1.2 m，种植了沙蒿、杨树、樟子松等树种，成活率达 95% 以上。

淮南矿务局在大通矿南矸石山（软质岩）种植了麻栎、侧柏、刺槐和榆树。栽植时，挖穴（50cm×50cm×40cm），回填客土，每穴填土量 0.1m³，株行距

1.5m×1.5m；若不回填客土，则要在根部蘸足泥浆后再栽，栽后浇水。在潘一矿（硬质岩）重建时，挖大穴（1m×1m×1m），每穴填土 0.8m³，栽后初期每两天浇1次水。

淮北矿务局朔里煤矿矸石山主要由砂岩、页岩、石灰岩组成，全氮、全磷、全钾和水解氮、速效磷、速效钾含量超出全国养分含量五级标准，有机质含量平均 3.47%，采用不覆土直接造林，种植了臭椿、苦楝、火炬树、杨树和刺槐，成活率高达 97%～100%。

鹤岗矿务局在平整后矸石山上采用穴状整地，密度为 4404～5550 穴/hm²，穴径 50 cm，穴深 25～30cm，达到蓄水保墒、提高造林缓苗率和成活率的目的。整地时间为秋整春种，利于保墒，穴内含水量可达 8.4% 以上。将风化的岩石粉作为植生土。选择当地耐干旱、贫瘠的兴安落叶松、樟子松、垂柳、小黑杨、加杨树种，采用了窄缝栽植、明穴栽植、蘸浆窄缝栽植 3 种种植方法造林，结果显示，将苗木根系蘸浆后，窄缝栽植效果较根系未经处理的窄缝栽植及明穴栽植要好，见表 5.11。原因是蘸浆窄缝栽植可以避免大面积的破坏穴面，减少穴内的水分蒸发，提高苗木的成活率和生物量。

表 5.11　不同种植方法植苗的成活率和生长状况对照

树种	窄缝栽植			明穴栽植			蘸浆窄缝栽植		
	成活率/%	平均高生长/cm	平均径生长/cm	成活率/%	平均高生长/cm	平均径生长/cm	成活率/%	平均高生长/cm	平均径生长/cm
落叶松	73.9	12.0	0.25	—	—	—	93.2	11.8	0.4
樟子松	72.2	9.0	0.2	—	—	—	98.3	10.6	0.35
加杨	—	—	—	85.2	10.0	0.21	—	—	—
垂旱柳	—	—	—	97.7	16.0	0.3	—	—	—
小黑杨	—	—	—	70.2	15.0	0.2	—	—	—

山东新汶矿务局将矸石山按 15°螺旋线造成小梯田，梯田的宽度为 1.5m。不采用填土措施，挖穴直接造林，造林密度为 1.5m×1.5m。造林的主要树种为臭椿、火炬树、紫穗槐、刺槐等。一般采用 2 年生苗不截干栽植。为防止水土流失，在矸石山上部种草或栽植灌木，中下部造林植树。

山西阳泉矿务局在矸石山上覆盖黄土和城市污泥，秋季挖穴，第二年春季带土球移栽或在穴中填土后栽植。经过多年的试验表明，沙打旺、红豆草、紫花苜蓿、黄花苜蓿、达乌里胡枝子、沙生冰草、苇状羊茅和无芒雀麦是适合矸石山上推广的优良牧草品种；刺槐、榆树、臭椿、杜松、侧柏等是适合矸石山绿化的先锋树种；一些灌木如花木兰、桃叶卫矛、榆叶梅等也可正常生长。

福建翠屏山煤矿矸石山的生态重建，采取挖穴客土和容器客土，选择了适宜石质环境、耐干旱瘠薄、抗高温、抗酸毒、丛生生长快的石珍茅、鬼针草、艾蒿、山油麻、盐肤木等植物，采用种子直播（灌木和草本）和苗木移植（乔木）造林，效果良好，现覆盖率达 70％以上。

四、塌陷地植被建植

根据各矿区塌陷地的性质及稳定程度，可对塌陷地进行分类。根据塌陷地的性质分为非积水塌陷干旱地、塌陷沼泽地、季节性积水塌陷地、常年浅积水塌陷地和常年深积水塌陷地。根据塌陷地的稳定程度分为稳定塌陷地和不稳定塌陷地。

（一）非积水塌陷干旱地

非积水塌陷干旱地的特点是一般不积水，地形起伏大，地表高低不平，但土层并未发生较大的改变，土壤养分状况变化不大，只是耕作极其不便，造成大面积的作物减产。只要采取工程措施修复整平，并改进水利条件，即可恢复土地原有的实用价值。使大面积塌陷干旱地回归为良田，不但经济效益显著，而且改善了矿区的生态环境。另外，此类塌陷地及积水塌陷区的边坡地带，还可采用修整土地的方法，改造成梯田或坡地，重建成保水保土、农果相间的陆地农田生态系统。梯田的水平宽度和梯坎的高度应根据地面坡度的陡缓、土层的厚度、工程量大小、种植作物种类、耕作机械化的程度等因素综合考虑。坡地田面坡度的大小和坡向，要以不冲不淤为原则，根据原始坡度的大小、灌溉条件、土地用途及排洪蓄水能力来确定。

非积水塌陷干旱地，根据工程措施的不同又可分为以下 3 种。

1. 矸石充填

利用矸石作为塌陷区的充填材料，矸石充填分 3 种情况：①新排矸石充填。是利用矿井排矸系统，将新产生的矸石直接排入塌陷区，推平后覆土。②预排矸石充填。是在建井过程和生产初期，在采区的上方地表预计要发生下沉的地区，将表土取出堆放在四周，按预计下沉的等值线图，用生产排矸设备预先排放矸石，待到下沉停止，矸石充填到预定的水平后，再将堆放四周的表土平推到矸石层上覆土成田。③老矸石山充填。是利用老矸石充填塌陷区。矸石充填后，可覆土作为农林种植用地。

2. 粉煤灰充填

将坑口电厂粉煤灰充填于塌陷区，用于林草种植。其方法是利用管道将电厂粉煤灰用水力输送到塌陷区储灰场，待粉煤灰达到设计的标高后停止冲灰，将水排净，覆盖表土，表土厚度一般 0.5 m 以上，即可进行农林种植；在缺乏土源的地方，可选择合适的作物或林草种类直接种植。对氟含量较高的粉煤灰充填土地应尽量种植不参加食物链循环的林木。例如，柳树、榆树、杨树、灌木柳等树种，既起到防风滞尘、调节气候等作用，又可以提供木材和林副产品。

3. 其他物充填

靠近河、湖的矿区，可利用河、湖淤泥充填塌陷区。具体方法是先将矿井废弃物或其他固体废弃物排入塌陷区底部，取河湖的泥土，通过管道水运充填到废石上，待泥干后用推土机整平，种植林草。

（二）塌陷沼泽地

塌陷沼泽地主要分布于地势平坦、排水不畅的平原地区。土壤出现潜育化、沼泽化和次生盐碱化现象，既不宜发展农林业生产，也不宜进行水产养殖，开发难度大。

（三）季节性积水塌陷地

季节性积水塌陷地的特点是在塌陷区内，由于局部地块塌陷，使地面较周围地表低，土壤结构不同程度地发生了变化，湿雨季节变湿成沼泽状，干旱季节成板结状。主要采用挖深垫浅的工程措施，即将塌陷下沉较大的土地挖深，用来养鱼、栽藕或蓄水灌溉，用挖出的泥土垫高下沉较小的土地，使其形成水田或旱地后，可种植农作物或果树。

（四）常年浅积水塌陷地

常年浅积水塌陷地较季节性积水塌陷地的下沉深度大，一般在 0.5～3m，积水深度为 0.5～2.5m，极易造成作物的绝产，导致土地生产结构的突变，若不进行挖深补浅很难耕种养殖。这类塌陷地在地下水位较高处，即使沉陷量不大，也常造成终年积水的状况，而周围的农作物则是雨季沥涝，旱季泛碱。由于水浅不能养鱼，地涝不能耕种，形成大片荒芜的景象。因此，主要采用挖深垫浅的工程措施，即将较深的塌陷区再挖深使其适合养鱼、栽藕或其他水产养殖，形成精养鱼塘；然后用挖出的泥土垫到浅的沉陷区使地势抬高成为水田或旱地，建造林带或发展林果业。

（五）常年深积水塌陷地

常年深积水塌陷地主要分布在大中型矿的采空区，下沉深度一般均在 3m 以上，最深达 12～15 m。其特点是地表下沉至地下水位以下，形成不规则的地下水域，有的与河道相通，形成塌陷人工湖或小水库。此类塌陷地水质较好，水量充足，是发展渔业的理想场地。虽不适宜于发展农业，但适宜于水产养殖或进行旅游、自来水净化厂和污水处理厂、拦蓄水库、水族馆等综合开发。

（六）不稳定塌陷地

不稳定塌陷地是指新矿区开采引起塌陷或老矿区的采空区重复塌陷而造成的塌陷地。其类型包括非积水塌陷干旱地和塌陷沼泽地，也包括季节性积水塌陷地和常年积水塌陷地。此类塌陷地的植被重建要因地制宜，采用因势利导的自然利用模式。对不稳定的塌陷干旱地，有针对性地整地还耕，修建简易型水利设施和排灌工程，灵活机动随机利用，避免土地的长期闲置。对季节性积水不稳定塌陷地，因其水位常变，以发展浅水种植为主，也可因势利导开挖鱼塘养鱼，四周垫地，种优质牧草作鱼禽饲料。对无水塌陷的坡地排水降渍，平整还耕，种植粮食和经济作物等。对浅积水不稳定塌陷地发展浅水种植如芦苇、莲藕、茭白、水芹等水生作物。

五、粉煤灰场植被建植

根据实际调查，燃煤电厂一般每一万千瓦装机容量每年要排放粉煤灰 1.0 万 m^3，矸石电厂排灰量的比例要比燃煤电厂大 1 倍。因此，进行大量电厂储灰场的土地复垦任务艰巨。但是，电厂储灰场复垦种植的作物品种及复垦效果与粉煤灰的理化特性密切相关。

（一）粉煤灰的理化特性

粉煤灰类似砂壤土，其组成结构以砂粒和粉粒为主，含有一定的黏粒，平均粒径 0.069mm，不均匀系数为 6.4，属级配不良型。比重、容重较小，但孔隙比和孔隙率都很大。因此粉煤灰结构松散，透气性好，田间持水量小，淋溶性能强，易干旱。

粉煤灰的矿物组成主要为玻璃体，占 50%～80%。所含晶体矿物主要有莫来石（$3Al_2O_3 \cdot 2SiO_2$）、石英（SiO_2）等，此外还有少量未燃尽碳，主要是 SiO_2、Al_2O_3、Fe_2O_3、CaO、MgO 等，以 SiO_2、Al_2O_3 为主，占 70% 以上。

（二）粉煤灰的肥力状况

粉煤灰的肥力状况同适种的土壤相比，其差异主要表现为①粉煤灰缺少有机质和氮肥，而含磷、含钾较高，所以在施肥时，要重视有机肥，配合使用无机氮肥，避免使用碱性肥。②土壤渗透系数大，田间保水性差。所以灌溉时应避免冲灌、漫灌，按照作物需水量要求保持灰田含水量。③灰田在气温高时吸热性强，气温低时散热快，所以在夏季气温高，日照时间长的情况下，灰田作物幼苗应采取相应措施防止株苗灼伤死亡，冬天应防止作物受冻。④灰田 pH 一般较高，若要种植蔬菜、粮食作物，一般必须将 pH 控制在 9 以下，对 pH 在 9 以上的灰场可以种植一些耐碱树木、草类植物。⑤部分高微量元素（如高硼、高氟）灰场应注意优选作物品种，防止有毒元素进入食物链。

（三）粉煤灰场植被建植

粉煤灰场植被建植可分为无覆盖种植和盖土种植两种方式。

1. 无覆盖种植

无覆盖种植就是在灰场上不盖土，直接种植作物。粉煤灰场能直接种植是因为这种人工土基本具备了作物生长的基本条件，并能使气、水、肥等外界因素相协调。根据对粉煤灰的化学组成分析知：粉煤灰与土壤中的 SiO_2、Al_2O 含量大致相似，颗粒直径也接近。只要施肥适当，采取适当的灌溉方式，并注意灰田 pH 及热状况的特殊性，就能保证作物正常生长，并保证土壤肥力得到不断提高。

灰田既可种植树、草类，也可种植蔬菜、粮食等作物。江苏徐塘、韩庄发电厂粉煤灰场多年来采用无覆盖复垦种植过小麦、玉米、黄豆、山芋、花生、大白菜、黄瓜、番茄、辣椒、萝卜、葡萄、红花、太子参等粮食作物和蔬菜，其中的 Cd、Pb、Hg、As、Cr 这 5 种有害元素含量与国家蔬菜、食品卫生标准和国家粮食卫生标准的对照结果表明：除花生果实中的 Cr 略有超标外，其余均未超标。且随种植年限的增加，灰田肥力逐步得到提高，作物产量逐年增加，其中种植的白菜每亩产 8000kg，西红柿 3681kg，萝卜 2796kg，茄子 3948kg，黄瓜 3924kg，辣椒 2232kg，玉米 200kg，黄豆为 125kg，均达到当地中等和高产水平。陕西秦岭电厂研究无覆盖灰场上生长小冠花喂羊，7 个月后解剖观察的结果表明：无显著病变，肝、肾中有一定量的 Cd、Pb、Cr，但均未超标，羊奶中未检出重金属，肉、奶均可食用。

粉煤灰场无覆土种植何种作物，必须因地制宜，按照不同的灰场类型，选择适宜的蔬菜、树木、草类等。例如，坑口电厂灰场水分含量充足，可种植蔬菜，山谷堆高型灰场，无灌溉条件，土层含水量低，只宜种些灌木等。

2. 盖土种植

覆土后，土壤的细颗粒和土中的养分带到灰田，有效地改善了灰田的热状况、水分和养分状况，提高了灰田的肥力，有助于幼苗成活和作物生长，有利于改善粉煤灰田的保肥、保墒作用。

根据徐州、淮北等地的实践，在其他条件相同的情况下，复垦种植初期覆土比不覆土产量高，覆土厚度少于 25cm 时，产量随覆土厚度减少而锐减，当覆土厚度大于 25cm 时，增产效果不显著。覆土越厚，覆土土方量越大，人力、财力、物力消耗也相应增大，故提倡无覆土种植，当土源丰富，覆土投资又小于不覆土时的粉煤灰改良费用时，采取覆土种植是经济合理的。

淮北矿务局林业处在塌陷区灰场上种植树木积累了许多成功的经验。他们在灰田上覆盖厚黄土，营造了刺槐、柳树、杨树和楝树等林子，还利用灰田覆土建起了松树苗圃。经过多年实践证明：在粉煤灰上造林，以柳树、杨树、刺槐为好，楝树次之，表现速生、适应性强；林木在灰田环境中吸收有毒元素的能力较强；粉煤灰覆土而形成的立地条件十分适宜于植树造林，但由于复垦土地水肥供应能力较差，种植时，一方面应选用抗旱、抗盐碱、耐贫瘠的速生品种；另一方面应加强土壤水肥管理，以提高林木生产量。

3. 粉煤灰场复垦种植的关键问题

1）灌溉。一般灌溉量不宜过大，提倡少量多次，以防止肥水流失和作物缺氧造成根部腐烂或土壤水分不足。

2）施肥。灰田一般都呈碱性，应施用酸性肥料。灰田有机质含量极少，所以应重视有机肥施用并配入一定量的无机肥。施肥量的多少，要根据实际情况和耕作年限而定，一般随耕作年限的增加，微生物的数量也不断增多，灰田肥力也不断提高。另外，灰田漏肥严重，施肥应采取少量多次的方法，并与适当的灌溉相结合。

3）作物品种的选择。作物品种的选择取决于灰场的类型，灰田营养元素和有毒元素的含量状况以及灌排、施肥等农业技术水平。

4）覆土与不覆土的选择。从技术上说，两种复垦方法均可顺利实施，两者的选择主要取决于经济合理性。除覆土与不覆土两种方法外，对穴植的林木、果树等植物可选用带土移栽的方法。

5）防止灰田板结。因粉煤灰是电厂生产过程中排放的残灰，经除尘器收集后以 $1:10\sim1:20$ 的灰水比排入到储灰场的，其灰水温度为 $30\sim32℃$，粉煤灰的主要成分 SiO_2、Al_2O_3 和 CaO，在水热条件下可反应生成含水硅酸钙、铝酸钙、硫铝酸钙等，这是一种很好的胶凝材料，易造成灰田板结，影响作物的正常生长。为解决和防止灰田板结，在灰田上种植作物应保持一定的水分，注意灌水方式和防止过量；灰田种植前必须翻耕，同时根据作物不同生育期对灰田进行疏松。

第六节　小　　结

煤矿废弃地是一种特殊的立地条件，主要存在以下突出的环境问题。煤矿废弃物普遍偏酸，这与黄铁矿氧化有关，或与硫酸铁有关。硫酸铁是煤矿废弃物中最常见的组成成分，当这种矿物暴露后，与空气和水接触，就会被氧化，废弃物的 pH 可能会降到 2 以下，这会对废弃地植被恢复造成灾难性影响。一些废弃堆，可溶盐的含量较大。若这些地方的蒸发量大于降水量，这些盐就会被带到地面表层，积累下来。严重的盐化也不利于植被恢复。煤矿废弃地通常缺乏表层土，缺乏宏观营养。尽管在煤矿废弃堆中有适中的氮含量，但很少能被植物有效吸收。煤矿废弃堆的坡度一般都大于35°，这一坡度通常是不稳定的、已侵蚀的、难于耕作的。故必须通过压实、覆土等处理，排除其中的空气，减少自燃的危险，才能创造有利于植被恢复的环境条件。因此，针对在煤矿废弃地植被恢复过程中普遍因稳定性差、基质中含有大量有毒有害物质、结构性差等，存在造林困难很大，造林成活率、保存率不高的问题，根据煤矿废弃地类型特点，选用露天采场和排土场的复垦技术、生态农业复垦技术、生物复垦技术及微生物复垦技术，以及包括疏干法、挖深垫浅法、充填复垦、生态工程复垦等采煤塌陷地的土地复垦技术进行土地复垦。按照适地适树原则，选择适宜的植物品种。因地制宜对废弃地进行土地复垦和物理、生物与化学措施的土壤改良，并积极应用和推广煤矿废弃地植被恢复中已有的研究成果，进行造林工程技术措施、苗木培育技术措施、保护苗木技术措施、节水技术措施等现有技术的优化整合和组装配套、科学规划、高标准整地、选用高效配置模式配置、规范化栽植、集约化管理，是提高造林成活率和保存率、加速困难立地植被恢复的有效途径。

　　植物种的选择是煤矿废弃地植被恢复与生态重建过程中的重要环节。煤矸石山养分贫瘠、土壤酸碱性极端、持水能力差、重金属污染等使植被恢复受到严重影响，因此，选择适宜的植物种、构建合理的植物群落是植被恢复成功的重要因素。植物种选择应遵循以下原则：生态适应性；先锋性；相似性；抗逆性；多样性；特异性。植物有各自的特点，煤矸石山的立地类型各异，应根据煤矸石山不同的立地条件选择植物种，如阴坡和阳坡、坡上和坡下应选择不同的植物种。应优先考虑根系发达、耐贫瘠、耐干旱的乔灌树种，并认为刺槐、国槐、火炬树、臭椿、侧柏、丁香、榆叶梅等是煤矸石山绿化优选的树种。

　　科学栽植是煤矿废弃地植被恢复与生态重建过程中的关键环节之一。目前植物栽植技术主要有覆土绿化技术和抗旱栽植技术。其中，覆土绿化技术是在煤矸石山表面或种植穴内覆盖一定厚度的土壤、粉煤灰、污泥等，这种方法已在部分矿区进行了成功实验。覆土绿化技术对于改善煤矸石山的土壤环境有较大作用，植被恢复效果较好，造林成活率较高。抗旱栽植技术包括：保水剂技术、覆盖保水技术、容器苗造林技术和 ABT 生根粉技术等。

　　抚育管理是植物栽培工作中非常重要的技术环节，俗语有"三分栽植，七分管理"，尤其是在全球气候多变、极端天气多发的情况下，对恢复植被的养护管理更加重要。煤矿废弃地造林养护管理的目的是通过对林地植被的管理与保护，为植被的成活、生长、繁殖、更新创造良好的环境条件，使之迅速成林。依据煤矿废弃地立地条件、生态植被恢复的目标，煤矿废弃地植被养护管理技术主要应做好土壤管理（灌溉、施肥等）、植被管理（平茬、修枝等）、植被保护（防止病虫害、火灾和防止人畜对植被的破坏等）工作。一般在种植后的第一年需要较高强度的管理，如灌溉、追肥、植被的抚育等，以后的管理强度可以逐年降低，第三、四年可以让其自然生长，以促进其建立起稳定的自行维持生态系统。

参 考 文 献

安永兴，梁明武，赵平. 2012. 煤矸石山综合治理技术模式与实践. 中国水土保持科学，10 (1)：98-102.

白雪松. 2014. 煤矿矿山植被恢复技术. 防护林科技，(4)：118-119.

杜永吉，张成梁. 2009. 煤矸石山耐高温植被恢复种筛选研究. 林业科技，34 (3)：16-18.

杜忠义. 2010. 黄土高原露天矿排土场生态重建探讨. 环境与可持续发展，(1)：44-47.

樊金拴. 2006. 中国北方煤矸石堆积地生态环境特征与植被建设研究. 北京：北京林业大学博士学位论文.

樊金拴，霍锋，左俊杰. 2006. 煤矿矸石山植被恢复的初步研究. 西北林学院学报，21 (3)：7-10.

高雁鹏，石平，魏欣茹. 2013. 工业废弃地的植物修复演替过程研究. 北方园艺，(12)：78-81.

胡振琪. 2010. 山西省煤矿区土地复垦与生态重建的机遇和挑战. 山西农业科学，38 (1)：42-45.

蒋文琼，王翠文，孙炳南. 2009. 矸石山绿化造林恢复生物多样性效应的研究. 海河水利，(10)：32-33.

李一为，杨文姬，赵方莹，等. 2010. 矿业废弃地植被恢复研究. 中国矿业，19 (1)：58-60.

林大仪. 2002. 土壤学. 北京：中国林业出版社.

刘明忠，刘青柏. 2014. 矿业废弃地植被恢复研究概述. 防护林科技，(1)：56-58.

刘青柏，刘明国，周广柱，等. 2005. 阜新地区煤矿排土场植被恢复的研究. 辽宁林业科技，(3)：22，38.

王百田，贺康宁，史常青，等. 2004. 节水抗旱造林. 北京：中国林业出版社.

温利春，王笑峰，杨中波，等. 2009. 矸石山水土保持植物种优选研究. 黑龙江水专学报，36 (3)：64-67.

徐慧，张银龙. 2009. 重金属污染废弃地修复植物种类的筛选与评价. 污染防治技术，22 (1)：44-48，55.

张成才，陈奇伯，张先平. 2008. 北方煤矸石山生态修复植物筛选初报. 黑龙江农业科学，(5)：96-98.

张春霞，郝明德，王旭刚，等. 2003. 黄土高原沟壑区小流域土壤养分分布特征. 水土保持研究，10 (1)：78-80.

赵景逵，吕能慧，李德中. 1990. 煤矸石的复垦种植. 煤炭转化，(2)：1-5.

赵平，王晓军. 2011. 煤矸石山植被生态恢复机械化施工技术的探索——以山西中部某自燃矸石山植被生态恢复工程为例. 林业机械与木工设备，39 (1)：23-26.

周凤艳，郝春英，张白习，等. 2011. 不同植被类型对沙地土壤理化性质的影响. 辽宁林业科技，(3)：12-14.

周树理，赵庆明，冷国友，等. 1994. 煤矸石复垦地肥力的研究. 冶金矿山设计与建设，(4)：53-55.

左俊杰，樊金拴. 2009. 三里洞矸石废弃地人工植被群落构建初探. 环境科学与技术，4 (4)：145-148.

Bishop A W. 1973. Stability of tips and spoil heaps. Quarterly Journal of Engineering Geology, (6)：335-336.

Dutta R K，Agrawal M. 2001. Impact of plantations of exotic species on heavy metal concentrations of mine spoils. Indian Journal of Forestry, 24 (3) 292-296.

Omasa K，Saji H，Youssefian S，et al. 2002. Air Pollution and Plant Biotechnology Prospects for Phytomonitoring and Phytoremediation. Tokyo：Springer Verlag.

Schat H，Llugany M. 2000. Metalspicific patterns of tolerance, uptake, and transport of heavy metals in hyperaccumulating and non-hyperaccumulating metallophytes// Terry N B G V J. Phytoremediation of Contaminated Soil and Water. Florida：Lew is Publishers：171-188.

第六章　煤矿固体废弃物综合利用

能源是人类赖以生存和发展的基础。人类目前消耗的主要能源是由地壳内动植物遗体经过漫长地质年代转化形成的矿物燃料（即化石燃料，包括煤、石油、天然气等），但这些矿物燃料同时也是造成环境污染的主要来源。综合利用煤炭的采挖及燃煤发电过程中所产生的大量矿石、煤矸石、炉渣、粉煤灰等固体废物，既可以减少对这些宝贵而又有限的能源的消耗，还可以减轻对环境的危害和污染。

固体废物综合利用主要包括建材利用、农业利用、化工利用以及固体废物能的利用等方面。以下主要介绍煤炭产业排放的固体废弃物煤矸石和粉煤灰的综合利用情况。

第一节　煤矸石的组成、性质与分类

煤矸石是煤炭生产、加工过程中产生的固体废物，是煤的共生资源，为成煤过程中与煤伴生、灰分含量通常大于50%、发热量一般在35～83 MJ/kg 范围内的一种碳质岩石。一般属于沉积岩，是多种矿岩组成的混合物。从狭义上讲，煤矸石是煤炭开采出来时夹带出来的碳质泥岩、碳质砂岩；从广义上讲，煤矸石是煤矿建井和生产过程中排出来的一种混杂岩体，它包括煤矿在井巷掘进时排出来的矸石、露天煤矿开采时剥离的矸石和洗选加工过程中排出的矸石。

我国煤炭年产量约 10×10^9 t，居世界第一位。按照国内目前的煤矿生产条件，煤炭开采过程中的矸石排放量为原煤的 10%～20%；煤炭洗选加工过程中矸石排放量为原煤入洗量的 15%～20%。据不完全统计，目前全国历年累计堆放的煤矸石总积存量约 7.0×10^{10} t，占用土地约 2.0×10^4 hm²，而且堆积量每年还以 $1.5 \times 10^9 \sim 2.0 \times 10^9$ t 的速度增加，我国近 10 年煤矸石的排放量走势如图 6.1 所示。目前国内煤矸石的综合利用率尚不到15%，约 3×10^6 t，余下煤矸石多采用圆锥式或沟谷倾倒

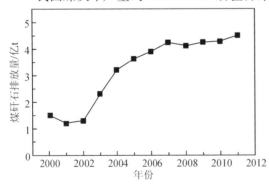

图 6.1　我国近十年煤矸石排放量

式自然松散地堆放在矿井四周。

一、煤矸石的组成

一般来说，煤矸石是由碳质页岩、碳质砂岩、砂岩、页岩、黏土等岩石组成的混合物，结构致密，呈黑色，自燃后结构疏松，呈浅红色。由于组成煤矸石的岩石种类不同，其矿物组成也很复杂，主要有黏土矿物（高岭石、伊利石、蒙脱石、勃母石等）、石英、方解石、硫铁矿及碳质。煤矸石中的石英、长石、黏土矿物、白云岩及石灰石等碳酸盐类矿物、黄铁矿等相对含量与煤系地层的沉积环境、岩层组合及岩性等因素有关。煤矸石中主要矿物见表 6.1。

表 6.1　煤矸石中主要矿物

矿物种类	矿物名称	化学式	说明
硅酸盐矿物	石英	SiO_2	砂岩主要矿物
	长石类：正长石	$KAlO_3$	
	闪石类：普通角闪石	$(Ca、Na)_2(Mg、Fe^{2+}、Al、Fe^{3+})_5[(Al、Si)_2O_{11}]_2$	
	辉石类：普通辉石	$Ca(Mg、Fe、Al)[(Si、Al)_2O_6]$	
黏土矿物	高岭土类：高岭石	$Al_4(SiO_{10})(OH)_2$	黏土岩主要矿物
	膨润土类：蒙脱石	$(Al、Mg)(Si_4O_{10})(OH)_2 \cdot nH_2O$	
	水云母类：水白云母	$(K、Al_2)(AlSi_3O_{10})(OH)_2 \cdot 2H_2O$	
碳酸盐矿物	方解石	$CaCO_3$	石灰石主要矿物
	白云石	$(Ca、Mg)(CaCO_3)_2$	
	菱铁矿	$FeCO_3$	
硫化物	黄铁矿	FeS_2	
	白铁矿	FeS_2	
铝土矿	一水硬铝矿	$Al_2O_3 \cdot H_2O$	铝质岩主要矿物
	一水软铝矿	$Al(OH)$	
	三水铝矿	$Al(OH)_3$	
其他矿物	石膏	$CaSO_4 \cdot 2H_2O$	
	磷灰石	$Ca(PO_4)_3(F、Cl)$	
	金红石	TiO_2	

从物质成分上看，煤矸石软、硬岩混杂，残留一定量的煤，富含有机组分和易挥发的可燃硫分等，其灰分一般为 60%～90%；从颗粒构成上看，煤矸石粒度大至数 10cm 粒径的块石，小至 0.1mm 以下的细小颗粒，并普遍含有胶体成分。粒度分布的级配一般较差，存在以下级配缺陷：①粗大颗粒含量过高而细小颗粒含量过低，粒径大于 5mm 的颗粒含量在 60% 以上，粒径小于 0.1mm 的颗粒含量在 5% 以下，粒度分布极为不均匀；② 不同程度存在某些粒组的分布不连续问题，其中 0.5～2.0mm 范围的粒组分布不连续比较明显。

煤矸石的化学组成是评价矸石特性、决定矸石利用途径的重要依据。通常所指的化学成分是煤矸石煅烧所产生的灰渣的化学成分,一般由无机化合物(矿岩)转变成的氧化物,尚有部分烧失量。从化学组成上看,煤矸石是由无机质和少量有机质组成的混合物。构成我国煤矸石的主要化学成分为 SiO_2、Al_2O_3,另外含有数量不等的 Fe_2O_3、CaO、MgO、SO_3、K_2O、Na_2O 等无机物以及微量的稀有元素 Ti、V、Co 等。SiO_2 的含量一般在 $40\%\sim60\%$,但也有极少数达到 80% 以上。Al_2O_3 含量波动在 $15\%\sim30\%$,但在高岭土和铝质岩为主的煤矸石中可达 40% 以上。矸石中 CaO 含量一般都很低,只有少数煤矿的矸石可为石灰石利用,Fe_2O_3 含量绝大部分$<10\%$。煤矸石的化学组成见表 6.2。

表 6.2　煤矸石的化学组成

成分	SiO_2	Al_2O_3	Fe_2O_3	CaO	MgO	Na_2O	K_2O	TiO_2	P_2O_5	C
含量/%	30~65	15~40	2~10	1~4	1~3	1~2	1~2	0.5~4	0.05~0.3	20~30

煤矸石的化学成分极不稳定,不同地区的煤矸石化学成分变化较大,但不同地区所产煤矸石的基本化学组成仍为 SiO_2、Al_2O_3、Fe_2O_3、CaO、MgO、TiO_2、K_2O 等。其中 SiO_2 和 Al_2O_3 是煤矸石中的主要组分,SiO_2 含量为 $40\%\sim70\%$,Al_2O_3 含量为 $13\%\sim40\%$,二者的总量可达 $60\%\sim90\%$。但是,煤矸石在堆存过程中,会发生自燃现象,其中的挥发分和碳质燃烧,会使其无机成分含量增高。自燃煤矸石中 SiO_2 含量一般高于 50%,Al_2O_3 含量一般高于 17%,见表 6.3。

表 6.3　不同地区煤矸石的化学元素组成　　　　　　单位:%

矸石状态	煤矿	Al_2O_3	SiO_2	Fe_2O_3	CaO	MgO	TiO_2	K_2O	Na_2O	LOI[①]
新鲜煤矸石	云南 峨山	27.51	55.19	2.79	0.47	0.64	0.82	3.13	0.19	9.26
	陕西地区	38.12	45.20	0.18	0.20	0.12	0.14	0.11	0.11	15.82
	内蒙古 准格尔	37.56	45.55	0.23	0.44	0.43	0.37	0.21	0.16	15.30
	山西 阳泉	39.05	44.78	0.45	0.66	0.44	0.05	0.15	0.10	14.32
	内蒙古 大青山	37.62	46.35	0.53	0.33	0.09	0.98	0.08	0.03	13.99
	陕西 铜川	37.43	44.75	0.99	0.07	0.15	1.43	0.56	0.08	14.54
	山西 霍州	27.37	49.09	1.95	1.79	0.13	—			
	山西 石圪节	42.40	53.96	0.96	0.56	0.50	0.76	0.58	1.32	
	河南 平顶山	28.21	50.50	2.38	1.32	—	1.09	1.98	0.81	13.71
	山西 关帝	33.53	57.19	3.72	1.55	0.53	0.81	1.18		
	山东 滕南	18.65	53.32	3.60	0.90	0.30	—	1.33	1.65	20.25
	辽宁 阜新	17.50	58.02	1.09	1.69	2.09	0.61	3.34	0.60	15.07
	山东 淄博	17.66	58.00	5.23	1.44	1.60	—	1.43	0.19	11.52
	山东 新汶	21.03	51.65	6.86	1.27	1.33	—	1.69	0.30	—
	云南 宣威	22.93	55.05	5.83	1.47	0.54	0.97	3.22	0.24	9.75

续表

矸石状态	煤矿	Al_2O_3	SiO_2	Fe_2O_3	CaO	MgO	TiO_2	K_2O	Na_2O	LOI[①]
新鲜煤矸石	山西 晋城	15.53	53.16	7.43	4.14	0.97	—	—	—	16.30
	内蒙古 赤峰	13.72	43.39	6.09	1.70	1.60	0.89	2.05	0.56	29.81
	河北 开滦	18.28	50.59	4.37	3.85	2.30	0.65	1.79	0.25	25.18
	美国 弗吉尼亚	14.61	47.23	11.94	4.55	1.68	—	—	—	11.50
	安徽 淮北	20.63	55.66	3.80	7.58	2.70	—	2.65	1.76	5.22
	黑龙江 七河台	2~10	30~40	10~15	10~45	1~4	—	—	—	—
自燃煤矸石	山东 孙村	18.78	61.94	6.92	2.21	1.51	—	—	—	2.54
	河南 鹤壁	25.15	59.7	4.25	0.69	0.31	1.04			
	河南 平顶山	21.44	61.76	8.10	0.85	1.02				
	重庆 酉阳	11.62	66.71	6.27	3.57	1.97	—	2.57	0.48	3.51
	山东 孙村	19.64	59.85	4.66	2.59	2.67				
	吉林 营城	17.27	66.33	5.00	1.15	0.75	0.56			
	辽宁 阜新	16.21	64.30	3.46	1.15	1.88	0.63	3.46	2.70	
	辽宁 铁法	16.27	69.98	3.07	1.26	1.02		3.09	3.28	
	辽宁 阜新	16.56	60.16	6.26	3.63	3.40				0.79
	陕西 铜川	31.1	55.19	2.94	1.31	0.75	1.12	1.13	0.07	5.94
	山西 太原	21.1	61.05	7.30	2.31	1.95	0.80	—	—	4.05

注：①LOI：烧失量，为 loss on ignition 的编写，代表"极限氧气指数"。②资料来源：郭彦霞等，2014。

　　杨建利等（2013a）按照中华人民共和国国家标准《煤灰成分分析方法》（GB/T1574—2007）对陕西澄合矿区煤矸石组分进行了分析，结果表明，陕西澄合矿区煤矸石的主要成分是 Al_2O_3（27.24%），SiO_2（59.05%），两者累计占脱碳后煤矸石化学成分总量的 70%~85%，而杂质中氧化铁含量较高，氧化镁含量则较低。另外，还含有数量不等的 Fe_2O_3（7.84%），CaO（1.5%），MgO（0.26%），Na_2O，K_2O，P_2O_5，SO_3 和微量稀有元素。

　　煤矸石的化学成分的种类和含量随矿岩的成分不同而变化，因此，可以用氧化物含量的大小来判断矸石中矿岩成分和矸石类型等。化学成分和煤矸石类型的关系见表 6.4。

表 6.4　化学成分和矸石类型的关系

主要化学成分	矸石的岩石类型
SiO_2 40%~70%，Al_2O_3 15%~30%	黏土岩矸石
SiO_2>70%	砂岩矸石
Al_2O_3>40%	铝质岩矸石
CaO>30%	钙质岩矸石

二、煤矸石的性质

(一) 物理性质

1. 可塑性

煤矸石中砂岩塑性较页岩差,所以煤矸石必须经过细碎后才有塑性,一些矿区混粉碎至 250 目筛余 2% 时,其可塑指标可达 2.8～3.0,相应含水率为 23%～25%,进一步细碎至 300 目筛余 2% 时,则塑性会更大。

可塑性是制砖原料上的一项重要工艺性能,它直接影响到砖的成型和干燥,对于煤矸石碎料的塑性指数,一般控制在中塑性为好,即 7～14。当塑性指数过高时,在保证成型的基础上,适当增加物料粒度,或者掺加一定数量塑性低的物料如粉煤灰、炉渣、砂等。如果塑性指数过低,应采取适当加强物料细度,掺加黏性材料以及用热水或蒸气搅拌来增加物料塑化,以满足成型和干燥的要求。

2. 黏度

随着煤矸石颗粒的比表面增大,矸石泥团基本可以塑性成型,泥浆黏度在 1.1 左右,黏度在 18～22s 时可用于注浆成型。

3. 真相对密度和硬度

含砂岩煤矸石的真相对密度和硬度较含页岩煤矸石的大,含页岩多的矸石硬度在 2～3,含砂岩多的矸石硬度在 4～5。混合矸石的真相对密度一般在 2.6 左右。

4. 收缩性

煤矸石塑性比较低,收缩性也就比较小,一般线收缩在 2.5%～3.0%。烧结后的线收缩在 2.2%～2.4%,相应吸水率在 17%～19%。

5. 烧结温度范围

煤矸石的烧结温度一般在 1050℃ 左右,900℃ 左右为一次膨胀,1120～1160℃ 收缩最小,温度继续上升至 1160℃ 以上时产生二次膨胀,由固相转为固液相或完全熔融。

6. 脱炭温度

煤矸石的脱炭温度一般总是低于最佳烧结温度,最佳脱炭温度常发生在 1000℃ 上下,最低脱炭时间为 200～250 min,在整个脱炭过程中,应保持氧化气氛。

7. 自然级配

煤矸石在开挖、运输和堆放过程中受到风化作用,颗粒大小不一,自然级配较好。从筛分实验结果来看,煤矸石粒径变化范围较大,颗粒不均匀,小颗粒含量大,级配情况与碎石土较为相似,是一种良好的路基填料;部分自然级配差,大颗粒所占比例较多的煤矸石不宜直接用作路基填料,可掺拌粉性土改良后使用。

（二）工程性质

1. 煤矸石的膨胀性及崩解性

岩土体的膨胀通常分成两种，一种是黏粒含量较高的土体，遇水后黏粒结合水膜增厚而引起的，称为粒间膨胀；另一种是岩土体中含有的黏土矿物遇水后，水进入到矿物的结晶格子层间而引起的。煤矸石的自然组成比较复杂，按岩性分一般以泥岩、炭质页岩为主，也包括砂岩、玄武岩、花岗岩、凝灰岩等。泥岩、炭质页岩遇水软化，发生崩解；其他几种煤矸石由成因和成分决定了其不具备发生第二种膨胀的可能性。马平等（1999）通过对炭质页岩、泥岩煤矸石粉样、岩块的自由膨胀率、无荷膨胀率、膨胀力试验，得到炭质页岩、泥岩煤矸石属弱膨胀性的结论。并将两种无裂隙煤矸石样，放入水中浸泡，计算崩解量。两种煤矸石在水中浸泡 30d，崩解量达到 30% 以上，则有较强崩解性。

2. 煤矸石的压缩性

压密固结程度对煤矸石工程性质的稳定性有直接影响，煤矸石的水稳性可通过充分的压密得到改善。所以，煤矸石工程利用对压密程度要求相对较高，不但要求结构的压实性，而且对防渗、防风化有一定要求。国外一些学者用不同类型煤矸石所作的现场模拟压密试验结果表明，煤矸石的可压密度与矸石粒度分布特征参数之间在量值上表现出很强的关联性，分布特征参数越大，煤矸石可压密的程度就越高。

由于煤矸石有与碎石土相近的级配，其压实特性主要由骨料中的细料以及细料对骨料空隙的充满程度决定，因此，适宜于使用以振动压路机振压为主，通过共振压实，有效减少煤矸石颗粒空隙，增大密实度，压实后承载力可满足路基要求。

3. 煤矸石的渗透性

煤矸石的渗透性与压密程度有关，充分的压密能大大减小煤矸石的渗透性，干容重大于 2.0g/cm³ 时，其渗透系数接近黏土渗透系数。

4. 煤矸石的水稳性

煤矸石空隙率小、结构致密、吸水性低，具有较好的透水性，自身保水性较低，利用煤矸石修筑路基具有抗冻性高、水稳定性好、分散能力强的缺点，因此用煤矸石填筑路基能有效防止基床翻浆。根据粒度分布缺点，煤矸石属于一种碎石类土，在工程性质上，煤矸石比一般的碎石类土相对较差，存在水稳性较差的缺点，主要反映在其强度条件和变形性对于含水量的变化有较强的敏感性。国内有关单位曾对级配良好的煤矸石进行压缩试验，浸水饱和后，煤矸石的压缩性增大，由低压缩性变为中压缩性；但随着上部压力的增大，其抗压缩的能力在逐渐提高，当上部压力达一定值后，基本上又为低压缩性土（司炳艳等，2005）。

5. 煤矸石的剪切强度

模拟现场的直剪试验条件和不同含水条件的试验证明，在相同含水量条件下，煤矸石的内摩擦角随密实程度的增大而增大，而内聚力却基本不变（司炳艳等，2005）。根据国内对煤矸石工程性质的研究，煤矸石虽然水稳性不好，有弱膨胀性及崩解性，但只要掺入一定比例的细颗粒，保证较好的排水、隔水条件，充分的压密，完全能保证路堤沉降及边坡的稳定性。

　　6. 煤矸石中的有害杂质

　　由于煤矸石中含有一定数量的氧化钙和硫化物，它们对煤矸石砖的质量影响很大。氧化钙吸水后膨胀，破坏砖的内部结构；硫化物容易腐蚀设备及影响砖制品强度。对于这些有害物质应采取尽量剔除、提高煤矸石的粉碎细度等措施加以解决。

（三）煤矸石的发热量

　　我国煤矸石的发热量多在 6300kJ/kg 以下，其中 3300～6300kJ/kg、1300～3300kJ/kg 和低于 1300kJ/kg 的 3 个级别各占 30%，高于 6300kJ/kg 的仅占 10%。各地煤矸石的热值差别很大。根据国家相关文件规定用于发电的煤矸石的热值应达到 5000kJ/kg 以上，这使得煤矸石作为燃料发电的推广受到限制。

　　据测定，煤矸石发热量 4500～12 550kJ/kg，煤泥发热量 8360～16 720kJ/kg，煤泥的水分 25%～70%。

　　各地煤矸石的成分、热值、重金属含量差别较大，应根据煤矸石的成分、性质选择科学合理的利用途径。煤矸石的热值以及合理利用途径见表 6.5。

表 6.5　煤矸石的热值以及合理利用途径

热值范围/(kJ/kg)	合理利用途径	说明
<2090	回填、修路、造地、制骨料	制骨料，以砂岩未燃矸石为宜
2090～4180	烧内燃砖	CaO 含量<5% 为宜
4180～6270	烧石灰	渣可作混合料和骨料
6270～8360	烧混合料，制骨料，生产水泥	用于小型沸腾炉供热
8360～10 450	烧混凝土，制骨料，生产水泥	用于小型沸腾炉供热

　　此外，热值在 4180kJ/kg 以上的煤矸石可以作为沸腾炉的燃料直接燃烧，用于矿区供热或发电。煤矸石发电，其常用燃料热值应在 12 550kJ/kg 以下，可采用循环流化床锅炉，产生的热量既可以发电，也可以用作采暖供热。混烧方式有煤矸石和煤泥浆、煤矸石和煤泥饼混烧。利用煤矸石进行发电，不仅有效地降低了环境污染，还取得了显著的经济效益。

（四）煤矸石的活性

　　运用化学分析、X 射线衍射、差热分析及电子显微镜等测试手段，对煤矸石的活性与其内部微观结构之间的关系进行了测试，分析结果表明，自燃煤矸石

（红矸）有较好的活性，未燃煤矸石（黑矸）没有活性，但经高温热力学处理，可以激发其潜在的活性。处理条件不同，煤矸石所表现出的活性也不同；活性是结构的属性，煤矸石产生活性的主要原因是其内部微观结构状态发生变化，颗粒表面粗糙、内部具有较多微小孔隙、呈蜂窝状结构的煤矸石有较高活性，而颗粒细碎、表面光洁的结构活性较差。内部微观结构的变化是煤矸石产生胶凝活性的主要原因。

活性的大小和煤矸石的物相组成以及处理方式等有关。研究表明，煤矸石中的黏土类矿物和云母类矿物的受热分解与玻璃化是煤矸石活性的主要来源。通过物理和化学等方法对煤矸石进行处理，使其中黏土类矿物的晶体结构分解破坏，变成无定型的非结晶体，使煤矸石具有活性。

一般认为，煤矸石活性的激发主要有 3 种途径。一是热激活，就是煅烧未自燃过的煤矸石，一方面通过煅烧除去其中的碳，另一方面可以使煤矸石中黏土质材料受热分解为具有活性的物质，从而激发其活性；二是物理激活，就是通过磨细煤矸石激发活性；三是化学激活，即通过一些化学激发剂激发煤矸石的潜在活性。

三、煤矸石分类

各地煤矸石成分复杂，物理化学性能各异，不同的煤矸石综合利用的途径对煤矸石的化学成分及物理化学特征要求也不一样。因此，按照中华人民共和国国家标准《煤矸石分类》（GB/T 29162—2012）进行科学、合理地煤矸石分类，对探索高附加值利用煤矸石技术途径，实现煤矸石按利用途径归类堆放和最大限度物尽其用，推动煤矸石资源化利用具有十分重要的意义。

对煤矸石的分类和命名不仅是煤矸石综合利用的基础工作，而且也是一项综合性较强的工作。煤矸石常见的分类依据有按来源分类、按自然存在状态分类、分级分类法以及按利用途径分类。

（一）按来源分类

根据煤矸石的产出方式即来源可以将煤矸石分为洗矸、煤巷矸、岩巷矸、手选矸和剥离矸，有的研究中将自燃矸也作为按来源分类中的一类。

1. 洗矸

从原煤洗选过程中排出的尾矿称为洗矸。洗矸的排量集中，粒度较细，热值较高，黏土矿物含量较高，碳、硫和铁的含量一般高于其他各类矸石。

2. 煤巷矸

煤巷矸是在煤矿巷道掘进过程中，沿煤层的采、掘工程所排出的煤矸石。煤巷矸主要是由采动煤层的顶板、夹层与底板岩石组成，常有一定的含碳量及热值，有时还含有其伴生矿产。

3. 岩巷矸

在煤矿建设与岩巷掘进过程中，凡是不沿煤层掘进的工程所排放出的煤矸石，统称岩巷矸。岩巷矸所含岩石种类复杂，排出量较为集中，其含碳量较低或者不含碳，所以无热值。

4. 手选矸

混在煤中产出，在矿井地面或选煤厂由人工拣出的煤矸石称为手选矿。手选矿排量较少，主要来自所采煤层的夹矸，具有一定的热值，与煤层共伴生的矿产也往往一同被拣出。

5. 剥离矸

露天开采时，煤系上覆岩层被剥离而排出的岩石，统称为剥离矸。剥离矸的特点是所含岩石种类复杂，含碳量极低，一般无热值，目前主要是用来回填采空区或填沟造地等，有些剥离矸还含有伴生矿产。

6. 自燃矸

自燃矸也称为过火矸，是指堆积在矸石山上经过自燃后的煤矸石。这类矸石（渣）原岩以粉砂岩、泥岩与碳质泥岩居多，自燃后除去了矸石中的部分或全部碳，其烧失量较低，颜色与煤矸石原岩中的化学组成有关，具有一定的火山灰活性和化学活性。

（二）按自然存在状态分类

在自然界中，煤矸石以新鲜矸石（风化矸石）和自燃矸石两种形态存在，这两种矸石在内部结构上有很大的区别，因而其胶凝活性差异很大。

1. 新鲜矸石（风化矸石）

新鲜矸石是指经过堆放，在自然条件下经风吹、雨淋，使块状结构分解成粉末状的煤矸石。该种煤矸石由于在地表下经过若干年缓慢沉积，其结构的晶型比较稳定，其原子、离子、分子等质点都按一定的规律有序排列，活性也很低或基本上没有活性。

2. 自燃矸石

自然矸石是指经过堆放，在一定条件下自行燃烧后的煤矸石。自燃矸石一般呈陶红色，又称红矸。自燃矸石中碳的含量大大减少，氧化硅和氧化铝的含量较未燃矸石明显增加，与火山渣、浮石、粉煤灰等材料相似，也是一种火山灰质材料。自燃矸石的矿物组成与未燃矸石相比有较大的差别，原有高岭石、水云母等黏土类矿物经过脱水、分解、高温熔融及重结晶而形成新的物相，尤其生成的无定形 SiO_2 和 Al_2O_3，使自燃煤矸石具有一定的火山灰活性。

（三）分级分类法

20 世纪 80 年代以来，我国科技工作者借鉴国外的分类方法，提出了各种矸石分类方案，并采用多级分类命名的方法，希望能够充分反映煤矸石的物理化学以及岩石矿物学特征，以期为煤矸石的利用提供方便，其分类方法介绍如下。

重庆煤炭研究所提出煤矸石的 3 级分类命名法，3 级分别为矸类（产出名称）、矸族（实用名称）、矸岩（岩石名称）。该方案首先按煤矸石的产出方式将其分为洗矸、煤巷矸、岩巷矸、手选矸和剥离矸 5 个类，最后按煤矸石的岩石类型划分矸岩。

中国矿业大学以徐州矿区煤矸石的研究为基础，提出了华东地区煤矸石分类方案。该方案是以煤矸石在建材方面的利用为主要途径的一种分类方案。分类指标为岩石类型、含铝量、含铁量和含钙量，4 个指标均分为 4 个等级，除岩石类型以笔画顺序排等级外，其他 3 个指标都以含量多少排等级，以阿拉伯数字表示等级次序。然后以岩石类型等级序号为千位数字，依次与其他 3 个指标的等级序号组成一个 4 位数，作为煤矸石分类代号。

（四）按利用途径分类

上述分级分类方法虽然能比较全面地反映煤矸石的相关特征，但该方法过于复杂。鉴于煤矸石活性与煤矸石所含黏土矿物种类和数量相关，为便于煤矸石建材资源化利用，有些人曾建议按煤矸石黏土矿物组成和数量对煤矸石进行分类，即按煤矸石中高岭土、蒙脱土和伊利石含量多少将煤矸石分为高岭土质矸石、蒙脱土质矸石、伊利石质矸石和其他矸石，其他矸石是指所含黏土矿物总量小于10%的煤矸石。根据煤矸石主要利用途径，一是作为原料，二是利用其热值，结合煤矸石的矿物组成和碳含量，可以对煤矸石进行以下分类。

煤矸石中的碳含量决定着煤矸石资源化利用的方向，根据固定碳含量将煤矸石划分为 4 个等级：1 级<4%（少碳的）、2 级 4%～6%（低碳的）、3 级 6%～20%（中碳的）和 4 级>20%（高碳的）。

根据煤矸石中的岩石矿物的组成特征可以将其分为高岭石泥岩（高岭石含量>50%）、伊利石泥岩（伊利石含量>50%）、碳质泥岩、砂质泥岩（或粉砂岩）、砂岩与石灰岩。岩石矿物组成的差异必然导致化学组成存在差别，根据煤矸石中 Al_2O_3 含量和 Al_2O_3/SiO_2 比值可以将煤矸石分为高铝质、黏土岩质和砂岩质矸石 3 大类。

从煤矸石作为充填物料的工程应用角度，煤矸石的分类方法主要有以下4 种。

1. 煤矸石来源可划分为掘进矸石和洗选矸石

掘进矸石即通常所称的"矿井白矸"，它主要是由煤矿巷道掘进中产生的大量岩块组成。洗选矸石一般是由工作面采出的夹矸以及小量的顶底板岩石经原煤洗选分离后排出，通常称为"黑矸"。掘进矸石的力学性质最优，而洗选矸石较均匀，且含水量较大。

2. 按煤矸石自燃性质划分为可燃煤矸石和不可燃煤矸石

可燃煤矸石又进一步划分为已燃煤矸石、半燃煤矸石和未燃煤矸石 3 种。研究表明，煤矸石的物理力学性质与煤矸石的燃烧程度有很大关系，已燃煤矸石危险性最小，粒度均匀，利用方便，而半燃煤矸石利用较为困难。

3. 按煤矸石风化程度划分为未风化、微风化、中等风化及完全风化等

风化是煤矸石的普遍特性，风化程度取决于煤矸石的化学组成、裸露时间及大气气候条件。按风化程度可将煤矸石分为未风化、微风化、中等风化及完全风化等几类。

4. 按煤矸石化学组成或矿物组成划分

这类分类方法主要用于煤矸石的加工利用方面。尽管当前煤矸石的分类方法很多，但尚未形成一个统一的、明确的分类及命名方案。只有对各地区的煤矸石物理、化学以及岩石矿物性质进行系统的研究，建立起比较完备的煤矸石数据库，才能基于煤矸石综合利用来确定煤矸石的分类。

四、煤矸石综合利用途径

煤矸石是在煤炭形成过程中与煤共伴生的一种含碳量低、质地坚硬的黑色岩石，在煤炭开采和加工过程中被排放出来，通常成为废弃物。煤矸石是多种岩石的混合物，其中包括岩巷矸石、煤巷矸石、自然矸石、洗矸石、手选矸石和剥离矸石 6 大类。每年我国煤矸石产量占煤炭产量的 $10\%\sim15\%$，约占全国工业固体废弃物总量的 40%。目前已累计堆存 50 亿 t 以上，占地约 1.5 万 hm^2，并且其总量仍在以 3.0 亿～3.5 亿 t/a 的速度持续增加。预计到 2020 年，全国煤矸石年排放量将增至 7.29 亿 t。

大量堆存和正在排出的煤矸石，可以说是"三废"（废渣、废气和废水）俱全的污染源，对环境的危害很大，主要表现在以下方面。首先占用大量土地，影响生态，破坏环境；煤矸石中的硫化物逸出或浸出污染大气、农田和水体；矸石山的淋溶水（酸性水）污染地下水源和江河，危害农作物和水产养殖业；煤矸石中的含碳物质会发生自燃，生成 H_2S、SO_2 等有害气体，排放大量烟尘，严重污染大气，甚至形成酸雨，污染水源和土地，抑制植物生长，损害人体健康，腐蚀建筑物结构，构成了对生态和环境的双重破坏；矸石山在雨季崩塌，淤塞河流造成灾害；个别煤矸石山发生滑坡、坍塌甚至爆炸，引起更严重的后果，造成人员伤亡，掩埋房屋、耕地等，因此煤矸石堆积存在极大的安全隐患。但煤矸石作为资源，既是一种劣质燃料，又是建材和其他一些工业的原料。开发利用煤矸石资源不仅可以减少煤矸石的污染，而且变废为宝，可以替代煤炭用于发电（利用其热质），或替代黏土生产建材（利用其硅铝含量）等，所以煤矸石的大宗量利用是资源综合利用的重要内容，是我国以煤为主的能源结构的必然选择，也是实施

可持续发展战略的重要组成部分。

按照煤矸石利用基本特点，煤矸石利用的方法可分为直接利用型、提质加工型和综合利用型 3 大类，也有按资源回收利用和工程利用方法分类的。其中直接利用型如将煤矸石作为填充材料进行复垦、铺路等，利用量大，利用价值低，技术含量低；提质加工型如制取氧化铝、聚合铝、矾土及硫酸产品等，技术含量高，但利用量小，不足以处理大量的煤矸石；综合利用型以生产建筑材料最为首要，其中包括大量使用煤矸石制砖、烧水泥、制备陶粒、制备水泥和混凝土的掺和料以及制备混凝土膨胀剂等。工程利用则是将煤矸石作为填充材料进行复填和土工利用。第三种综合利用方式处理煤矸石量大，技术含量较高，符合循环经济和可持续发展的要求，日益受到广泛关注和重视。

煤矸石是中国目前排放量最大的工业固体废弃物之一，随着我国经济的快速发展，煤炭工业产能的持续扩大，煤矸石堆放的体积越来越大，数量越来越多，矸石山几乎成为中国煤矿的标志。根据中华人民共和国国家发展和改革委员会（2013）统计资料，2007~2011 年中国煤矸石产生与利用情况见表 6.6。近年来，我国煤矸石产生量约 6.59 亿 t，综合利用量达 4.1 亿 t，综合利用率达到62.2%，主要用于煤矸石发电、煤矸石制砖、煤矸石复垦造田、筑路和井下充填等。我国煤矸石资源化利用现状见表 6.7，对比国外煤矸石利用情况见表 6.8。由于产地及产出方式不同，煤矸石的化学成分及矿物组成差异较大，因而其最佳综合利用途径也各有不同。主要利用途径如图 6.2 所示。

表 6.6　2007~2011 年煤矸石产生与利用情况

年份	煤炭产量/亿 t	煤矸石排放总量/亿 t	煤矸石利用量/亿 t	煤矸石利用率/%
2007	25.36	4.78	2.53	53.0
2008	27.88	5.00	3.00	60.0
2009	29.8	5.60	3.50	62.5
2010	32.4	5.94	3.65	61.4
2011	35.2	6.59	4.10	62.2

表 6.7　我国煤矸石资源化利用情况

利用途径	主要项目	利用规模	备注	矸石类型及消耗量
资源回收利用	矸石发电	矸石电厂有 72 座，总装机容量为 $83×10^4$ kW，单机容量为 $0.15×10^4$~$2.2×10^4$ kW	煤矸石与劣质煤混烧	主要利用洗选矸石；每年洗选矸石消耗量约 0.1 万 t，占当年洗矸产量的 20% 左右，约占当年煤矸石利用量的 6%
	生产矸石砖及矸石水泥	砖厂有 200 家，生产能力为 18 亿块/年；水泥厂有 50 家，生产能力为 200 万 t/年	煤矸石代替黏土	
	回收硫精砂	设计生产能力为 50 万 t	已达 30 万 t	
工程利用	回填塌陷区复田	年复田面积为 4600 万 m²	复垦率为 23%	主要利用采掘矸石；利用煤矸石约 0.5t，约占当年煤矸石利用量的 70%

表 6.8　国外煤矸石土工利用情况

工程类型	用途	主要工程实例
公路（包括普通公路和高速公路）	路基和路堤的充填材料、承载路面	法国北部公路网；德国 Ruhr 地区公路网；英国 Nottingham、Liverpool 等地区公路干线及 Gateshead 高速公路
铁路	路基和路堤的充填材料	英国 Gloucester、Croydon 铁路组便站；Victor－Brighne 铁路
水工建筑	坝体充填材料、护层	拦河坝、潜坝（荷兰）；海岸护堤、水库大坝、运河河堤等（英国）
其他	地基垫层	停车场地基、软弱地基处理等

目前，煤矸石综合利用途径主要包括煤矸石发电、生产建材以及填埋、筑路、充填采空区等，发电利用占煤矸石总处理量的 $10\% \sim 40\%$，占煤矸石产生总量的 21%；填埋、筑路和充填采空区等是最主要的无害化处理方式，占总处理量的 $50\% \sim 80\%$，约为产生总量的 30%；建材的处理能力较低，仅占总处理量的 $10\% \sim 15\%$，低于产生总量的 8%；超过 35% 的煤矸石仍然采取堆存的方式。

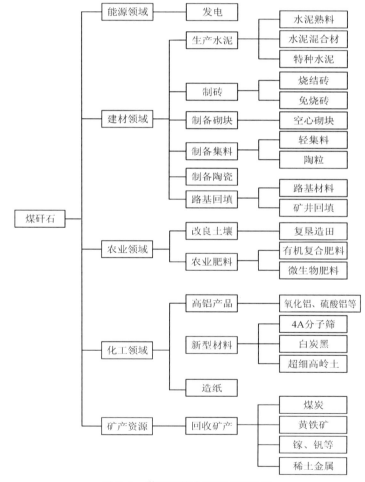

图 6.2　煤矸石综合利用主要途径

第二节　煤矸石能源化利用

一、从煤矸石中回收煤炭

选煤矸石一般含煤 $10\%\sim20\%$。利用现有的选煤技术回收混在煤矸石中的煤炭资源，不仅可获得廉价的煤，而且也能降低矸石中可燃物含量，既节约能源，又增加经济效益。这也是煤矸石能源化利用和其他资源化再生利用的预处理工作，世界各国普遍都很重视，目前，美、英、法、日、波、匈等国都建立了从矸石中回收煤的工厂。

国内外从矸石中回收煤炭方法主要有以下两种：①建立简易选煤厂，采用淘洗选煤方法回收，其商品煤灰占 $25\%\sim30\%$，一般作为动力燃料。②采用斜槽分选机，其分选效率高于浮选槽。回收煤炭的洗选工艺主要有两种：水力旋流器分选和重介质分选。水力旋流器分选是将含碳量高的煤矸石经定压水箱后进入旋流器，进行煤炭颗粒和矸石的分离，再经过脱水后形成精煤。该工艺特点机动灵活，可根据需要把全套设备搬运到适当地点。其工艺流程示意图如图 6.3 所示。

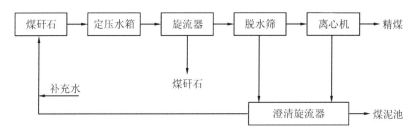

图 6.3　煤矸石水力旋流器分选工艺流程示意图

二、煤矸石发电

煤矸石的热值一般为 $3350\sim6280kJ/kg$，经人工筛选后热值可更高。因此，以其为低热值燃料进行供热发电，不仅可缓解矿区能源紧张的局面，而且产生的炉渣还可以制各种建材，是整矿区产业结构、节约能源、减少污染的好途径。

20 世纪 90 年代以来，随着循环流化床（CFBC）锅炉逐步取代鼓泡型流化床锅炉，以及消除烟尘技术的发展，利用煤矸石发电的技术日臻成熟。目前，煤炭系统矸石发电多采用流化床燃烧技术，采用最多且技术成熟的是 $35t/h$ 和 $75t/h$ 的循环流化床锅炉。煤矸石电厂主要利用热值在 $6.53\sim8.37MJ/kg$ 的洗矸和掘进矸石。按循环流化床锅炉平均脱硫率 90% 计算，每燃烧 1000×10^4t 煤矸石，可少排放 SO_2 为 $24\times10^4\sim38\times10^4t$、少占地 300 亩。可见，利用煤矸石发电，在节能减排、产业升级、环境保护、节约土地和降低发电成本等方面具有重要意义。

近年来，我国在煤矸石发电的处理能力上有了大幅度增长，见表 6.9。这些煤矸石电厂主要分布在晋、陕、蒙、宁、甘、黔重点产煤区，其中陕西省榆林市就有谷清水川煤矸石电厂、郭家湾煤矸石电厂、皇甫川煤矸石电厂、横山煤矸石电厂、锦界热电厂、红柳林煤矸石电厂、神木石窑店煤矸石电厂、红柳林煤矸石电厂二期、榆横煤矸石电厂、府谷西王寨煤矸石电厂等煤矸石电厂近 20 座，总投资达 3711×10^9 元，总装机容量约 $1500 \times 10^4 \mathrm{kW}$，占全国总装机容量的 57%。

表 6.9　我国煤矸石电厂建设情况

年份	煤矸石电厂数量/个	总装机容量/MW
1985	10	24
1996	72	80
2000	120	1840
2004	137	2200
2005	201	8880
2010	>300	25 000
2012	>400	29 500

三、煤矸石制气

煤气炉造气原理与一般煤气发生炉基本相同。原料选择灰分含量在 70% ~ 80%、发热量为 4187 ~ 5224kJ/kg 的煤矸石，所得煤气的发热量可达 2931 ~ 4605kJ/m³。利用矸石造气具有不破碎燃料、一次投煤、一次清渣、减少烟尘、改善环境、构造简单、投资小、制作容易、效益好等特点。

第三节　煤矸石作填筑材料

一、煤矸石充填采空区

煤矸石用于采空区回填，通常采用水力和风力两种充填方法。水力充填（也称水沙充填）是利用煤矸石进行矿井回填的常用方法。水力充填所需的水，可采用废矿井或采煤过程中排出的废水，回填后分离渗出的水还可以复用。

利用煤矸石作为复垦采煤塌陷区的充填材料，既可使采煤破坏的土地得到恢复，又可减少煤矸石占地，减少煤矸石对环境的污染。例如，神华集团神府东胜煤炭公司大柳塔煤矿井下及洗煤外排煤矸石，按规划设计分区征用沟壑地排矸，在沟口建起拦渣坝，集中排放，填沟造地，上覆黄土碾压，植树种草，使煤矸石山堆场变成平整林地。山西晋城无烟煤矿业集团各煤矿建设了专门的排矸巷道（兼通风巷）和排矸井，煤矸石可直接提升到地面堆放于荒山沟，山沟填满后，上部推平覆土造地。山西晋城王台铺煤矿煤矸石回填采煤塌陷区和冲沟，平均每年回填煤矸石、炉渣等 $1.2 \times 10^6 t$，覆土造田 $7 hm^2$。由于下部回填的煤矸石孔隙度大，含水丰富，便于煤矸石内的水分向上蒸发，煤矸石中的氮、磷、钾及腐殖酸肥料可使小麦产量高达 $4500 kg/hm^2$（徐友宁等，2004）。

利用煤矸石充填塌陷区作为建筑用地时，应采用分层充填、分层碾压、喷洒石灰水的方法，以获得较高的稳定性和地基承载能力；煤矸石用于矿井回填时，如果煤矸石的岩石组成以砂岩和石灰岩为主，需加入适量的黏土、粉煤灰或水泥等胶结材料，以增强充填料的骨架结构和惰性，如果煤矸石的岩石组成以泥岩和碳质泥岩为主，则需加入适量砂子，以增强充填料的骨架结构和惰性。

吕珊兰等（1996）在矸石山的风化物上施用化肥或生活污泥后种植苏丹草、红豆草的试验结果表明，风化物复垦种植的生物成活率提高显著。段永红等（1998）应用室内模拟试验与野外试验相结合的方法，对半干旱地区煤矸石浅层矸石风化物与黄土的水分特性进行了比较研究，结果表明：矸石风化物因颗粒粗，孔隙大，渗透系数高，田间持水量、凋萎系数和累积蒸发量低，而且有一定的保水性能，并提出和论证了能充分利用水分的矸石山"薄层覆盖复垦"新技术。因此，进行复垦后，可针对具体情况进行绿化种植。先以草灌植物为主，然后再种乔木树种，一般选择抗旱、耐盐碱、耐瘠薄的树种，对表层已风化成土的煤矸石复垦后，不需覆土，可直接进行植树造林或开垦为农田，但在种植农作物前必须查明矸石中的有害元素含量。

二、煤矸石复垦塌陷区

煤矸石用于塌陷区复垦，主要利用煤矸石及粉煤灰充填煤田塌陷区，一方面，避免了煤矸石大量堆积占用土地和自燃等造成的环境污染等危害；另一方面，又可以为塌陷区充填解决填料，复垦后的土地可用来供矿区、城镇生活或生产基建用地，可缓解人口密集、耕地紧张、基建用地矛盾突出的问题，其关键技术是采取合理的充填方式和地基加固处理措施。

煤矸石能作为充填复垦材料的一个重要条件是煤矸石中有害元素含量不能超标。煤矸石在煤田塌陷区土地复垦采用的模式主要有以下几种：塌陷稳定区的煤矸石充填建筑复垦模式，塌陷区煤矸石粉煤灰充填农林复垦模式，渔业复垦模式，旅游复垦模式。

利用煤矸石来复垦造林，需要考虑煤矸石地的立地条件。为适于林木生长，具体在复垦造林时，需要根据具体的立地条件，采用整形整地、酸化改造、覆土、施肥等技术措施对煤矸石进行改造。

三、煤矸石作路基材料

煤矸石是一种良好的路基材料，结合煤矸石的理化特性（如颗粒组成、膨胀性及崩解性、压密性、水稳性、渗透性、剪切强度等）混合其他材料可使煤矸石用于公路、铁路等路基建设中，不仅解决了煤矸石的环境污染问题及占地问题，而且能够降低工程造价、节约投资、缩短工期、提高路基工程质量，具有一定的经济效益、环境效益和生态效益。

（一）煤矸石作公路路基材料

1. 道路基层材料

（1）煤矸石道路基层强度的形成机理

煤矸石混合料基层（以石灰、粉煤灰稳定煤矸石为例）是以煤矸石为骨料，以消解石灰为黏结料，以粉煤灰为掺和料，加水拌和均匀的混合料。煤矸石骨料空隙和表面被石灰、粉煤灰和煤矸石粉末组成的可塑性物质裹覆和填充，经过机械压实后，空隙大大减小，由于煤矸石颗粒之间的嵌挤作用和结合料的黏结作用，产生一定的初期强度。另外，由于粉煤灰与煤矸石粉中含有硅、铝、铁、钙、镁等氧化物，具有一定的活性，在适量的水分和温度的条件下，能够与 $Ca(OH)_2$ 起化学反应，生成水化硅酸钙和水化铝酸钙，呈凝胶状态和纤维状结晶体，还生产部分 $Ca(OH)_2$ 和 $CaCO_3$ 晶体，使煤矸石颗粒之间的黏结和联结力增强。随着龄期的增长，水化物日益增多，从而改变了煤矸石混合料分子的结构组成，使煤矸石混合料基层获得越来越大的抵抗荷载作用的能力。

（2）煤矸石作为基层材料的指标

研究结果证明，煤矸石具有与粉煤灰相似的化学活性成分，具有一般石料的集料压碎值（强度指标），满足高等级公路基层集料压碎值＜30％的要求。经粉碎后具有黏性土壤一样的塑性，其硫酸盐含量不超过《公路路面基层施工规范》（JTJ034-93）中 0.8％的要求。因此，煤矸石具备用石灰或水泥稳定的技术条件。但是，对于作为路面基层材料的煤矸石应符合以下条件：①尽可能采用碎石机粉碎煤矸石，这样煤矸石颗粒级配较好，基层空隙率小，嵌锁力强，可获得较高的强度，施工质量更易得到保证；②宜选用轻微风化的煤矸石作为基层材料，宜采用砂质页岩和炭质页岩，不宜采用泥质页岩，并须经过煤矸石集料压碎值试验，符合强度标准的方可使用；③石灰粉煤灰稳定煤矸石基层，其中粉煤灰最好采用活性含量较高，$SiO_2+Al_2O_3+Fe_2O_3＞70％$，烧失量在 15％以下的优质灰或用塑性指数为7~15的黏土来代替。

（3）石灰、石灰和粉煤灰、水泥稳定煤矸石性能比较

传统的路面铺筑多采用石灰土、泥灰结碎砾石基层，强度低、抗冻性差、水

稳性不好，大交通量和重型车辆通行后易出现垂直变形，导致路面各种病害发生，造成路面早期破坏、缩短道路使用寿命，而且泥灰结碎石较石灰、粉煤灰稳定粒料、煤矸石、砾石基层造价高，投资大，寿命短，5～6 年需进行 1 次大修，工艺相对较落后。石灰、粉煤灰、水泥稳定粒料路面基层是以石灰、工业废渣（粉煤灰、煤矸石）和水泥为原料，投资少，工程造价低。具有用灰量大、强度高、板体性好、抗冻性好、施工方便等特点。据刘俊尧等（2000）研究表明，煤矸石混合料做道路基层材料，它的强度、冻稳性和抗温缩防裂性能，均能满足多种等级公路的规范要求，而且有些混合料的性能还优于常用的基层材料。陈平（2003）的研究结果证明，煤矸石可以作基层材料使用，其混合料具有优良的工程性质。特别是将煤矸石与粉煤灰混合使用，在冻稳性和抗收缩防裂性能上，还明显优于常用的基层材料。掺有煤矸石的基层材料具有良好的抗压强度和抗弯拉强度。刘春荣等（2001）报道，徐丰公路庞庄矿区段塌陷区 12km 长路段的路基，全部采用煤矸石填筑，使用性能良好。

2. 煤矸石作高速公路路基材料

（1）煤矸石路堤施工

1）基底处理。为防止基底下沉造成路堤的变形破坏，防止地表水渗入路基，煤矸石路堤基底处理除遵循一般路基基底处理的有关规定外，特别要强调地基承载力，对一般地基，经过碾压后的压实度要达到 90％以上。对于软弱地基则要求先对软土地基进行加固处治。在低洼潮湿和易积水地带填筑煤矸石填料时，应在地表及路基两侧采取防渗水和排水措施，避免煤矸石填料受积水浸泡后进一步崩解造成路基病害。对斜坡基底，无论是纵坡，还是横坡，都要挖台阶，保证路基基底稳定。

2）煤矸石的储运。路基填料应尽量选用堆放时间较长，且经过强物理风化和化学风化的煤矸石，大块不宜过多，如大块太多，可利用机械加工成小块，达到填筑路堤合理的级配粒径，确保煤矸石碾压后的密实度。

3）堆料的摊铺。采用渐进式摊铺法铺料，即运料汽车在新填的松料上逐渐向前卸料，并用推土机随时整平。这是大粒径填料最适用的铺料方法，其主要优点有：容易整平，容易控制填石料的填筑厚度，为重车和振动碾提供较好的工作面。在进行该工序时，对超粒径部分填料进行破碎，对于高出初平层表面的大粒径料应搬走或就地挖坑摆放。对于摊铺后表面明显缺乏细料的地方应补充细料。摊铺过程中，松铺厚度通过试验确定以不超过 40cm 为佳，松铺系数取 1.1 为宜。

4）煤矸石含水量控制。煤矸石吸水量小，泄水也快，所以控制碾压时的含水量等于或略大于最佳含水量是至关重要的一环。实践证明，含水量偏小时，表面松散，在碾压过程中煤矸石在压路机轮下有摊移现象产生，影响压实效果，当含水量大于最佳含水量 3％～5％，碾压过程中表面虽然有溅水，但碾压完成后表面较密实且能达到要求的压实度。已摊铺的煤矸石因故造成过湿或过干，应通过晾晒或洒水调整含水量。煤矸石含水量调节最好在堆料场中进行，过干的煤矸石应在摊铺前 2～3d 在料场中洒水闷料，将含水量调节到最佳含水范围内。

　　5）煤矸石填筑碾压。煤矸石路基进行填筑施工时，应尽量避开大雨天施工。在填筑施工过程中，及时将路基表面做成 2% 的横坡，并尽量做到随填随压，以防止降雨对路基产生较大影响。碾压必须采用中型或重型振动压路机，开始碾压时宜用慢速，最大速度不宜超过 4km/h。碾压时先慢后快，由弱振至强振，达到无漏压、无死角，确保碾压均匀。

　　(2) 煤矸石路基的施工质量控制及检测方法

　　合格的煤矸石碾压层必须碾压泥化，以形成密实的不透水结构自行封闭水分。因而碾压泥化是煤矸石碾压层压实合格的必要条件。合格的煤矸石碾压层要求是：平整光滑且泥化了煤矸石密实体，与低液限黏土的碾压密实层外表相似。只有外观合格的煤矸石碾压层才能进行压实质量的其他项控制和检测。实际施工中，可采用以沉降观测法为主，结合水袋法来检测压实度，以碾压两遍后测点的沉降量作为压实质量控制标准。经现场试验确定，当测点最大沉降量 ≤4 mm，平均沉降量 ≤3 mm，其相应的碾压层压实度达 96%。

（二）煤矸石作铁路路基材料

　　利用煤矸石填筑路堤具有多方面优点：①煤矸石与土质路基相比，避免了土质路基可能要求的翻松晾晒、掺灰处理等工序。②受雨季影响小，雨停也可施工，即使运料车辆在路基存水路段行驶，也不会出现泥泞和翻浆现象。③分层填筑松铺厚度可以放宽至 30～50cm，节省人工及机械，降低了施工费用。④因其抗冻性及水稳性好，即使在低洼潮湿地段，也不需用其他透水性材料，而只需利用煤矸石本身对其进行适当处理就能有效稳定地基。现根据蚌埠铁路分局淮南工务段的研究，结合工程实际说明其在铁路路基中的应用。

　　1. 煤矸石在沉陷区路基的应用

　　西张线 K4+200—K6+800 段，为安徽省淮南矿业集团李咀孜煤矿下沉区，下沉时间较长，最大下沉值超过 6 m，过境铁路长年限速，严重制约运输能力。为确保运输安全畅通，设立路基下沉特别养路工区，专门负责线路抬道补碴，每年补充碎石道碴近 4000m³。现在基床下沉后则利用煤矸石回填，大大减少了碎石用量，降低了养护成本。

　　2. 煤矸石在新线路基的应用

　　安徽省淮南矿业集团花家湖煤矿专用线全长 11.6km，设计土石 2.9×10⁵m³，与阜淮线张集站接轨，于 1996 年 4 月开始施工。阜淮地区多为膨胀土，膨胀土主要是由蒙脱石和伊利石等矿物组成，粒度成分中以黏土颗粒为主，具有多裂隙性、超固结性、强胀缩性、亲水性强、透水差、高塑性等特征，是一种工程性质较差的路基填料。阜淮线路基主要用该土填筑，建成运营不久，基床便出现翻浆冒泥、下沉外挤以及边坡溜坍等病害，并逐渐漫延全线。每年投入 $2×10^6$～$3×10^6$ 元进行路基大修，既增加投资又影响运输。为此，结合以往下沉区矸石路基施工经验及技术经济分析，花家湖煤矿（新集二矿）专用线决定采用附近新集一矿堆弃如山的矸石作为路基填料，施工时将矸石运至工地后，推土机推成每层厚 50cm 左右，利用 20t 压路机碾压 5～7 遍，采用灌砂法检验密实度，合格后再填筑上层。建成后运营至今路基状态良好，汛期从未发生边坡溜坍，也未发现基床翻浆、下沉等病害。

第四节　煤矸石制造建筑材料

一、煤矸石制砖

随着我国经济的不断发展，以煤矸石、页岩、粉煤灰等为主要原料的烧结实心砖、烧结多孔砖等已逐渐取代了黏土砖，并在建筑工程中得到了广泛的应用。煤矸石具有一定的可塑性、结合性和烧结性，经净化、均化和陈化等工艺加工处理后，配以适量的尾矿、石灰、灰渣等，按黏土砖的生产工艺加工，可制成烧结砖和内燃砖。与传统黏土砖相比，煤矸石砖具有免烧、免蒸、加压成型、自然养护等优点和更高的性价比及更强的市场竞争力。

内燃砖是将粉碎的煤矸石和黏土混合在一起，并配以适当的石灰，按黏土砖或蒸汽养护砖的生产工艺加工的产品。烧结砖以煤矸石为主要原料，按烧结砖工艺所生产的建筑材料，其各种原料的参考配比为：煤矸石 70%～80%、黏土 10%～15%、砂 10%～15%。其塑性指数一般为 7%～15%，发热量为 3.8～5MJ/kg。煤矸石粉碎后的颗粒应控制在 3mm 以下，小于 0.5mm 的含量不低于 50%，塑性指数一般应控制在 7～17。

目前，全国有 1000 多个生产煤矸石砖的厂家，每年生产矸石砖 130 多亿块，种类有烧结实心砖、多孔砖、空心砖、内燃砖、免烧砖、釉面砖、高档瓷质砖等，矸石砖的规格和性能要求与普通黏土砖基本相同，标准尺寸为 240mm×115mm×53mm，其余性能指标符合中华人民共和国国家标准《烧结普通砖》（GB/T5101—1998）的要求。综合技术质量性能指标均优于传统黏土砖，实现了制砖不用黏土，烧砖不用燃料，社会、经济效益巨大。例如，河南郑煤集团米村煤矿等开发的煤矸石空心砖生产线，年消耗煤矸石 $1.6×10^5$ t，年产空心砖 6000 万块，产值 776.47 万元。皖北矿务局刘桥一矿煤矸石砖厂每年可消耗掉煤矸石约 $9.7×10^4$ t，年产 4400 万块煤矸石砖，万块砖煤耗 0.7t。与黏土砖相比，

可节约煤炭 3168t（折标准煤），按煤价 650 元/t 计，每年可节约制砖成本约
2.47×10^6 元。又据俄罗斯建工研究所资料，前苏联在顿巴斯、库兹巴斯、卡拉
干达等产煤地区广泛选用煤矸石作原料，采用挤出法或半干法成型工艺生产实心
或空心砖，燃料消耗可减少 80%，产品成本可降低 19%～20%。

煤矸石生产烧结砖以煤矸石为主要原料，一般占配料质量的 80% 以上，有
的全部以煤矸石为原料，有的外掺少量黏土，煤矸石经破碎、粉磨、搅拌、压
制、成型、干燥、焙烧，制成煤矸石砖。焙烧时基本上无需外加燃料，利用煤矸
石充当燃料既增加了利用率，也减少了生产成本。

煤矸石烧结空心砖，以煤矸石为主要原料，对煤矸石化学成分的要求与煤矸
石烧结砖相同，但对粉碎要求较高，水分在 13%～17%，利用高压挤出机成型，
隧道窑一次煅烧即成。产品质量参照中华人民共和国国家标准《烧结多孔砖和多
孔砌块》（GB13544—2011）、《烧结空心砖和空心砌块》（GB13545—2003）、《建
筑材料用工业废渣放射性物质限制标准》（GB6763—86）。

（一）煤矸石多孔砖的生产工艺

1. 原料的选用

煤矸石多孔砖是以煤矸石为主要原料，掺入一定比例的黏土或粉煤灰作为黏
结材料，经过原料粉碎、成型干燥及焙烧等工序生产而成的。

河南省新密市煤矸石砖厂煤矸石（破碎后）最大颗粒小于 3mm，大于 2mm
的占 10.45%，1～2mm 的占 7.35%，0.5～1mm 的占 33.20%，0.25～0.5mm
的占 9.40%，0.1～0.25mm 的占 13.6%，属泥质煤矸石。

以河南开封电厂 1 号储灰池的湿排灰为例，粉煤灰呈灰白色，颗粒最大不超
过 0.5mm，玻璃微珠占 10%，沉珠占 30%，呈不规则玻璃体。

2. 生产流程及工艺要求

目前，我国煤矸石多孔砖生产工艺正向着高科技发展。通过引进消化吸收国
外先进设备、技术和管理方法，推广有余热利用系统的节能型隧道窑，积极发展
硬塑、半硬塑成型和隧道窑干燥焙烧连续作业全内燃一次码烧工艺，主要流程
为：原料处理—破碎—粉磨—加水混合搅拌—陈化—二次搅拌—轮碾处理—真空
挤出成型—切码—码坯—干燥—焙烧—成品。

（1）原料制备和处理

在原料处理时，必须控制原料破碎粒度、颗粒级配、原料的含水率等指标。
对于原料的颗粒大小来说，一般控制在 2mm 以下。为了保证产品的密实度及强
度，0.5mm 以下的颗粒应控制在 60% 以上。在原料制备时，既要严格控制原料
中最大颗粒的粒度以及最大颗粒的比例，又要控制好原料的颗粒级配，一般要求
原料中粗、中、细 3 种颗粒比例达到"两头大，中间小"，即粗颗粒和细粉原料

的含量较大，而中间颗粒料的含量较少，以生产出密实度较高的坯体。原料含水率对生产也有很大影响，当原料含水率过大时，会对原料破碎设备的产量和破碎质量产生影响。

（2）成型控制

成型是多孔砖生产工艺中一个关键环节，它包括泥料质量、孔型制作和真空挤压成型等内容。泥料的成型水分应控制在 15%～18%，成型水分过低，容易造成泥条表面水分蒸发过快，产生裂纹；成型水分过高，容易造成坯体受压变形，并产生压裂。常用的真空挤砖机压力一般为 2～3MPa，真空度为 −0.092MPa。使用真空装置的目的是为了抽出泥料中的空气，使原料颗粒紧密结合，既易于成型，又能增加坯体的韧性和强度。

（3）坯体干燥

干燥的目的是为了排除坯体中的成型水分，使其能够达到烧成的要求。干燥过程的脱水速度，与坯体中的含水率、热介质的温度、湿度、流速都有很大关系。热介质温度越高，脱水能力越强，越容易脱去坯体中的水分，对干燥越有利。介质温度越大，其中含水率越高，不利于坯体干燥脱水。热介质流速越快，介质与坯体间的综合换热系数越大，换热量越大，坯体吸收的热量越多，单位时间内蒸发的水分越多，越利于坯体中水分的排出。干燥时间越长，脱水越多，坯体残余含水率越少。实际生产中，在夏季干燥过程中要尽量控制干坯的残余含水率，不能使残余含水率太高，否则会给烧成带来较大损害，不但会使预热带生产不正常，还会使坯体在烧成过程中产生炸裂现象。在冬季一定要注意在干燥中防止坯体受冻，否则在干燥和烧成中会发生坯体塌陷、倒垛或烧成的砖强度降低。

（4）焙烧工序

焙烧是生产过程中最为关键和复杂的一道工序。坯体在窑炉中的烧成过程，就是燃料的燃烧热传导和化学反应同时进行的过程，这是坯体烧成的基本原理。目前多采用隧道窑一次码烧，码窑遵循上密下稀，边密中稀的原则。多孔砖由于孔洞小而多，易内外焙烧均匀，烧结充分。在焙烧过程中，应严格掌握烧结温度范围，一般控制在 950～1100℃ 较为合理。如果温度过高，砖坯将产生软化变形，形成过火砖，造成黑心和压印；如果温度过低，产生的熔融物质就少，制品的密实性和颗粒的黏结力就差，就形成欠火砖。

（二）煤矸石多孔砖的性能指标

1. 多孔砖的孔型和孔洞排列对多孔砖性能的影响

多孔砖是指孔洞率大于或等于 25%，孔的尺寸小而数量多的砖，常用于承重部位。空心砖是指空洞率等于或大于 40%，孔的尺寸大而数量小的砖，常用于非承重部位。现行标准《烧结多孔砖》（GB13544—2000）规定，以黏土、页岩、煤矸石、粉煤灰主要原材料经焙烧而成，分为黏土多孔砖（N）、页岩多孔砖（Y）、煤矸石多孔砖（M）和粉煤灰多孔砖（F）。该标准对多孔砖的规格规定为：到空转的外形为直角六面体，其长度、宽度、高度尺寸应符合下列要求：290mm，240mm，190mm，180mm，175mm，140mm，115mm，90mm。对多孔砖孔洞尺寸规定为圆孔直径≤2mm，非圆孔内切圆直径≤15mm，手抓孔直径：(30～40)mm×(75～85)mm。同时，出于对提高多孔砖保温隔热性能的考虑，规定孔形为矩形条孔或矩形孔者才为优等和一等品，圆形孔只能是合格品。如果孔洞尺寸超过这些限值不仅会影响砂浆的饱满度和降低砌体强度，还会造成孔洞内空气对流，降低墙体热工性能。

2. 煤矸石多孔砖强度及物理性能指标

强度等级分 MU25、MU20、MU15、MU10；而砌筑砂浆的强度等级为 M15、M10、M7.5、M5。砖和砂浆的最低强度等级较砌筑黏土砖均有提高从而保证了砌体强度。煤矸石多孔砖砌体的强度不仅由砖及砂浆的强度决定，而且受砌体的砌筑质量影响。多孔砖砌体的重力密度小于黏土砖，可减轻墙体自重，减小基础面积。煤矸石多孔砖线膨胀系数较接近膨胀性优于黏土砖砌体，这就减小了多孔砖砌体发生裂缝的可能性。多孔砖砌体的热工性能也优于黏土砖砌体，如 240 多孔砖墙的热阻为 $0.45(m^2 \cdot K)/W$，传热系数为 $1.67W/(m^2 \cdot K)$。而 240 黏土砖墙的热阻为 $0.34(m^2 \cdot K)/W$，传热系数为 $2.04W/(m^2 \cdot K)$。

（三）煤矸石多孔砖的工程应用

煤矸石多孔砖属于烧结砖，它和传统的烧结黏土砖在性能上很接近，作为承重墙体材料其综合节能优势是其他墙材无法比拟的，成为黏土砖替代材料的首选，在工程实践中得到了广泛的应用，但在煤矸石多孔砖施工过程中应注意以下问题。

1）多孔砖由于孔洞较多，孔壁较薄，故宜用同等级同规格的实心砖砌筑门窗洞口两侧，以加强这些部位的强度；在窗台部位，应用砂浆将砖的孔洞堵塞密实，采用混凝土窗台板，增加强度和防止渗雨。在圈梁底部，应用砌筑砂浆将孔洞封实，以免浇筑圈梁时造成漏浆，影响圈梁质量。

2）多孔砖由于厚度为 90mm，较传统的黏土砖厚，故应在砖顶面抹灰挤砌，以保证竖直灰缝砂浆饱满，而水平灰缝砂浆饱满度应按净面积计算不得小于 90%；水平灰缝厚度宜为 10mm，不应小于 8mm，不得大于 12mm，以加强砂浆与砖体黏接力，提高墙体抗剪和抗压能力。

3）多孔砖在施工前应浇水湿润，含水率应控制在 10%～15%，如果含水率太高，将影响砂浆的黏接力，使砖产生滑动，易产生游丁走缝现象，影响砌体强度；如果含水率过低，将会吸收砂浆中的水分，使砂浆的流动性、和易性降低，也会降低砌体的强度。在实际操作中，可将砖砍断进行检查，看其断面周围吸水深度达到 10~20mm 即可。

4）多孔砖在砌筑时，应尽量避免砍砖，要采用与主规格配合使用的配砖，如半砖和七分头等，以免由于砍砖不能保证尺寸精确，增加砌体中的复杂应力，降低砌体强度和资源浪费，产生建筑垃圾。另外对于墙体孔洞沟槽应事先预留，不得在已砌墙体上打洞凿槽，以免破坏墙体结构。

二、煤矸石制水泥

煤矸石不仅具有一定热值，而且与黏土的化学成分相近，其中 SiO_2、Al_2O_3 及 Fe_2O_3 的总含量在 80% 以上，因此，不仅可作为水泥生料中 Si、Al 等组分的主要来源，还能释放一定热量，替代部分燃料，故可以代替黏土与石灰石、铁粉及硅质原料一起配料，生产标号为 425#、525# 等普通水泥，获得熟料质量高，节省好煤，少占用土地，保护环境和废物用量大、生产成本低的效果。

用煤矸石作水泥原料的生产工艺过程与生产普通水泥基本相同。以煤矸石、石灰石和无烟煤为主要原料，并使用石膏、萤石等复合矿化剂，按一定比例配合，磨细成生料，烧至部分熔融，得到以硅酸钙为主要成分的熟料，称之为硅酸水泥熟料。当烧制出高质量的硅酸盐水泥熟料后，可按照水泥的有关国家质量标准生产出多种通用水泥。

在烧制硅酸盐水泥熟料时，煤矸石主要选用洗矸，岩石类型以泥质岩石为主，砂岩含量尽量少。为了改善水泥的某种特性，提高水泥的质量，降低成本，在磨制水泥时，掺入一定比例的天然或人工无机矿物质材料，称为"混合材料"。煤矸石经自燃或人工煅烧后具有一定活性，可掺入水泥中与熟料和石膏按比例配合后进入水泥磨磨细。煤矸石的掺入量取决于水泥的品种和标号，在水泥熟料中掺入 15% 的煤矸石，可制得 325~425 号普通硅酸盐水泥；掺量超过 20% 时按国家规定为火山灰硅酸盐水泥。

（一）煤矸石作原燃料生产水泥

煤矸石在水泥工业中主要有三大应用途径，分别是：煤矸石作普通水泥的原燃料；煤矸石生产水泥混合材料；煤矸石生产无熟料及少熟料水泥。以煤矸石作为原燃料生产水泥，主要是根据煤矸石和黏土的化学成分相近，可代替黏土提供硅铝质原料，再加上煤矸石能释放一定的热量，可节省部分燃料的特点。用煤矸石生产水泥，熟料中 Al_2O_3 含量为 7%~8%，基本和普通水泥配料相同。对于高铝煤矸石宜用于生产特种水泥和混凝土膨胀剂，可代替矾土，但为了尽可能多地处理煤矸石，只要当地有低品位石灰石和铁矿石等原料时，就应该生产需要量大的普通水泥。

1. 普通水泥

大多数煤矸石是一种黏土原料，主要提供熟料所需的酸性氧化物 SiO_2 和 Al_2O_3。根据煤矸石生产水泥的特点，可按成分中对配料影响较大的 Al_2O_3 含量的多少，将煤矸石分为低铝（20%±5%）、中铝（30%±5%）和高铝（40%±5%）3 类。

低铝煤矸石的成分与黏土相似，用于生产普通水泥时，和黏土的配料相同。使用中铝煤矸石生产水泥，熟料中 Al_2O_3 含量达 7%～8%，基本仍和普通水泥配料相同。

（1）普通水泥熟料的矿物组成

水泥熟料是由各种氧化物经高温煅烧相互作用而生成的矿物所组成的一种结晶细小的人造岩石。组成水泥熟料的主要矿物有 4 种。分别是：①硅酸三钙（$3CaO·SiO_2$，简写为 C3S），由 CaO 和 SiO_2 化合而成。特性是水化和凝结快，生成物早期和后期强度均较高。②硅酸二钙（$2CaO·SiO_2$，简写为 C2S），由 CaO 和 SiO_2 化合而成。水化、凝结、硬化速度较 C3S 慢。③铝酸三钙（$3CaO·Al_2O_3$，简写为 C3A），由 CaO 和 Al_2O_3 化合而成。水化、凝结、硬化相当快。④铁铝酸四钙（$4CaO·Al_2O_3·Fe_2O_3$，简写为 C4AF），由 CaO、Al_2O_3 和 Fe_2O_3 化合生成。它不影响水泥的凝结、硬化、强度，在煅烧熟料的过程中，能降低熟料的熔融温度和液相黏度，有利于 C3S 的生产。

（2）普通水泥熟料的化学成分

熟料的化学成分主要由 CaO、SiO_2、Al_2O_3 和 Fe_2O_3 4 种氧化物组成，总含量 95% 以上。还含有少量的其他氧化物，如 MgO、TiO_2、SO_3、Na_2O、K_2O、P_2O_5 等。

（3）普通水泥熟料的率值

1）石灰饱和系数（KH）。石灰饱和系数是熟料中 CaO 和 SiO_2 实际化合的数量与理论上全部形成硅酸三钙所需 CaO 数量的比值。KH 值一般在 0.80～0.95。KH 值越大，硅酸三钙含量越高，水泥具有快硬高强的特性，但要求煅烧温度较高。KH 值过低，熟料中硅酸二钙的含量增多，强度发展缓慢，早期强度低。

2）硅酸率（n）。硅酸率是熟料中 SiO_2 含量与 Al_2O_3 和 Fe_2O_3 含量的比值。n 值反映熟料中硅酸盐矿物（C3S＋C2S）与溶剂矿物（C3A＋C4AF）的相对含量。n 值过大时，熟料较难烧成，煅烧时液相量较少；n 值过小时，熔融物含量过多，煅烧时易结大块。

3）铝氧率（p）。铝氧率是熟料中 Al_2O_3 含量与 Fe_2O_3 含量的比值。p 值反映熟料中铝酸三钙和铁铝酸四钙的相对含量。p 值过大，C3A 含量高，液相黏度大，不利于游离氧化钙的吸收，还会使水泥急凝；p 值过小，窑内烧结范围窄，不易于掌握煅烧操作。

普通水泥熟料的率值要控制在一定的范围内，如采用立窑煅烧工艺，所得熟料的率值控制范围为 KH=0.84～0.90，$n=1.8～2.2$，$p=1.0～1.5$。

生产实践表明，用矸石生产普通水泥时，一般应选择黏土矿物为主组成的碳质和泥质岩矸石，在不加校正料时，按矸石灰成分计算 Al_2O_3 应小于 30%，SiO_2 应大于 50%，发热量在 1500kcal/kg（6272kJ/kg）以上；优先利用不需要进行预均化的洗选矸石，当使用堆放矸石时，必须进行预均化；矸石中硬质砂岩含量过高时，磨细困难，电耗大，经济上不合算，不宜利用；矸石产地到水泥厂运距过长，运费太贵时不宜利用；矸石有害成分超过要求，影响水泥质量，不能利用。因此，矸石能否代土、节能要进行可行性研究。煤矸石作原燃料生产水泥广泛使用立窑煅烧水泥熟料。采用高铝煤矸石可以生产快硬水泥、早强水泥、双快水泥等特种水泥。

2. 快硬水泥

用 Al_2O_3 含量为 28.08% 的中铝煤矸石代土生产快硬水泥。采用立窑煅烧工艺，所得熟料的各率值为 KH=0.875，$n=1.74$，$p=1.37$。

3. 早强水泥

利用 Al_2O_3 为 25～27% 的煤矸石，配以石灰石、石膏和萤石制成生料，在立窑上烧成以 C3S 为主，又含氟铝酸盐（$C_{11}A_7 \cdot CaF_2$）、无水硫铝酸盐（$C_3A_3 \cdot CaSO_4$）以及少量 C2S、C4AF、$CaSO_4 \cdot CaS$ 等矿物的熟料。熟料烧成温度为 1350～1410℃，粉磨细度为 4900 孔筛筛余 10% 以下，1d 硬冻强度可达 30.0MPa 以上，28d 达 60.0MPa 以上的早强水泥。这种水泥不仅早期强度发展快，而且后期强度继续增长，具有作业性能良好和微膨胀不收缩等特点。

4. 煤矸石制双快（快凝、快硬）水泥

采用 42% Al_2O_3 的高铝煤矸石和 52% 左右的 CaO 石灰石配料，在立窑制成氟铝酸钙型双快水泥。熟料的主要成分是 C3S、C11A7 · CaF2、C2S、C4AF。通常 1d 强度可达 20～30MPa，28d 达 40～60MPa，可作为喷射水泥用于锚喷支护。

（二）煅烧煤矸石作高性能混凝土掺和料和水泥混合材料

煅烧煤矸石，应以黏土矿物为主要成分，自燃矸石应均化。人工煅烧时应控制窑煅烧温度，控制烧失量应小于 8%。这种煅烧煤矸石中活性 SiO_2 和 Al_2O_3 与石灰或水泥水化后，生成的 $Ca(OH)_2$ 在常温常压下起化学反应，生产稳定的不溶于水的水化硅酸钙和水化铝酸钙等水化物，在空气中能硬化，并在水中继续硬化，从而产生强度。

煤矸石活性的高低，除与化学成分、细度有关外，主要取决于热处理温度。煤矸石的煅烧温度一般为 650～900℃，此时煅烧产物的活性最高。煅烧后的煤矸石经磨细、加水并与石灰或硅酸盐水泥拌成胶泥状态，在常温常压下起化学反应，生成稳定的不溶于水的水化硅酸钙和水化铝酸钙，在空气中硬化，在水中继续硬化，产生强度。因此，煤矸石煅烧后，含有活性 SiO_3 和 Al_2O_3，就可以作为水泥混合材在水泥制备时掺入以生产火山灰水泥，也可以作为高性能混凝土的优质矿物质掺和料掺入以制备高性能混凝土。

（三）煤矸石制备无熟料水泥及少熟料水泥

煤矸石无熟料水泥是以煅烧煤矸石为主要原料，掺入适量石灰、石膏磨细制成的水硬性胶凝材料。有时也掺入少量熟料作激发剂。生产这种水泥方法简单、投资少、收效快、成本低、规模可大可小。标号能达到 200～300 号，经蒸汽养护的抗压强度可达 $400kg/cm^2$ 以上。

煤矸石少熟料水泥也是以煤矸石为主要原料制成，但用熟料代替石灰作为主要原料之一。它与无熟料水泥相比，具有凝结快、早期强度高、劳动条件好，省去蒸汽养护、简化工艺等特点，标号可达 300～400 号。

以上两种水泥，可作为砌筑水泥使用。一般生产工艺是煅烧煤矸石、石灰加少量熟料或单用熟料、石膏按比例配合磨细，然后入库即获得无熟料或少熟料水泥。生产技术要求与混合材料生产火山灰水泥基本相同。要求煤矸石的含碳量低、活性高、成分稳定。煅烧温度在 650～1050℃。石灰（或熟料）是提供 $Ca(OH)_2$ 与煅烧矸石中活性组分作用生成硬性胶凝材料的原料。一般用量变动在 15％～30％。大都采用新鲜生石灰。石膏加入是为了加速水泥硬化，提高强度。一般加量为 3％～5％。根据水泥中 SO_3 的总含量在 3.5％～4％来控制石膏的掺加量。

近年来许多地方采用沸腾炉煅烧法，掺入量根据煅烧煤矸石的活性、石膏和石灰（或熟料）的质量确定，一般占 60％～70％，如用蒸汽养护，可超过 70％。石灰（或熟料）提供 $Ca(OH)_2$ 与煅烧煤矸石中活性组分作用生成水硬性胶凝材料的原料。一般用量变动在 15％～30％。大部分采用新鲜石灰。石膏加入是为了加速水泥硬化，提高强度。一般加量为 3％～5％，根据水泥中 SO_3 的总含量在 3.5％～4％来控制石膏的掺入量。

三、煤矸石制陶瓷和陶粒

陶粒是以煤矸石、黏土、泥岩、粉煤灰等为原料，经加工粉碎成粒或粉磨成球，再烧胀而成的人造骨料，它是一种外部具有坚硬外壳，表面有一层隔水保气的釉层，内部具有封闭微孔结构的多孔陶质粒状物，具有体轻、强度高、隔音、保温、耐火、耐化学侵蚀、抗冻等优良性能，一般用作轻质混凝土的骨料，所以也称轻骨料（轻集料），主要用于生产陶粒砌块、大型墙板、轻质隔墙板等建材。

采用轻骨料制成的混凝土，可用于建筑大跨度桥梁和高层建筑。利用富含高岭石的煤矸石，采取碳热还原氮化的方法还可制取赛隆陶瓷。

含碳量低于 13%、SiO_2 含量为 55%～65%、Al_2O_3 含量为 13%～23% 的碳质页岩和选煤矸适宜烧制轻骨料，它是一种容重轻、吸水率低、强度高、保温性能好的新型建筑材料，应用前景广阔。用煤矸石烧制的轻骨料性能良好，可配制 200～300 号混凝土，适于作各种建筑预制件。

煤矸石在高温煅烧时具有发气膨胀的特性，是生产轻骨料的理想原料之一。矸石陶粒的生产工艺类似黏土陶粒，可单独或与其他原料配合，经磨细、配料、搅拌、成球、干燥和焙烧（1100～1300℃）而形成表皮坚硬、内部呈微细膨胀气孔的人造轻骨料。

矸石陶粒的形成机理与黏土陶粒基本相同，在焙烧时主要产生两种物理化学变化过程。①矸石在高温作用下，各种成分发生相互反应，矸石软化、熔融、具有一定黏度，在外力作用下可流动变形。②矸石在高温作用下产生足够的气体，在气体压力作用下，使具有一定黏度的软化熔融矸石发生膨胀，形成多孔结构。

用于制备陶粒的煤矸石在组成上一般需符合以下要求：煤矸石中的 SiO_2 含量以 55%～65% 为宜；CaO 和 MgO 的含量一般不超过 6%～8%；R_2O（碱金属氧化物）以 2.5%～5% 为最佳；Fe_2O_3 以 5%～10% 为宜。

煤矸石陶粒生产工艺包括原材料加工、制粒和热加工等工序。

煤矸石陶粒的制粒工艺分为干法和粉磨成球法两种。干法工艺就是将采集的原料经二级或三级破碎，筛分成需要的粒级（5～10mm 或 10～20mm）的原料块即可。这种工艺简单，投资少，但只适合质量非常均匀的硬质原料，不能用掺入外加剂的方法来调整原料性质。粉磨成球法适合原料质量不均匀、膨胀性较差的原料，其原料加工和制粒工艺包括粗碎、烘干、粉磨和成球。该工艺复杂、一次投资大，但其最大优点是可以根据设计要求，掺入外加剂调节化学成分，从而制成粒型、级配优良的陶粒。

陶粒的热加工工艺一般包括烘干、预热和焙烧及冷却 3 个工序。在 200℃ 以下应缓慢加热，防止爆裂，保证料球的完整性。生料球的膨胀性主要取决于 200～600℃ 预热段的加热速度，加热速度越快，物料膨胀性越好；随着温度的提高，物料的软化在膨胀带（温度 1100～1200℃）内完成，这时内部气体逸出，形成压力，促使料球膨胀。预热和焙烧是陶粒烧成最重要的工序，但冷却工艺对陶粒质量也有很大的影响，一般合理做法是，焙烧陶粒在温度最高的膨胀带迅速冷却至 700～1000℃，而在 400～700℃ 应缓慢冷却，避免结晶和固化产生大的应力，至 400℃ 时又可快速冷却。

根据主要烧结设备，煤矸石陶粒生产工艺主要有回转窑工艺、烧结机工艺和喷射炉工艺。

四、煤矸石制其他建筑材料

（一）煤矸石制备混凝土膨胀剂

混凝土膨胀剂是用于制备补偿收缩混凝土和自应力混凝土的，主要有水化硫铝酸钙系、石灰（CaO）系、氧化镁系等品种，其中用量最大的是水化硫铝酸钙系的膨胀剂。典型的有 UEA、CSA、ZY 等产品。在我国年产量总计达 40 万 t 左右，居世界第一。列世界第二的日本年产量约 7 万 t。水化硫铝酸钙膨胀剂所有的原料为活性铝质原料、硫质原料和钙质原料。其中前两种最为关键。铝质原料通常由铝酸盐熟料、硫铝酸盐熟料、煅烧明矾石等提供。硫质原料由硬石膏提供。煅烧高铝煤矸石是活性铝质材料，可以作为膨胀剂的原料使用。其好处是烧成成本低（与铝酸盐熟料、硫铝酸盐熟料比较），碱含量低（与煅烧明矾石比较）。用煅烧煤矸石制成的膨胀剂用于混凝土，使混凝土坍落度损失小，后期强度高，不存在碱骨料反应问题，已经得到了广泛的应用。

（二）煤矸石砌块

煤矸石混凝土砌块性能稳定，使用效果好，是一种新型墙体材料。一般有实心砌块和空心砌块两种。实心砌块是以过火煤矸石为硅质材料，水泥、石灰、石膏等为钙质材料，按一定配比加水研磨、搅拌成糊状物，再加入铝粉发泡剂，然后注入坯模，待坯体硬化后切割加工，成型后送入蒸压釜，再用饱和蒸汽蒸压而成的；空心砌块，则是以自燃或人工煅烧的煤矸石和少量的生石灰、石膏混合磨细为胶结料，以破碎、分级后的自燃煤矸石或其他工业废渣为细骨料，按一定配比，经计量配料、加水搅拌、振动成型、蒸汽养护等工艺制成的。

（三）生产墙地砖

根据研究，用煤矸石生产墙地砖坯，煤矸石添加量可大于 60%，烧成温度为 1130～1180℃，瓷质-细瓷制品的抗弯强度在 35.1～38.3MPa，吸水率小于3%，性能指标大大高于国家标准《炻瓷砖》（GB/T4100.2—2006），可降低其生产成本 25%～29%。所以，煤矸石不仅在墙地砖坯中大量使用，也可在釉面砖、烧结型玻璃马赛克、玻璃饰面砖、玻璃人造大理石等生产中大量使用。

（四）生产墙体材料

利用煤矸石生产墙体材料是煤矸石综合利用的主要途径之一，随着近年来墙体材料革新步入新阶段，西南师范大学环境化学研究所与四川北碚陶瓷厂共同研制了煤矸石彩釉马赛克。牟国栋等（2000）研究了硅质煤矸石的物质成分和微观结构，揭示了其纳米结构的特点，用硅质煤矸石配料烧成了硅酸锌结晶釉。此外，对于 Fe_2O_3 含量较高的煤矸石，可采用直流矿热炉冶炼硅铝铁合金。高岭石含量在 40％以上的泥质岩石类煤矸石可作为生产铸造型砂的原料。

（五）制备微晶玻璃

采用烧结法，利用煤矸石代替玻璃原料来生产建筑微晶玻璃的工艺方法为：把 58％煤矸石、42％其他原料加入到 Al_2O_3 质坩埚内，在高温电炉中进行玻璃熔化，加料温度 1250℃，熔化温度 1450℃，熔化时间 5h，之后水淬。把水淬后的玻璃烘干，经过筛分和研磨，取不同粒度比例，装入涂有脱模剂的磨具中，然后在晶化炉内加热晶化处理，加热温度为 650～800℃，晶化时间 4～6h。然后让玻璃按照退火温度曲线进行冷却退火到室温，获得 SiO_2-Al_2O_3-Fe_2O_3-R_2O-RO 系统微晶玻璃。其性能完全符合建筑行业标准《建筑装饰用微晶玻璃》（JC/T872—2000）。利用煤矸石生产的微晶玻璃是一种理想的建筑装饰材料，方法可行，工艺可靠，生产成本低，达到了整体利用的目的。

（六）制备微晶泡沫玻璃

榆林煤矸石在 1180～1220℃可熔成玻璃发泡体，可利用其熔点比较低、烧失量较小的特点研制泡沫玻璃和泡沫陶瓷。选用废玻璃 60％和煤矸石 25％（质量分数）的配比，以 3％的 TiO_2 作为成核剂，添加 8％的发泡剂碳酸钠，4％稳泡剂硼砂，用烧结法，生产出主晶相为透辉石 $CaMg(Si_2O_6)$ 和硅灰石 $CaSiO_3$ 的泡沫微晶玻璃。该材料密度为 0.4～0.6g/cm^3、导热系数为 0.9～0.12W/（m·K）、抗压强度为 5～9MPa，并可一次烧结上平滑微晶玻璃釉面、凸凹花岗岩效果釉面、裂纹效果釉面等，装饰效果独特，与其他无机墙体材料相比，煤矸石泡沫玻璃具有密度小、强度高（可高出 50％以上）、导热系数小、吸水率小，抗冻性能好、防火、防腐、防蛀、施工快捷方便，和相应主墙体材料相复合可达到一定的节能要求。

第五节　煤矸石生产化工产品

煤矸石中含有硫、铝、铁、钡、钙、钛、硅、镓、钒、锗、钽、铀等 50 多种元素，可以通过各种不同的方法提取出来制备化工原料。含铝量较高的煤矸石目前已开发的化工产品主要有结晶氯化铝、聚合氯化铝、硫酸铝、沸石等。

结晶氯化铝主要用于精密铸造的硬化剂（较氯化铁强度高）、造纸施胶沉淀剂、净化水混凝剂、木材防腐剂、制造 $Al(OH)_3$ 胶等。

聚合氯化铝又称碱式氯化铝，是一种无机高分子化合物，一种新型的混凝沉淀剂，广泛应用于净水和污水处理，以及造纸、制革、铸造、医药、轻工、机械等许多领域。用煤矸石生产聚合氯化铝投资小、成本低、工艺简单。

4A 沸石是目前最好的无磷洗涤助剂，其去污效果可与三聚磷酸钠（STPP）媲美，且对人体无害，对织物无损，易于生物降解，有利于环境保护，应用前景广阔。

一、煤矸石制 4A 分子筛

4A 分子筛是一种人工合成沸石，属于含水架状碱金属硅铝酸盐类，能吸附水、NH_3、SH_2、SO_2、CO_2、C_2H_5O、C_2H_6、C_2H_4 等临界直径不大于 4A 的分子，广泛应用于气体、液体的干燥，也可用于某些气体或液体的精制和提纯，如氩气的制取。近年来在石油、化工、冶金、电子技术、医疗卫生等方面应用广泛。特别是作为添加剂来代替洗衣粉中的三聚磷酸钠，具有去污能力强、洗涤效果好等优点。国内外传统的 4A 分子筛生产，大部分采用氢氧化钠、水玻璃和烧碱等化工原料合成的方法。由于这种原料短缺，价格昂贵，生产工艺流程较复杂，且生产成本高，阻碍了 4A 分子筛应用范围的扩大，而利用富含高岭石的煤矸石生产 4A 分子筛，原料丰富廉价，工艺流程简单，成本低廉，具有较强的市场竞争力。合成洗涤剂用 4A 沸石技术方法如下。

（一）工艺流程

沸石是一种多孔结构的含水铝硅酸盐，具有独特的矿物结构、选择吸附性和阳离子交换性等特点。既有天然的沸石矿床，又有人工合成沸石，其品种达百余种，现已广泛应用于宇航、原子能、石化、轻工、医药、建材、矿业、机械、电子、塑料、造纸、油漆、日化等领域。以废弃的煤矸石为原料，经粉碎、高温煅烧，使其完全转化为活性白土，然后在碱液中胶化，经过剪切高碰撞水化破碎，最后晶化、洗涤、干燥，即可得到高活性纳米级洗涤助剂 4A 沸石。4A 沸石是目前最好的低磷、无磷洗涤剂助剂，其去污效果可与三聚磷酸钠（STPP）媲美，且对人体无害，对织物无损，易于生物降解，有利于环境保护，应用前景广阔。传统的生产 4A 沸石的方法主要是以 $NaSiO_3$ 和 $NaAlO_3$ 为原料进行水热合成，原料成本较高，而利用煤矸石生产 4A 沸石原料充足，成本低，效益高。用于生产 4A 分子筛的煤矸石要求其在矿物组成上以高岭石矿物为主，Al_2O_3 含量高些为佳，其碱（Na_2O+K_2O）含量不宜大于 5%。

煤矸石属煤系高岭土，其 SiO_2 与 Al_2O_3 的硅铝比接近 1 时，可用来合成 4A 沸石。煤矸石 4A 沸石的合成方法分为水玻璃法（热水法）、膨润土法（活性白土法）、高岭土法和天然沸石法。其工艺流程主要为矸石采选→粉碎→除去 Fe_2O_3→煅烧→加氢氧化钠合成→结晶→过滤洗涤→干燥→粉碎→4A 沸石成品。

工艺流程如图 6.4 所示。

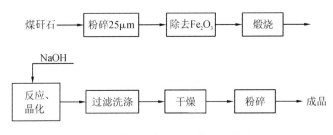

图 6.4　煤矸石合成 4A 沸石工艺流程

（二）工艺条件

将煤矸石粉碎至 $25\mu m$ 以下（600 目以上），用酸浸法或 NH_4Cl 法除去 Fe_2O_3，在 700℃下灼烧 2h 除去挥发组分并使 Al_2O_3 活化，冷却后按质量比 NaOH：煤矸石＝1：1 的比例于反应器中，加入矸石量 7～8 倍的水，搅拌下于 55℃反应 2～2.5h，再升温至 95℃恒温晶化 3～4h，趁热过滤，洗涤产品后烘干，粉碎即为 4A 沸石成品。

从技术经济角度分析，用煤矸石（高岭土）生产 4A 沸石，投资少，技术含量高，工艺流程相对较短，建设周期短，资源可综合利用，产品成本相对较低，与其他合成方法相比有较强的竞争力。据估算，用煤矸石生产 4A 沸石，其成本低于水玻璃法、膨润土法及天然沸石法，但与其性能相当的新型助剂如复合二氧化硅相比成本偏高，利润较低。

（三）产品质量

煤矸石合成 4A 沸石产品质量见表 6.10。

表 6.10　煤矸石合成 4A 沸石性能与比较

项目	一等品	合格品	煤矸石合成产品
钙交换能力/（$mgCaCO_3$/g 无水沸石）	≥295	≥285	310～337
粒度分布（$\leqslant 10\mu m$）/%	≥99	≥99	≥100
白度（W－Y）/%	≥95	≥90	96～97
pH（1%溶液，25℃）	≤11.0	≤11.3	11
灼烧失重（800℃，3h）/%	≤22	≤23	21.5

表 6.10 表明，煤矸石合成的 4A 沸石可以达到中华人民共和国轻工行业标准《洗涤剂用 4A 沸石》（QB/T1768—2003）中标准一级品的要求，在硬度、煅烧白度、均度、粒度、主要成分及含铁钛量等方面均符合要求。可以作为无磷洗涤

剂的助剂使用。

二、制备铝系产品

含有矿物元素并具有一定深加工价值的煤矸石来源于选煤矸和井巷位于特定地质层位的掘进矸。其中可利用的矿物元素主要是 SiO_2、Al_2O_3、Fe_2O_3、FeS_2 和 Mn、P、K 等。当煤矸石中的 Al_2O_3 含量高于 30%，同时杂质含量低，尤其决定产品等级的 Fe_2O_3 含量小于 1.5%，影响酸耗量的氧化钙和氧化镁低于 3% 时，通过施加一定的能量，破坏其原有的结晶相，即可利用其中的铝元素，生产硫酸铝、结晶氯化铝、聚合氯化铝、氢氧化铝、铝铵矾、聚合氯化铝铁等 20 多种铝系产品。硅铝铁合金为炼钢高效脱氧剂，氢氧化铝有多种用途，碱式氯化铝为净水剂，硫酸铝和铵明矾为烧结料。含 FeS_2 的煤矸石氧化产生的 SO_2 是污染环境的罪魁祸首，而硫又是重要的化工原料，所以，从煤矸石中回收硫铁也具有较高的生态效益和经济效益。

煤矸石中的 Al_2SO_3 一般以高岭石形式存在，经脱水分解形成活性 Al_2SO_3 和 SiO_2，加酸后生成 $AlCl_3$ 溶液，将溶液与未反应固体分离、浓缩、结晶，就得结晶氯化铝；结晶氯化铝加热，解析出一定量的盐酸，变成聚合铝单体，再将单体加水聚合即得 PAC。PAC 是一种高效的无机凝聚剂，可除浊、除味、除菌、除氟，用于石油、化工、冶金、轻工、医药及环保等领域。

（一）制取碱式氯化铝和水玻璃

煤矸石的主要成分是 Al_2O_3 和 SiO_2，如果将其破碎、焙烧、酸溶、过滤，那么滤液中的氯化铝经过浓缩、结晶、热解、聚合、干燥等作用，就可制成聚合氯化铝。该工艺产生的残渣含有大量活性物质，可用作建筑材料，如作为水泥配料。据研究，可用煤矸石在同一工艺过程中，制取碱式氯化铝（$Al_2(OH)_nCl_{6-n}$）和水玻璃（Na_2SiO_3）。将煤矸石破碎、熔烧、酸溶、过滤，滤液中的氯化铝用碱调整盐基度就可得到合格的液态碱式氯化铝。滤渣中的 SiO_2 与加入的 NaOH 在 $120\sim150℃$，在反应釜中反应 $2\sim3h$，然后在储池中沉淀，滤去不溶物，滤液浓缩后便得到水玻璃。

（二）制取聚合物氯化铝

1. 工艺流程

煤矸石用于生产聚合氯化铝和白炭黑的工艺流程如图 6.5 所示。

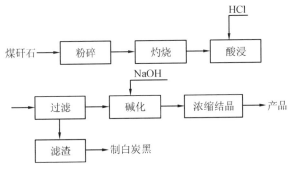

图 6.5　生产聚合氯化铝工艺流程图

2. 工艺条件

将煤矸石粉碎至 $150\mu m$ 以下（100 目以上），在 700℃灼烧 2h 后，经冷却计量放入反应器中，按其 Al_2SO_3 含量加入等物质的量的 12％的盐酸溶液，加热反应，控温在 105℃下回流搅拌反应 3h，趁热过滤，滤渣洗涤后可作为白炭黑原料使用，将滤液移入反应器中，在 60℃左右，滴加 NaOH 溶液，调 pH＝3.5～4反应 0.5h，即得到液体聚合氯化铝产品。将溶液蒸发浓缩可得固体产品。

3. 盐基度测定方法

准确称取试样约 0.1g、精确至 0.1mg，放入事先加有 10mL 的标准 EDTA溶液的锥形瓶中，加热煮沸使溶液澄清，滴入 4 滴酚酞指示剂，趁热用标准NaOH 溶液滴定至微红色，记下消耗 NaOH 体积为 V_1。再加入15mL HAc－NaAc（pH＝5.5)缓冲溶液，冷至室温后，滴加 10 滴二甲酚橙指示剂，再用Zn（NO$_3$）$_2$标准溶液滴定至玫瑰红色为终点，记下消耗体积为 V_2。

盐基度

$$B = 1 - (V_1 \times C_1 - V_2 \times C_2)/3 \times (V_0 \times C_0 - V_2 \times C_2) \times 100\% \quad (6.1)$$

式中，V_0，C_0 分别为标准 EDTA 溶液的体积（mL）和摩尔浓度（mol/L）；V_1，C_1 分别为标准 NaOH 溶液的体积（mL）和摩尔浓度（mol/L）；V_2，C_2 分别为标准 Zn(NO$_3$)$_2$溶液的体积（mL）和摩尔浓度（mol/L）。

4. 聚合氯化铝的混凝效果实验

实验结果表明，聚合氯化铝盐基度在 50％左右时，对造纸废水的净化效果可达环保要求，见表 6.11。据肖秋国等研究，利用煤矸石、玻璃粉为主要原料，

表 6.11　聚合氯化铝的混凝效果实验结果

项目	盐基度/%	用量/(g/L)	造纸废水原浊度/NTU	剩余浊度/NTU
液体聚合氯化铝	46	0.5	135	15
液体聚合氯化铝	53	0.5	135	12
液体聚合氯化铝	46	0.8	135	3

添加适量发泡剂和稳定剂研制的吸声泡沫玻璃具有质轻、不燃、不腐、不易老化、吸水后不变形及加工方便等特点。

（三）制取硫酸铝

用煤矸石制取硫酸铝工艺比较简单，主要包括破碎、酸解、过滤提纯、蒸发结晶和脱水烘干。其成品是十八水硫酸铝 $[Al_2(SO_4)_3 \cdot 18H_2O]$。肖秋国等（2002）研究了物料的掺入量、粒径和均化程度对氧化铝提取率的影响，结果表明，混合物料制备时，采用 Na_2O/Al_2O_3 分子比为 1、CaO/Si_2O 分子比为 2 的配料比例，并控制一定的粒度和均化条件，可获得合理的氧化铝提取率 80%～85%。何恩广等（2002）用硅质煤矸石作原料，以 Acheson 工艺合成了 SiC，并认为其微观结构适于 SiC 在较低温度下快速彻底地进行合成反应，工业 Acheson 法电热合成 SiC 时，以煤矸石代替石英砂和大部分价格较高或资源较匮乏、含硫挥发分较高的石油焦炭和无烟煤，可实现废弃物资源化和污染控制，并且有利于节能降耗和降低原料成本。曲剑午（2002）用以两种洗矸为主要原料制备的超细煤矸石粉作为天然橡胶 NR 的补强填充剂，进行不同硫化促进剂的选择实验，结果表明，用煤矸石粉可以部分代替通用的软质炭黑作为橡胶补强填充剂。

（四）制备铝盐产品

煤矸石中含有 20%～35% 的氧化铝，是制备硫酸铝、氢氧化铝和氧化铝等铝盐产品的优良资源。将煤矸石粉碎、煅烧，用硫酸浸取，生成的硫酸铝液相用氨水中和，产生氢氧化铝沉淀，过滤提纯干燥，即生产出氢氧化铝。氢氧化铝经高温煅烧，得到氧化铝。煤矸石制备铝盐产品工艺流程如图 6.6 所示。

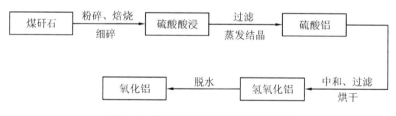

图 6.6　煤矸石制备铝盐产品示意图

用于生产铝盐产品的煤矸石原料的矿物组成要求 Al_2O_3 含量大于 25%，SiO_2 含量在 30%～50%，铝、硅比大于 0.68，Al_2O_3 浸出率大于 70%，Fe_2O_3 含量小于 1.5%，CaO 和 MgO 含量小于 0.5%。

（五）合成碳化硅（SiC）

碳化硅材料以其优异的高温强度、高导热率、高耐磨性和耐腐蚀性在磨料、耐火材料、高温结构陶瓷、冶金和大功率电子学等工业领域被广泛应用。工业上生产碳化硅主要是以石英砂、石油焦炭或优质无烟煤作原料，在炉中高温电热还原生成碳化硅，是一种高耗能、高污染的工艺。硅质煤矸石的主要组分（SiO_2和C）具有纳米粒状和纳米层状结构，采用高硅质煤矸石和部分弱黏煤代替石英砂和焦炭或无烟煤合成 SiC，与传统原料相比其反应速度快且反应温度低，可以代替石英砂和大部分价格较贵的石油焦炭，并可以提高产率、降低能耗和生产成本，是开展煤矸石综合利用，实现废弃物资源化和控制污染的途径之一，具有较高的应用价值和应用前景。

（六）制备白炭黑

白炭黑（又称沉淀二氧化硅、轻质二氧化硅）是一种白色无定形、质轻多孔的细粉状无机化工产品，主要用于橡胶制品、纺织、造纸、农药、食品添加剂等工业中作为环保、性能优异的助剂。

利用煤矸石制白炭黑的方法为：首先调整水玻璃制备过程中未经浓缩的硅酸钠溶液密度，将其移入碱解罐中，在适当条件下冷却、抽滤除去水解产物，滤液注入搪瓷桶中；然后在搅拌下加热至一定温度，通入适当的 CO_2 和空气，冷却抽滤，滤饼用水洗去大部分碱质后与等量水混合均匀，将所得悬浮液中和到 pH＝2～3，抽滤洗涤至无 SO_4^{2-}，将滤饼放在瓷盘中烘干至含水小于 2%，即得白炭黑。将煤矸石煅烧、酸浸、过滤，滤渣和碱液反应制得未经浓缩的硅酸钠溶液，调整其密度，抽滤除去水解产物，将滤液加热，通入二氧化碳和空气混合气体，冷却抽滤，滤饼烘干，即得纳米级的白炭黑。煤矸石制备白炭黑的工艺流程如图 6.7 所示。

图 6.7　煤矸石制备白炭黑工艺流程

（七）制含铝产品

利用煤矸石制取含铝产品一直是煤矸石资源化利用在化工方面的一个重要内容。利用煤矸石制取出来的含铝产品有纳米 Al_2O_3、超细氧化铝粉、结晶氯化铝以及含铝无机高分子絮凝剂（IPF）等，其中煤矸石制取 IPF 最早的产品是聚合氯化铝（PAC），经过半个多世纪的发展，现在已经研究出絮凝效果更好的聚硫氯化铝（PACS）、聚硅酸铝盐（PSA）、聚合氯化铝铁（PAFC）、含活性硅酸的聚合氯化铝铁（SPAFC）、聚合硅酸硫酸铝（PASS）等。煤矸石生产含铝产品工艺流程如图 6.8 所示。

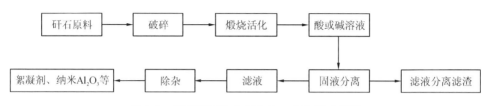

图 6.8 煤矸石制取含铝产品工艺流程示意图

三、制备硅系产品

煤矸石中的 SiO_2 的含量达 50% 以上时可有效利用其中的硅元素，开发硅系列化工产品，如水玻璃、白炭黑、陶瓷原料等。采用煤矸石酸浸渣生产水玻璃操作简单、反应条件易控、成本低，较常规生产工艺有市场竞争力。其资源化再生利用的工艺方法是，首先将这些酸渣与烧碱反应，即可制得水玻璃，再以水玻璃和硫酸为原料，在一定条件下进行化学反应，经过洗涤、干燥即可制得白炭黑。白炭黑是一种工业填料，可作为塑料填充剂，具有广泛的市场用途。

煤矸石生产聚合氯化铝的硅渣中常含有大量 SiO_2，将其与 NaOH 反应就可制得水玻璃，该工艺可在常压下进行，操作简单，成本低，经济效益好，很有开发前景。

在利用煤矸石中的 Al_2O_3 制取 $AlCl_3$ 的同时，也能利用其中的 SiO_2 生产出聚硅酸，将 $AlCl_3$ 与聚硅酸混合即可得到聚硅酸铝混凝剂。

四、制备钛白粉

当煤矸石中 TiO_2 含量达到 7.2% 时，便可用于制取钛白粉。此方法以白炭黑或水玻璃的残渣（含 TiO_2 32%～39%）为原料，加入盛有硫酸的反应釜中，用压缩空气以鼓泡方式加以搅拌，加热后冷却、抽滤洗涤，将滤液浓缩，放入水解反应器内，在搅拌的条件下加入总 Ti 量 10% 的晶种，以蒸汽加热至沸，进行水解生成偏钛酸，然后冷却过滤，滤饼用 10% 的硫酸和热水洗至检不出 Fe^{2+} 为止，再进行漂白、过滤、洗涤得纯净偏钛酸，送入回转炉脱水转化煅烧，粉碎即得钛白粉。此工艺成本低，产品性能好。

五、制无机纤维

煤矸石无机纤维，是将煤矸石在高温封闭式熔炉中加热熔化，并采用高速离心特种专用设备将高达 1600℃ 以上的熔体，制成的直径为 0.01～0.05 mm，长度为 0.8～8mm 的超细无机纤维。既综合利用了煤矸石，又避免了环境污染，减少了废弃物占用耕地面积，还能创造可观的经济效益。这种无机纤维在柔软性和韧性方面具有独特优势，可生产建筑材料和保温材料，更可用来替代植物纤维造纸，具有广阔的市场前景和发展空间。

六、制取高效混凝剂

在用煤矸石生产聚羟基氯化铝的基础上，通过加入多价离子可生成复合絮凝剂。该产品的净水效能明显优于聚羟基氯化铝，可广泛用于饮用水、工业用水及各种污水的净化处理方面，对低温低浊原水有特效。该液体外观呈棕褐色，铁≤3.0%、密度（20℃）≥1.25g/cm³、铅≤10×10⁻⁶、pH3.5～5.0、砷≤5×10⁻⁶、$Al_2O_3+Fe_2O_3=10.5\%$、铬≤10×10⁻⁶、盐基度50%～70%、镉≤2×10⁻⁶、硫酸根≤4.0%、汞≤0.2×10⁻⁶。生产的主要设备有沸腾炉、反应罐、离心设备、蒸发器等。

七、煤矸石在高分子材料方面的应用

利用煤矸石密度小、易于加工、价格低廉的优点，以及处理后与高分子材料有良好的混合性能，可作为生产塑料、橡胶等有机高分子材料产品的充填剂，还可应用于酚醛、尼龙等工程塑料中，经表面处理过的充填剂可增大其在塑料中的充填率，大大改善产品性能。

近年来，随着煤矸石综合利用的深入开展，国内外在对煤矸石进行深加工的过程中，已制备出β-SiC超细粉、β-SiC-Al_2O_3复相材料、多孔陶瓷、吸声泡沫玻璃、橡胶补强填充剂、铸造型砂和造型粉、冶炼硅铝铁合金、Y型沸石等新型材料，这些附加值高、性能优异的材料正被广泛地应用在现代生产和生活中。

第六节　煤矸石的其他应用

一、煤矸石肥料

煤矸石一般含有大量的炭质页岩或粉砂岩、15%～20%的有机质，以及高于土壤2～10倍的B、Zn、Cu、Co、Mo、Mn等微量元素，是生产肥料的好原料。据不完全统计，全国有微生物化肥厂50余座，年生产能力40多万t，大部分以煤矸石为载体。

利用煤矸石为原料生产肥料，根据生产原理和工艺的不同，分为煤矸石有机复合肥料、煤矸石微生物肥料和煤矸石无机复合肥料等。

（一）煤矸石有机肥复合肥料

对于生产肥料来讲，煤矸石中的有机质含量越高越好。有机质含量在20%以上，pH在6左右（微酸性）的碳质泥岩或粉砂岩，经粉碎磨细后，按一定比例与过磷酸钙混合，加入适量活化剂与水，充分搅匀后堆沤，可制得新型农肥，该农肥掺入 N、P、K 后，即可获得全营养矸石复合肥。

　　制备有机肥复合肥料的煤矸石要求有机质含量大于 20％，粒径小于 6mm，其中 N、P、K 等植物生长所必需的元素含量要高，并应富含农作物生长所必需的 B、Cu、Zn、Mo、Co 等微量元素，有害元素 As、Cd、Pb、Se 等要符合环境保护部《农用粉煤灰污染物控制标准》（GB8173—87）农用标准的要求。

　　煤矸石有机复合肥料可增加土壤疏松、透气性，改善土壤结构，提高土壤肥力，达到增产的目的。生产煤矸石有机复合肥一般用化学活化法。选用含有机质较高的破碎煤矸石粉与过磷酸钙混合，加入适量的活化添加剂，堆沤活化即成。还可在活化后掺入 N，K 和微量元素等制成全养分矸石肥料。利用煤矸石生产农用肥料，在美国、俄罗斯施用，农作物产量提高 10％～40％。我国开发的全养分矸石有机-无机复合肥料，在西瓜、苹果等经济作物施用后增产 15％～20％。

　　西安煤科分院研制的全养分煤矸石肥料和专用煤矸石肥料有较好的增产效果。陕西韩城下峪口煤矿利用煤矸石生产的有机复合肥料，用于山西省运城地区的农田后有明显的增产效果，在当年较干旱的气候条件下冬小麦仍增产 13.4％（朱秀梅等，2011）。

（二）煤矸石微生物肥料

　　煤矸石和风化煤中含有大量有机物，是携带固氮、解磷、解钾等微生物的理想基质，因而可作为微生物肥料，又称菌肥。以煤矸石和廉价的磷矿粉为载体，外加添加剂等，可制成煤矸石微生物肥料，主要以固氮菌肥、磷肥、钾细菌肥为主。这种肥料可作为主施肥应用于种植业。煤矸石中有机质含量越高，煤矸石微生物肥料的碳素营养越充足，就越有助于肥效的发挥，作为微生物肥料载体的煤矸石，要求：灰分≤85％，水分＜2％，全汞≤3mg/kg，全砷≤30mg/kg，全铅≤100mg/kg，全镉≤3mg/kg，全铬≤150mg/kg；磷矿粉的全磷含量应＞25％。见表 6.12。

表 6.12　微生物肥料对煤矸石的指标要求

项目	灰分/％	水分/％	全汞/（mg/kg）	全砷/（mg/kg）	全铅/（mg/kg）	全铬/（mg/kg）	全镉/（mg/kg）
含量	≤85.0	＜2.0	≤3.0	≤30.0	≤100.0	≤150.0	≤3.0

　　煤矸石中主要有碳质泥岩、碳质页岩和含炭粉砂岩，有机质和 B、Zn、Cu、Co、Mo、Mn 等微量元素含量丰富，适宜于生产肥料，煤矸石中的有机物是携带固氮、解磷、解钾等微生物最理想的原料基质和载体，成为生产微生物肥料重要的原料。煤矸石微生物肥料是一种广谱性的微生物肥料，适用于各个地方的各

种植物；制作工艺简单，投资节省 10% 左右，能耗减少 5%～10%；整个生产过程不排渣。据不完全统计，全国有微生物菌肥厂 50 余座，年生产能力 40 多万 t，获得了显著的经济效益和社会效益。与其他肥料相比，煤矸石微生物肥料是一种广谱性的生物肥料，施用后对农作物有奇特效用。煤矸石菌肥生产工艺简单、耗能低、投资少、生产过程不排渣。目前，煤炭系统共建有煤矸石微生物肥料厂 50 余座，年产菌肥约 40 万 t，有很好的经济效益和社会效益。深圳大学光电子学研究所和北京林业大学、山西潞安矿业集团、潞安职业技术学院合作开发的煤矸石复合微生物肥料无毒、无害、无污染、广普、优质、高效，并在青椒、玉米、谷子施用后效果良好，分别增产 9.3%、0.4% 和 10.3%，维生素 B 含量提高 103.1%。

（三）硫酸铵肥料

工业上生产硫酸铵主要是通过合成氨与硫酸直接作用或将氨与二氧化碳通入石膏粉的悬浮液制得。用煤矸石生产硫酸铵的原理是煤矸石内部的硫化铁在高温下形成二氧化硫，再氧化成三氧化硫，三氧化硫遇水而形成硫酸，并与氨的化合物生成硫酸铵。经检验，这种硫酸铵的肥效很好。

二、煤矸石改良土壤

含有大量 Al_2SO_3 和 Fe_2O_3 的煤矸石，经粉碎后，与土壤掺和，配一些有机肥料，如粪便、草木灰等，作为农田肥料和土壤的改良剂，能够改良土壤的结构，增加土壤的空隙率，提高连通性和土壤的含水性能。煤矸石中的硫还能提高土壤的酸性，使土壤中的水分不易蒸发，空气中的氧可以较充分地进入土壤和水中，有利于好氧细菌和兼氧细菌的新陈代谢，分解有机物，增强土壤中微生物活性，促进养分转化。

针对某一特定土壤，利用煤矸石的酸碱性及其中丰富的微量元素和营养成分，适当掺入一些有机肥，可有效改良土壤结构，增加土壤疏松度和透气性，提高土壤含水率，调节土壤的酸碱度，促进土壤中各类细菌新陈代谢，丰富土壤腐殖质，提高土壤肥力，促进植物生长。

利用煤矸石搭设沙障固沙，不仅可防风固沙，还对沙地土壤有明显的改良作用。

三、直接回收煤矸石中共伴生组分

煤矸石中含有 Al，Fe，S，As，Gd 等多种元素，当其含量达到一定的富矿含量时可回收利用，如回收黄铁矿、硫铁矿，提取稀土元素和有价金属，制取碱式氯化铝、水玻璃、聚合物氯化铝、硫酸铵、硫酸铝等产品。富镓煤矸石是指金属镓含量大于 30g/t 的煤矸石。煤矸石中镓的浸出可采用高温煅烧浸出和低温酸性浸出两种方法。富钛煤矸石可以用于生产钛白粉。用硫酸和生产水玻璃的残渣对富钛煤矸石进行酸解反应，经脱水、转化、煅烧，粉碎后即得钛白粉。富硫煤矸石是国内硫铁矿的主要来源，我国在高硫煤矿区南桐、天府等相继建设了硫精矿回收车间，回收硫铁矿，使资源得到合理利用，减少硫黄进口。

四、煤矸石制取造纸涂料

煤矸石生产造纸级涂料产品，不仅是煤矿科技进步的方向之一，也是增加煤矿经济效益的有效途径。张锦瑞等（2005）先用盐浸对煤矸石除铁，再依次经历酸浸（18%浓度的盐酸）、漂白（保险粉 4%，pH1.5，草酸 3%，液固比 4∶1，温度室温）、煅烧（1000℃，2h），酸浸煅烧漂白流程试验结果浸出率为 50.6%，白度为 70.25%。张银年等（1997）成功制了白度＞90%的双“90”高档大段烧高岭土造纸涂料，经检验主要指标达到美国煅烧土质量标准。另外，国内多条利用煤矸石制取无机纤维及无机纤维防火用纸生产线在山西太原玉盛源能源发展有限公司和河南省鹤壁洁联新材料科技有限公司已建成投产（李平等，2014）。

五、提取煤矸石有价元素

煤矸石中除含有大量的铝、硅、铁、钙等有价元素和微量元素外，还有镓、钒、钛、钴等稀有元素。对这些稀有元素的提取是煤矸石深加工开发的一个方向。刘广义和戴塔根（2000）从煤矸石中提取镓的工艺主要是高温煅烧浸出和低温酸性浸出两种方法。提取的镓经多级连续逆流萃取，可使镓富集 100 倍以上。田爱杰（2005）以煤矸石、粉煤灰为原料，采用低温酸浸法（浸出液浓度为 6mol/L 的 HCL 溶液，液固体积质量比 40∶1）提取率达到了 90% 以上。并用正交实验考察了灼烧温度、灼烧时间、酸浸温度、酸浸时间等多个因素对镓提取率的影响，从而得到提取金属镓的最优条件。

第七节　粉煤灰的综合利用

粉煤灰是煤燃烧后的烟气中收捕下来的细灰。它是燃煤电厂将煤磨细成 $100\mu m$ 以下的煤粉，用预热空气喷入 $1300\sim1500℃$ 的炉膛内，在其悬浮燃烧后形成的固体废物。产生的高温烟气，经收尘装置捕集就得到粉煤灰（或叫飞灰）。少数煤粉在燃烧时因互相碰撞而黏结成块，沉积于炉底成为底灰。飞灰占灰渣总量的 80%～90%，底灰占其总量的 10%～20%。

粉煤灰收集包括烟气除尘和底灰除渣两个系统，粉煤灰的排输分干法和湿法两种方法。干排是将收集到的飞灰直接输入灰仓。湿排是通过管道和灰浆泵，利用高压水力把粉煤灰输送到储灰场或江、河、湖、海。湿排又分灰渣分排和混排。目前我国大多数燃煤电厂采用湿排。

一、粉煤灰的组成、性质与用途

粉煤灰的化学组成与煤的矿物成分、煤粉细度和燃烧方式有关，其主要成分为 SiO_2、Al_2O_3、Fe_2O_3、CaO 和未燃炭，另含有少量 K、P、S、Mg 等化合物和 As、Cu、Zn 等微量元素。平顶山市粉煤灰主要成分见表 6.13。

表 6.13　平顶山市粉煤灰主要化学成分

成分	SiO_2	Al_2O_3	Fe_2O_3	CaO	MgO	K_2O	Na_2O	SO_3	烧失量
含量/%	40.9~59.7	20~35	1.5~10	0.8~20	0.5~2	0.5~3	0.5~1	0.1~3	1.5~2.8

粉煤灰的化学成分是评价粉煤灰质量优劣的重要技术参数。根据粉煤灰中 CaO 含量的高低，将其分为高钙灰和低钙灰。CaO 含量在 20% 以上的叫高钙灰，其质量优于低钙灰。一般低钙粉煤灰的化学成分见表 6.14，其成分与黏土类似。另外，煤粉经燃烧后颗粒变小，孔隙率提高，比表面积增大，活性程度和吸附能力增强，电阻值加大，耐磨强度变高，三维压缩系数和渗透系数变小。粉煤灰的烧失量可以反映锅炉燃烧状况，烧失量越高造成的能源浪费越大，粉煤灰质量越差。

表 6.14　我国一般低钙粉煤灰的化学成分

成分	SiO_2	Al_2O_3	Fe_2O_3	CaO	MgO	SO_3	Na_2O_3及K_2O	烧失量
含量/%	40~60	17~35	2~15	1~10	0.5~2	0.1~2	0.5~4	1~26

我国是世界上少数几个以煤为主要能源的国家之一，据统计，2011 年煤炭在我国一次能源生产和消费结构中的比重分别为 78.6% 和 72.8%。2011 年全国粉煤灰产生量高达 5.4 亿 t，较 1995 年提高了 5.45 倍。粉煤灰的急剧增加，不仅大量占用土地，还造成了严重的环境污染。因此，发展粉煤灰综合利用对实施可持续发展战略具有重要意义。

粉煤灰因其良好的物理、化学性能和利用价值，具有广阔的应用和开发前景。在国家产业政策引导和相关优惠政策以及科技创新资金的扶持下，我国粉煤灰综合利用事业得到迅速发展，粉煤灰综合利用量由 2007 年的 2.6 亿 t 提高到 2011 年的 3.67 亿 t，如图 6.9 所示。

目前粉煤灰在建筑工程、建材工业、道路工程等领域的技术及应用已经十分成熟；生产建材产品技术装备水平达到国际先进水平，高附加值利用方面获得了较大突破，利用粉煤灰中提取微珠生产耐火材料和保温材料也形成一定规模，根据国家发展和改革委员会发布的《中国资源综合利用年度报告（2012）》数据显示，2011 年我国粉煤灰用于水泥生产约 1.5 亿 t，占利用总量的 41%；用于生产商品混凝土 7100 万 t，占利用总量的 19%；用于生产粉煤灰砖 9600 万 t，占利用总量的 26%，用于筑路、农业和提取矿物等高附加值利用各占 5%、5% 和 4%，如图 6.10 所示。

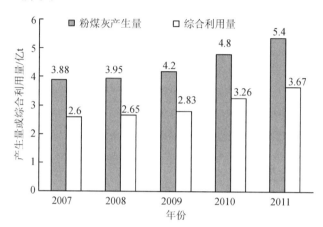

图 6.9　2007～2011 年粉煤灰产生和综合利用情况

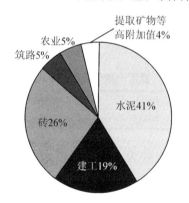

图 6.10　2011 年粉煤灰综合利用途径

二、利用粉煤灰回收工业原料

（一）回收煤炭资源

我国热电厂粉煤灰含碳量一般在 5%～7%，含碳量大于 10% 的电厂约占 30%，据统计，仅湖南省各热电厂每年从粉煤灰中流失的煤炭就达 2×10^5 t 以上。因此，从粉煤灰中回收煤炭资源，不仅有利于其作建材原料的再生利用，而且节约了宝贵的资源，非常必要。

煤炭的回收方法与排灰方式有关。一般用浮选法回收湿排粉煤灰中的煤炭，用静电分法法回收干灰中的煤炭。浮选法回收煤炭资源，回收率可达 85%～94%，静电分法炭回收率一般在 85%～90%，回收煤炭后的灰渣可作建筑原料。

（二）回收金属物质

一般来说，粉煤灰含 4%～20% 的 Fe_2O_3，最高达 43%，当 Fe_2O_3 含量大于 5% 时，即可回收。Fe_2O_3 经高温焚烧后，部分被还原成 Fe_3O_4 和铁粒，可通过磁选回收。Al_2O_3 是粉煤灰的主要成分，一般含 17%～35%，可作宝贵的铝资源。铝回收还处于研究阶段，一般要求粉煤灰中 Al_2O_3 高于 25% 方可回收。目前铝回收有高温熔融法、热酸淋洗法、直接熔解法等多种方法。

粉煤灰中还含有大量稀有金属和变价元素，如铂、锗、镓、钪、钛、锌等。美国、日本、加拿大等国进行了大量开发，并实现了工业化提取铂、锗、钒、铀。我国也做了很多工作。例如，用稀硫酸浸取硼，其溶出率在 72% 左右，浸出液螯合物富集后再萃取分离，得到纯硼产品；粉煤灰在一定条件下加热分离镓和锗，回收 80% 左右的镓；再用稀硫酸浸提、锌粉置换以及酸溶、水解和还原，制得金属锗，所以粉煤灰又被誉为"预先开采的矿藏"。

（三）分选空心微珠

空心微珠是 SiO_2、Al_2O_3、Fe_2O_3 及少量 CaO、MgO 等组成的熔融结晶体，它是在 1400～2000℃ 温度下或接近超流态时，受到 CO_2 的扩散、冷却固化与外部压力作用而形成的。快冷时形成能浮于水上的薄壁珠，慢冷时则形成圆滑的厚壁珠。空心微珠的容重一般只有粉煤灰的 1/3，其粒径多在 75～125 μm，它在粉煤灰中的含量最多可达 50%～70%，通过浮选或机械分选，可回收这一资源。

空心微珠具有多种优异性能：耐热、隔热、阻燃，是新型保温、低温制冷绝热材料与超轻质耐火原料。它还是塑料，尤其是耐高温塑料的理想填料，用它作聚乙烯、苯乙烯的充填材料，不仅可提高其光泽、弹性、耐磨性，而且具有吸声、减振和耐磨效果。利用粉煤灰空心微珠再生塑料，价格低廉、节约资源、经济效益十分显著。因空心微珠表面多微孔，可作石油化工的裂化催化剂和化学工业的化学反应催化剂，也可用作化工、医药、酿造、水工业等行业的无机球状填充剂、吸附剂、过滤剂。在军工领域，它被用作航天航空设备的表面复合材料和防热系统材料，并常被用于坦克刹车。空心微珠比电阻高，且随温度升高而升高，因而又是电瓷和轻型电器绝缘材料的极好原料。

（四）用作环保材料

利用粉煤灰可开发环保材料。制造人造沸石和分子筛，不但节约原材料，而且工艺简单，生产的产品质量达到甚至优于化工合成的分子筛；制造絮凝剂，具有强大的凝聚功能和净水效果；作吸附材料，浮选回收的精煤具有活化性能；还可制作活性炭或直接作吸附剂，直接用于印染、造纸、电镀等各行各业工业废水和有害废气的净化、脱色、吸附重金属离子，以及航天航空火箭燃料剂的废水处理，吸附饱和后的活化煤不需再生，可直接燃烧。

三、粉煤灰作建筑材料

粉煤灰中所含的 CaO、SiO_2 等活性物质可广泛用作建材和工业原料。目前我国粉煤灰主要用作配制粉煤灰水泥、粉煤灰混凝土、粉煤灰烧结砖与蒸养砖、粉煤灰砌块、粉煤灰陶粒等建筑材料。

粉煤灰水泥又叫粉煤灰硅酸盐水泥，它是由硅酸盐水泥熟料和粉煤灰，加入适量石膏磨细而成的水硬胶凝材料，能广泛用于一般民用、工业建筑工程、水工工程和地下工程。粉煤灰混凝土是以硅酸盐水泥为胶结料，砂、石等为骨料，并以粉煤灰取代部分水泥，加水拌和而成。新中国成立以来，我国曾在刘家峡等大型水利大坝工程中采用了粉煤灰混凝土。粉煤灰的成分与黏土相似，可以替代黏土生产粉煤灰烧结砖、粉煤灰蒸养砖、粉煤灰免烧免蒸砖、粉煤灰空心砖等。粉煤灰硅酸盐砌块是以粉煤灰作原料，再掺入少量石灰、石膏及骨料，经蒸气养护而成的一种新型墙体材料，具轻质、高强、空心和大块等特点，与砖相比具有工效高、投资省等优点，但要求其中 Al_2O_3、SiO_2 含量高，细度好，含碳量低等，具体要求见中华人民共和国住房和城乡建设部《粉煤灰硅酸盐砌块》（JC238-78）。

四、粉煤灰作土建原材料和填充土

粉煤灰能代替砂石、黏土用于高等级路基和修筑堤坝。其用作路坝基层材料时，掺和量高、吃灰量大，且能提高基层的板体性和水稳定性。目前我国公路、尤其是高速公路常采用粉煤灰、黏土和石灰掺和作路基材料。我国三门峡、刘家峡、亭下水库等水利工程，秦山核电站、北京亚运工程等，以及国内一些大的地下、水上及铁路的隧道工程等，均大量掺用了粉煤灰，一般掺用量 25%～40%，不仅节约大量水泥，并提高了工程质量。利用粉煤灰回填煤坑、洼地、塌陷地，既降低了塌陷程度，处理了大量灰渣，还复垦造田，改善了生态环境，实现了多赢。

五、粉煤灰作农业肥料和土壤改良剂

粉煤灰具有质轻、疏松多孔的物理特性，还含有磷、钾、镁、硼、钼、锰、钙、铁、硅等植物所需的元素，可用于制作农业肥料与土壤改良剂，其良好的物化性能可用于环境保护及治理，因而广泛应用于农业生产。在土壤中直接施用粉煤灰，可改良土质，改善土壤的水、肥、气、热条件，促进作物的早熟和丰产，提高作物的抗旱能力。因其含有大量农作物所必需的营养元素硅、钙、镁、磷、钾等，粉煤灰还可直接用作农业肥料和制造各种复合肥。

第八节　小　　结

煤矸石是煤矿建设、煤炭开采及加工过程中排放出的废弃岩石，是排放量最大的工业固体废弃物，其主要化学成分为 SiO_2、Al_2O_3 和 C，此外，还含有 Fe_2O_3、CaO、MgO、Na_2O、K_2O、SO_3、P_2O_5、N 和 H 及少量 Ti、V、Co 和 Ga 等金属元素。我国煤炭年产量约 10×10^9 t，居世界第一位，煤矸石产量约为原煤总产量的 $15\% \sim 20\%$，积存已达 70×10^9 t，占地 2.0×10^4 hm^2，而且每年还以较高的速度增长。然而煤矸石的综合利用尚不到 15%，约 300×10^4 t，余下煤矸石多采用圆锥式或沟谷倾倒式自然松散地堆放在矿井四周。煤矸石露天堆放带来了严重的环境污染，是矿区生态环境的主要污染源之一。露天堆放的煤矸石一般经日晒、雨淋、风化、分解，产生大量的酸性水或携带重金属离子的水，下渗损害地下水质，外流导致地表水的污染。近 1/3 的煤矸石由于黄铁矿和含碳物质的存在发生自燃，产生有害气体，严重污染环境。煤矸石堆放不仅对矿区的自然景观造成一定的影响，有时会产生滑坡和泥石流现象。煤矸石具有分布广、呆滞性大，对环境污染种类多、范围广、持续时间长的特点。

国内外的研究与实践证明，煤矸石富含多种矿物元素，具有较高的应用价值和广泛的应用前景。含碳量较高的煤矸石，可从中回收煤炭或用作工业生产的燃料，如化铁、烧锅炉、烧石灰、生产煤气或在选煤厂通过洗选回收煤炭。含碳量较低的煤矸石可用于生产砖瓦、水泥、轻骨料、矿渣棉和工程塑料等建筑材料。含碳量极少的煤矸石可用于填坑、造地、回填露天矿和用作路基材料。氧化铝含量高的煤矸石，可提取聚合铝、氯化铝和硫酸铝等化工产品。自燃后的煤矸石经过破碎、筛分，可以配制胶凝材料。一些煤矸石粉还可用来改良土壤、制造肥料和农药载体。综合利用煤矸石是节约土地、合理利用资源的重要途径，也是治理污染、改善环境，实现可持续发展的重要举措。世界上许多国家都很关注煤矸石的利用，将其称为"新资源"。法国、波兰、苏联、英国、美国、芬兰等利用煤矸石生产建筑材料，已取得成功的经验。我国政府对此高度重视，近年来采取一系列政策，如资金补助、贴息贷款、减免税赋等扶持性措施鼓励煤矸石综合利用的研究和生产，目前，我国已将煤矸石用于发电，生产各种化工产品、建筑材料和有机复合肥料等，取得了可喜的成就。归纳起来主要有以下几个方面：直接分离，回收矿产资源，煤矸石供热发电，替代黏土生产砖、水泥、烧陶粒等建筑材料，用作铁路堤坝、公路路基、填坑造地、露天矿回填、矿区复垦等的工程填筑材料以及化工填料及农药、化肥载体等，搭设沙障固沙，防风固沙，改良土壤，生产化工产品，如氯化铝、聚硅酸铝混凝剂、钛白粉、明矾以及镓等化学产品和稀有元素。通过对煤矸石进行开发利用，不仅消除了污染源，而且创造了社会财富，增加了就业岗位，变废为宝，产生了巨大的社会、生态和经济效益。

据统计，全国煤矿已建成运行的煤矸石发电厂128个，总装机容量约200万kW，正在建设的达 $30×10^4$ kW。山西晋能新能源发电投资公司投资4.45亿元建设的侯马电厂采用流化床煤矸石燃烧技术，实现城市污水回用以及集中供热，年可消耗煤矸石 $30×10^4$ t，回收利用污水365万t，年发电量为5.5亿 kW·h。

全国煤矸石砖年产量已达 $200×10^9$ 块，每年综合利用煤矸石约 $5000×10^4$ t。实践表明，每万标块煤矸石砖可以利用的余热相当 0.12t 标煤。节能与余热利用相加，每万标块煤矸石砖比黏土砖可节省 1.12t 标煤。全国年产 200 亿块煤矸石烧结砖，节省 $224×10^4$ t 标煤。据资料统计，每生产 $1×10^4$ 块黏土砖需用土地 13.3m²，而煤矸石砖不用土地或少用（30%）土地。全国年生产 200 亿煤矸石砖，可节约土地 2000～28 000hm²。每 $1×10^4$ t 煤矸石占用土地 300m²，年利用煤矸石 $3500×10^4$～$5000×10^4$t，可腾出煤矸石占地 112～160hm²。以上两项合计，可节约土地 2100～3000hm²。而且，煤矸石砖强度高、热阻大、隔音好，可降低建筑物墙体厚度，减少用砖量；同时由于煤矸石砖外观整洁，抗风化能力强，色泽自然，可以省去抹灰、喷涂等建筑工序，降低建筑和维护成本，与传统黏土砖相比有着更高的性价比和更强的市场竞争力。

利用煤矸石代替黏土生产水泥成效显著。河南义马煤业集团公司水泥厂利用煤矸石代替黏土生产水泥，煤矸石掺量达 30%，使吨熟料用煤（非标准煤）由 475kg 降至 378kg，每年可节煤 $1.164×10^4$ t。熟料台时产量由 6.54t 提高到 8.33t，而且吨熟料电耗下降 6.93kW。衡阳市白沙煤电集团方宁建材公司利用煤矸石取代黏土生产水泥，大大降低了生产成本，实现了节能降耗，变废为宝目标，为企业生产经营带来了可观的经济效益和社会效益。生产的水泥色泽好，质量优，受到当地用户及施工单位的青睐和欢迎。

我国用煤矸石生产复合肥料已取得重要进展。北京市勘察院与中国地质大学合作，利用煤矸石生产的高浓度有机复合肥，具有速效和长效的特点，适宜于各种农作物的土壤。重庆煤炭研究所利用煤矸石制取氨水，产品除氢氧化铵外，还含有亚硫酸铵、碳酸铵和磷、钾等，属于复合肥料。钱兆淦（1997）利用含碳量较高的煤矸石作为主要原料研制成的有机无机复混肥料，在陕西渭南地区进行田间试验的结果证明，苹果施用煤矸石肥料比施用同等养分含量的掺和化肥和市售苹果专用肥有显著的增产效果，平均增产 19%～37%。

主要成分为 SiO_2、Al_2O_3、Fe_2O_3、CaO 和未燃炭，另含有少量 K、P、S、

Mg 等化合物和 As、Cu、Zn 等微量元素的粉煤灰具有良好的物理、化学性能和极高的利用价值，此回收工业原料、用作建筑材料、土建原材料、填充土以及用作农业肥料和土壤改良剂等"二次资源"，具有广阔的应用和开发前景。

煤矸石、粉煤灰的综合利用是节约土地、合理利用资源的重要途径，是煤炭企业结构调整、增强竞争力的必然选择，也是治理污染、改善环境，实现可持续发展的重要举措。目前，我国粉煤灰在建筑工程、建材工业、道路工程等领域的技术及应用已经十分成熟；生产建材产品技术装备水平达到国际先进水平，高附加值利用方面获得了较大突破，利用粉煤灰中提取微珠生产耐火材料和保温材料也形成一定规模。煤矸石综合利用除了发电、井下充填置换煤、制作建材、深加工外，筑基修路、土地复垦等也都是很有效的利用途径。利用量增长，高附加值利用成效显著，政策引导更为规范是我国粉煤灰、煤矸石综合利用的显著特点。

参 考 文 献

苌现伟 . 2013. 应用煤矸石回填高速公路路基 . 现代公路，(9)：187-188.

陈平 . 2003. 煤矸石做道路基层材料的应用分析 . 山西建筑，29 (1)：182-186.

邓少霞，薛群虎 . 2010. 白水煤矿煤矸石基本性能研究与分析 . 矿物岩石，30 (3)：34-37.

丁忠浩，翁达 . 2006. 固体和气体废弃物再生与利用 . 北京：国防工业出版社 .

段永红，赵景逵 . 1998. 煤矸石山表层矸石风化物的盐分状况与复垦种植 . 山西农业大学学报，(4)：337-339.

樊金拴 . 2008. 煤矸石对环境的危害与开发利用研究 . 资源开发与市场，24 (1)：56-59.

郭彦霞，张圆圆，程芳琴 . 2014. 煤矸石综合利用的产业化及其展望 . 化工学报，65 (7)：2443-2453.

何恩广，王晓刚，陈寿田 . 2001. 用硅质煤矸石合成 SiC 的研究 . 硅酸盐学报，29 (1)：72-75.

何俊瑜，任艳芳，李亚灵，等 . 2010. 煤矸石作无土栽培基质的可行性研究 . 环境科学与技术，33 (11)：163-166.

胡杰，肖渊甫，樊庆鹏 . 2012. 浅析四川雅安地区小型煤矿煤矸石的综合利用与环境保护 . 四川有色金属，(1)：59-61.

雷增民，潘宝峰，张景君，等 . 2013. 国内煤矸石综合利用现状 . 西部探矿工程，(9)：71-74.

李平，田红丽，刘荣杰 . 2014. 煤矸石制备高附加值化工产品的研究现状 . 能源环境保护，28 (3)：24-25，37.

李瑞锋 . 2013. 冯家塔煤矿煤泥和煤矸石综合利用方案探讨 . 现代矿业，(8)：89-91，97.

李涛然，钱鹏亮，孙忠韩，等 . 2013. 煤矸石污染研究及在道路应用中的现状 . 江西建材，(2)：151-152.

刘春荣，宋宏伟，董斌 . 2001. 煤矸石用于路基填筑的探讨 . 中国矿业大学学报，30 (3)：294-297.

刘广义，戴塔根 . 2000. 富镓煤矸石的综合利用 . 中国资源综合利用，(12)：16-19.

刘俊尧，裴春平，刘晓惠，等 . 2000. 煤矸石做道路基层材料的应用分析 . 云南交通科技，16 (3)：23-26.

吕珊兰，武冬梅，冯两蕊，等 . 1996. 无复盖煤矸石风化物上施肥种植红豆草效果的研究 . 煤矿环境保护，10 (2)：32-35.

马平，施东来 . 1999. 煤矸石膨胀性的研究 . 长春科技大学学报，29 (3)：312.

牟国栋，王晓刚，李晓池 . 2000. 用硅质煤矸石配料烧制硅酸锌结晶釉的研究 . 西安科学院学报，(1)：

7-50.

聂永丰，金宜英，刘富强．2013．固体废物处理工程技术手册．北京：化学工业出版社．

钱兆淦．1997．煤矸石肥料在苹果上施用效果的研究．陕西农业科学，(1)：13-14.

曲剑午．2002．煤矸石粉作聚合物补强填充剂的研究．煤炭加工与综合利用，(1)：31-33.

全国土壤普查办公室．1998．中国土壤．北京：中国农业出版社．

司炳艳，周述光，王振军．2005．煤矸石在道路基层材料中的应用．工程质量，(8)：47-51.

谭雪莲，沈怡青，赵韩娣．2014．我国粉煤灰、煤矸石综合利用政策分析．粉煤灰综合利用，(1)：49-53.

温贺兴，吴永，肖玉峰，等．2014．神东煤田某露天矿煤矸石利用探讨．煤炭加工与综合利用，(3)：72-74.

吴滨，杨敏英．2012．我国粉煤灰、煤矸石综合利用技术经济政策分析．中国能源，34 (11)：8-11，45.

吴丹虹．2013．煤矸石综合利用产业化发展现状．粉煤灰，(2)：20-21，24.

武艳菊，田爱杰，刘振学，等．2005．用正交试验法研究粉煤灰硅肥料制备工艺．粉煤灰综合利用，(4)：
　　54-55.

肖秋国，傅勇坚，张红，等．2002．从煤矸石中提取氧化铝的影响因素．煤炭科学技术，(2)：60-62.

徐友宁，袁汉春，何芳，等．2004．煤矸石对矿山环境的影响及其防治．中国煤炭，30 (9)：50-52.

杨建利，杜美利，白彬，等．2013a．粉煤灰制备聚硅酸铝铁絮凝剂及对煤泥水的处理．煤炭科学技术，
　　41 (7)：123-125.

杨建利，杜美利，于春侠，等．2013b．煤矸石制备 4A 分子筛的研究．西安科技大学学报，33 (1)：61-65.

张策普．1997．煤矿固体废物治理与利用．北京：煤炭工业出版社．

张锦瑞，李玉凤．2005．利用煤矸石制取造纸涂料的研究．选煤技术，(3)：16-19.

张世鑫，刘冬，邵飞，等．2013．煤矸石综合利用工艺探索．洁净煤技术，19 (5)：92-95，122.

张术根，王万军，谭建民．2003．湖南煤矸石资源环境评价与开发利用研究．长沙：中南大学出版社．

张小平．2004．固体废弃物污染控制工程．北京：化学工业出版社．

张银年，张鸿源．1997．煤系高岭土抽取造纸涂料的研究．矿产保护与利用，(2)：22-23.

中华人民共和国国家发展和改革委员会．中国资源综合利用年度报告 (2012)．http：//www.
　　news.xinhuanet.com/...3408.htm [2013-04-08].

朱秀梅，邓晓成．2011．煤矸石对环境的危害及其防治．化学工程与装备，(3)：172-174.

左万庆，奥尼斯，付振娟．2014．煤矸石的综合利用技术．环境与发展，12 (3)：122-123.

Frías M，Sánchez de Rojas M I，García R，et al. 2012. Effect of activated coal mining wastes on the properties
　　of blended cement. Cement and Concrete Composites，34 (5)：678-683.

Liu X，Zhang N，Yao Y，et al. 2013. icro-structural characterization of the hydration products of bauxite-
　　calcination-method red mud-coal gangue based cementitious materials. Journal of Hazardous Materials，262：
　　428-438.

Yao Y，Sun H. 2012. Novel silica alumina-based backfill material composed of coal refuse and fly ash. Journal
　　of Hazardous Materials，213：71-82.

Zhang L Y，Zhang H Y，Guo W，et al. 2013. Orption characteristics and mechanisms of ammonium by coal
　　by-products：slag，honeycomb-cinder and coal gangue. International Journal of Environmental Science and
　　Technology，10：1309-1318.

第七章　煤矿废弃地植被恢复与高效利用现状

矿山开发主要是对矿区的大气、水和土壤造成污染以及对土地生态系统造成严重破坏，这些生态破坏主要产生于露天采矿场（包括内、外排土场）、开采塌陷地、矿山固体废弃物排弃场（如煤矸石山、尾矿池和选矿、烧结厂等），它属于人为破坏，一般可分为生态破坏和环境破坏两大类。生态破坏包括植被、土壤、地貌等的破坏，主要表现为矿区废弃地，包括废石堆废弃地、采矿废弃地、尾矿废弃地和占用废弃地四种。环境破坏主要包括水、有害气体、重金属和固体废弃物等。因此，矿区生态环境的修复包括：被污染土壤的治理改良，被破坏植被的复种、修复和保护，以及被破坏的原有景观的恢复等方面，而且需要人为利用生物、工程技术进行复垦和植被重建。

煤矿区的土地复垦一向为世界经济发达国家所重视。美国在《1920 年矿山租赁》中就明确要求保护土地和自然环境，德国从 20 世纪 20 年代开始在煤矿废弃地上植树。英国、波兰、加拿大等国家在 20 世纪 30、40 年代也相继开始了矿业废弃地的恢复工作。50 年代一些国家的重建区已系统的进行绿化。60 年代许多工业发达的国家加速重建法规的制定和生态重建工程的实践活动，比较自觉地进入科学的生态重建时代。进入 70 年代，生态重建技术集采矿、地质、农学、林学等多学科为一体，发展成为一项牵动着多行业、多部门的系统工程。随着生态重建技术的发展和生态重建法规的逐步完善，这些国家生态重建率明显提高，如美国自 1970 年联邦土地生态重建法规颁布后，新破坏土地实现了边开采边重建。德国的莱茵煤矿区，到 1985 年年底生态重建土地面积达到露天采煤占地面积的 62％。我国的煤矿废弃地生态恢复工作则开始于 20 世纪 50 年代末，但各国从科学角度对废弃地植被恢复进行总结和推广，则是 20 世纪七八十年代以后。近年来，该领域的研究更为活跃，现代 3S 技术和其他新技术、新理念被广泛应用，并在众多的研究方向有了长足发展。现将国内外矿区废弃地生态恢复与高效利用的研究特点与现状概述如下。

第一节　国外矿山植被恢复与综合利用概况

一、煤矿废弃地治理与生态植被恢复研究现状

（一）煤矿废弃地治理

1. 美国矿山的生态重建

20 世纪初，随着美国采矿和电力工业的高速发展，矿区污染日益严重，于

是便开始了矿区复垦工作，但在 1930 年前还并不广泛，1937 年开始在复垦土地上大规模种植林木。1939 年，美国矿务局在广泛调查的基础上提出了"关于露天采煤土地复垦的研究报告"。1965 年美国通过了"阿巴拉契亚地区发展法"，要求内政部长对美国的露天采矿业进行广泛的调查，并提出复垦计划。1977 年美国国会通过了《露天采矿管理与土地复垦法》及其他一系列有关法令，使土地复垦工作走上法制轨道。美国的环境法明确要求，在破坏的土地上，必须把生态系统的资源组成部分恢复到开发前的环境状态。由于国家强制作用以及科研工作的进展，美国的矿区环境保护和废弃地开发成绩十分显著。目前，美国的矿区土地复垦率已达到 85%，远高于我国的 13%。

在美国，矿区废弃地的开发治理主要是采取林业生态重建方式。林业生态重建利用了各种各样的乔、灌木树种。例如，在 pH 为 4.0 的废弃地上利用的树种有刺槐、灰桤木、秋橄榄、日本五针松、欧洲赤松、弗吉尼亚松、欧洲落叶松、日本落叶松。在生长季节大部分时间降雨适中的情况下，在酸性废弃地还可以采用凹叶木兰、红柞、悬铃木、岸黑桦、罗威槭、花楷槭、糖槭、北美东部杨树、大齿杨和颤杨。大多数硬木树种能在 pH 高达 8.3 的废弃地上生长。少数具有固氮能力的树种，由于能够在极其多样的土壤水分环境中生长，更是得到了广泛的应用。

目前，美国主要研究露天矿的复垦，对复垦土壤的重构与改良、重建植被、侵蚀控制和农业、林业生产技术等方面的研究较深入，对矿山固体废弃物的复垦、湿地复垦、复垦中的有害元素的污染和采煤塌陷等方面的研究也给予了极大的关注。近年来对生物复垦和矿区复垦的生态问题也给予了高度重视。矿区废弃地造林一般采用手工和机械化造林的方法，同时广泛利用了草本、灌木和乔木种子掺混化肥、吸水剂的混合物喷播技术。喷播的乔灌木植物种主要为松树、刺槐、杨树、美国白蜡、悬铃木等。在陡坡，尤其是在干旱地区林业生态重建时，广泛采用了可以防止坡面水土流失，并能大大提高造林成活率的微灌技术。

2. 俄罗斯矿山的生态重建

俄罗斯也是十分重视自然环境保护的国家，在生态重建工作上也有完善和严格的法律保障，而且还有专用资金和研究机构，在矿山治理方面做了大量的研究工作，取得了很大的成绩，生态重建率达 60%，林业生态重建的方式在苏联得到了最广泛的应用，近 $6.0 \times 10^5 \ hm^2$ 的矿区废弃地得以造林绿化。

在苏联，整个生态重建过程分成工程技术生态重建和生物生态重建两个基本阶段。工程技术生态重建就是针对被破坏土地的开发种类而进行的整地，包括场地的整平、坡地的改造、用于农田沃地的覆盖、土壤改良、道路建设等。生物生态重建包括一系列被破坏土地肥力的恢复、造林绿化，创立适宜于人类生存活动的景观等综合措施。乌克兰、白俄罗斯使用乡土树种，因地制宜地进行林业复垦，也取得了相当的效果。

为了改善矿区废弃地森林立地条件，所有的造林技术措施都围绕改善根系发生层，尤其是 50cm 内的岩土上层的水分物理和化学条件进行。废弃地表面平整一般能保证机械化造林方法的采用，并保证防止土壤侵蚀。用于营造人工林的生态重建地的纵向坡度不超过 10°，而横向坡度不超过 4°。排弃场和采掘场的陡坡实行梯田化，坡度不超过 18°的坡面全部进行绿化。

通过客土法改良生态重建土地的岩土成分，即在岩土中掺入适量的黏土和土壤。进行生态重建地客土改良时，常常利用剥离的有潜在肥力的岩土和含腐殖质的土壤层。但这种客土用土量相当大。中和 30cm 厚的沙质岩土的机械成分需要 $600 \sim 1000 m^3 / hm^2$ 的黏重土壤，而覆盖有肥力的土壤时，平均每 10cm 就需要 $1000 m^3 / hm^2$ 的黑土。常用石灰做改良剂中和酸性岩土。矿区废弃地施肥和种植绿肥是促进生态重建地土壤发生过程的关键措施。一般施用的肥料主要是氮肥、磷肥，施用的方法采用局部施肥法。绿肥作物主要采用的是白花草木樨、黄花草木樨、杂花苜蓿、蓝花苜蓿、驴豆草、牛角花、小冠花和羽扇豆。微生物肥料在苏联林业生态重建实践中得以小范围的试验应用，除已成功应用的磷钾菌肥及复合肥技术外，在造林时还应用了菌根接种技术。

苏联在破坏的土地上进行了广泛的乔、灌木树种的选择研究。结果表明，少数固氮树种能适应严酷的立地条件，特别是刺槐、沙枣、锦鸡儿、胶桤、灰桤木和沙棘。将豆科树种桤木和主要造林树种混交，不仅不会同主要造林树种栎、松、白桦等产生竞争，而且还可以改良土壤。

苏联在轻机械组成的沙质土地上，不整地而直接造林。在梯田化后的排弃场和采场的边坡上，采用山地沟壑造林。在排弃场顶面平地和宽梯级上进行平整后进行机械化造林。在排弃场的坡面上及毗邻的地段上营造由沙棘、刺槐、黑刺李和其他根蘖树种组成的防护林。在较干燥的地段上，高密度（10 000～20 000 株/hm²）营造旱柳、刺槐和其他耐旱树种组成的人工林。

一般采用 2 年生实生苗和根系带土的苗木进行植苗造林。乔灌木树种配置和造林密度按岩土的适宜性、植物种的生物学性质、自然生态、经济条件等因素来确定，贫瘠岩土上针叶树种为 0.8 m×1.0m，杨树等阔叶树为 4m×4m。在某些情况下，进行带状营造由主要树种＋伴生树种＋灌木组成的人工林，树种混交的比例是 60%的主要树种、20%的伴生树种、20%的灌木。

3. 德国矿山的生态重建

德国是工业发达、人口稠密的国家之一，也是世界上采褐煤最多的国家，自 20 世纪 20 年代就开始在矿区废弃地进行林业复垦和植树造林，经历了实验阶段（1920～1950 年）、综合种植阶段（1951～1958 年）、树种多样化和分阶段种植阶段（1958 年以后），积累了一定经验，取得了显著成绩。他们对煤矸石山主要采用覆土种草植树和微生物循环处理技术，利用水泥设施将其包围起来，防止煤矸石对周围环境的污染（王兵等，2006）。

德国政府和威斯特伐伦州政府法令规定，采矿后应恢复原有的农林经济和自然景观，这些法规保证了生态重建工作的顺利进行。在德国，生态重建工作主要在鲁尔井工采煤和莱茵露天煤矿进行。露天采煤破坏的土地生态重建的目的在于恢复原有的森林景观。人工林营造一般在表面平整、土壤改良（掺干土和灌泥浆）后进行。在莱茵露天矿区生态重建中，造林地主要是沙砾岩土，其成分为石块、碎石、沙砾和 20% 左右的黄土。一般首先营造由速生和对立地条件要求不太严格的树种（如桤木、白杨）组成的人工林。然后通过林分改造，营建符合经营目的的人工林。造林树种选择了 38 种乔木和 35 灌木，包括欧洲赤松、黑松、红柞、疣皮桦和刺槐等，其中针叶树种占 10%。到目前为止，德国莱茵褐煤矿被破坏土地面积 $1.5 \times 10^4 hm^2$，恢复 $0.83 \times 10^4 hm^2$，复地率达 55%。

4. 英国矿山的生态重建

英国也是以矿业为主的国家，英国政府对采矿业废弃地恢复工作十分重视。1969 年英国颁布了《矿山采矿法》，提出采矿者在开矿时必须同时进行生态重建及生态重建地的管理工作，明确按国家农林标准进行生态重建。对露天煤矿采空区，英国制定了露天煤矿复田法规，规定在采煤后必须及时复田，如巴特威尔露天矿采用内排土的方式，边采边填，最后覆土造田。覆土厚度 1.3m，其中上表层为 30cm 厚的耕作层。覆土后先交农业部门管理，待达到当地种植标准后出售。由于生态重建政策及资金的保障，生态重建工作成绩十分显著。

英国主要以污染土地的复垦和矿山固体废弃物的复垦为研究重点。为了减少矸石占地和污染环境，改用排矸系统与复田相结合，不起矸石山，直接排到矸石场或排入采煤塌陷区复田或先将排矸场表土和次表土取出分别堆存，然后用矸石围成堤坝，在矸石四周边坡覆土，种草植树护坡，防止水土流失。排矸场的面积、取土量和堆置的高度，根据当地环保要求和用途设计。矸石堆至标高后，推平、压实。压实后在上面覆土，覆土的厚度依用途而定，农业用地先覆次表土 30cm，再覆耕作层表土 25cm；绿化用地的覆土厚度为 15cm。对新的生态重建地，首先选用适应性强的植物种，前 3 年种草，以改良土壤，培肥地力，为种植农作物创造良好的环境条件。为了提高造林成活率和促进幼苗幼树能很好地生长，在矸石上植苗造林时根据土壤酸性程度用石灰处理。

5. 澳大利亚的矿山生态重建

澳大利亚也是世界上以矿业为主的国家，矿山复垦工作起步也较早，目前已取得了令人瞩目的成绩，被认为是世界上先进而且成功地处置扰动土地的国家。其显著特点是采用综合模式进行、矿山的复垦工程设计严密、多专业联合投入以及高科技指导和支持。因此，在澳大利亚复垦后的矿区，被绿色覆盖，环境优美、空气清新，已很难辨认一般矿山面貌。在澳大利亚，矿山开采前要进行环境影响评价，有详尽的复垦方案，政府收取一定数量的土地复垦押金，采矿结束进行复垦（有的是边采边复垦），完全复垦，押金全额退还。复垦项目结束后，政府要求按监测计划实施环境监测，直至达到与原始地貌参数近似。近年来，为了最大限度地减轻来自煤炭等采矿工业的环境影响，澳大利亚又提出了最佳实践的理念，促使环境管理贯穿于采矿活动的整个过程，包括从最初的勘探到矿山的建设和运转直至矿山的关闭。目前已形成以高科技指导和支持、多专业联合投入、综合治理开发为显著特点的矿区土地复垦模式。复垦项目结束后，政府要求按监测计划实施环境监测，直至达到与原始地貌参数近似（刘淑艳和王雪丽，2009；张彩霞等，2007）。澳大利亚生态重建的显著特点是综合治理模式的推广，他们在矿山复垦治理的同时，还十分重视矿山废弃物对地表和地下水系的影响及其治理对策，对树种选择、乔灌草混交栽培模式以及栽培技术等都有深入的研究。

澳大利亚矿山生态重建的显著特点是采用综合模式。矿山生态重建的设计不仅限于合理安排土地的功能恢复，而且十分注重矿山废弃物的浸滤作用对地表和地下水系的影响。林业生态重建是破坏土地恢复最基本的方式。在树种选择、树种混交模式、树草共生和竞争、栽培工艺等方面进行了广泛的研究。其菌根技术研究把树种筛选工作提高到生物工程设计水平。

6. 法国的矿山生态重建

法国十分重视矸石废弃地与露天排土场覆土植草，活化土壤，经过植被恢复以后，进行农业复垦。复垦工作分 3 个阶段完成：①试验阶段，研究多种树木的效果，进行系统绿化，总结开拓生土、增加土壤肥力的经验；②综合种植阶段，筛选出生长好的白杨和赤杨，进行大面积种植试验（包括增加土壤肥力、追肥和及时管理等内容）；③树种多样化和分阶段种植阶段。经过过渡性复垦后，再复垦为新农田，最后通过绿化、美化，使复垦区的景观与周围环境相协调。

7. 加拿大的矿山生态重建

加拿大也广泛而活跃地开展土地复垦研究与实践。加拿大中央政府于1991 年公布并于 2000 年 6 月 30 日修订的《矿业法》明确指出所有老矿和新矿的拥有者都必须提交复垦计划，且必须明确财政保证及复垦时所采取的办法、计划及费用。为了达到可持续发展的目标，加拿大政府于 1995 年 1 月 19 日颁布了加拿大环境评估法案。近年来在石油页岩复垦以及由于石油和各种有毒有害物质造成污染的土地复垦问题方面也给予了高度重视。

此外，日本、匈牙利、波兰、丹麦等国家在这方面也做了大量研究工作，取得了不少成绩。

（二）生态植被恢复

生态植被恢复是复垦土地最常用也是最有效的方法之一。现阶段，世界主要采矿国家对矿区废弃地生态恢复和重建的研究主要集中在以下几个方面。

1. 土壤侵蚀控制及其产业化

生态重建的土壤是人造的新土，地表极易遭受风蚀和水蚀。因此，土壤侵蚀控制是生态重建成败的关键之一。目前国外在这方面不仅技术先进，而且已实现侵蚀控制产品的产业化。现将主要的几种技术与产品介绍如下。

（1）侵蚀被

侵蚀被是由各种材料如木屑、聚烯烃纤维、聚丙烯纤维、再利用的尼龙、椰子纤维、稻草、麦秆等编织而成的，铺设在土壤层面防止土壤的侵蚀，同时又可以使植物自然地穿过"侵蚀被"而生长。侵蚀被的主要作用是通过人造物质合成材料铺设在地表阻止土壤的流失，保持种子，加速种子萌发，迅速建立植被以长期地防止侵蚀。它除了用于一般的矿山生态重建以外，还可以广泛应用于江河、海岸大坝的防护与稳定，河海岸的植被、防洪沟渠或农业排灌沟渠以及陡坡的植被及稳定，矿山尾矿场和易侵蚀土地的植被与稳定等。侵蚀被产品品种多，依其功能分为"单层网被"、"含芯被"、"含芯含种被"。最常用的"含芯被"是由各种纤维材料或稻草、麦秆、木屑等作为芯料，经网织而成。"含芯含种被"是芯层材料中含有植物种子；"单层网被"是用纤维编织而成的网格。

（2）沉积控制技术与产品

沉积控制技术与产品主要利用各种侵蚀控制产品来控制沉积物、限制侵蚀与污染面积。多用聚丙烯化学材料编织而成，呈细小的网状，具有透水性强的特点。使用中常制成"过滤墙"，往往仅让水通过"过滤墙"，而侵蚀的土壤却被挡在规定的范围内，常用于建筑、筑路、采矿等场地的沉积控制。

（3）侵蚀控制构筑物

侵蚀控制构筑物指用各种材料制成不同形状的构筑物铺设在地表达到控制侵蚀的目的。侵蚀控制构筑物产品的品种较多，主要分为混凝土构筑系列和三维软材料系列。混凝土系列是由混凝土作为原材料制成的砌块；三维软材料系列主要是用聚丙烯带制成的三维栅格，或用钢丝、铁丝等金属编成的"石筐"，内部均用碎石充填，铺设在易侵蚀的边坡地带，来达到防止侵蚀的目的。它们多用于沟渠的边坡防护、江河大坝的防护、水库大坝的防护、坡地的保护、梯田边坡的保护、庭院花坛的围栏及其他的既要求美观又要求防侵蚀地带的保护。

2. 水力播种及覆盖

水力播种是利用水力喷播机械进行播种。为了提高植物成活率和减少侵蚀，在种液中添加肥料和各种纤维的覆盖物。纤维覆盖材料通常是木质或纸质的纤维制成的碎屑状，与种子一起混合成种液。它主要应用于较难生长植被的土地上的植被建植工作，能迅速有效地播种且促进种子发芽，添加的纤维覆盖物还可以防止侵蚀、加速植被的成活。这一技术产品常用于废弃场顶部、陡坡、灰场、运动场、娱乐场、沙地等场地的植被与侵蚀控制。

3. 人造表土

生态重建的土壤往往缺乏熟化的表土或土壤非常贫瘠，"生物土"和"无毒土"等人造表土可以作为自然表土的改良剂或直接作为表土使用。"生物土"是一种称为具有自然结构的肥料，是青霉素的副产品，已被证明对重建土地的植被和土壤保持有很大的作用，常作为土壤改良剂或肥料使用。"无毒土"是一种粒状、类似土壤的干燥、生物有机产品，其中含有碳酸钙、氮、磷、钾、有机质和生物活性物质，具有极好的外形和物理生物特性，它是通过回收富含有机质的废水和废气制成的，生产工艺流程简单并进行了消毒。该产品在生态重建中的应用是覆盖在地表，通过调节土壤的 pH、固定金属元素、提高养分和增加有机质来改善土壤的可耕性，从而提高土壤的生产力。这种人造表土因富含多种养分且经过加工处理，其价格比自然的表土贵，其养分含量比自然表土高，因此，这种人造土覆盖在地表要薄得多，但其效果并不次于自然表土。它不仅可以用于缺乏表土的已破坏的土地的生态重建，也可以用作生态重建表土的改良剂或肥料。

用于改良废弃地土壤的材料极其广泛，如表土、化学肥料、有机废弃物、绿肥、固氮植物及作物的秸秆等（张志权等，2002）。通常是因时、因地配合使用覆盖土壤、物理处理和化学处理、添加营养物质、去除有害物质及添加物种 5 种主要方法进行土壤治理的，并在国外已经取得了显著效果。例如，德国褐煤矿废弃地造林前，除采用几种不同改良措施，改善土壤微生物活性外，通过施垃圾堆肥（3600g/m²），施有机肥（200g/m²），施树皮堆肥（3600g/m²），施枯叶堆肥（3600g/m²），均能达到不同程度地提高造林成活率。美国在沙漠及废弃矿地用接种豆马勃根瘤菌的短叶松实生苗造林，成活率可提高 4 倍，并抗旱、抗病和抗反常气候变化。原苏联在露天煤矿采场的强毒土堆施用石灰和肥料等降低了土壤酸度后造林，促进了林木生长；印度 15% 的废弃矿地选择适当树种与合理的造林技术，包括施用石膏、有机肥和排水相结合改良盐碱，以及采用麻黄和银合欢等树种造林，获得成功。

4. 干旱、半干旱地区的生态重建技术

干旱、半干旱地区的生态重建一直是矿山生态重建的研究焦点之一。国外近年来的研究主要集中在以下 4 个方面：①保持水分恢复植被技术与植物品种优选技术；②保持水分防止侵蚀的地表覆盖技术及地表覆盖材料的优选；③以蓄积水分为目的的特殊地貌构造技术；④新型保水剂的应用。保水剂是一种有机聚合产品，是近十几年发展起来的一种新型化工制剂。常用的保水剂有固态和液态两种，固态又有粉末、颗粒、薄片和纤维状 4 种。新近的产品又添加了各种肥料。保水剂有吸贮水分的能力，它能迅速吸收和保持达自身几百倍乃至上千倍的水分。保水剂吸水膨胀后生成凝胶，水分不易析出，能使土壤和植物慢慢地吸收。含肥的保水剂还可缓慢地释放养分，提高肥料的利用率。因此，生态重建中已形成产业化的保水剂广泛用于干旱、半干旱地区的生态重建。

5. 矿山固体废弃物生态重建新技术

煤矸石等矿山固体废物中常常含有重金属、硫和其他有毒有害的元素，减少有毒有害元素的溶解和迁移是矿山固体废物堆积地（场）生态重建重点所在。为此，除了迅速建立植被以减少侵蚀和吸收有毒有害元素以及施用石灰中和废石酸性溶液等这些传统的生态重建技术倍受关注外，新近的生态重建技术研究与开发主要在以下两个方面。①微生物技术。在矿山固体废物中导入微生物，促进植物根瘤菌和菌根的生长，从而促进植物迅速生长、固定废弃物和加速废弃物风化成土。②矿物尾矿的多层覆盖。在矿山废弃物的上方添加 3 层覆盖材料并在覆盖材料上加载薄薄一层滤网以免材料上下混合。3 层材料分别是：上层 0.6 m 的厚土壤，供植物生长；中部为约 1.5 m 渗透较好的石块覆盖层，使材料透气，促进水的水平流动；下部为有机材料，厌氧耗气，与 S^{2-} 和 HCO_3^- 发生反应。这种技术将使尾矿酸化最小和污染迁移最小。

（三）发展趋势

纵观世界各国矿山生态重建，当前在恢复生态学理论和矿业废弃地生态恢复与重建实践方面走在前列的是欧洲、北美、新西兰和澳大利亚。这些国家（地区）不仅已经形成了较为完整、系统的矿山生态环境治理修复法律制度，确立了废弃矿区生态环境治理修复基金制度和矿山生态环境治理修复保证金制度，建立了严格的矿山生态环境治理修复验收标准制度和开采许可证审批与矿区生态环境治理修复挂钩制度，建立严格的生态重建标准；而且他们都非常重视生态重建研究和多学科专家的参与合作，建有生态重建的学术团体和研究机构且学术活动十分活跃。国外矿区土地复垦研究主要特点：①研究队伍的专业化、多学科化和高层次化。土地复垦涉及采矿、地质、测量、农学、地理学、土壤学、环保、林学、生态学、环保、水利、野生动物、土地规划与利用、化学、生物、管理等多个专业领域的专家学者。②土地复垦研究对象的多元化和复垦技术的转变，即由单一的露天煤矿复垦向其他矿、地下开采引起的沉陷地、湿地、筑路等领域拓宽，由工程复垦技术向生态复垦技术转变。③更加注重土地复垦的生态环境问题，将可持续发展的思想和原则用于矿区土地复垦。④产业化和国际化发展的趋势十分明显，即更加注重复垦产品的产业化和国家间的交流和合作。国外矿山生态重建研究内容主要涉及以下几个方面：建立稳定地表、控制侵蚀的研究；被破坏土地的生物适宜性研究；复垦方向研究；土壤改良研究；树种的选择研究；人工林营造技术研究；土地复垦效益评价研究；建立自我维持的生态系统研究。近年来，较为活跃的研究领域及取得的主要研究成果包括矿山开采对土地生态环境的影响机制与生态环境恢复研究；无覆土的生物复垦及抗侵蚀复垦工艺；CAD与GIS在土地复垦中的应用；清洁采矿工艺与矿山生产的生态保护；矿山复垦与矿区水资源及其他环境因子的综合考虑。从目前的情况看，现阶段和今后一段时期重点研究的方向在以下方面：干旱、半干旱地区土地复垦的方法与技术；矿山复垦土地的重新植被及牧草和农作物的生产技术；提高复垦土壤生产力的土壤培肥措施；矿山固体废弃物的处理与复垦；废弃矿山土地的复垦；湿地和滩涂的复垦；复垦规划与复垦效果评价及相关的法规研究；污染土地的研究；矿山复垦土地的侵蚀控制；生态复垦；矿山复垦中的水力学与地球化学问题；开采沉陷及其复垦；计算机在土地复垦中的应用及软件开发；土地复垦设备及产品的研制；酸性矿山水的排放等。

二、煤矸石综合利用现状

煤矸石的综合利用引起各国的关注。英国煤管局在1970年成立了煤矸石管理处，波兰和匈牙利联合成立了海尔得克斯矸石利用公司，专门从事煤矸石处理和利用（郭彦霞等，2014）。其中，最普遍的利用方式是煤矸石发电、生产建筑材料和工程填料。法国煤矸石年产量约850万t，煤矸石的堆积总量已超过10亿t（刘翠玲等，2012），在煤矸石综合利用方面取得了很多成功的经验，从20世纪70年代起至今，共利用煤矸石1亿多t，主要用于制砖、生产水泥和铺路，此外，还通过煤矸石洗选回收其中的可燃物用于发电；德国、荷兰把煤矿自用电厂和选煤厂建在一起，以利用中煤、煤泥和煤矸石发电（杨世军，2010）；英国将已燃煤矸石用于公路、填坝和其他土建工程的填充物（关杰和李英顺，2008）；德国、美国、俄罗斯、日本等国利用煤矸石代替部分黏土生产水泥，取得了节煤、降低成本等效果（王善拔等，2010）。此外，许多国家近年来大力发展煤矸石高值利用技术，日本、波兰、英国将含碳量较高的煤矸石用于生产轻骨料，使建筑物质量减轻20%，法国、比利时用含碳量低的煤矸石生产陶粒（左鹏飞，2009）。美国国家环境保护局下设的废物交换所还可将一方无用的煤矸石调到需要利用的另一方，使煤矸石得到了最大的利用，大大提高了煤矸石资源化利用水平。

第二节　国内矿山植被恢复与综合利用概况

一、煤矿废弃地治理与生态植被恢复研究现状

中国的矿区复垦工作始于20世纪50年代末至60年代初，但限于经济发展

水平，到 80 年代才开始重视土地复垦工作。到 90 年代，我国对废弃地复垦和植被对于重金属污染的修复研究才逐渐多了起来。纵观中国的矿区复垦工作，大致分为以下 4 个阶段。

20 世纪 50～60 年代为我国矿区复垦的起步阶段。我国对矿区复垦采取的技术路线大都是在借鉴国外成型技术标准的基础上结合我国实际情况摸索前行。矿区土地修复主要沿用传统思路：通过填埋、刮土、覆土等措施将退化土地改造成可耕种土地。这是一种以实现矿区土地可进行农业耕种为目标的土壤修复工作（刘淑艳和王雪丽，2009）。

20 世纪 70～90 年代为我国矿区复垦的完善阶段。人们逐渐认识到矿区复垦的目标就是建立稳定、高效的矿区人工植被生态系统，对煤矸石山通过整治措施和绿化技术建立植被达到改善环境和利用土地的目的。通过煤矸石山的植被恢复，改善煤矸石山的环境条件和景观，利用植被覆盖减缓地表径流、拦截泥沙、调蓄土壤水分、减少风蚀和粉尘污染（冯小军等，2009）。

20 世纪 90 年代后期至 2010 年为我国矿区复垦的成熟阶段。在此前研究的基础上，人们越加重视矿区废弃地环境污染问题。矿区废弃地含有大量的重金属，通过废弃矿区残土进入土壤的重金属在土壤中累积到一定程度会影响植物的发芽率、开花结实率及产量，进而影响植物根系的酶活性并造成植物的死亡（潘明才，2002）。由于土壤中重金属的生物可利用性，使得重金属较容易为植物吸收利用而进入食物链，对食物链上的生物产生毒害。与有机污染物不同的是，由于土壤中的重金属具有生物不可降解性和相对的稳定性，使得重金属污染土壤的修复比较困难（何发钰等，2003）。

20 世纪 80 年代以来，我国对煤矿开采沉陷耕地破坏的机理及复垦技术研究等方面取得了重大成果，初步探明了采煤沉陷耕地生产力的下降机理；揭示了开采沉陷地对耕地景观的破坏特征和规律性及其与地表沉陷与变形的相关关系；提出了"分层剥离、交错回填、挖深补浅"等从沉陷地资源合理利用和复垦管理到复垦工程技术诸多方面的对策，复垦工程的成本、效益的计算公式和经济评价方法以及土壤改良的生物技术和矸石块速熟化技术等。在大型露天采煤的复垦研究方面，从宏观角度评价预测了采矿对河道淤积与洪害、土地利用、植被变化、水气资源破坏及污染动态变化；从微观角度研究了大型排土场岩土侵蚀规律及滑坡、泥石流形成机理。近年来，不少学者对采矿塌陷地、矸石山、露天采矿、排土场等各类破坏土地的复垦进行了广泛的研究和摸索，并在规划理论、工程与生物复垦技术、采矿对生态环境的影响、生态环境保护和整治对策以及土地复垦战略研究等方面取得了新进展。不仅如此，土地复垦法律、法规和有关技术标准不断健全和完善，土地复垦的有关政策逐渐配套。继《土地复垦规定》颁布实施后，在修订的《中华人民共和国土地管理法》、《中华人民共和国矿产资源法》、

《中华人民共和国环境保护法》和制定的《中华人民共和国煤炭法》、《中华人民共和国铁路法》等法律中都有土地复垦方面的规定。全国各省级人民政府制定了《土地复垦规定实施办法》，许多市、县结合本地实际情况也制定了《土地复垦管理办法》，明确了"谁复垦、谁受益"和减免有关农业税等优惠鼓励土地复垦的政策。在全国建立了一批包括煤炭、燃煤发电、烧制砖瓦等在内的各种不同类型的土地复垦试点和示范区，不仅复垦利用了大量土地，而且在法规、政策、技术、资金筹措、规范化管理，复垦后土地的利用等方面的摸索、提供了经验。研究摸索了一套比较适用和成熟的土地复垦技术，确立了不同类型废弃土地复垦利用模式。煤矿塌陷土地复垦综合治理规划设计、复垦技术、复垦利用模式；煤炭露天矿的剥离-采矿-复垦一体化工艺设计等一批科研、技术成果得到推广应用，为废弃地植被恢复与生态重建提供了理论指导和技术支持，目前全国累计复垦利用各类废弃土地约 1500 万亩，占废弃土地总量的 10％。其中，70％复垦后的土地为耕地，其余的多数为其他农用地。通过土地复垦，增加了耕地面积，缓解了人地矛盾，改善了生态环境。

（一）煤矸石废弃地复垦植物种选择

研究证明，在植被恢复与重建过程中，应在对土壤的物化、生化性质、污染元素进行分析，查明土壤的 pH、土表水、通气性、土壤氮素及土壤温度等的基础上，优先选择生长快、适应性强、抗逆性好的固氮树种，尽量选择当地优良的乡土树种和先锋树种，也可以引进外来速生树种，选择树种时不仅要考虑经济价值，也要考虑多功能效益。

1. 引入固氮生物

改良废弃地广泛引入的固氮植物有红三叶草、白三叶草、桤木（*Alnus cremastogyne*）、刺槐和相思（*Acasia richii*）等。近年来，长喙田菁（*Sesbania rostrata*）的茎瘤共生体系因其具有极高的固氮效益而备受关注。菌根能够有效地利用基质中的磷，而且不受尾矿中富含金属的毒害，所以将其接种于相应的共生树种，可以较好地适应废弃地的生境，达到一定的改良目的。

2. 选用耐金属性植物

Bradshaw 认为毒性问题是废弃地恢复最难处理的问题，自然方法只能在污染还不是很严重的情况下采用。其他方法包括种植非生产性的耐酸性植被，或使用石灰石覆盖来消除酸性。重金属矿的残余金属物质会存在于大多数废弃物中，可以用有机方法即通过种植植物来吸收和降低毒性。针对剧毒废物，唯一的途径就是用无毒物质进行覆盖，建立环境隔离区。矸石废弃物目前主要采取生物技术来处理，即通过播撒有机合成肥料，促使土壤微生物开始生长并增强生命力，再种植适生植物，恢复植被。针对废弃物的粉尘污染可进行一定的遮蔽。选择有利于生物种群生长和固着的湿地基质，种植耐受酸性水污染的植物去除废水中的矿物离子。

金属耐性植物是指能在较高的重金属毒性的基质中正常生长和繁殖的植物。这类植物既能够耐受金属毒性，也能够适应干旱和极端贫瘠的基质条件，特别适用于稳定和改良废弃地。在适宜条件下，耐性植物能在废弃地上很好地生长，随着耐性植物对基质的逐渐改善，其他野生植物也逐渐侵入，最终可形成一个稳定的生态系统。金属富积植物能够在含不同重金属的基质上正常生长，在植物体内往往积累大量的重金属（＞1000mg/kg 干重），因此，可以通过反复种植和刈割的方法，即可除去土壤中的大部分重金属，它特别适用于解除轻度重金属污染的废弃地土壤。

重金属 Pb、Zn、Cu 和 Cd 的全量和有效态重金属含量都随土壤深度的增加而递减。宽叶香蒲（Typha latifolia）等 4 种植物都具有较强的吸收和富集重金属的能力，且主要富集在植物的地下部分。近年来，利用现代生物技术探索解决矿山废弃地重金属污染在我国也取得了新的进展。已经构建了紫羊茅（Festuca rubra）重金属抗性品种 Merlin 的 cDNA 文库，筛选出了在重金属胁迫下表达的两个基因 mcMT1 和 mc733。构建了 mcMT1 的酵母表达载体，通过转化酵母基因组单一基因突变株 ABDE1（对重金属敏感）及互补实验对 mcMT1 的功能进行了分析，证实了该基因具有重金属抗性功能。利用 RACE 方法从大蒜（Alliun sativum）中克隆了植物络合素合酶的全长 cDNA，通过对镉敏感裂殖酵母 M379 和砷敏感裂殖酵母的转化，证实该基因的表达可以提高酵母对重金属镉和砷的抗性。

3. 种植绿肥作物

绿肥作物具有生长快、产量高、适应性较强的特点。各种绿肥作物均含较高的有机质及多种大量营养元素和微量元素，可以为后茬作物提供各种有效养分，增加土壤养分，改善土壤结构，增加土壤的持水保肥能力。因此，可以利用绿肥作物迅速改良废弃地。

（二）植被恢复对矸石废弃地土壤中重金属的影响

1. 矿区土壤肥力

目前，对煤矸石排放场地土壤肥力的研究主要集中在煤矸石地结构与风化特征、水分特性、土壤养分状况、盐分含量和酸碱度等方面。

排放后的煤矸石随着时间的推移会出现较为明显的风化现象，进而通过累积形成煤矸石山的特殊结构（韩波等，2007）；其杂乱且松散，伴有非连续的缝隙和孔洞；粒度很大，风化表层厚度较薄；加之温度高、易蒸发，因而煤矸石地不利于保水、保肥，但透气性较好（刘光明等，2005）。煤矸石地含水量受到矸石来源、堆放条件等因素的影响；其含水量不足同期黄土的一半；田间持水量仅为黄土的 1/3~1/2；而且具有入渗快、入渗规律呈直线型的特性。

煤矸石风化物颗粒粗，养分含量少，特别是贫乏植物需要的速效养分元素。随着土层深度的增加，土壤 pH 逐渐升高，全氮、碱解氮、有效磷等逐渐降低（魏忠义等，2008）。煤矸石风化物的有机质含量以及 N、P、K 含量都随着停止排矸年限的延长而显著增加，养分状况逐渐改善。雷冬梅等（2007）认为，云南矿区废弃地土壤重金属的积累可能是导致矿区废弃地土壤肥力较低的因素之一。

关于土壤肥力的使用较多、比较成熟的评价方法，目前，国内外主要有 Fuzzy 综合评判法、聚类分析法、主成分分析法、灰色关联分析法、投影寻踪模型法、指数和法等 6 种（王子龙等，2007）。土壤肥力评价指标可分为土壤物理指标、土壤化学指标、土壤养分指标以及土壤生物指标 4 大类（颜雄等，2008）。指标的选择应遵循以下原则，注意可行性和可测性、选择有代表性的指标、选择稳定性高的因子、选择有差异的因子、选择指标精简化和可量化。

2. 矿区土壤重金属污染

煤矸石在自然条件作用下发生淋滤，重金属元素从中析出后，在水的作用下渗入到土壤中，并发生入渗、迁移和富集；重金属在土壤中迁移的距离受水动力条件、地形地貌、土壤渗透性等多种因素的影响（房存金，2010；王心义等，2006）。重金属的迁移可分为纵向迁移和横向迁移，宏观方面而言，其迁移表现为累积作用大于迁移作用、纵向迁移大于横向迁移；从微观方面而言，影响重金属迁移的因素主要有土壤环境、重金属种类及重金属转化速率等多个方面（杨建等，2008）。研究结果表明：重金属的含量随距矸石堆距离增大呈减小的趋势，并且具有一定的纵向迁移性（魏忠义等，2008）。

目前，国内外关于土壤重金属污染的评价方法主要有单因子指数法、内梅罗指数法、地质累积指数法、潜在生态危害指数法、模糊数学法、均值聚类法、基于 GIS 的地统计学评价法等（郭笑笑等，2011；范拴喜等，2010）。相比而言，地质累积指数法和潜在生态危害指数法较为常用。

3. 重金属富集特征

超富集植物是指对重金属的吸收量超过一般植物 100 倍以上的植物。目前，植物富集特征的研究方法主要有生物富集系数（BAF）、生物转移系数（BTF）和综合富集系数。闫宝环等（2012）应用综合富集系数对铜川三里洞煤矿区废弃地植物重金属富集情况进行了研究。肖莹（2008）对抚顺西露天矿西舍场煤矸石地研究结果表明，牵牛花、月见草、辽宁碱蓬等植物具有较高的综合富集系数。唐文杰（2011）认为，如果植物对某种重金属的生物富集系数和生物转移系数均大于 1，说明该植物对金属元素具有超富集的潜力，对超富集植物的筛选更有意义。

超富集植物的发现与应用为人们提供了新的思路。但是，超富集植物也存在一定的不足。例如，①大多数超富集植物个体矮小、生长缓慢、生物量小且常常位于偏远山区，对气候有一定的要求，不宜广泛推广；②土壤中重金属污染往往是多种重金属协同作用的，但常见的大多数超富集植物对重金属的富集具有一定的选择性。因此，今后应加强以下方面工作：①开展重金属耐受基因的克隆及表达研究；②逐步建立超富集植物研究数据库，努力做到资源共享；③加强非天然生态环境超富集植物的研究；④进一步加强对超富集植物根际微生物群落的生态学特征和生理学特征以及根际土壤环境条件对重金属的生物有效性制约机理等一系列基础理论问题的深入研究；⑤开发用于修复植物收割后的配套处理技术（回收、提纯），防止二次污染。

4. 土壤重金属污染修复

国内外对矿区土壤重金属污染修复方法主要有以下 3 种：①工程物理化学法。采用客土法、冲洗络合法、电动化学法、热处理法、物理固化法等物理机械与化学方法等来治理土壤重金属污染。②农业化学调控法。施用改良剂、抑制剂或采取适当的农业措施，通过调节土壤有机质、pH、阳离子交换量（CEC）以及水分含量等，使重金属通过沉淀、氧化、还原、吸附等物理、化学作用改变水溶性、扩散性，从而降低其生物有效性。③生物学修复法。利用生物自身的代谢活动降低环境中有毒有害物质的浓度或使其完全无害，从而使受到污染的土壤部分或完全地恢复到原始状态（梁家妮等，2009）。

研究表明，杨树、柳树、榆树、刺槐和楝树的根、枝、叶吸收 F 的能力较强，各树种的叶片 F 含量达 $82\sim180\text{mg/kg}$，其次是 Pb 和 Cu，Hg 和 Cd 的含量最少。另外，不同树种对重金属元素的吸收具有选择性，如杨树吸收 Pb、Sr 等元素最多。而从树木吸收重金属元素的部位看，其含量顺序是叶片＞根系＞枝条，但也有例外，如榆树枝条中的 As 含量高于根系，而且细根中重金属含量高于 1cm 以上的粗根。根据实验结果推算，1hm^2 的 2 年生、密度 $3\text{m}\times1.5\text{m}$ 的柳树林，可吸收 Fe 4.67kg，Cr 0.018kg，Cu 0.013kg，Pb 0.44kg，Hg 0.025kg，As 0.63kg。可见，树木在污染环境中吸收有毒元素的能力是较强的。对生长在煤矸石废弃地上 4 年生桉树等树种重金属（Cd、Ni、Mn、Cr、Pb 和 Zn）的研究表明，除 Cd 外，铁刀木（*Cassia siamea*）林地的其他重金属元素含量都较高，而桉树和阿拉伯胶树林地重金属含量最小，表现出对重金属较强的吸收能力（庄凯，2009）。研究还发现，重金属元素（Mn 除外）在不同林地中的含量都有明显地减小。因此，在煤矸石废弃地上进行复垦和植被恢复对净化矿区环境、恢复生态平衡都具有重要的意义。

5. 抗旱造林技术

为了提高造林成活率和获得较高的经济效益，在林业复垦时，要坚持良种、壮苗的原则。培育良种壮苗，首先选育出一批当地适宜的优良品种，然后用这些良种培育壮苗。同时，要选用好的育苗地，在育苗的过程中，对土、肥、水等要精细管理，有条件的地方，采用容器育苗或采用芽苗移植，既节省大量良种，又能使苗木生长得快，整齐一致，达到培育壮苗的目的。

山西阳泉矿务局根据当地降雨量的特点，采取盆栽培养树苗，秋季挖坑，春季雨季带土球栽植或泥浆蘸根栽植的矸石山造林方法，加速了树坑内部矸石的风化，提高了树木成活率。一般 1m 高的树苗，树坑约为 40cm×40cm×40cm，坑内填黄土，栽后灌水，覆盖树盘。辽宁抚顺矿务局依据矸石山风化表层为碎矸石，透水性强、蒸发量大，蓄水性能差，不易保墒的特点，采取以下造林方法：①春整春造。春季造林时整地与植苗同时进行，一般在 3 月下旬栽植。坑穴直径 35cm，造林密度为 4400～6600 株/hm²。②秋整春造。造林前 1 年秋季提前整地，翌年造林，整地规格：穴径 75cm，穴深 60cm，整地时清除尚未风化的矸石块，造林方法基本与春整春造林相似。③直播造林。每穴 10～20 粒，覆土 3～5cm。④客土造林。每穴换沙壤土 3 锹，整地方式采用穴状整地，穴径 40cm，穴深 35cm。并于造林后连续抚育 3 年，提高了成活率及保存率。

针对内蒙古境内的准格尔黑岱沟露天煤矿自 1990 年破土动工以来，上亿吨的剥离物形成大面积无土壤结构、无地表植被的排土场，内蒙古自治区环境科学研究所、内蒙古农业大学等单位，按照植物出苗率、成活率、越冬及生长状况的综合评价结果，首先从植物中筛选出一批适于排土场生长的植物种。草本植物有杂种苜蓿、紫花苜蓿、沙打旺、草木樨状黄耆、冰草、老芒麦、披碱草等；灌木有沙棘、玫瑰、紫穗槐、丁香、沙柳；乔木有油松、杨树、云杉、侧柏、杜松、国槐、榆树。然后，建立了不同模式的人工植被，其中草本植物以沙打旺、杂种苜蓿、紫花苜蓿、草木樨尤为突出，鲜草的平均产量均达到 17 910kg/hm²。根系多分布在 1m 深、0.5m 宽范围内，主根最深达 2m，生态效益明显，可作为矿区固土、防风和熟化土壤的先锋植物。灌木以沙棘为优，其具有抗性强、生长快、根蘖力强、根瘤量大的特点。第二年高度可增加 54cm，枝条增加 10～25 条，每丛覆盖面积达 50～100cm²，根入土深度 1.5m，平均每丛根瘤量在 10g 以上。乔木以油松最佳，成活率达 90%，移栽第三年，树高达 245cm，增加高度为 40cm。另外，杨树、柳树生长速度快，杨树平均年增加高度 1～1.5m，胸径增加 0.5cm。由于杨树、柳树不但速生成活率高，而且成本低，可成为矿区普遍推广的乔木种。选出的苹果、梨、杏等，成活率均在 85% 以上，说明在排土场可建造果园，增加经济效益。在排土场上建立的不同乔灌草生态结构模式有灌草型、乔草型、乔灌草型和观赏型乔灌草。配置方式分别如下。①灌草型：以间行种植为主要方式，即灌成行，草成带，灌草占地面积比为 12 或 11。②乔草型：与灌草型相同。③乔灌草型：乔灌行数比为 11 或 12，行间距 2～3m，行间撒播牧草，占地面积比为乔30%、灌40%、草30%。④观赏型乔灌草：路两边间种乔灌为主，间距1.5m，草本以种草坪为主，种于乔灌与建筑物的空旷地带，中间点缀有苹果、杏、李子等。试验表明，在上述乔灌草生态结构设置上以沙棘-沙打旺、油松-沙打旺为最佳。其中，以乔灌草型最为突出，以油松-沙棘-沙打旺为例，从垂直分布上看，形成明显的3个层次，即乔木层（油松），层高24cm；灌木层（沙棘），层高110cm；草本层（主要为沙打旺），层高95cm。4个层片，即油松、沙棘、沙打旺和杂类草层片。同时，根系也形成不同的层次，沙棘、沙打旺根深均在1.5m以上，油松在1m以上，禾草类在15cm左右地上地下呈多层现象，形成了该类型较为复杂稳定的生态结构。这种结构不但能充分利用地上、地下空间及光照和水分，而且复杂的生态结构产生了良好的生态效益，形成了排土场植被恢复的特有景观。植物庞大根系的垂直与水平分布，在土壤中形成30～70cm的网状结构，起到了固定土壤、涵养水分、增加肥力、降低地表温度的作用。与此同时，加快了土壤熟化速度，土壤有机质提高0.11%，土壤的速效氮、磷、钾分别增加6.0mg/kg、4.0mg/kg、16.1mg/kg，5～10cm土壤含水率提高4倍，地表温度（7月上旬16时）从42.5℃降为29.4℃，与建立人工植被前相比较，冲刷沟的数量、深度和宽度均有大幅度减少，充分说明了乔灌草生态结构有显著的生态效益。

（三）矸石废弃地植被演替

近年来，煤矸石废弃地复垦过程中的植被演替研究受到国内外学者的广泛关注。印度学者认为，植物群落组成，随废弃物堆积时间而变化；物种丰富度，随废弃物年龄增加而增加，废弃地生态系统经过多重演替，达到稳定状态预计需要50余年。李凌宜等（2006）认为，在矿业废弃地上，大多数情况下，植被的自然演替过程是比较缓慢的，一般需要50～100年的时间才能获得满意的植被覆盖率。孙庆业和杨德青（1999）研究认为，在淮南煤矸石堆上，影响植物自然定居的主要因素，包括石块大小、表面稳定性、坡度、坡向及水分状况在内的物理因子。风播种子和果实是矸石堆上植物繁殖体的主要来源，先锋植物为广域性、耐贫瘠的草类，随着矸石堆置时间的增加和理化性质的改善，植被种类和盖度相应增加，生活型组成也随之变化。林鹰（1995）对岭北排矸区植被演替过程的研究表明，随着时间的推移，矸石堆植物种类不断增加，频度和盖度不断提高。在停止排矸8年地段，植物盖度达到15%，此时矸石山环境已较适宜于植物生长，可进行人工复垦造林，而在停止排矸10年以上地段，平均盖度约20%，植物种类达19个科、20余属、30余种。郝蓉等（2003）对平朔安太堡露天煤矿区的植被动态调查研究表明，矿区废弃地人工植被经过演变，植物种的组成发生较大变化，由单一的物种组成结构逐渐发展为复杂的物种组成结构，并逐渐趋于动态的平衡。胡振琪等（2003）对王庄煤矿矸石山人工植被生长规律等的研究认为，煤矸石山植被经过 9 年的演替和生长，其种类及数量发生了较大变化，已形成了由 15 个乔木树种、12 个灌木树种和 18 种草本组成的人工植物群落，混交林中木本植物（乔、灌木）种群密度达到 11 220 株/hm²；整个矸石山初步形成了多植物种组成、多层次结构、多生态功能相结合的人工植被生态系统。

煤矸石废弃地植被演替的过程是极为缓慢的。康恩胜等（2005）研究表明，在人为裸地上植被自然恢复过程长达 10～20 年，条件差的地区 20～30 年也难以恢复。准格尔煤田露天矿采挖区排土场自然侵入植被的研究结果表明，在 3 年（1991～1994 年）多的时间里有 47 种植物侵入排土场。第一、第二年植被侵入种数最多，占总数的 94%，第三年仅有 3 种，占总数的 6%。与周围地区自然植被中 298 种植物相比，新群落的种数比例仅为 16%。与该地的原始植被相比较，新植被的特征发生了很大变化，不仅覆盖度小（<10%），种类单调，多年生植物种比重也很低，是一个极不稳定的植物群落（卫智军等，2003）。

刘世忠等（2002）研究了茂名北排油页岩废渣堆放场 670hm² 次生裸地的自然恢复的植被演替后发现，20 多年中入侵定居植物只有 24 科 59 属 66 种，且大多数均为禾本科、莎草科、菊科等科的草本植物种类；草本植物有 13 科 38 属 44 种，占总种数的 67%，占总覆盖度的 80% 以上。群落结构及组成种类简单，处于群落次生演替的前期阶段，表明废渣场次生裸地的植被为一些抗逆性强的先锋植物。因此，人工复垦是进行废弃地植被恢复，尽快改善生态环境的重要途径。

（四）立地分类

煤矸石废弃地隶属各种尺度的景观类型，不同类型废弃地具有不同的生态重建途径。只有按照景观生态学原理，在宏观上设计出合理的景观格局，在微观上创造出适合的生态条件，依靠景观生态规划与设计，才能实现生态重建目标。何书金和苏光全（2001）筛选出了影响废弃土地复垦潜力的自然和社会经济条件方面的 4 类 14 个亚类因子，并划分为 6 个等级，为废弃地复垦潜力的评价及有效合理利用提供了参考。孙泰森和白中科（2001）从以下几个方面对平朔安太堡露天煤矿土地复垦系统进行了研究：①生态系统演变的阶段、类型、过程对效益的影响；②土地利用结构调整及耕地总量动态平衡；③未来空间待复垦土地适宜性评价单元类型的划分；④时空变动地貌的水土保持布局模式；⑤土地复垦与生态重建规划的方法。

废弃地植被恢复与重建的首要问题是立地条件的分析评价与改良。刘青柏（2003）根据停止排矸年限、矸石堆放高度、表层风化碎屑厚度，将堆积在辽宁阜新市区的东部、南部及西部，连绵 20 多千米，总面积达 3200hm² 矸石山划分为 4 个不同的类型。并提出各类矸石山复垦植被类型及复垦方向。Ⅰ类矸石山，由于自然环境较差，停止排矸年限较短，矸石风化程度弱，适宜林木生长，只能生长一些旱生草本植物，故复垦方向以保护为主。Ⅱ类矸石山，以保护为主，采用灌草结合方法进行复垦。灌木采用沙棘、紫穗槐进行人工造林。Ⅲ类矸石山，保护与利用相结合，采用乔、灌、草结合方法进行复垦，乔木可选用山杏，灌木可用紫穗槐、沙棘。Ⅳ类矸石山林木生长效果已接近一般山地，所以该类型复垦方向以利用为主，兼顾保护，植被类型以乔木、灌木为主，乔木采用榆、刺槐，灌木用紫穗槐、沙棘。谷金锋和蔡体元（2005）按停止排矸时间将鸡西地区矸石山废弃地划分成 4 种类型，并就不同立地类型提出了以下植被恢复方案。Ⅰ类废弃地：恢复植被类型以自然定居植物为基础，选择播种地榆、苦荬菜、屋根草（*Crepis tectorum*）、大籽蒿（*Artemisia sieversiana*）。Ⅱ、Ⅲ类废弃地：采取灌草结合的方式恢复植被。灌木采用沙棘、紫穗槐进行人工造林，草本类型也是以自然定居植物为主，播种小花鬼针草（*Bidens parviflora*）、小蓟（*Cirsium segetum* Bunge）、黄花蒿、大籽蒿、东方草莓（*Fragaria orientalis*）。Ⅳ类废弃地：营造樟子松、兴安赤松和沙棘的乔灌混交林。

（五）土壤治理

阳承胜等（2000）认为，土壤生物肥力水平是成功地进行废弃地土地管理的关键因素之一，是废弃地生态恢复和治理的重要指标。只有根据复垦矿区的立地土壤和气候条件及人力资源情况制定土壤改良的工程计划，正确选择适宜不同立地类型的树种，才能使废弃矿复垦工作取得成功。一般对复垦土地土壤分析和评价应从以下几个方面考虑：①土粒组成。②土壤有机质。土壤有机质是树木生长发育和微生物生命的能源，增加土壤有机质是林业垦殖的重要内容。③土壤酸碱度。林木生长最适宜的 pH 为 6～8，偏高和偏低都会影响林木生长。对复垦区的土壤应进行中和处理，达到林木生长的要求。④土壤结构。⑤土壤养分。林木生长需要氮、磷、钾、钙、镁等常量元素和铁、锰、锌等微量元素。⑥土壤有毒物质分析。确定复垦区土壤有毒物质成分和含量。煤矿废弃地土壤治理的方法通常有以下几种：①化学肥料。②污水污泥、生活垃圾、泥炭及动物粪便、有机肥等有机改良物。③表土转换。这种方法也称之为客土、排土法。④淋溶。在种植植物前，对含酸、碱、盐分及金属含量过高的废弃地进行灌溉，在一定程度上可以缓解废弃地的酸碱性、盐度和金属的毒性，有利于植物定居。

（六）微生物恢复技术

煤矸石废弃地生态系统的恢复，除了土壤、植被的恢复外，还需要恢复微生物群落。据不完全统计，地球上存在的微生物可能超过 18 万种，其中包括 26 900 种藻类，30 800 种原生动物，4760 种细菌，1000 种病菌和 46 983 种真菌。

研究表明，1g 土壤中就包含有 10 000 个不同的微生物种。如此众多的生物种在矸石废弃地生态系统的恢复中起着至关重要的作用。不同的微生物对不同的污染物也有一定的适应性。例如，氧化亚铁硫杆菌在 pH 为 3 时能将 Fe^{2+} 氧化成 Fe^{3+}；在汞污染的河泥中，还存在一些抗汞的微生物（假单胞菌属等），能把甲基汞还原成元素汞；土生假丝酵母、粉红黏帚酶和青霉等能使砷酸盐形成甲基砷；光合紫细菌则能使氧化元素硒转化为硒酸盐。因此，在矸石废弃地生态重建中，微生物的恢复是至关重要的一环。朱利东等（2001）研究证明，对于绿藻和蓝藻，其富集金属离子的系数各不相同，蓝藻富集 Cu^{2+}，Pb^{2+}，Ag^{2+}，Zn^{2+} 的能力远大于绿藻，但不论蓝藻还是绿藻，它们均富集 Cu^{2+}，Pb^{2+}，Ag^{2+}，Zn^{2+}。

（七）生物改良技术

生态系统的恢复可以通过生态演替这一自然过程来实现。这一自然恢复过程在破坏不是很剧烈的情况下会发挥作用。自然演替一般需要 50～100 年的时间才能在废弃地上恢复一个满意的植被覆盖。研究表明，在自然状况下，废弃时间在 4～5 年，植物种类较少，且多为一、二年生草本植物；植物种类增幅较大时期是 7～15 年；而 15～38 年植物种类数量增多的幅度较小。所以说，利用自然演替恢复生态系统是一种低成本而有效的途径。然而，也是完全可以利用人工种植植被的办法来改善和恢复生态系统的。例如，英国南约克郡的匹克国家公园应用生态演替方式进行破坏景观的恢复，通过种植蔓生地方草种代替种植速生但抵抗力低的农业草种，很好地适应了因为开矿而质量下降的土壤。

植被具有较强的适应性、抗逆性和固氮性能，是最理想的抗逆境的种植材料。因此，林业复垦技术是恢复矸石废弃地生态环境的必由之路。我国木本植物有 3000 多种，灌木 8000 多种，能够筛选出适应不同矿区所需要的树种组，供绿化造林。在林木中，还有一大批豆科、非豆科树种能在绿化后迅速改良土壤，我国非豆科固氮树种主要有胡颓子属、沙棘属、赤杨属、杨梅属、马桑属、木黄属等 44 种，占世界非豆科固氮树种的 20％。林木具有安全性和多功能效益，用于恢复生态环境，成本低、效益好。在稳定治理的前提下，实现农、林、牧、副、渔综合发展。由于矸石废弃矿区立地环境低下、复杂、除了大规模垫铺熟土直接用作农作物栽培之外，在大多数情况下，需要一个林业垦殖。经过一个林业生产周期净化和改良土壤后，再因地制宜地发展农、牧、副、渔等。

近年来煤炭资源的大量开采，使煤矿区的生态环境遭受严重的破坏。煤矿区已成为当今陆地生物圈最为典型、退化最为严重的生态系统。随着科技的发展，全社会加强生态环境保护的意识越来越强，国家有关部门狠抓矿区生态环境的修复实施行动步伐的加大，煤矿废弃地生态修复在以下方面呈现出良好的发展前景。

1. 农业复垦会成为复垦土地的主要利用方向，提高农业复垦效益的研究将成为复垦研究热点

新土地管理法明确规定，复垦土地应优先用于农业。这是我国人多地少的国情决定的。矿区开发后，随着物质流、能源流、信息流的输入和大量非农业人口的涌入，原有的农村格局发生了根本变化，人地矛盾加剧。随着矿区矿产资源开发的减员增效和闭坑，大量开发大军将面临再就业问题，人地矛盾将更加尖锐。所以，复垦矿区破坏的土地，更加需要优先用于农业开发。

多年来，农业复垦的总面积尽管远远大于其他利用面积，但由于农业的效益低，农业复垦的高新技术少。在评价复垦效益时，农业利用越多，复垦的经济效益就越不显著。因此，今后对高产高效的农业复垦技术研究显得尤为重要和迫切。提高农业复垦效益的关键技术：一是复垦土壤改良的生物和工程技术；二是复垦土地的经营管理技术；三是利用遗传基因工程，改良作物品种的技术及其推广应用。

2. 复垦产业化在复垦高新技术的推动下将脱颖而出

高新技术产业化是知识经济的必然结果。土地复垦要走上良性循环和自我发展的道路，复垦产业化是其必然选择。复垦产业是指经过开发研究，形成复垦的专利技术或产品，并以此为依托，形成的一种高新技术产业。这些高新技术产业不但能大幅度提高复垦产出率和土地复垦率，而且可给复垦研究提供大量资金，从而使复垦步入自我发展的轨道。

加速土壤熟化的生物肥料和良种，加速矸石等废弃物风化成土的微生物以及减少侵蚀，提高植被成活率的覆盖材料等新型复垦产品的研制是形成复垦产业的基础，将会重点开发。以生物技术为依托的复垦高新技术研究一直是国外研究的热门课题，而且已经开发出了许多适于矿区土地复垦的产品。在借鉴国际先进技术的基础上，我国复垦产业也会快速起步。

3. 复垦技术体系将不断完善，技术规范和标准将制定

我国幅员辽阔，矿区土地破坏类型多样。大致包括塌陷地、挖损地、压占地、污染地、灾害地五大类和25个亚类。不同破坏类型的土地，复垦的技术也不同。但目前针对不同破坏类型的复垦技术研究还不全面，系统总结也不够，尤其是中西部干旱半干旱地区的复垦技术研究不够。这一点已经引起有关部门和学者的密切关注。现行的《土地复垦技术标准》(试行)。但这个标准还不够全面和完善，不同行业的特点考虑不够。为此，有关部门已经着手制定分行业的技术标准和规范。

4. 政策法规体系将不断健全，良性的复垦机制会形成

新土地管理法颁布实施后，与之相适应的有关土地法规将修订。《土地复垦规定》的修订不久将得到落实，与之配套的办法和实施细则也会出台。在各方面的积极配合下，复垦组织、复垦资金、复垦管理、复垦验收、复垦评价等新老问题会得到实质性的解决。良性的复垦机制必将形成。

5. 传统的土地复垦领域会进一步拓展

在广度方面，目前我国复垦研究的对象还主要是采矿直接破坏的土地，如塌陷、压占、挖损等土地，而对采矿间接破坏的土地，如矿产资源的开采及其加工污染的土地、采矿引起地下水系破坏导致土地生产力下降和产量不稳定等的研究不够。今后，间接破坏的土地的复垦会受到越来越多的学者和社会的关注。在深度方面，人与土地、人与环境、资源与环境等一元或多元耦合关系随着土地复垦研究的深入必将得到理论研究的重视，土地复垦与环境科学、土地科学、资源科学互相渗透，互相交叉，必将产生一些边缘学科。

6. 土地复垦学科体系和理论构架会逐步建立

很早以前，就有学者提出了土地复垦学概念，将研究破坏土地的产生机制和演变规律，破坏土地再生利用的政策、理论、方法、技术工艺、管理技术等相关问题的学问称之为土地复垦学。但从实践上看，多年来其进展不大，其主要原因如下：第一，作为一门相对独立的学科，必须有专家和工程技术人员公认的成熟的理论基础以及独特的研究空间，有其特殊的科学意义，同时还必须得到学术界和社会的认同，而目前这些方面还显得不够。第二，我国复垦起步晚，对人为造成的土地破坏类型与自然营力造成的低产土地和废弃土地之间是否有本质的区别这一基本问题至今还来不及深入研究，土地开发与土地复垦在理论基础和技术途径之间有多大不同也不明确。而要回答这些问题又必须经过广泛实践和深入研究。第三，从一个研究方面上升到一个学科体系，也需要足够时间。但是，随着相关学科越来越多的研究人员进入到复垦领域，随着复垦理论和技术研究的深入，土地复垦学科体系和理论构架会逐步建立的。

中国是一个产煤大国，又是一个人口大国，土地复垦的潜力很大，与世界先进国家相比，其特点也很明显。因此，可以预见在不远的将来，我国土地复垦工作将得到全面、深入的发展，土地复垦的研究也会不断深入，全国土地复垦率将会有显著提高，土地复垦与生态重建必将成为我国可持续发展的重要组成部分，受到全社会的重视、支持和关注。

二、煤矸石、粉煤灰综合利用现状

（一）煤矸石

我国煤炭绝大多数为井矿开采，煤矸石产出率较高，有统计显示，采煤过程中煤矸石占煤炭产量的比重平均为 11%，洗煤过程中煤矸石占所入洗原煤的比重平均为 17.5%。我国在煤矸石综合利用方面也开展了大量工作，但与西方发达国家相比，还有一定的差距。主要原因是我国煤炭企业在技术、设备和规模、竞争力等方面落后。综合利用煤矸石不仅可以缓解对环境造成的压力，而且可以提高煤炭企业的抗风险能力。

1. 煤矸石综合利用新途径

煤矸石作为一种潜在资源，可根据其具体组成和性质，针对不同成分的含量，加以区分、合理归类，以实现煤矸石综合利用的最大化和系统化。经过大量的实践调查与技术分析，在总结前人成果的基础上，探索出煤矸石综合利用新途径，见图 7.1。

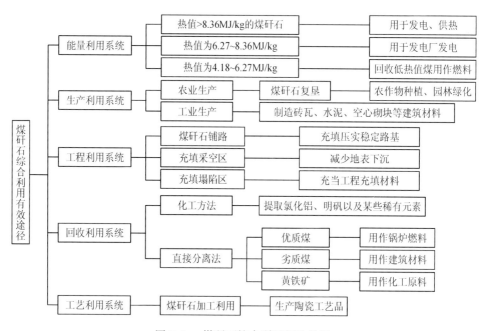

图 7.1　煤矸石综合利用新途径图

2. 煤矸石利用的研究

（1）煤矸石能量转换利用

煤矸石的发热量一般在 3347.2～8336kJ/kg，煤矸石的能量转化主要是利用煤矸石发电，将热值大于 6270kJ/kg 的煤矸石直接利用；将发热量大于 8000kJ/kg 的煤矸石粉碎掺入一定中煤和煤泥，产生中温中压或高温高压蒸汽，发电或热电联产。目前利用煤矸石发电和热电联产已被广泛采用，并且炉渣可生产炉渣砖和炉渣水泥。

（2）分选利用

目前由于选煤技术的限制及企业效益需要，洗选煤矸石中含有一定量的难选煤，通过一定的工艺，从其中可选出部分煤炭，同时拣出黄铁矿，或用跳汰机、平面摇床分选工艺回收黄铁矿、洗混煤和中煤。回收的煤炭可作动力锅炉的燃料，最终洗矸可作建筑材料，黄铁矿可作化工原料。

（3）高附加值利用

制备化工产品。理论与实践都证明，利用煤矸石为原料，采用盐酸酸浸-加碱调节碱化度工艺制备 PAFC 絮凝剂，并用于处理煤矿废水及油田废水，均取得了良好的絮凝效果，优于一般 PAC、聚合硫酸铁（PFS）（郭彦霞等，2014；谢如谦和郑宗明，2013；茅沈栋等，2011）。孙利强和韩秀峰（2010）以鄂尔多斯煤矸石为原料、用硫酸替代部分盐酸生产聚合双酸铝（PAFCS）絮凝剂，经检测产品性能符合 Ⅱ 类产品（即非饮用水）的指标要求，产品应用于神华准格尔矸石电厂，取代了其原先使用的 PAC，应用效果良好。秦华（2005）以煤矸石和添加物为原料，在立式成珠炉反应装置内，采用热分相和酸浸析方法制备了多孔玻璃微珠。李国祥和宋志杰（2007）等用煤矸石作原料，以酸浸加碱化生产白炭黑、氧化铝及氢氧化铝，取得了很好的效果。罗劲松等（2003）等以煤矸石为原料，采用溶胶凝胶法制备出了纳米氧化铝。赵振民等（1999）等成功研制出了煤矸石生粉低压溶出工艺生产工业硫酸铝的方法。

提取微量元素。煤矸石中含有镓、钒、钛、钴等微量稀有元素，既可作为伴生元素开采，也可以作为具有潜在利用价值的微量元素，但是在提取利用煤矸石中微量元素的同时，还要注意对其中有害微量元素的处理。

（4）中等附加值利用

制备新型墙体材料。煤矸石具有一定的可塑性、烧结性，经均化、破碎、净化和陈化等工艺加工处理后，可用于制砖。目前，制砖成为煤矸石利用最为普及的一个方面，应用地区广，生产工艺成熟。张三明等（2009）等利用废弃煤矸石生产保温砖，并将其应用于保温墙体中。

生产水泥。采用煤矸石生产水泥，要求煤矸石中 SiO_2、Al_2O_3 和 Fe_2O_3 含量较高，三者的总含量要求在 80% 以上。煤矸石是一种天然的黏土质原料，可作为水泥生料中硅质和铝质组分的主要来源，代替黏土配料生产水泥，而且煤矸石能释放出一定的热量，可以替代部分燃料，因此，可以利用煤矸石生产煤矸石硅酸盐水泥、煤矸石火山灰水泥、煤矸石少熟料或无熟料水泥等。

生产骨料及陶粒。轻骨料是为了降低混凝土的相对密度而产生的一种多空骨料。目前，我国生产煤矸石轻骨料尚处于初级阶段，主要是用回转窑烧制煤矸石陶粒（张西铃等，2014；袁家鸣等，2011）。

合成硫酸铵。煤矸石中的硫在高温加热条件下与氧气反应生成 SO_2，然后被氧化成 SO_3，SO_3 遇水生成硫酸，最终与氨化合物反应生成硫酸铵。

（5）低附加值利用

煤矸石筑路。随着公路事业的发展，交通运输量的快速增长，在提高公路路面等级，确保路面质量的同时，路基和工程质量也不容乐观，若要保证路基质量，其填料选择和施工质量控制是关键环节。各种工业废渣中，煤矸石产量最大，性能适于用作公路填料，把煤矸石作为道路基层材料用于筑路工程，有着明显优势。

生产有机肥料。煤矸石中不仅含有有机质，而且含有 20 多种微量元素，其中多种微量元素是植物生长所必需的。煤矸石中含有的氮、磷、钾等微量元素，其中氮存在于矸石的有机质中，磷含量在 5% 以上，钾含量在 1% 以上，是普通土壤的数倍，经过选料、加工可生产有机肥料和微生物肥料。

填充煤矿塌陷区。利用煤矸石填充煤矿塌陷区，不但可恢复采煤破坏的土地，而且可以减少煤矸石占地及煤矸石对环境的污染，通常用于复垦的煤矸石以砂岩、石灰岩为主，用推土机进行回填、压实。根据复垦土地的不同用途，处理方法也不尽相同，如用于耕种则进行表面复土，用于建筑用地则要采取分层碾压。

利用煤矸石作填料。近几年来，在生产有机高分子聚合物时，利用深加工（破碎、磨矿、表面改性等）后的煤矸石取代或部分取代昂贵的炭黑，不仅能大大降低橡胶制品的生产成本，而且对橡胶具有较好的补强作用，社会效益和经济效益良好。邱景平等（2014）报道了利用煤矸石作填料，研究制备低成本 PVC、PP、PE 等聚合物的可行性，以及运用基本断裂功方法研究了部分材料的结构形态、煤矸石含量等因素对材料断裂破坏行为的影响。

3. 煤矸石综合利用产业化发展

近年来，我国在能源、建筑材料领域广泛开展了煤矸石综合利用，高铝粉煤灰提取氧化铝和铝硅合金技术已在一些地区实现产业化生产，煤矸石新型微生物肥料的研究开发也日益成熟。煤矸石在建材建工、矿井充填、低热值发电等取得了一定成效。例如，山东新汶矿业集团大力发展煤矸石发电、制砖、制水泥等企业；山西阳泉煤业集团以煤矸石发电为龙头，形成了煤矸石发电、电解铝、铝型材的产业链。据不完全统计，目前国内已建煤矸石发电厂 400 多座，全国煤矸石电厂装机容量已超过 29 500 万 kW，每年发电消耗煤矸石量超过 1.4 亿 t，占煤矸石综合利用量的 60% 以上。现有煤矸石砖厂 200 多座，年产能力 30 亿块以上。煤矸石水泥厂和粉磨站有近 100 座，年产能力 2900 万 t。煤矸石筑路、回填等复填面积近 5000 万 m^2。

在煤矸石高附加值利用方面开始了工业化探索。2012 年，山西蒲县县东循环工业园区年产 30 万 t 煤系高岭土项目动工；山西孝义市汾西勇龙新材料有限责任公司 10 万 t/年煤矸石制陶瓷微珠项目于 2013 年开始建设；2012 年万吨级的利用粉煤灰、煤矸石等制备无机纤维保温材料及高性能复合保温材料示范生产线在山西朔州建成；太原玉盛源能源发展有限公司利用高炉矿渣、镁渣、煤矸石等工业废渣生产 2 万 t 无机纤维及 5.5 万 t 无机纤维防火用纸项目已于 2011 年正式投产，目前正在建设年产 6 万 t 无机纤维及 30 万 t 无机纤维防火用纸生产线。此外，由于煤矸石中含有大量 Al、Si 等元素，从煤矸石中提取有价元素也开始由应用开发逐步走向工业示范。2010 年，内蒙古乌海市巨能环保科技开发有限公司开始建设年处理 10 万 t 煤矸石生产硫酸铝和白炭黑一期工程；柳林县煤矸石综合利用示范园区年消化 5 万 t 煤矸石提取氧化铝和白炭黑项目分别于 2012 年和 2013 年完成单体试车。煤矸石高附加值利用已开始成为煤矸石综合利用的重要途径，目前已形成近百万 t 煤矸石处理量的生产能力。

（二）粉煤灰

粉煤灰主要来源于燃煤电厂，是磨细煤粉在锅炉内高温燃烧所产生的烟尘，由集尘装置捕集而成，属于燃煤电厂生产过程的伴生产物。煤矸石主要来源于采煤和洗煤的生产过程中，是一种与煤层伴生的含碳量较低、具有一定硬度的黑灰色岩石。粉煤灰的化学成分主要有氧化硅、氧化铝、氧化铁、氧化钙、碳等，矿物组成包括莫来石、石英、赤铁矿、磁铁矿、长石等结晶相物质和玻璃体、碳粉等无定型相物质；煤矸石的化学成分有氧化硅、氧化铝、氧化铁和少量的碳、氧化硅、氧化镁等，矿物成分包括高岭土、石英、蒙脱石、长石、石灰石、铝土矿等无机物以及碳、氢、氮、硫、氧等元素组成的高分子有机物质。基于上述化学组成特征，粉煤灰、煤矸石在燃料和有用物质提取、建筑材料、肥料以及相关新材料领域具有广阔的开发利用空间。

自 1990 年以来，在粉煤灰、煤矸石产生量大幅增加的情况下，我国粉煤灰、煤矸石综合利用整体水平持续提高。粉煤灰综合利用率由 1995 年的 42% 提高到 2011 年的 68%，提高了 26 个百分点；煤矸石综合利用率由 1995 年的 38% 提高到 2011 年的 62%，提高了 24 个百分点。与此同时，我国粉煤灰、煤矸石综合利用技术水平也得到一定程度的提升，关键技术领域实现了突破，一批高效综合利用技术得到应用，粉煤灰、煤矸石制备高附加值新型材料的比重有所增加，开发伴生铝资源的新途径——高铝粉煤灰提取氧化铝技术研发成功并初步实现了产业化。利用粉煤灰提取氧化铝联产水泥熟料的中试研究和产业化技术均已通过技术鉴定，内蒙古鄂尔多斯、山西朔州等地区有多个氧化铝项目拟建，年产 40 万 t 粉煤灰提取氧化铝项目正在内蒙古实施。煤矸石电厂产生的粉煤灰及灰渣中，因 SiO_2、Al_2O_3 和 Fe_2O_3 含量较高，而有害元素的含量又很低，因此粉煤灰和炉渣的再利用具有显著的经济效益和社会效益。在平顶山市成立的河南省粉煤灰综合利用开发中心，已将粉煤灰利用领域扩大到交通、农业、冶金、建材、水利、矿山、化工等 10 多个行业，用灰企业发展到 48 家，年利用粉煤灰 78 万 t，年创产值 4 亿多元，效益 3000 多万元，粉煤灰综合利用率达 64%。但是，我国粉煤灰、煤矸石综合利用仍面临严峻挑战。除了综合利用意识不强、区域发展不平衡、技术装备相对落后、产业集中度较低等粉煤灰、煤矸石综合利用领域所存在的突出问题之外，粉煤灰、煤矸石的综合利用率也远未达到相关规划的目标要求，而与世界先进水平相比差距更为明显。

目前，粉煤灰在我国建筑工程、建材工业、道路工程等领域的技术及应用已经十分成熟；生产建材产品技术装备水平达到国际先进水平，高附加值利用方面获得了较大突破，利用粉煤灰中提取微珠生产耐火材料和保温材料也形成一定规模，根据国家发展和改革委员会发布的《中国资源综合利用年度报告（2012）》数据显示，2011 年我国粉煤灰用于水泥生产约 1.5 亿 t，占利用总量的 41%；用于生产商品混凝土 7100 万 t，占利用总量的 19%；用于生产粉煤灰砖 9600 万 t，占利用总量的 26%；用于筑路、农业和提取矿物等高附加值利用各占 5%、5% 和 4%。煤矸石综合利用除了发电、井下充填置换煤、制作建材、深加工外，筑基修路、土地复垦等也都是很有效的利用途径。根据国家发展和改革委员会发布的《中国资源综合利用年度报告（2012）》数据显示，2011 年我国煤矸石等低热值燃料发电机组总装机容量达 2800 万 kW，年利用煤矸石 1.4 亿 t，综合利用发电企业达 400 多家，年发电量 1600 亿 kW·h；生产建材利用煤矸石量 5000 多万 t；充填采空区、塌陷区、筑基修路、土地复垦等利用煤矸石 2.15 亿 t。

（三）煤矸石、粉煤灰综合利用前景展望

1）煤矸石的高附加值利用是煤矸石综合利用的重要补充，将成为煤矸石综合利用的发展方向。目前我国在煤矸石高附加值利用方面已迈出了产业化的步伐，基于煤矸石高附加值利用的发展现状，将形成以碳含量为基准的 "（高碳 C≥15%）煤矸石发电-(灰渣) 多元素梯级提取/生产保温材料/陶瓷、沸石系列-(废渣)制建材" 以及 "（低碳 C<15%）煤矸石生产高岭土/肥料/保温材料/陶瓷、沸石系列/多元素梯级提取-(废渣)制建材" 的循环经济路线。

2）煤矸石、粉煤灰利用以大宗量为重点，遵循因地制宜原则，发展高科技含量、高附加值的煤矸石综合利用技术是社会经济发展的必然选择，因此，不久的将来，一定会在大型产煤基地建立以煤炭工业为基础的大型产业链，包括大型煤矿、煤矸石发电厂、煤矸石水泥厂、煤矸石砖厂、化肥生产厂等一系列以煤炭为基础的工业集群，其中煤矸石发电厂利用大型煤矿生产的工业废弃物煤矸石进行发电，其产生的高炉矿渣作为水泥生产熟料，多余煤矸石用来生产高性能轻质煤矸石水泥和煤矸石保温砖。这样不但能够充分利用工业废弃物，解决污染和占地问题，还能够做到进一步节省矿物资源，减少运输成本，达到资源利用最大化，产出利益最大化，这也是建设资源节约型环境友好型社会的具体体现。

3）按照国家推行清洁生产和发展循环经济，构建覆盖全社会的资源循环利

用体系的要求，未来几年，不仅将会逐渐扩大煤矸石井下充填、复垦和筑路利用量，而且在大中型矿区内，以煤矸石发电为龙头，利用矿井水等资源，发展电力、建材、化工等资源综合利用产业，建设煤-焦-电-建材、煤-电-化-建材等多种模式的循环经济园区，在大型选煤厂周边地区建设洗矸、煤泥和中煤综合利用电厂，大力发展循环经济。

4）在国家政策的支持和约束下，未来煤矸石综合利用市场发展广阔。由于农业、化工产业对煤矸石成分要求较高，煤矸石在农业、化工等领域发展速度缓慢。在未来几年的发展中，煤矸石以在能源、建筑材料领域的综合利用为主，向着建立煤-焦-电-建材、煤-电-化-建材等多种模式的循环经济园区方向发展。

5）随着相应高新技术的发展与市场效益的提升，煤矸石在化工等领域的应用将日渐增多，但其对煤矸石原材料的要求较高，可能不利于大规模应用。在此背景下，因地制宜，以发电与制砖等消纳量大的煤矸石综合利用产业在今后仍将是主要发展方向。

6）煤矸石中可利用的元素主要是碳和无机组分，目前煤矸石高附加值利用的主要方式是利用其无机组分进行有价元素提取，制备保温隔热材料，生产陶瓷、沸石以及生产肥料等。但总的来说，这种主要以煤炭企业的处理、消纳为导向方式，资源利用的比例仍然较低，资源利用水平低，社会化水平不高，不仅使煤炭企业承受着巨大的负担，而且各种利用途径的产业链短，利润空间小。而开发煤矸石高附加值利用技术，扩展煤矸石利用途径，提高煤矸石资源利用企业的利润空间，充分调动其他非煤企业的投资热情，从而进一步提高煤矸石资源利用的社会化比例，是实现煤矸石由"无害化"向"资源化"转变，以及进一步提高煤矸石综合利用率以及利用水平的根本途径，可成为煤矸石资源利用"社会化"的重要切入点。然而，单一利用技术产业链短，形成产品少，企业效益差，而且会产生大量的废液、废渣，企业常常会因环保压力大而难以为继。开展煤矸石中多元素、多组分梯级利用，可延长煤矸石资源利用的产业链。根据目前煤矸石高附加值利用的发展现状，通过几年努力，必将形成以碳含量为基准的"（高碳 C≥15%）煤矸石发电-（灰渣）多元素梯级提取/生产保温材料/陶瓷、沸石系列-（废渣）制建材"和（低碳 C<15%）"煤矸石生产高岭土/肥料/保温材料/陶瓷、沸石系列/多元素梯级提取-（废渣）制建材"的循环经济路线。将碳含量高、热值大的煤矸石用于煤矸石发电、供热等；含煤矸石的低热值煤发电后会形成大量的灰渣，相比煤矸石，灰渣中的无机元素进一步得到富集，可用于提取有价元素、制备多孔陶瓷、生产高性能保温材料等，残余废渣用于生产建材制品；碳含量低的煤矸石可直接利用其无机灰分，根据其矿物组成特点，可用于生产煤系高岭土、元素提取、制备陶瓷和保温材料等，实现煤矸石多途径、多组分利用。煤矸石高附加值利用不仅可以提高企业经济效益，还能充分利用煤矸石各组分，降低废渣

排放，将成为煤矸石综合利用的发展方向。

（四）煤矸石、粉煤灰综合利用存在问题与对策

1. 存在问题

纵观国内外我国粉煤灰、煤矸石综合利用产业发展，我国粉煤灰、煤矸石的综合利用率还相对较低，存在的主要问题如下。

1）煤矸石、粉煤灰资源基础研究薄弱。目前，对于粉煤灰、煤矸石的基本组成和基本特征结构的分析与研究较少，尤其是对有益组分、有价元素、酸性、污染度等问题缺少定量的分析与研究，对于煤矸石山的数量和类型分布研究较少，制约了煤矸石高附加值产品的发展。

2）煤矸石、粉煤灰综合利用程度低。目前，我国煤矸石利用率平均为40%，如果将煤矸石利用率提高到70%，每年可节约2000万t标准煤，而且由于洗选不精，每运输10t煤，仍有1t煤矸石混杂在其中。如此多的煤矸石流出矿区，既增加了运输成本，也直接影响煤炭燃烧效率。粉煤灰品质波动大，资源化程度低，表现为烧失量和细度常难达到应用要求；而粉煤灰出厂价格偏高，又限制了粉煤灰的利用。在其综合利用过程中，尚缺失部分对污染控制的途径，如储灰场和运输车的扬尘污染、提取有用物质后废渣的处理、农用过程中重金属扩散及建材制品有毒物质释放、放射性等环境风险。

3）煤矸石、粉煤灰利用发展不平衡。粉煤灰产生与综合利用呈现以下特点。电力供应地区粉煤灰产生量大，但利用率相对有限；大中型城市、东部经济发达地区利用率普遍偏高；中西部地区产生量大，东部利用率高，东北部利用率最少。煤矸石利用地区发展不平衡，企业发展不平衡。煤矸石的综合利用在能源相对短缺的华东、西南地区发展较快，而在煤炭资源相对丰富的地区发展较慢。在一些能源紧缺的地方或是资金雄厚的大企业发展较快，而在一些能源富足地区和小型企业利用率低。

4）技术装备落后，企业规模小，产业化水平低。我国粉煤灰综合利用项目虽百余项，但真正转化为产业化，创造经济效益的却不足一半。一些技术含量高的煤矸石综合利用技术还未得到广泛应用。目前热值大于1200kcal/kg的煤矸石，较为科学的处理方式是发电。据测算，2015年我国原煤产量将达到29亿t，预计排放采掘矸石3.3亿t，洗矸4.44亿t，煤泥1.32亿t，中煤6.82亿t，可入炉燃烧发电的低热值燃料量10.3亿t左右。煤矸石的产生量已大大超出了目前煤矸石综合利用发电的处理能力。煤矸石利用的设备、技术落后，生产规模小，产品竞争力小，发展后劲不足，而且一些煤企对煤矸石利用认识程度低，大多利用方式单一，多限于煤矸石发电、就地填埋、铺路、烧砖。

5）管理水平低，监管手段不健全等，影响了粉煤灰、煤矸石综合利用发电

的有序、健康、稳定发展。

2. 对策建议

1）转变观念，树立粉煤灰、煤矸石是"资源"的思想。

今后相当长时期内，煤炭仍在我国能源中占主要地位。粉煤灰、煤矸石是我国排放量及积存量最大的工业固体废弃物，开发利用前景广阔。要坚决克服把煤矸石作为"废弃物"而进行"堆放"的消极思想，从"以堆存为主"逐步过渡到"以利用为主"，变废为宝，化害为利。

2）积极开发和推广用量大、成本低、经济效益好的综合利用技术。

矿物资源加工与综合利用就是在选矿、综合利用理论和工艺技术基础上，提取有价元素，分离、富集有益组分和有用矿物，然后进行直接利用或组合利用，同时开展矿物资源梯级深加工，联产高、中、低档系列产品，发展产业链、产业群。在煤矸石梯级深加工、联产系列产品方面，根据高效利用、综合利用、无尾排放的原则，分为高附加值少量利用、中等附加值中量利用、低附加值大量利用，以便于统筹考虑煤矸石资源化开发利用的方向与技术。

3）加强煤矸石综合利用基础研究。

粉煤灰、煤矸石资源综合利用体系迄今没有全面形成，煤矸石综合利用产品的技术含量低，规模利用主要集中于制砖和水泥生产。加强煤炭企业与高校合作。利用高校软实力与煤炭企业的资源相结合，加强煤矸石综合利用技术创新和难题攻关，以解决大量存在的尖锐复杂的资源、环境、经济和社会问题，调整生产模式和产业结构，拓展新的经济增长点，从而促进企业全面、协调发展。加强对煤矸石组分、结构与特性等的研究，根据煤矸石的特性和实际需要，开发新用途。研究开发一批煤矸石综合利用技术，如简易高效烟气脱硫、生态复垦微生物技术以及地面煤矸石山综合处置利用技术和工艺的开发，并积极引进国外先进技术和设备，在消化吸收的基础上继续创新，逐步建立技术引进、消化吸收、自主开发的技术创新机制，推动煤炭企业的发展和我国矿产资源的综合利用。

4）提高煤矸石和粉煤灰综合利用技术装备水平。

目前我国主要是引进国外的相关技术，而自主发展利用水平较低。因此，要加强低能耗超细粉碎、高效分离等重点共性技术和重大成套装备的研发与推广应用，鼓励有条件的地区和企业建立高水平技术研发中心。结合国家重大科技项目和重大工程的实施，依托高等院校和科研院所，培养一批大宗工业固体废物综合利用高素质复合型人才。着重进行大型燃煤矸石循环流化床锅炉及成套发电设备开发，用先进的工艺装备改造落后污染环境的工艺装备，如用循环流化床锅炉代替电厂的沸腾炉，从根本上解决矸石山电厂的污染问题；用现代的制砖设备和硬塑、半硬塑成型技术改造落后的技术装备，使煤矸石制砖上规模、上水平。

5）健全煤矸石、粉煤灰综合利用标准体系。

但由于煤矸石具有区域性特点，不同地区的煤矸石的物理、化学特性不同，同时在成本和地域的制约下，煤矸石等工业固废产品的检测方法及相应的标准尚不健全；加之，为适应技术快速发展和开发煤矸石高值利用技术的要求，我国目前已有的《用于水泥和混凝土中的粉煤灰》（GB/T1596—2005）、《用于耐腐蚀水泥制品的碱矿渣粉煤灰混凝土》（GB/T29423—2012）、《蒸压粉煤灰多孔砖》（GB26541—2011）、《粉煤灰混凝土小型空心砌块》（JC/T862—2008）、《赤泥粉煤灰耐火隔热砖》（YS/T786—2012）、《烧结普通砖》（GB5101—2003）、《烧结多孔砖和多孔砌块》（GB13544—2011）、《烧结保温砖和保温砌块》（GB26538—2011）等粉煤灰、煤矸石产品的质量标准远不能满足实际需要，不仅很多新的粉煤灰、煤矸石综合利用产品也需要有相关标准，而且，需要研发一系列针对煤矸石的检测方法和标准，以提高煤矸石综合利用产品的市场竞争力。

6）加大政策的扶持力度，完善资源综合利用法规体系。

粉煤灰和煤矸石综合利用是一个技术创新较为活跃的领域，具有很强的外部性，由于受到政策调整程序等因素的限制，优惠政策很难与技术创新实现同步，往往落后于行业技术创新的步伐，许多新产品和新技术在需要政府扶持的商业化应用初期却无法得到应有的支持，造成了综合利用工作在技术开发创新效力上有所削弱，需进一步在新工艺、新技术、新产品的研究开发方面给予政策扶持、资金倾斜。根据我国区域差异较大的特点，适度给予地方政府相应的调控职能，沿海地区突出粉煤灰、煤矸石综合利用技术的升级，中西部资源大省强调大掺杂技术的推广，增强优惠政策的灵活性和区域的针对性，突出《粉煤灰综合管理办法》和《煤矸石综合管理办法》享受优惠政策条件和标准的动态化特征。制定煤矸石闲置税，抑制煤矸石的排放，加强废弃物的管理，促进发展循环经济进而达到保护环境和延伸煤炭产业链的目的。

7）建设示范样板，加强煤矸石、粉煤灰成果转化。

目前粉煤灰、煤矸石技术成果很多，但是真正实施的不足一半，因此，要采取有效措施，加强现有技术成果的转化，使现有成果经过进一步熟化形成生产能力。同时要支持和鼓励大型优势煤炭企业建设集发电、制砖以及其他高新技术产品生产于一体的高标准基地，发挥示范效应，带动周边地区煤矸石综合利用快速发展。

第三节　煤矿废弃地植被恢复与高效利用的意义

一、煤矿废弃地植被恢复与高效利用的必要性

矿产资源是一种不可再生的重要自然资源，也是人类赖以生存和发展不可缺

少的物质基础。我国是矿产资源大国，其年开采量在 50 亿 t 以上，占到全国矿山开采量的 90% 以上。矿产资源的开发利用为国民经济发展提供了坚强的物质基础，在保障国家能源安全，支撑国民经济发展中做出了重要贡献。但同时矿产资源的开采也对土地资源和生态环境造成了严重的破坏，据统计，我国因采矿直接破坏的森林面积累计达 106 万 hm²，破坏的草地面积 26.3 万 hm²。尤其是产量居世界首位、占全部能源总体结构 70% 以上的煤炭资源的开发和利用引发的生态环境问题最为严重，因采煤生产导致的土地挖损、塌陷、压占、破坏等导致的经济损失和生态破坏，严重影响了社会经济的可持续发展。据统计，全国煤炭开采引发的大面积塌陷区累计破坏土地面积约 11.5×10^4 hm²（占全国土地破坏面积的 10%），并且以 200 hm²/a 的速度递增，然而，我国的复垦整治率非常低（仅占 10% 左右）。所以，实现清洁生产和综合整治被污染和破坏的生态环境意义重大而迫切。

矿区生态环境的恢复治理既是恢复土地资源、实现土地面积总量平衡的需要，也是保证煤炭资源开采与社会、环境协调持续发展的需求。通过对废弃矿区的生态修复，能够有效改善生态环境；同时结合土地整治，对土地资源进行综合利用，缓解了人地之间的矛盾，更为重要的是通过合理规划实施替代产业的发展，解决了由于一些矿山的关停对区域当前经济造成的暂时的负面影响，实现了"黑白经济"向"绿色经济"的转变，安置大量产业专业人员。通过矿区的生态修复和煤矸石的合理有效利用，对发展循环经济、建设资源节约型和环境友好型社会有重要意义，这也是实现经济增长方式根本性转变、走新型工业化道路，从根本上缓解资源约束矛盾，减轻环境压力，增强国民经济整体素质和竞争力，实现全面建设小康社会目标的必然选择。

（一）煤矿废弃地植被恢复和粉煤灰、煤矸石综合利用是生态环境建设的需要

煤矿废弃地的植被恢复与生态重建是我国生态环境建设的重要组成部分。2001 年年底，国务院在发布的《全国生态环境保护纲要》中就明确提出了"维护国家生态环境安全"的目标。因此，根据我国人多地少，土地资源严重不足，矿山生态环境破坏和污染十分严重的实际情况，积极开展矿区生态环境修复，使被破坏的土地得以恢复和重新利用，逐步解决由采矿引发的社会、经济与生态环境问题，这既是实现土地总量动态平衡的需要，也是贯彻实施可持续发展战略的重要内容。

近年来，通过煤矿兼并重组整合和实施煤矿生态环境保护和综合治理方案审批制度，煤矿生态重建取得了明显的成果。目前，关闭矿井已有 60% 的废弃工业场地实施了生态重建工程，90% 以上新建矿井做到了边进行采煤工程建设边开

展生态重建。但是，由于煤炭开采形成的生态破坏历史欠账和兼并重组整合煤矿建设过程中新增的生态破坏交织并存，给煤矿生态重建带来了前所未有的严峻挑战和多重压力。特别是《矿山生态环境保护与恢复治理方案编制导则》（环办〔2012〕154 号）的实施，煤矿的生态重建面临着受损生态调查和分类，煤矿生态重建的持续性，煤矿生态重建的驱动力，适于不同区域的矿业废弃地退化生态系统类型、退化程度与退化原因，生态系统恢复目标、恢复策略，恢复过程中生物多样性的变化规律、功能和作用机制，以及科学的矿业废弃地退化生态系统恢复措施和生物多样性保护措施等许多新问题，对煤矿生态环境保护和恢复治理的研究和实践提出了新的要求和任务。

面对以矿产资源开采作为支柱产业的现实，如何实现资源开发利用和土地资源及生态环境保护的协调一致，最大限度地减少矿山开采带来的不利影响，处理好废弃地生态修复和区域经济发展的关系不仅是各级政府和有关部门面临的一项新的任务和研究课题，而且是我国目前乃至今后相当长时间内，需要认真做好的重要工作。

（二）煤矿废弃地植被恢复和粉煤灰、煤矸石综合利用是建设"宜居城市"，实现新型城镇化的需要

所谓新型城镇化，是指坚持以人为本，以新型工业化为动力，以统筹兼顾为原则，推动城市现代化、城市集群化、城市生态化、农村城镇化，全面提升城镇化质量和水平，走科学发展、集约高效、功能完善、环境友好、社会和谐、个性鲜明、城乡一体、大中小城市和小城镇协调发展的城镇化建设路子。新型城镇化是以城乡统筹、城乡一体、产城互动、节约集约、生态宜居、和谐发展为基本特征的城镇化，是大中小城市、小城镇、新型农村社区协调发展、互促共进的城镇化。新型城镇化是我国现代化建设的伟大战略选择和艰巨的历史性任务，是我国不断扩大内需的长期动力之源，是推动我国经济持续健康发展的"加速器"，是我国全面建成小康社会和从经济大国向经济强国迈进的"王牌"引擎。

随着科技经济的发展和人民生活水平的提高，人们对环境的要求越来越高，"宜居城市"、"生态城市"、新型城镇化建设已经成为社会发展的一种必然局势。长期以来由于矿产资源的大量无序开采，严重破坏了山区生态环境与景观效果，因此，通过对煤矿植被恢复和生态环境保护，有效改善矿区的生态环境，提高山区生态环境的生态服务价值和景观价值，实现和增强山区对城区的生态涵养功能，是建设"宜居城市"、"生态城市"、实现新型城镇化的迫切需要。

（三）煤矿废弃地植被恢复和粉煤灰、煤矸石综合利用是建设资源节约型和环境友好型社会的需要

长期以来，我国煤炭企业普遍存在规模小、生产工艺落后、资源回收率低、

经济效益不高、生态破坏严重和安全隐患多等问题，近年来煤炭行业通过资源整合和煤矿的兼并重组整合，以及实施煤矿生态环境保护和综合治理方案审批制度基本实现了优胜劣汰、强进弱退、关小建大，告别了"多、小、散、乱的小煤窑"时代取得了良好的效果，目前，我国关闭的矿井中已有60％的废弃工业场地实施了生态重建工程，煤矸石利用率为40％，90％以上新建矿井做到了边进行采煤工程建设边开展生态重建，迈进了资源优化开发的规模化、集约化和现代化新时期。但远不能适应我国工业化、城镇化发展对矿山工业发展的需要。据《煤炭资源合理开发利用'三率'指标要求》（试行）规定的煤矸石利用率达到75％的要求还相差很远。

大力发展循环经济，推进企业清洁生产，促进企业能源消费、工业固体废弃物的减量化与资源化利用，控制和减少污染物排放，提高资源利用效率，增加非化石能源占一次能源的消费比重，构建资源节约型、环境友好型社会是我国社会经济发展的大势所趋。煤矸石是煤炭生产过程中产生的岩石统称，包括混入煤中的岩石、巷道掘进排出的岩石、采空区中垮落的岩石、工作面冒落的岩石以及洗选煤过程中排出的碳质岩等。煤矸石作为潜在的可循环利用资源，在节能减排方面开发利用价值巨大，前景广阔。

煤矸石的综合利用"功在当代，利在千秋"，是一个长期的复杂工程和关系到煤炭产业可持续发展、环境生态保护的重大课题。面对当前资源环境形势，进一步转变观念，强化节能环保意识，深入贯彻节约资源和保护环境基本国策，坚持开源节流并举、节约优先的方针，以节能为重点，因地制宜、努力发展高新技术，加快煤矿废弃地植被恢复与煤矸石资源的开发利用，是煤炭企业提质增效、实现可持续发展的需要，也是推动煤矿企业可持续发展和加快建设资源节约型、环境友好型社会，实现全面建设小康社会目标的需要。

（四）煤矿废弃地植被恢复和粉煤灰、煤矸石综合利用是实施可持续发展战略的需要

粉煤灰主要来源于燃煤电厂，是磨细煤粉在锅炉内高温燃烧所产生的烟尘，由集尘装置捕集而成，属于燃煤电厂生产过程的伴生产物。煤矸石主要来源于采煤和洗煤的生产过程中，是一种与煤层伴生的含碳量较低、具有一定硬度的黑灰色岩石。以煤为主的能源结构决定了粉煤灰、煤矸石是我国最主要的工业固体废弃物，也是典型的大宗工业固体废弃物，具有产生量大、分布广的特点，积极推进粉煤灰和煤矸石的高效再生利用是资源综合利用和循环经济的重要组成部分，对于实施我国可持续发展战略具有重要意义。

大力开展粉煤灰、煤矸石综合利用，既可以增加企业的经济效益，改善煤矿生产结构，带来巨大的经济效益；又可以减少土地压占，治理污染，改善环境质

量；还将提供大量新的就业岗位，带来巨大的社会效益。也是实现煤炭企业的再发展、产业链的延伸、发展循环经济，保护生态环境，建设资源节约型、环境友好型社会，实现可持续发展的重要途径。

二、煤矿废弃地植被恢复与高效利用的可行性

　　近年来，我国颁布了《中华人民共和国环境保护法》、《中华人民共和国固体废物污染环境防治法》、《中华人民共和国土地管理法》、《中华人民共和国煤炭法》、《中华人民共和国铁路法》、《中华人民共和国矿产资源法》（1986）、《土地复垦条例》、《土地复垦规定》等有关法律法规，《国务院关于全面整顿和规范矿产资源开发秩序的通知》（国发〔2005〕28号），国土资源部、发展与改革委员会、财政部、铁道部、交通部、水利部、环境保护部颁布的《关于加强生产建设项目土地复垦管理工作的通知》（国土资发〔2006〕225号），国务院批转国家经济贸易委员会《关于开展资源综合利用若干问题的暂行规定》（国发〔1985〕117号批转）。早在1991年，国家计划委员会制定了《中国粉煤灰综合利用技术政策及其实施要点》，明确了粉煤灰综合利用的技术发展方向和重点。1994年，国家经济与贸易委员会等6部门联合下发了《粉煤灰综合利用管理办法》，对于粉煤灰从产生到综合利用整个过程的管理和相关优惠给予较为详细地规定，成为指导我国粉煤灰综合利用的重要文件。1998年，借鉴粉煤灰综合利用的经验，国家经济与贸易委员会、煤炭工业部、财政部、电力工业部、建设部、国家税务总局、国家土地管理局、国家建筑材料工业局8部门联合颁布了《煤矸石综合利用管理办法》（国经贸资〔1998〕80号），强化对煤矸石综合利用的政策指导和全面管理；1999年，原国家经贸委和科学技术部联合印发了《煤矸石综合利用技术政策要点》和《煤矸石综合利用技术要求》，成为我国煤矸石综合利用技术的重要指导性文件。2007年发布了《煤炭产业政策》（国家发展与改革委公告）（2007第80号），以及全国各省人民政府制定的《土地复垦规定实施办法》，许多市、县结合本地实际情况制定的《土地复垦管理办法》等，初步形成了煤矿废弃地植被恢复和粉煤灰、煤矸石综合利用技术经济政策体系，为煤矿废弃地植被恢复和固体废弃物综合利用提供了政策依据。

　　经过多年努力，我国在煤矿废弃地植被恢复理论技术研究方面取得了长足进展，不少学者对煤矿废弃地土地的复垦、土壤改良、生态演替理论、种群格局、植被恢复、优良植物选择、矿山植被演替、矿山土壤肥力、废弃地生产力及固体废弃物资源化利用等方面进行了广泛研究和摸索，并在规划理论、工程与生物复垦技术、采矿对生态环境的影响、生态环境保护和整治对策、土地复垦战略以及煤矸石综合利用等方面取得了很大成绩，确立了不同类型废弃土地复垦利用模式，提出了包括监测、预测及风险评估技术，管理技术，规划设计技术，工程修

复技术，化学与生物技术等在内的矿区生态环境恢复的综合技术体系。为矿区生态环境治理技术的选择和有关法律与技术标准的制定提供依据；管理技术主要对受损生态环境资源进行科学的管理、宏观过程管理以及整个矿山生命周期的环境修复的技术管理；规划设计技术就是在进行详细调查和风险评估的基础上，运用先进的规划技术进行矿区环境恢复的规划设计；工程修复技术应根据不同的破坏特征、不同的自然条件采取不同的技术措施，主要包括生态破坏的环境污染的工程（物理）修复技术，提高和改善重建矿区系统生产力和环境安全的各种化学和生物措施，其中包括生物工程（植物恢复）、生态工程即土地复垦工程技术与生态工程技术结合的技术、土壤改良技术等。同时，在全国建立了一批包括煤炭、燃煤发电、烧制砖瓦等在内的各种不同类型的植被恢复与生态重建试验点和示范区，不仅复垦利用了大量土地，还为在法规、政策、技术、资金筹措、规范化管理、复垦后土地的利用等方面的摸索提供了经验，而且按照减量化、再利用、资源化的原则，广泛开展了煤矸石的综合开发与利用，利用煤矸石、低热值煤发电、供热，不能用于发电的煤矸石用于生产建筑材料、井下充填、铺路、回填沉陷区等。辽宁阜新煤矿、山西安太堡露天煤矿、山东兖州煤矿等植被恢复与生态重建取得了丰硕成果并积累了一定的经验。

　　粉煤灰、煤矸石在建筑材料、肥料以及相关新材料领域具有广阔的开发利用空间。目前粉煤灰在建筑工程、建材工业、道路工程等领域的技术及应用已经十分成熟；生产建材产品技术装备水平达到国际先进水平，高附加值利用方面获得了较大突破，利用粉煤灰中提取微珠生产耐火材料和保温材料也形成一定规模，《中国资源综合利用年度报告（2012）》数据显示，2011年我国粉煤灰用于水泥生产约1.5亿t，占利用总量的41%；用于生产商品混凝7100万t，占利用总量的19%；用于生产粉煤灰砖9600万t，占利用总量的26%，用于筑路、农业和提取矿物等高附加值利用各占5%、5%和4%。煤矸石综合利用除了发电、井下充填置换煤、制作建材、深加工外，筑基修路、土地复垦等也都是很有效的利用途径。《中国资源综合利用年度报告（2012）》数据显示，2011年我国煤矸石等低热值燃料发电机组总装机容量达2800万kW，年利用煤矸石1.4亿t，综合利用发电企业达400多家，年发电量1600亿kW·h；生产建材利用煤矸石量5000多万t；充填采空区、塌陷区、筑基修路、土地复垦等利用煤矸石2.15亿t。近年来，东新汶矿业集团大力发展煤矸石发电、制砖、制水泥等企业；山西阳泉煤业集团以煤矸石发电为龙头，形成了煤矸石发电—电解铝—铝型材的产业链。据不完全统计，目前国内已建煤矸石发电厂120多座，全国煤矸石电厂装机容量已超过500万kW，每年发电消耗煤矸石量超过5000万t，占煤矸石综合利用量的60%以上。现有煤矸石砖厂200多座，年产能力30亿块以上。煤矸石水泥厂和粉磨站有近100座，年产能力2900万t。煤矸石筑路、回填等复填面积近

5000 万 m^2。这些研究技术成果和示范工作的开展为我国全面开展煤矿废弃地植被恢复以及煤矸石的资源化高效利用工作提供了技术保障。

第四节　小　　结

　　美国、德国、英国、澳大利亚、苏联、法国、加拿大、日本、匈牙利、丹麦等国家在矿山生态重建方面做了大量研究工作，取得了巨大成效。他们不仅有健全的生态重建法规，有专门的生态重建机构，有专业化、多学科化和高层次的研究队伍；而且有明确的生态重建资金渠道和生态重建基金，将生态重建纳入开采许可制度之中，实行生态重建保证金制度，并建立严格的生态重建标准；同时，重视生态重建研究和多学科专家的参与合作，更重视土地复垦的生态环境问题，将可持续发展的思想和原则用于矿区土地复垦；实现了土地复垦研究对象的多元化和复垦技术的转变，即由单一的露天煤矿复垦向其他矿、地下开采引起的沉陷地、湿地、筑路等领域拓宽，由工程复垦技术向生态复垦技术转变；更加注重复垦产品的产业化和国家间的交流和合作。研究内容主要涉及以下几个方面：建立稳定地表、控制侵蚀的研究；被破坏土地的生物适宜性研究；复垦方向研究；土壤改良研究；树种的选择研究；人工林营造技术研究；土地复垦效益评价研究；建立自我维持的生态系统研究。近年来，较为活跃的研究领域及取得的主要研究成果包括矿山开采对土地生态环境的影响机制与生态环境恢复研究；无覆土的生物复垦及抗侵蚀复垦工艺；CAD 与 GIS 在土地复垦中的应用；清洁采矿工艺与矿山生产的生态保护；矿山复垦与矿区水资源及其他环境因子的综合考虑。

　　我国对矿区土地复垦和环境整治起步较晚，矿区土地复垦率、复垦标准和发展速度与世界其他先进国家相比，差距很大。存在的主要问题有复垦任务重，历史欠账多，土地破坏面积逐渐增加，危害在加重；土地复垦法律、法规及政策欠完善；缺乏行之有效的土地复垦机制；科学研究与技术推广工作滞后，缺乏高效实用新技术成果；土地复垦资金投入严重不足。为此，要跟踪国际前沿，加强复垦理论与关键技术的研究，重点应包括以下 4 方面内容：①矿区土地质量变化规律、矿区生态退化机理与修复等土地复垦与生态重建的基础理论问题研究。②采矿控制土地与环境破坏的技术，土壤重构技术，植物材料选育技术、人造表土，水力播种及覆盖，景观重塑技术；植被恢复技术，固体废弃物资源化与无害化技术，干旱、半干旱地区的生态重建技术等矿区土地复垦与生态重建实用技术研究。③煤矿区域土地与生态环境管理的综合研究。④GIS 与 VR 技术在矿区复垦规划中的应用、微生物复垦技术的应用、复垦中抗侵蚀与防渗漏材料的应用、环境岩土工程等新技术新材料的应用、土壤侵蚀控制及其产业化等新技术的应用研究等。同时，根据因地制宜、经济合理、保护重点、逐步推进的原则，按照"统一管理、分工负责、密切配合、群策群力、统一规划、统筹兼顾、坚持因地制宜、综合治理、综合利用"的指导思想，结合我国煤矿废弃地现状，运用法律、行政、经济、技术等方面的综合手段，加强重点区域建设，全面推进复垦工作。

煤矸石、粉煤灰是典型的大宗工业固体废弃物，在燃料和有用物质提取、建筑材料、肥料以及相关新材料领域具有广阔的开发利用空间。开展粉煤灰和煤矸石综合利用既是我国以煤为主的能源结构的必然选择，也是实施可持续发展战略的重要组成部分，对于环境保护和资源节约具有重要意义。

根据我国粉煤灰、煤矸石综合利用现状和面临的综合利用率低、区域发展不平衡、技术装备相对落后、产业集中度较低、科研工作滞后，综合开发利用与生态环境建设不协调，缺少污染控制途径等问题建议如下。

1）坚持"因地制宜，积极利用"的指导思想，实行"谁排放、谁治理，谁利用、谁受益"的原则，将资源利用与企业发展相结合，资源利用与污染治理相结合，实现经济、生态和社会效益的统一。

2）加强对粉煤灰和煤矸石组分、结构与特性等的研究，根据粉煤灰、煤矸石的特性和市场需要，开发新用途。积极推广技术成熟、经济合理、有市场前景的技术，逐步完善比较成熟的技术，研究开发新技术，在引进、消化、吸收国外先进技术和装备的基础上努力创新，不断提高煤矸石综合利用的技术装备水平，以促进煤矸石全方位高值利用。

3）加大技术创新。要以煤矸石发电、煤矸石建材和制品、复垦回填以及煤矸石山无害化处理等大宗量利用煤矸石技术作为主攻方向，加大力度开发与研制新技术、新设备、新产品。要充实科研开发队伍的力量，加大经费投入，改善科研装备，发展高科技含量、高附加值的煤矸石综合利用技术和产品。积极完善附加值高、用量大的煤矸石消纳技术，如制备超白高岭土、无机复合肥、菌肥、化工产品、岩棉及其制品、特种硅铝铁合金、新型陶瓷、微晶玻璃等技术。同时，深入开展大型燃煤矸石循环流化床锅炉及成套发电技术、生态复垦及地面矸石山的综合处置利用等技术在实际工程中的应用。通过产学研联合攻关和开发，逐步建立技术引进、消化吸收、自主开发的技术创新机制，跟踪国际综合利用技术和装备的发展趋势，加大技术引进和国产化步伐，提高煤矸石污染治理与综合利用水平。

4）要坚持综合利用与环境建设并重，污染治理优先的原则。采取有效措施，必要时要运用行政干预和法律手段，遏制污染，治理环境。

5）强化政策引导，完善法律法规，对那些违规企业如生产黏土砖而不按规定掺用煤矸石或粉煤灰的企业进行严厉制裁，直至关停，以保护企业的健康发展。

6）因地制宜，加强生态环境保护。①隧道窑及砖厂建设后的弃土石不能任意堆置，可找洼地或沟谷地带进行充填，在充填过程中，应先将坚硬的岩石排放在坑底，风化的岩土排放在上边，排放的厚度一般在 0.5～2.5m，然后将存储的地表土或山皮土敷设在表面，填土完成后应在上面植树、种草，恢复植被。②平整窑区及煤矸石山采区四周土地，多植树、种草以加固边坡，对建隧道窑及开挖煤矸石所产生的裸露边坡要构筑石堰，减少边坡滑落和泥石流的形成，控制水土流失。③隧道窑与采场两侧边坡应修建泄洪沟和引洪沟渠，将雨季可能形成的雨洪水导入沟渠内，为防止下雨造成雨水漫流，引洪沟渠两侧要植树种草，护坡护窑。④煤矸石和页岩采场要合理计划开采，尽量减少不必要的植被破坏，应采取边开采边恢复生态植被，将其在生产过程中对生态的破坏减到最小，尽快恢复地区自然生态景观。⑤为节约资源，在确保烧结砖产品质量的前提下，利用低热值的煤矸石替代页岩或部分替代，扩大煤矸石综合利用量，提高资源利用率。

煤矸石利用以大宗量为重点，遵循因地制宜原则，发展高科技含量、高附加值的煤矸石综合利用技术，在大型产煤基地建立以煤炭工业为基础的大型产业链，包括大型煤矿、煤矸石发电厂、煤矸石水泥厂、煤矸石砖厂、化肥生产厂等一系列以煤炭为基础的工业集群，其中煤矸石发电厂利用大型煤矿生产的工业废弃物煤矸石进行发电，其产生的高炉矿渣作为水泥生产熟料；多余煤矸石用来生产高性能轻质煤矸石水泥和煤矸石保温砖。并积极扩大煤矸石井下充填、复垦和筑路利用量。在大型选煤厂周边地区建设洗矸、煤泥和中煤综合利用电厂。这样不但能够充分利用工业废弃物，解决污染和占地问题，还能够做到进一步节省矿物资源，减少运输成本，达到资源利用最大化，产出利益最大化，这也是建设资源节约型环境友好型社会的具体体现。

随着科技与经济发展，煤矸石、粉煤灰综合利用率必将大大提高，市场前景更为广阔。但由于农业、化工产业对煤矸石成分要求较高，煤矸石在农业、化工等领域发展速度缓慢，未来几年的发展中，煤矸石以在能源、建筑材料领域的综合利用为主，向着建立煤-焦-电-建材、煤-电-化-建材等多种模式的循环经济园区方向发展。

煤矿废弃地的植被恢复与高效利用既是我国生态环境建设的重要组成部分，也是保证煤炭资源开采与社会、环境协调持续发展、建设资源节约型和环境友好型社会的必然要求，开展煤矿废弃地植被恢复与生态重建及煤矸石综合利用是实现经济增长方式根本性转变、走新型工业化道路，从根本上缓解资源约束矛盾，减轻环境压力，增强国民经济整体素质和竞争力，建设"宜居城市"和资源节约型与环境友好型社会，实现全面建设小康社会目标的必然选择，前景光明，任重道远。

参 考 文 献

陈峰，胡振琪，柏玉，等.2006.矸石山周围土壤重金属污染的生态风险评价.农业环境科学学报，

25（S2）：575-578.

陈文敏，杨金和，詹隆．2011．煤矿废弃物综合利用技术．北京：化学工业出版社．

邓绍云，邱清．2010．我国矿区生态环境修复研究现状与展望．科技信息，23（2）：38-41.

樊金拴，左俊杰，霍锋．2006．煤矸石景观恢复研究．西北林学院学报，21（2）：27-29.

范拴喜，甘卓亭，李美娟，等．2010．土壤重金属污染评价方法进展．中国农学通报，26（17）：310-315.

范跃强．2014．潞安煤矸石产业链发展研究．煤，23（11）：81-84.

房存金．2010．土壤中主要重金属污染物的迁移转化及治理．当代化工，39（4）：458-460.

冯小军，陈宇，魏颖．2009．我国矿区废弃区土地复垦技术研究．煤，18（10）：1-3.

高雁鹏，石平，魏欣茹．2013．工业废弃地的植物修复演替过程研究．北方园艺，（12）：78-81.

谷金锋，蔡体久．2009．煤矿矸石山快速恢复植被探讨．煤炭技术，24（10）：114-116.

关杰，李英顺．2008．煤矸石综合利用现状及前景．环境与可持续发展，（1）：34-36.

郭建秋．2014．我国煤矸石综合利用现状及前景展望．环境与发展，26（3）：102-104.

郭笑笑，刘丛强，朱兆洲，等．2011．土壤重金属污染评价方法．生态学杂志，30（5）：889-896.

郭彦霞，张圆圆，程芳琴．2014．煤矸石综合利用的产业化及其展望．化工学报，65（7）：2443-2453.

韩波，张光琴，陈佰桥．2007．徐州矿务集团夹河煤矿煤矸山周围土壤重金属污染评价．农业科学研究，（3）：34-40.

郝蓉，白中科，赵景逵，等．2003．黄土区大型露天煤矿废弃地植被恢复过程中的植被动态．生态学报，23（8）：1470-1477.

何发钰，周连碧，代宏文．2003．澳大利亚新南威尔士州 Fosterville 金矿．国外金属矿选矿，（3）：43-44.

何书金，苏光全．2001．开发区闲置土地成因机制及类型划分．资源科学，23（5）：17-22.

胡振琪，张光灿，魏忠义，等．2003．煤矸石山的植物种群生长及对土壤理化特性的影响．中国矿业大学学报，32（5）：491-495.

康恩胜，宋子岭，庞文娟．2005．生物多样性原理在采煤废弃地复垦中的应用．露天采矿技术，（5）：78-80.

雷冬梅，段昌群，王明．2007．云南不同矿区废弃地土壤肥力与重金属污染评价．农业环境科学学报，（2）：612-616.

李国祥，宋志杰．2007．煤矸石中铝的碱式浸取实验研究．内蒙古石油化工，（12）：157-158.

李凌宜，李卓，宁平，等．2006．矿业废弃地生态植被恢复的研究．矿业快报，（8）：25-28.

李晴．2010．霍林河露天矿区植被类型与植被恢复重建的研究．上海：华东师范大学硕士学位论文．

联合国可持续发展二十一世纪议程．第二部分．保存和管理资源以促进发展．12．脆弱生态系统的管理：防沙治旱．（UNEP. 1993. Managing fragile ecosystem：Combating desertification and drought. Agenda 21, chapter 2. Desertification Control Bulletin. 12）. http：//www. un. org/chinese/events/wssd/agenda21. htm.

梁家妮，马友华，周静．2009．土壤重金属污染现状与修复技术研究．农业环境与发展，26（4）：45-49.

林鹰．1995．矸石山复垦造林技术的研究//周树理．矿山废地复垦与绿化．北京：中国林业出版社：157，162.

刘翠玲，范文虎，王瑞萍．2012．山西省煤矸石资源化利用现状及发展建议．节能，（11）：4-7.

刘恩玲，王亮．2006．土壤中重金属污染元素的形态分布及其生物有效性．安徽农业科学，34（3）：547-548，557.

刘光明，冯奇，王培铭．2005．煤矸石废弃物的活化及其活性分析．黑龙江科技学院学报，15（3）：188-191.

刘青柏，刘明国，刘兴双，等．2003．阜新地区矸石山植被恢复的调查与分析．沈阳农业大学学报．34（6）：434-437.

刘世忠，夏汉平，孔国辉，等．2002．茂名北排油页岩废渣场的土壤与植被特性研究．生态科学，（1）：

31-34.

刘淑艳, 王雪丽. 2009. 植物修复土壤重金属污染研究进展. 北京农业, 6 (1)：51-57.

罗劲松, 胡大千, 冯红艳, 等. 2003. 通化地区煤系高岭岩制备纳米级 α-Al_2O_3. 非金属矿, 26 (2)：
　20-21.

茅沈栋, 李镇, 方莹. 2011. 粉煤灰资源化利用的研究现状. 混凝土, (7)：82-84.

潘明才. 2002. 德国土地复垦和整理的经验与启示. 国土资源, (1)：50-51.

裴宗阳, 胡振华, 刘瑞龙, 等. 2011. 我国煤矿矸山水分研究进展. 山西水土保持科技, (2)：4-6.

秦华. 2005. 煤矸石制多孔玻璃微珠. 黑龙江科学学院学报, 15 (1)：13-15.

邱景平, 李小庆, 孙晓刚, 等. 2014. 煤矸石资源化利用现状与进展. 有色金属 (矿山部分), (1)：47-50.

孙利强, 韩秀峰. 2010. 使用煤矸石生产聚合双酸铝絮凝剂的技术探讨. 内蒙古电力技术, 28 (4)：42-44.

孙庆业, 杨德清. 1999. 植物在煤矸石堆上的定居. 安徽师范大学学报 (自然科学版), 22 (3)：236-239.

孙泰森, 白中科. 2001. 大型露天煤矿人工扰动地貌生态重建研究. 太原理工大学学报, 32 (3)：219-221.

唐文杰. 2011. 广西三锰矿区土壤污染与优势植物重金属富集研究. 桂林：广西师范大学硕士学位论文.

王兵, 赵广东, 苏铁成, 等. 2006. 极端困难立地植被综合恢复技术研究. 水土保持学报, 20 (1)：
　151-154.

王庆林, 宗泽, 张永岭. 2010. 山西省王庄煤矿生态恢复模式研究. 水土保持研究, 17 (5)：265-272.

王心义, 杨建, 郭慧霞. 2006. 矿区煤矸石堆放引起土壤重金属污染研究. 煤炭学报, 31 (6)：808-812.

王善拔, 刘运江, 罗去峰. 2010. 水泥行业节能减排的技术途径. 水泥技术, (2)：21-23.

王新丰, 高明中, 房晓敏. 2012. 矿区煤矸石综合利用新探索. 煤质技术, (4)：50-52, 56.

王子龙, 付强, 姜秋香. 2007. 土壤肥力综合评价研究进展. 农业系统科学与综合研究, 3 (1)：15-18.

卫智军, 李青丰, 贾鲜艳, 等. 2003. 矿业废弃地的植被恢复与重建. 水土保持学报, 17 (4)：172-175.

魏忠义, 陆亮, 王秋兵. 2008. 抚顺西露天矿大型煤矸石山及其周边土壤重金属污染研究. 土壤通报,
　39 (4)：946-949.

肖莹. 2008. 抚顺西露天矿西舍场煤矸石山周边土壤重金属环境质量评价和生物群落组成特征研究. 大连：
　辽宁师范大学硕士学位论文.

谢如谦, 郑宗明. 2013. 福建省煤矸石综合利用现状与发展前景. 能源与环境, (5)：11-12, 16.

闫宝环, 李凯荣, 时亚坤. 2012. 铜川市三里洞煤矸石堆积地风化土壤重金属污染及植物富集特征. 水土
　保持通报, 32 (3)：47-50, 122.

颜雄, 张杨珠, 刘晶. 2008. 土壤肥力质量评价研究进展. 湖南农业科学, (5)：82-85.

阳承胜, 蓝崇钰, 束文圣. 2000. 矿业废弃地生态恢复的土壤生物肥力. 生态科学, 19 (3)：73-78.

杨建, 陈家军, 王心义. 2008. 煤矸石堆周围土壤重金属污染空间分布及评价. 农业环境科学学报,
　27 (3)：873-878.

杨世军. 2010. 煤矿矸石山生态恢复. 露天采矿技术, (6)：84-86.

袁家鸣, 单继舟, 唐彦秋. 2011. 自燃煤矸石陶粒作为骨料制备喷射混凝土试验研究. 辽宁工程技术大学
　学报 (自然科学版), 30 (S1)：39-41.

张彩霞, 许丽, 周心澄. 2007. 阜新矿区煤矸石山植被恢复土地适宜性评价. 水土保持研究, 14 (3)：
　246-248.

张锂, 韩国才, 陈慧, 等. 2008. 黄土高原煤矿区煤矸石中重金属对土壤污染的研究. 煤炭学报,
　33 (10)：1141-1146.

张三明, 陈湛, 余其康, 等. 2009. 利用废弃煤矸石生产保温砖及其在自保温墙体中的应用. 新型建筑材
　料, (9)：22-28.

张西玲, 陈林, 向芸. 2014. 烧结制度对煤矸石陶粒物理性能的影响. 萍乡高等专科学校学报, (6)：48-

50，63.

张长森 . 2008. 煤矸石资源化综合利用新技术 . 北京：化学工业出版社 .

张志权，束文圣，廖文波，等 . 2002. 豆科植物与矿业废弃地植被恢复 . 生态学杂志，21（2）：47-52.

赵振民，张文栋，李永生 . 1999. 采用加压工艺用煤矸石生产硫酸铝 . 煤炭加工与综合利用，（1）：23-24.

中华人民共和国林业部防治沙漠人办公室编 . 1994. 联合国关于在发生严重干旱和/或沙漠化的国家特别是在非洲防治沙漠化的公约 United Nations convention to combat desertification in those countries experiencing serious drought and/or desertification. particularly in Africa. 北京：中国林业出版社.

朱利东，林丽，付修根，等 . 2001. 矿区生态重建 . 成都理工大学学报（自然科学版）.（3）：310-314.

竹涛，舒新前，贾建丽 . 2012. 矿山固体废物综合利用技术 . 北京：化学工业出版社 .

庄凯 . 2009. 福建不同类型矿山废弃地植被的恢复与重建研究 . 福州：福建农林大学硕士学位论文.

左鹏飞 . 2009. 煤矸石的综合利用方法 . 煤炭技术，28（1）：186-189.

BP 2013 World Energy Statistics（BP 世界能源统计 2013）. 英文网址：http：//www/bp. com/中文网址：http：//wwwbp. com. cn.

Zier N，Koch H，Koch H. 1999. Agricultural reclamation of disturbed soils in a lignite mining area using municipal and coal wastes：the humus situation at the beginning of reclamation. Plant & Soil，213（1-2）：241-250.

后　记

环境与发展，是当前国际社会普遍关注的重大问题。中国是世界上少数几个能源以煤为主的国家之一，也是世界上最大的煤炭生产和消费国。煤矿业作为中国的重要基础产业，占全国一次能源生产和消费结构中的比例分别为78.6%和72.8%。然而，煤炭的开采利用在对当地经济发展起到巨大推动作用的同时，也带来了土壤沙化、植被破坏、矿区地下水位降低、粉尘飞扬等一系列问题，严重破坏了生态环境。生态环境破坏所造成的严重后果不仅仅伴随着整个开采过程，而且在矿区开发结束后仍会继续存在。因此，以植被恢复为第一步和关键环节的煤矿废弃地生态恢复与重建，已成为我国当前生态环境建设和资源节约型、环境友好型社会建设所面临的重要而紧迫的任务。

植被修复是按照生态学规律，利用植物自然演替、人工种植或两者兼顾，使受到人为破坏、污染或自然毁损而产生的生态脆弱区重新建立植物群落，恢复生态功能，即通过利用不同植物吸收、富集、固定、降解土壤和水体（包括地下水）中的污染物并减少或避免水土流失，同时通过植物的生长增加植被覆盖，从而达到生态恢复或生态改良。植被修复常被应用于环境受污染或生态受破坏的场所以清除重金属、微量元素污染和人造有机污染物，是矿区生态恢复的主要内容和目标。植被修复的主要机制包括：①植物转化，即植物从土壤及地下水中吸收、累积并转化有机或无机污染物成为低害或无害的代谢物，或降解为简单的小分子有机物被植物体利用，或降解为无机物释放至环境中；②滞留和固着，即通过植物的生命活动使污染物失去生物活性和化学活性而被结合于土壤中，或留在植物体内，不向外流动或飘逸；③根际生物修复，即植物根系分泌和释放酚酸类等有机物质或富集根际微生物以降解、沉淀污染物，或使之发生变化而易于被植物吸收；④根系过滤，即植物根系从地下水或流过根系的水流中富集和吸收重金属元素或污染物，使之沉淀于土壤深层，或被固定于植物体内。

植被修复是改良受毁损区域的生态功能、恢复矿区景观和生产潜力的最有效手段，其最终目标是使人类活动与区域生态系统达到相对平衡，促进农业生产、生态建设与人类生活的协调和可持续发展。由于植被修复的长期性效应、相对成本较低和生态效益明显，已越来越受到人们的广泛关注，并在环境污染治理、生态脆弱区恢复和景观美化等方面得到了广泛应用。为了适应我国煤矿废弃地植被修复与固体废弃物综合利用的科研、生产、产业化发展对理论与技术的需要，作者总结了自己对我国北方13个煤矿废弃地生态环境特点、植被演替特点、植被类型、改土效应、土壤重金属污染评价、人工植被高效配置模式及建设技术等方面的研究成果，撰写了煤矿废弃地植被修复与高效利用一书。本书跨越交叉到生物学、生态学、土壤学、林学、水土保持与荒漠化防治学、化学、建筑学、工程学等多个领域，涉及的研究内容和成果是多学科交叉融合的结果，希望能够对促进我国矿区植被修复与固体废弃物综合利用水平提高发挥指导和参考作用。期盼更多的朋友和有识之士关注、投身到煤矿废弃地生态恢复与废弃物综合利用的事业中，共创建设资源节约型环境友好型社会新佳绩。

在本书即将出版之际，首先由衷感谢我的博士生导师北京林业大学周心澄教授，是他引领我进入煤矿废弃地生态修复研究领域，悉心指导我开展了一系列研究工作，完成了博士学位论文《中国北方煤矸石堆积地生态环境特征与植被建设研究》。

内蒙古农业大学许丽教授、北京林业大学李世荣博士、田晶会博士参加了阜新矿区大量的外业调查与测试工作。

北京林业大学史常青副教授，阜新矿业集团林业处原处长孙文光高级工程师、杨传兴工程师、阜新市林业研究所所长孙广树高级工程师对研究工作提供了鼎力的帮助和支持。

西北农林科技大学研究生霍锋、左俊杰、赵韵美和本科生冯继广、宋亚卓、王晓庆、苏玲参与并完成了大量调查、测试、数据处理工作，做出了重要贡献。

在此一并致谢。

樊金拴

2015 年 2 月

彩　图
煤矿建设对环境的破坏

彩图1 矿井建设

彩图2 在建中的露天煤矿

彩图3 在建中的井矿

彩图4 在建煤矿生态环境破坏状（1）

彩图5 在建煤矿生态环境破坏状（2）

煤炭生产对环境的破坏（一）

彩图6 采空区地面坍塌

彩图7 采空区地面沉降

彩图8 采空区地面裂缝

彩图9 露天矿地面裂缝

彩图10 矸石山压占耕地

煤炭生产对环境的破坏（二）

彩图11 排矸场压占耕地

彩图12 煤粉灰压占耕地

彩图13 矸石山施工作业导致空气污染

彩图14 矸石山崩塌

彩图15 露天煤矿山体滑坡

煤矿废弃地植被自然恢复（一）

彩图16 煤矸石山初形态

彩图17 煤矸石燃烧着的矸石山

彩图18 孙家湾矸石山阴坡植被自然恢复状

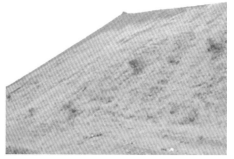

彩图19 孙家湾矸石山阳坡植被自然恢复状

彩图20 铜川矸石山植被自然恢复状（1）

彩图21 铜川矸石山植被自然恢复状（2）

煤矿废弃地植被自然恢复（二）

彩图22 露天煤矿排土场

彩图23 露天煤矿排土（矸）场

彩图24 煤矸石燃烧着的排土场

彩图25 海州排土场植被自然恢复状（1）

彩图26 海州排土场植被自然恢复状（2）

煤矿废弃地生态治理（一）

彩图27 边坡治理

彩图28 道路绿化

彩图29 矿区绿化

彩图30 台田绿化

煤矿废弃地生态治理（二）

彩图31 阳泉煤业（集团）有限责任公司
煤矸石山绿化前

彩图32 阳泉煤业（集团）有限责任公司
煤矸石山绿化后

彩图33 神华宝日希勒能源有限公司
露天矿排土场绿化前

彩图34 神华宝日希勒能源有限公司
露天矿排土场绿化后

煤矿废弃地生态治理（三）

彩图35 高德矸石山绿化效果

彩图36 海州排土（矸）场绿化效果

彩图37 白马寺矸石山治理绿化效果

彩图38 翠屏山矸石山治理绿化效果

煤矿废弃地人工植被建设模式与效果（一）

彩图39 郑州煤炭工业（集团）有限责任公司
矸石山——刺槐+侧柏林（1）

彩图40 郑州煤炭工业（集团）有限责任公司
矸石山——刺槐+侧柏林（2）

彩图41 郑州煤炭工业（集团）有限责任公司
矸石山——刺槐+侧柏林（3）

彩图42 郑州煤炭工业（集团）有限责任公司
种植的火炬树

煤矿废弃地人工植被建设模式与效果（二）

彩图43 郑州煤炭工业（集团）有限责任公司
矸石山刺槐林（1）

彩图44 郑州煤炭工业（集团）有限责任公司
矸石山刺槐林（2）

彩图45 郑州煤炭工业（集团）有限责任公司
矸石山刺槐林（3）

彩图46 郑州煤炭工业（集团）有限责任公司
矸石山刺槐林（4）

煤矿废弃地人工植被建设模式与效果（三）

彩图47 海州排土场沙棘

彩图48 海州排土场榆树

彩图49 海州排土场紫穗槐

彩图50 海州排土场玉米

煤矿废弃地人工植被建设模式与效果（四）

彩图51 排土场治理绿化前

彩图52 排土场治理绿化后